高等学校电子信息类专业教材

虚拟仪器基础教程

袁渊 古军 刁友宝 古天祥 编著

电子科技大学出版社

图书在版编目（CIP）数据

虚拟仪器基础教程 / 袁渊等编著. —成都：电子科技大学出版社，2002. 5

ISBN 7—81065—611—2

Ⅰ. 虚… Ⅱ. ①袁… Ⅲ. 智能仪器－教材 Ⅳ. TP23

中国版本图书馆 CIP 数据核字（2002）第 028438 号

内 容 提 要

本书主要介绍虚拟仪器的基本原理以及软件开发技术。本书以图形化编程的虚拟仪器软件开发平台 LabVIEW 为主，讲述虚拟仪器软件设计的方法，并结合数据采集卡来组建虚拟仪器系统。全书共分十三章，由浅入深地介绍了虚拟仪器（VI）程序及子程序的建立、调用、编辑和调试，循环、Case、Sequence 等多种结构的使用，数组、图表、图形的建立及文件 I/O 的操作以及 VI 程序的编译及网络通信，介绍了多功能数据采集卡的原理及使用方法以及结合 LabVIEW 编程来设计一个虚拟仪器系统，进行实时数据采集和结果显示。第十二章介绍了两个虚拟仪器的设计实例，供读者在实际应用中参考，最后一章介绍了另一个虚拟仪器软件开发平台 LabWindows/CVI，为熟悉 C 语言的读者提供了另一种设计虚拟仪器的途径。为帮助读者理解和掌握，本书力求叙述详尽、图文并茂，并且穿插了大量的练习。

本书可作为测试技术、仪器仪表、工业控制、计算机应用、通信工程、电子工程、机电一体化、振动工程等专业本、专科生的教材，也可供相关专业的工程技术人员参考或作为培训教材。

高等学校电子信息类专业教材

虚拟仪器基础教程

袁 渊 古 军 习友宝 古天祥 编著

出　　版：电子科技大学出版社（成都建设北路二段四号　邮编：610054）
责任编辑：吴艳玲
发　　行：新华书店经销
印　　刷：成都蜀通印务有限责任公司
开　　本：787mm×1092mm　1/16　印张 18.75　字数 457 千字
版　　次：2002 年 5 月第一版
印　　次：2005 年 8 月第二次印刷
书　　号：ISBN 7—81065—611—2/TH·7
定　　价：25.00 元

前　言

随着电子科学技术的发展，微电子集成电路技术、计算机技术、通信技术、测控技术互相渗透，互相融合而形成了新兴的电子信息技术。新的理论和技术不断出现，知识不断创新，高新技术成果不断产业化，新的元器件、系统模块、各种信息产品、软件产品、数码产品和网络产品层出不穷。产业结构发生了深刻的变化，在以计算机、通信、微电子等为主体的信息工业周围汇聚了家电工业、消费电子工业、知识产业集团和信息服务业，形成了一个庞大的信息产业。21 世纪将步入知识经济时代，电子信息业的发展对知识经济起着巨大的推动作用。在电子信息的科学研究和新产品开发过程中，不断涌现出新的设计思想和设计工具，新的开发手段和开发系统，新的测试理论方法和测试仪器系统，实验研究技术和手段日新月异。

虚拟仪器技术的出现给现代测试技术带来了一场革命，虚拟仪器技术是测试技术和计算机技术相结合的产物，是两门学科的最新技术的结晶，融合了测试理论、仪器原理和技术、计算机接口技术、高速总线技术以及图形化软件编程技术于一身，实现了测量仪器的智能化、多样化、模块化和网络化，体现出多功能、低成本、应用灵活、操作方便等优点，在很多领域大有取代传统仪器的趋势，成为当代仪器发展的一个重要方向，并受到各国企业界的高度重视。

软件是虚拟仪器的关键，仪器的各种功能是通过软件来实现的。在虚拟仪器软件平台的发展上，美国 NI 公司的 LabVIEW 和 LabWindows/CVI 颇具代表性。本书介绍的图形化编程的虚拟仪器开发平台 LabVIEW，同传统的文本编程语言相比，LabVIEW 图形编程方式简明快捷，易学易用，可节省大量的学习程序设计及进行程序开发的时间，尤其适合从事科研、开发的科学工作者、工程技术人员。

由于虚拟仪器技术是一门新技术，发展不过十几年，在我国才刚刚起步，目前国内介绍虚拟仪器的书籍很少，为此我们参考了大量的文献资料，在各方面的大力支持下，我们编写此书以满足教学需要，也希望能给从事相关专业的工程技术人员一定的帮助。

本书编者多年从事虚拟仪器教学，积累了一定的教学经验。在教材的编写上力求符合读者的思维习惯，由浅入深，层次分明，条理清晰。本书共分十三章，第一章首先引入虚拟仪器的概念；第二章至第九章主要介绍 LabVIEW 程序设计；第十章介绍数据采集卡的工作原理和使用方法；第十一章介绍 DAQ 配置以及如何通过 LabVIEW 编程来进行实地信号采集和分析；第十二章介绍两个虚拟仪器设计实例，让读者充分体会由虚到实的过程，充分感受虚拟仪器的实用性和强大生命力；第十三章介绍另一个虚拟仪器软件开发平台 LabWindows/CVI，为熟悉 C 语言的用户提供了另一种设计虚拟仪器的途径。

本书第一、二、六、七、八、九、十一章由袁渊同志编写，第三、四、五、十二章由古军同志编写，第十章由古天祥教授编写，第十三章由习友宝同志编写，并由古天祥教授审阅了全书内容。

本书适合 50 学时的课堂教学，上机实验应占主要部分，让学生通过动手操作来切实掌握教学内容。书中第二章至第九章为软件编程部分，涉及到大量的窗口、菜单及鼠标操作，教学形式宜采用屏幕投影、教师演示的方式，第十章至第十三章涉及到硬件及真实信号的采集，除了要配备数据采集卡外，还应配备示波器、信号源、数字万用表等传统仪器，用作信号产生和对虚拟仪器测量结果的验证。

由于本书编者水平有限，加之时间仓促，书中难免会有错误，恳请各位师生和同行多提宝贵意见，以便我们能够及时纠正书中的错误，并作进一步的完善。

编　者

2002 年 4 月

目　录

第一章　虚拟仪器概述

§1-1　引　言

1.1.1　什么是虚拟仪器

传统仪器如示波器、电压表、频率计、信号源等，是由专业厂家生产的具有特定功能和仪器外观的测试设备。

虚拟仪器（Virtual Instrument，简称 VI）也叫计算机仪器，是以计算机为基础，配以相应测试功能的硬件作为信号输入输出的接口，利用虚拟仪器软件开发平台（如 LabVIEW、LabWindows/CVI）在计算机的屏幕上虚拟出仪器的面板（包括显示器、指示灯、旋钮、开关、按键等）并实现相应的功能，人们可以通过鼠标或键盘操作虚拟仪器面板上的旋钮、开关和按键，去选用仪器功能，设置各种工作参数，启动或停止一台仪器的工作，图 1-1 所示的数字电压表和图 1-2 所示的数字示波器就是虚拟仪器的例子。虚拟仪器在计算机软件控制下对外界输入的信号进行采集、分析、处理，测量结果（数据、波形）和仪器工作状态可从虚拟仪器面板上读出。用户在屏幕上通过虚拟仪器面板对仪器的操作如同在真实仪器上的操作一样直观、方便、灵活。

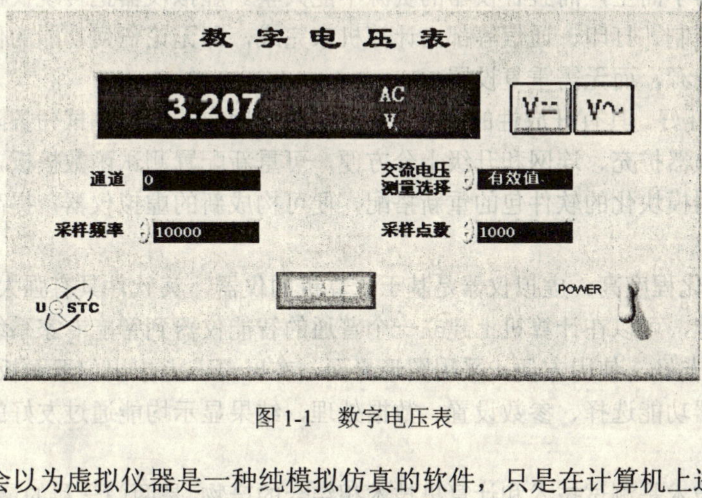

图 1-1　数字电压表

也许有人会以为虚拟仪器是一种纯模拟仿真的软件，只是在计算机上进行一些虚幻的仪器操作，不是真实的。其实不然，虚拟仪器的面板虽是在计算机屏幕上虚拟的，但所见即所得的测试功能却是实实在在的，它对被测对象进行激励、测量、处理和显示，是与传统仪器完全一样的。

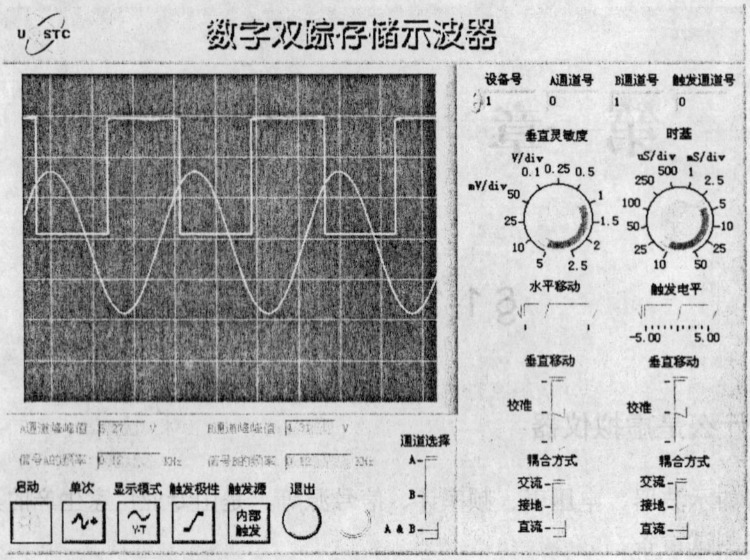

图 1-2　数字示波器

实现虚拟仪器各种功能的关键在软件，采集硬件即是实现测试功能的基础，虚拟仪器是软件与硬件有机结合的产物。

1.1.2　虚拟仪器的特点

虚拟仪器具有如下特点：

（1）性价比高。规模经济效益使通用个人计算机具有很高的性价比，而且基于个人计算机的虚拟仪器和仪器系统可共享计算机硬件资源，从而大大增强仪器功能和降低仪器的成本。传统仪器小而全，而且各仪器的资源不能共享。虚拟仪器把传统仪器的公共部分如显示、存储、控制、打印、通信等都由计算机来完成，即无论任何功能的仪器都可利用或共享这些公共资源，而无需重复设置。

（2）开放性好。具有开放性的模块化设计，便于用户能根据测试任务随心所欲地组建仪器或系统，仪器扩充、连网和升级十分方便，可重新配置测试函数模板，甚至无须改变硬件，只需应用模块化的软件包的重新搭配，便可构成新的虚拟仪器，提高资源的可再用性。

（3）智能化程度高。虚拟仪器是基于计算机的仪器，其软件具有强大的分析、计算、逻辑判断等功能，可以在计算机上建立一个普通的智能仪器到智能专家系统。

（4）界面友好，使用方便。采用图形界面，在屏幕上虚拟出仪器面板，用鼠标操作，简单快捷，仪器功能选择、参数设置、数据处理、结果显示均能通过友好的人机对话来进行。

虚拟仪器技术是测试技术和计算机技术相结合的产物，是两门学科的最新技术的结晶，融合了测试理论、仪器原理和技术、计算机接口技术、高速总线技术以及图形化软件编程技术于一身。

虚拟仪器是计算机技术与仪器技术深层次结合产生的全新概念的仪器，是计算机资源

（处理器、存储器、显示器）和仪器硬件（数/模变换器、模/数变换器、数字输入输出、定时和信号处理等）与用于数据分析、过程通讯及图形用户界面的软件之间的有效结合。它充分地利用了计算机的存储和计算功能，通过软件实现对输入信号的分析处理。

虚拟仪器实现了测量仪器的智能化、多样化、模块化和网络化，体现出多功能、低成本、应用灵活、操作方便等优点。同传统仪器相比，虚拟仪器功能更强，使用更灵活，在很多领域大有取代传统仪器的趋势，成为当代仪器发展的一个重要方向，并受到各国业界的高度重视。

虚拟仪器软件编程环境给用户提供了一个充分发挥自己才能和想象力的空间，可根据用户自己的设想及要求，通过编程来设计、组建自己的仪器系统。虚拟仪器由用户自行设计、自行定义，彻底打破了传统仪器只能由生产厂家定义、用户无法改变的模式。在硬件平台确立之后，是由软件而不是硬件来决定仪器的功能，虚拟仪器可通过改变软件的方法来适应不同的需求，它的功能灵活、开放，容易与其他外设、网络相连，构成更大的系统，技术更新周期短，可随着计算机技术的发展和用户的需求进行仪器与系统的升级，在性能维护和灵活组态等多个方面都有着传统仪器无法比拟的优点，且投入少，收效大。

§1-2　虚拟仪器组成

1.2.1　虚拟仪器系统的构成

虚拟仪器系统构成的基本框图如图 1-3 所示。

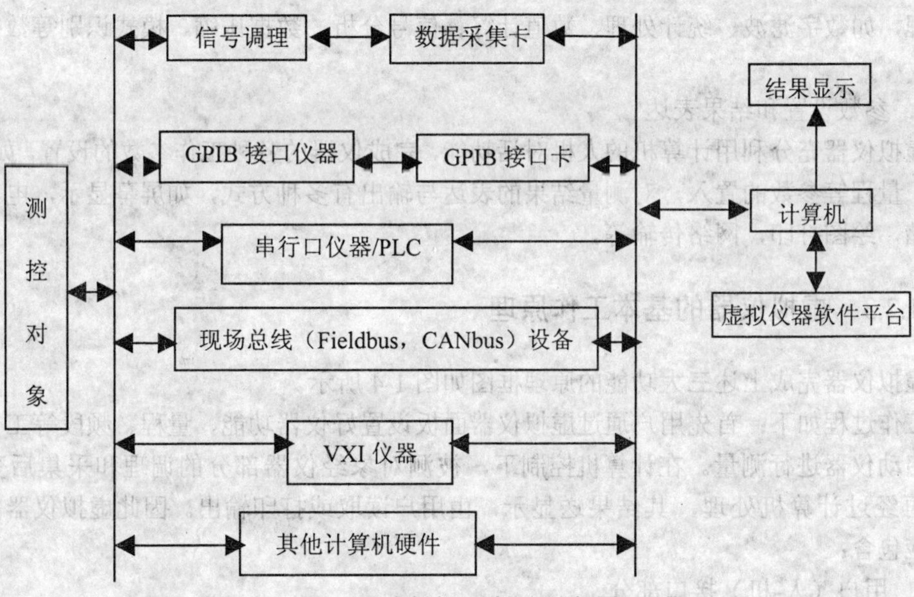

图 1-3　虚拟仪器系统组成框图

图 1-3 表明，虚拟仪器系统有多种构成方式：

- PC-DAQ 测量系统：是以数据采集卡、信号调理电路及计算机为仪器硬件平台组成的。
- GPIB 系统：是以 GPIB 标准总线仪器与计算机硬件平台组成的测试系统。
- VXI 系统：是以 VXI 标准总线仪器与计算机硬件平台组成的测试系统。
- 串口系统：是以 Serial 标准总线仪器与计算机硬件平台组成的测试系统。
- 网络化系统：是以互联网、以太网、Fieldbus 等标准总线仪器与计算机硬件平台组成的测试系统。

1.2.2 虚拟仪器的基本功能

任何一台仪器无非由三大功能块组成：信号的采集、数据的处理、结果的输出。虚拟仪器也不例外，它也是按照“信号的调理与采集（ADC）—— 数据的分析与处理（DSP）—— 结果的输出（DAC）及显示”的结构模式来建立通用仪器硬件平台的，在这个通用仪器硬件平台上，调用不同的测量软件就构成了不同功能的仪器。因此，虚拟仪器系统是由计算机、仪器硬件和应用软件三大要素构成的，计算机与仪器硬件又称为 VI 的通用仪器硬件平台。

1．信号调理与采集功能

对被测信号进行调理和采集是虚拟仪器的基本功能。此项功能主要是由虚拟仪器的硬件平台完成的。仪器硬件可以是插入式数据采集卡及必要的外围电路（含信号调理电路、A/D 转换器、数字 I/O、定时器、D/A 转换器等），或者是带标准总线接口的仪器，如 GPIB、VXI、PXI、STD、PC/104 总线仪器和网络化仪器等。

2．数据分析和处理功能

虚拟仪器充分利用了计算机的高速存储、运算功能，并通过软件实现对输入信号的分析处理，如数字滤波、统计处理、数值计算、信号分析、数据压缩、模式识别等数字信号处理。

3．参数设置和结果表达

虚拟仪器充分利用计算机的人机对话功能，完成仪器的各种工作参数的设置，如功能、频段、量程等参数的置入，对测量结果的表达与输出有多种方式，如屏幕显示，电、磁、光存储，绘图打印，网络传输等。

1.2.3 虚拟仪器的基本工作原理

虚拟仪器完成上述三大功能的原理框图如图 1-4 所示。

工作过程如下：首先用户通过虚拟仪器面板设置好仪器功能、量程、频段等工作参数后，启动仪器进行测量。在计算机控制下，被测对象经仪器部分的调理和采集后变成数据，再经过计算机处理，其结果送显示，由用户读取或打印输出。因此虚拟仪器的基本组成应包含：

1．用户（人-机）接口部分

此部分完成参数设置和结果显示等人-机对话功能。其硬件有鼠标、键盘、显示器、打印机、绘图仪等，其软件有用户界面。

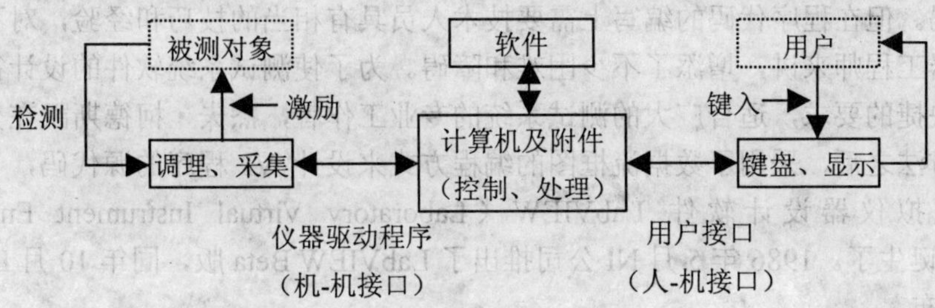

图 1-4　虚拟仪器的原理框图

2．信号（机-机）接口部分

此部分完成信号调理和数据采集功能。它的硬件主要由测量仪器的模拟电路为主构成。由于被测对象是各种各样的，有电或非电的物理量、化学量、生物量等，由于这些被测对象千差万别，因此在采集前通常要进行非电量到电量的变换（各式传感器）、幅度（放大、衰减）、频率（混频、检波、滤波）、阻抗（高阻、低阻、匹配）、隔离、激励（交直流源、恒压恒流源）等各种调理，使之到采集板时为归一化的模拟电信号，最后再由采集板进行 A/D 变换。此外，信号接口部分通常还含 D/A 变换、定时/计数、数字 I/O 等功能模块。这部分的软件称为仪器（或设备）驱动器。

3．控制与处理部分

此部分硬件包括各种高性能的计算机（笔记本机、PC 机、工控机、工作站等）及附件。其软件为控制、分析、处理程序。

§1-3　虚拟仪器的产生和发展

虚拟仪器的出现得益于测试技术的革新与计算机技术的发展。

美商国家仪器公司（National Instruments Corporation，简称 NI 公司）是世界上最早开发和应用虚拟仪器技术的公司。早在 20 世纪 70 年代，杰姆·特鲁查德和杰夫·柯德斯凯两人（NI 公司创始人）为美国海军研制一种声纳探测器的测试系统，该系统是基于计算机的测试系统，它为用户提供了各层次的交互接口，在计算机的控制下完成指定的测试任务，还可通过对系统的可编程器件进行编程，配置用户所需要的测试系统。但是，该系统的缺点是开发成本高，周期长，而且用户必须学会复杂的操作命令，难以掌握，使用不便。后来，杰姆·特鲁查德和杰夫·柯德斯凯两人由该系统得到启发，提出了测试系统软件的模块化，即由多层 VI（Virtual Instrument）程序构成测试系统软件，每个 VI 具有相同的结构与接口模式，这样大大简化了软件结构与程序设计，为测试系统软件的结构化设计开辟了新的里程。

1983 年 Apple 公司推出了图形界面的个人计算机 Macintosh，使得在计算机屏幕上模拟真实仪器的面板成为可能。在杰夫·柯德斯凯等人的努力下，测试系统软件的操作界面做得更加友好，每个 VI 程序都含有一个形象逼真、操作方便的前面板和一段实现特定功能的程序代码。但在程序代码的编写上需要技术人员具有相当的技巧和经验，对不熟悉代码编程的仪器工程师来讲，增添了不少困难和障碍。为了使测试系统软件的设计符合易学易用、方便快捷的要求，适合广大的测试系统的专业工作者，杰夫·柯德斯凯在分析比较了多种编程方法之后，采用了数据流框图的编程方式来设计 VI 程序的源代码，于是图形化编程的虚拟仪器设计软件 LabVIEW（Laboratory Virtual Instrument Engineering Workbench）诞生了。1986 年 5 月 NI 公司推出了 LabVIEW Beta 版，同年 10 月 LabVIEW 1.0 版正式发布。

在 Windows 3.0 操作系统出现之前，LabVIEW 都是运行在 Macintosh 平台上的，Windows 3.0 面世后，NI 公司将 LabVIEW 向 Windows 平台移植，于 1993 年 1 月推出了多平台的 LabVIEW 3.0 版，其优异的性能很快得到业界的认可，并成为虚拟仪器技术的主导者。

由于虚拟仪器技术的先进性、优越性和广阔的发展前景，在 NI 公司之后，有不少国际知名的厂商，如美国 HP 公司、Tektronix 公司、PC 仪器公司，迅速加入了虚拟仪器研发的行列，虚拟仪器技术进入了飞速发展时期。到 1994 年虚拟仪器产品的制造厂家达 90 余家，生产 1000 多种各式产品。美国 NI 公司仍然是该行业的领头羊，它不仅能够提供虚拟仪器系统所需的各种硬件产品（包括各种数据采集产品，各种 GPIB 仪器控制产品及各种 VXI 仪器控制产品等），而且能够为不同层次的用户提供简单方便的虚拟仪器软件开发平台，如 LabVIEW、LabWindows/CVI 等。此外，美国 HP 公司也推出了数十至数百种虚拟仪器的组建单元和整机以及虚拟仪器的软件开发平台 HP-VEE 和 HP-ITG，用户可用它组建或挑选自己所需的仪器。除此之外，如 Tektronix 公司、Racal 公司等也相继推出了多种虚拟仪器产品。

虚拟仪器的出现和兴起，改变了传统仪器的概念、模式和结构，并以其特有的优势显示出强大的生命力。

§1-4 虚拟仪器软件

虚拟仪器可以在相同的硬件平台下，通过不同的软件就可以实现功能完全不同的各种仪器，即软件是虚拟仪器的核心，因此可以说“软件就是仪器”。

在当今，编写软件普遍采用面向对象的编程技术，从标准的 C 语言发展到 C++，虽说是编程技术的一大进步，但编程难度却大大增加了，不可能让非计算机专业的工程人员都去学复杂的 C++，去成为行业专家和编程专家！可视化编程语言环境 VISUAL 系列的推出，为简化计算机编程迈出了可喜的一步。但对一个普通的计算机用户来说，计算机作为一种工具，如果使用起来很麻烦、很困难，自然也就失去了工具的意义。因此，不少的软件先驱者一直在简化计算机编程技术方面做不懈努力，出现了一种崭新的图形化编程语言（G 语言），即其源程序就是图形化的框图，而不是文本代码，这一点不同于 VISUAL 编程语言，这种编程方式简明快捷，易学易用，不仅界面友好，更重要的是可节省大量的程序开发时间，使程序设计人员着眼于测量方案的设计，而不需要关心仪器的程控代码。如 NI

公司推出的虚拟仪器软件开发平台 LabVIEW 和 HP 公司推出的 VEE 均属这类软件。

根据仪器的三大功能，设计仪器必须解决好人机接口（即用户接口）和机机接口（即计算机与仪器模块接口）。因此虚拟仪器软件有三个主要功能，即提供一个集成的开发环境、一个与仪器硬件的高级标准接口和一个与用户图形的接口。VI 的标准软件有两大类：编程设计的软件，如 NI 公司的 LabVIEW 或 LabWindows/CVI；仪器驱动程序与用户接口开发工具软件，主要软件模块有数据采集、数据分析、数据显示、文件管理、硬件拷贝输出等。常用的虚拟仪器开发环境有 NI 公司的 LabVIEW、LabWindows/CVI 和 HP 公司的 VEE 以及 VB、VC++、Delphi 等。

NI 公司推出的虚拟仪器开发平台 LabVIEW 是一种易学易用、功能强大的图形化开发软件，不需要懂得其他编程语言就可以学习使用，它面对的是没有编程经验的用户，非常适合从事科研、开发的科学工作者和工程技术人员；而 LabWindows/CVI 是基于 C 语言的开发平台，面对的是熟悉 C 语言的用户，在程序设计上它具有更强的灵活性。本书着重介绍 NI 公司的 LabVIEW 及 LabWindows/CVI 这两种虚拟仪器软件开发平台。

第二章 LabVIEW概述

§2-1 引 言

NI 公司推出的 LabVIEW——虚拟仪器开发平台是一种崭新的图形化编程语言，其源程序完全是图形化的框图，而不是文本代码，这一点不同于 VISUAL 系列编程语言。它把复杂、繁琐、费时的语言编程简化为利用线条把各种不同的图形化功能模块连接起来的图形编程。所以用 LabVIEW 编写程序的过程就变成一个程序流程框图的绘制过程。另外 LabVIEW 还提供了简单、方便、完整的程序查错、调试工具。在 LabVIEW 中程序查错不需要预先编译，只要程序中存在语法错误，它就会马上提示你，然后只要用鼠标点击两下，就可以快速地查出错误的类型、原因以及错误的准确位置。这在编写较大程序的情况下尤其方便。LabVIEW 中的程序调试方法同样具有特色，其中数据探针最具有代表性，在程序调试运行的时候，可以在程序的任意位置插入任意多的数据探针，以检查该点在运行过程中的数据。

LabVIEW 具有三种用来创建和运行程序的模板：工具（Tools）模板，控制（Controls）模板和函数（Functions）模板。工具模板包括了程序的创建、修改和调试时使用的工具；控制模板主要用于在前面板中添加指示器和控制器；而函数模板则用于创建框图程序，它包括了很多函数子模板。

LabVIEW 开发环境包括三个部分：前面板、框图程序和图标/连接口。

前面板主要用于输入量的设置和输出量的显示，它模拟了真实仪表的面板。用户使用由系统提供的各种控件图标，如旋钮、开关、按钮、图表、图形等，可设计出清晰直观、易于操作的前面板；框图程序用图形编程语言编写，可以把它理解成传统程序的源代码；用户可以把 VI 程序看成一个对象（VI 子程序），通过图标/连接口可以在其他程序中把它作为子程序来调用。LabVIEW 的强大功能归因于它的层次化结构，用户可以把创建的 VI 程序当作子程序调用，以创建更复杂的程序，而这种调用阶数是无限的。LabVIEW 这种创建和调用子程序的方法，使创建的程序结构模块化，易于调试、理解和维护。

由于以上所述特点使得这种编程方式简明快捷，易学易用。它可以去面对没有编程经验的用户而非编程专家，非常适合从事科研、开发的科学工作者和工程技术人员；它不仅界面友好，更重要的是可以节省大量的编程学习和程序开发时间，使程序设计人员主要着眼于测量方案的设计，而不需要关心仪器的程控代码。

§2-2 LabVIEW 程序设计的一般过程

我们先简单概括一下 LabVIEW 程序的一般设计过程。

LabVIEW 程序称为虚拟仪器程序，简称 VI。一个完整的 VI 包括三个部分：前面板、框图程序和图标/连接口，因此一个 VI 程序的设计主要包括前面板的设计、框图程序的设计以及程序的调试。

（1）首先创建前面板：因为用户使用虚拟仪器时所观察到的就是前面板，并在前面板中执行对仪器的操作，所以应根据实际中的仪器面板以及该虚拟仪器所要实现的功能来设计前面板。前面板主要由输入控制器和输出指示器组成。利用控制模板来添加输入控制器和输出指示器（添加后会在框图程序窗口中出现对应的控制器或指示器的端口图标）。使用控制器可以输入数据到程序中，而指示器则可用来显示程序产生的数值。控制器和显示器部件有许多种类，可以从控制模板的各个子模板中选取。

（2）框图程序的设计：框图程序相当于源代码，只有在创建了框图程序以后该程序才能真正运行。所以在设计好前面板以后，就要根据各个框图之间的关系以及对数据的处理方法等设计框图程序。对框图程序的设计主要是对节点、数据端口和连线的设计。其中节点是 VI 程序运行的要素，即一个执行单位，可以把它理解为程序的一条语句，它包括四种类型：函数、VI 子程序、结构和代码接口。

（3）程序的调试：当前面板和程序框图设计好以后，程序执行过程中可能会遇到很多方面的错误，因此要对程序进行调试。首先查找错误，如果一个 VI 程序不能执行，运行按钮将会显示为一个折断的箭头，点击该运行按钮则会列出错误清单，双击列表中的错误项，则出错的对象或端口就会高亮显示。

程序的调试方法主要有：① 设置执行程序为高亮方式：在执行前点击高亮按钮，则运行过程中正在执行的节点会以高亮形式显示。这种执行方式一般用于单步模式，来跟踪框图中的数据流传输情况。② 单步执行：如果要使框图程序一个节点一个节点地执行，则按下单步按钮从而进入单步执行模式。这样下一个将要执行的节点就会闪烁，指示它将被执行，再次点击单步按钮，程序将会变成连续执行方式。③ 探针：从 Tools 工具模板中选择探针工具，将探针置于某根连线上，可以用来查看运行过程中数据流在该连线时的数据。④ 断点：使用断点工具可以在程序的某一地方中止程序执行，用探针或者单步方式查看数据。在实际应用中对于程序中出现的具体问题应选用适当的调试技巧。

下面我们来看一个使用 LabVIEW 制作 VI 的示例，如图 2-1 所示。

假设虚拟仪器（VI）是由一个按钮开关和一个指示灯组成的简化系统，该 VI 的功能是：当按下按钮时，指示灯点亮；当弹起按钮时，指示灯熄灭。面板采用三维立体显示，形象逼真，操作起来如同真实的仪器一样，直观，方便。这就是一个最简单的虚拟仪器实例。下面我们来介绍一下该 VI 程序的组成部分。

图 2-1 中左边窗口为前面板，可以形象地理解为仪器的面板，它主要用于输入量的设置和输出量的观察。其中，按钮开关为输入量，即输入一个开或关的布尔值，指示灯为输出量，显示开关的状态。输入量被称为控制器，输出量称之为指示器。前面板模拟了真实仪表的面板，易于操作，容易识别和理解。

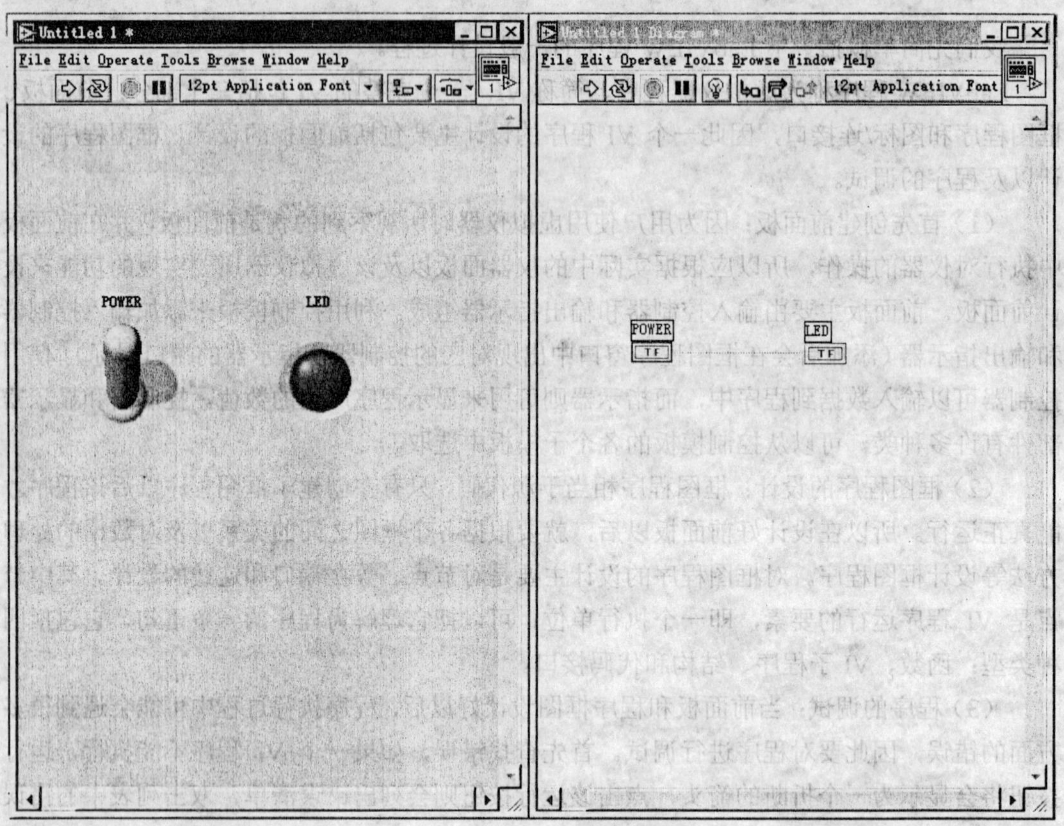

图 2-1　简单的虚拟仪器示例

图 2-1 中右边窗口为框图程序，每个前面板都有一个对应的框图程序，可以把它理解成传统程序的源代码，亦即源程序。前面板中的控制器和指示器都有一个对应的端口在框图程序中，如按钮控制器对应的是端口，指示灯指示器对应的是端口，前面板的控制器产生的输入量由控制器端口通过连线传送到指示器端口，再由前面板的指示器显示输出量。框图程序使用图形化编程语言（G 语言），类似于流程图，简单明了，数据流向清晰。

图标/连接口位于窗口的右上角，即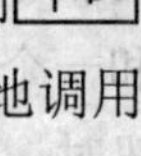，它可以让用户把 VI 程序作为一个对象（VI 子程序），在其他程序中像子程序一样地调用它。图标/连接口的用法将在后面的创建子程序一章中详细介绍。

§2-3　LabVIEW 的工作环境

在这里我们将介绍一下 LabVIEW 的工作界面以及文件目录（本书以 LabVIEW 6i 为例）。

2.3.1　启动界面

启动 LabVIEW 后，首先出现如图 2-2 所示的对话框：
对话框中各按钮的作用如下：

New VI	创建一个新的 VI 程序（即虚拟仪器程序，扩展名为 vi）
Open VI	打开一个已有的 VI 程序
DAQ Solutions	数据采集系统的通道配置及构建向导
Search Examples	虚拟仪器程序实例
LabVIEW Tutorial	LabVIEW 多媒体简易教程
Exit	退出 LabVIEW

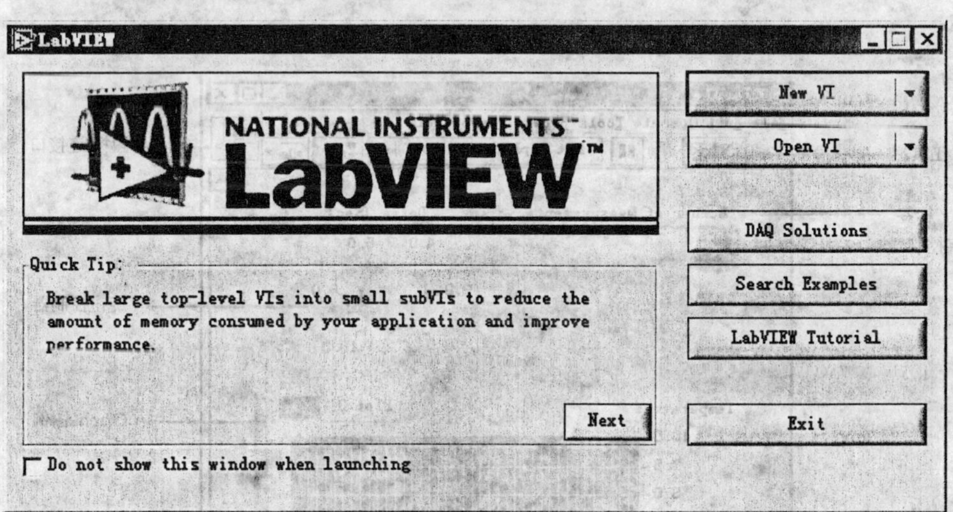

图 2-2　LabVIEW 6i 启动界面

2.3.2　前面板窗口和框图程序窗口

当你从 LabVIEW 启动对话框上点击 New VI 按钮时，将会出现两个没有标题的新窗口，选择菜单栏的 Windows 菜单项，弹出下拉菜单，选择 Tile Left and Right 选项，可以将这两个窗口平铺排列，这样便于在设计程序时前面板与框图程序相对应。如图 2-3 所示，一个是前面板窗口，另一个是框图程序窗口。窗口是空白的，用户可以创建一个新的 VI 程序。

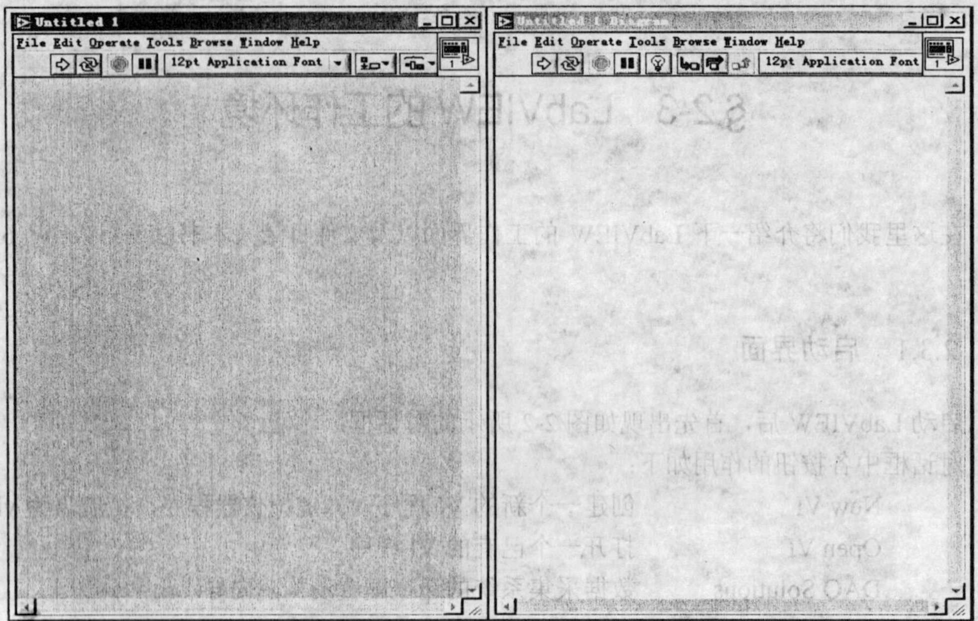

图 2-3　新的 VI 界面

下面我们打开一个已有的 VI 程序，并对它的各个部分进行说明，如图 2-4（a）、(b）所示。

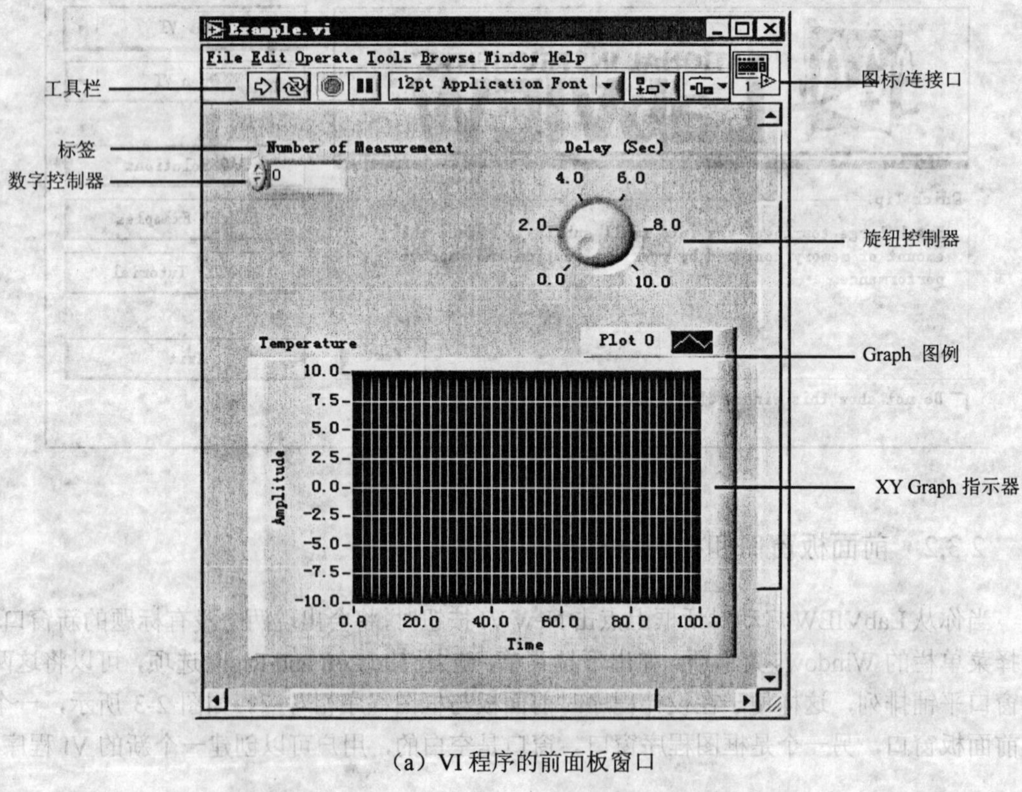

（a）VI 程序的前面板窗口

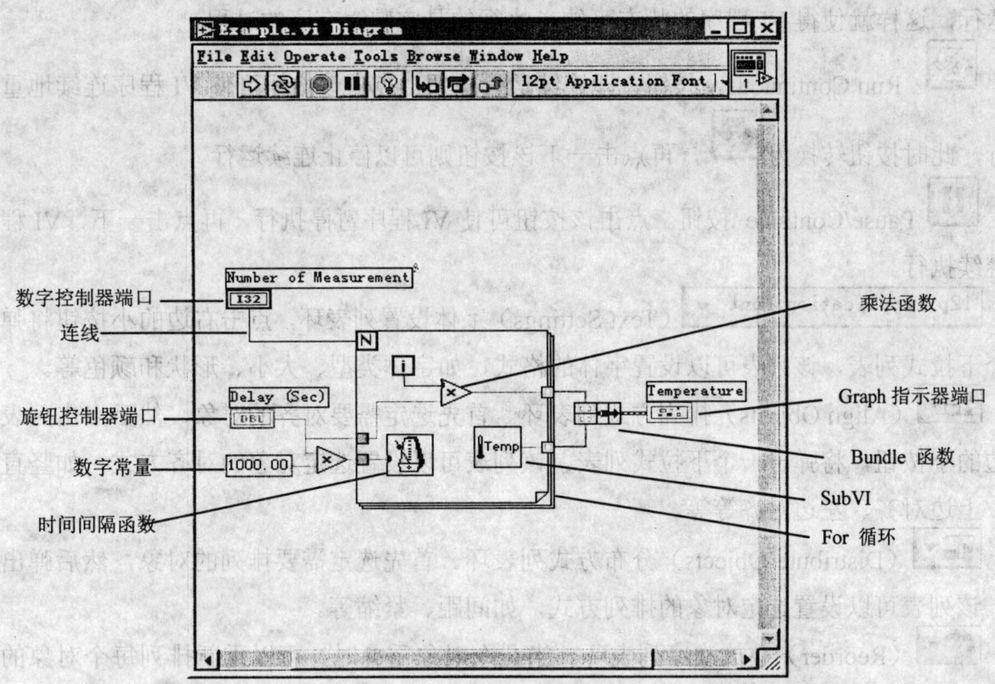

（b）VI 程序的框图程序窗口

图　2-4

2.3.3　前面板工具栏

前面板窗口和框图程序窗口都有各自的工具栏，工具栏包含用来控制 VI 的命令按钮和状态指示器。下面是前面板窗口的工具栏：

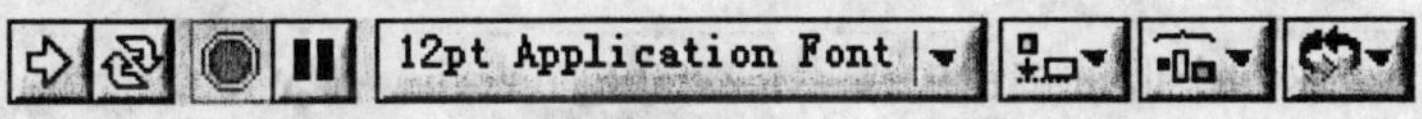

下面介绍一下工具栏各按钮的作用：

 Run 按钮，即运行按钮。点击它可以运行 VI 程序。在这里，大家要注意运行按钮的图案变化。如果运行的 VI 程序为最上级程序，则该 VI 的 Run 按钮转换为；如果运行的 VI 程序是一个被调用程序（如子程序），则该 VI 的 Run 按钮转换为；当程序有错误，无法执行下去时，Run 按钮转换为，表示 VI 程序由于出错而不能运行，如果想了解出错原因可以点击该按钮，将弹出一个窗口，列出所有错误。

当 VI 程序执行时，工具栏上将出现 Abort Execution 按钮，点击它就会立即停止程序的运行。

注意　应避免使用 Abort Execution 按钮来停止 VI 程序的运行，因为这是强制性的停止，可能会错过一些有用的信息。在设计程序时，可以通过设置按钮开关来停止 VI 程序的运行，这样就使得 VI 程序的状态可知，执行的是完整、有序的过程。

 Run Continuously 按钮，即连续运行按钮。点击该按钮可使 VI 程序连续地重复执行，此时按钮转换为，再点击一下该按钮则可以停止连续运行。

 Pause/Continue 按钮。点击该按钮可使 VI 程序暂停执行，再点击一下，VI 程序则继续执行。

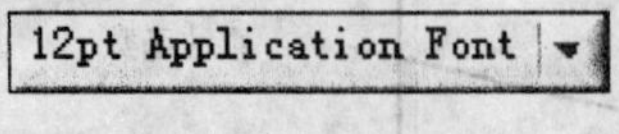

（Text Settings）字体设置列表环，点击右边的小按钮将弹出一个下拉式列表，该列表可以设置字体的格式，如字体类型、大小、形状和颜色等。

（Align Objects）排列方式列表环。首先选定需要对齐的对象，然后点击列表环右边的小按钮，将弹出一个下拉式列表，该列表可以设置选定对象的对齐方式，如竖直对齐、上边对齐、左边对齐等等。

（Distribute Objects）分布方式列表环。首先选定需要排列的对象，然后弹出列表，该列表可以设置选定对象的排列方式，如间距、紧缩等。

（Reorder）叠放次序列表环。当几个对象重叠时，可以重新排列每个对象的叠放次序，如前移、后移等等。

2.3.4 框图程序工具栏

框图程序窗口的工具栏按钮大多数与前面板工具栏相同，另外还增加了四个调试按钮。下面是框图程序工具栏：

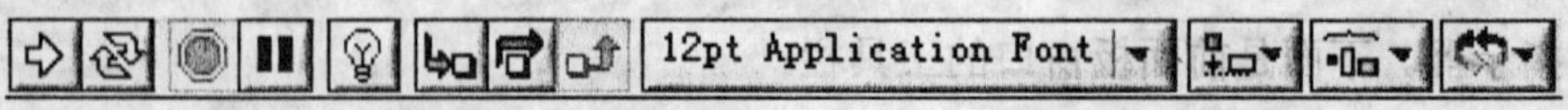

下面介绍一下这四个调试按钮的作用：

 Highlight Execution 按钮，即高亮执行按钮。点击该按钮可使 VI 程序的运行呈高亮状态，此时该按钮转换为，即以一种缓慢的节奏一步一步地执行程序，所执行到的节点都以高亮方式显示，并可观察到数据的流动，这样用户可以清楚地了解到程序的运行过程，也可以很方便地查找错误。当再次点击该按钮时，即可停止 VI 程序的这种执行方式，恢复到原来的执行方式。

 Start Single Stepping 按钮，这是一种单步执行的按钮，如果节点为一个子程序或结构，则进入子程序或结构内部执行单步运行方式。

 Start Single Stepping 按钮，这也是一种单步执行的按钮，与 Start Single Stepping 按钮所不同的是：以一个节点为执行单位，即点击一次按钮执行一个节点。如果节点为一个子程序或结构，也作为一个执行单位，一次执行完，然后转到下一节点，而不会进入节

点内部执行。闪烁的节点表示该节点等待执行。

 Step Out 按钮。当在一个节点（如子程序或结构）内部执行单步运行方式时，点击该按钮可一次执行完该节点，并直接跳出该节点转到下一个节点。

2.3.5 弹出式菜单

LabVIEW 菜单中使用最多的是弹出式菜单，几乎所有用来创建虚拟仪器的对象都有可选择的弹出式菜单。在对象上单击鼠标右键即可访问弹出式菜单。

2.3.6 下拉式菜单

LabVIEW 窗口上部的菜单栏为下拉式的菜单。下拉式菜单包括最普通的选项如 Open、Save、Copy 和 Paste 以及其他 LabVIEW 的特殊选项。LabVIEW 的菜单栏如下所示：

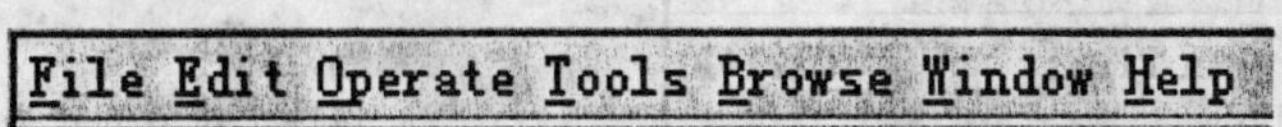

下面将简单介绍一下各个菜单及其选项的作用：

（1）File 菜单（见图 2-5）

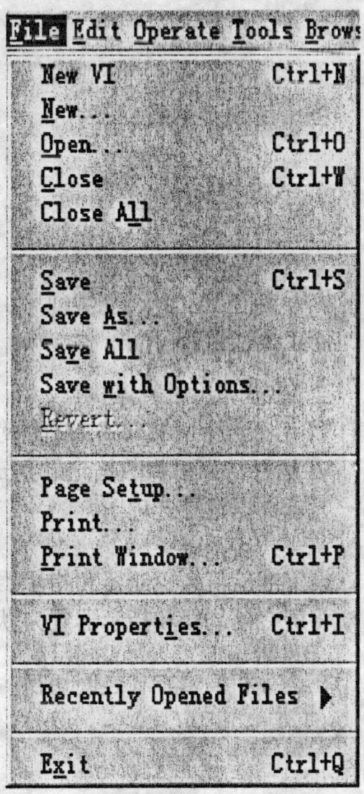

创建一个新的 VI 并打开它的前面板
创建一个新的对象文件
打开一个已有的文件
关闭当前文件
关闭当前所有打开的文件

保存当前 VI
使用新文件名或新路径保存当前 VI
保存当前所有打开的文件
自定义保存 VI 的选项或分类保存
将 VI 还原成上次保存的形式

页面设置
打印设置
打印 VI 窗口

VI 特性设置

最近打开的文件清单

退出 LabVIEW

图 2-5 File 菜单

（2）Edit 菜单（见图 2-6）

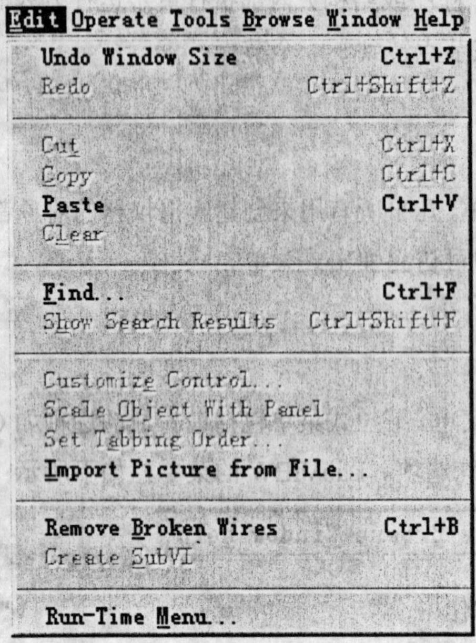

取消上一次窗口大小调节
恢复上一次窗口大小调节

将选定对象删除，并复制到剪贴板中
将选定对象复制到剪贴板中
将剪贴板中的对象粘贴到当前位置
将选定对象删除

查找对象或文本
显示查找结果

自定义控制器
显示选定对象的位置刻度线
设置对象的标签顺序
从文件中插入图片

删除坏线
将选定对象创建为子 VI

自定义菜单项

图 2-6　Edit 菜单

（3）Operate 菜单（见图 2-7）

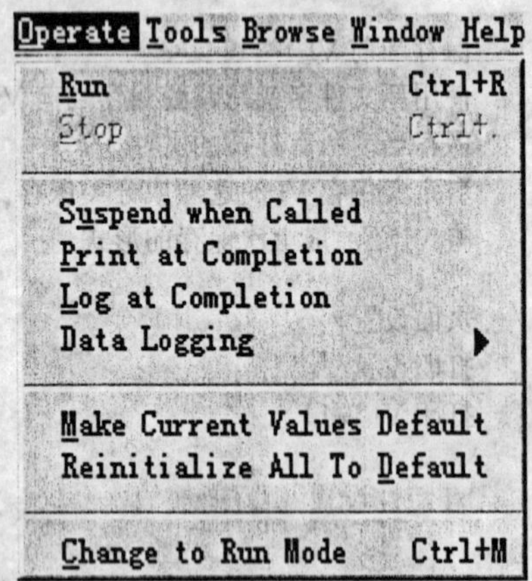

执行当前 VI
停止执行当前 VI

当 VI 被调用时暂停执行
VI 运行结束时打印 VI 前面板
VI 运行结束时将数据记录到一个文件中
显示数据记录选项

设置当前值为控制器和指示器的默认值
将所有控制器和指示器置为默认值

在运行和编辑方式之间切换

图 2-7　Operate 菜单

（4）Tools 菜单（见图 2-8）

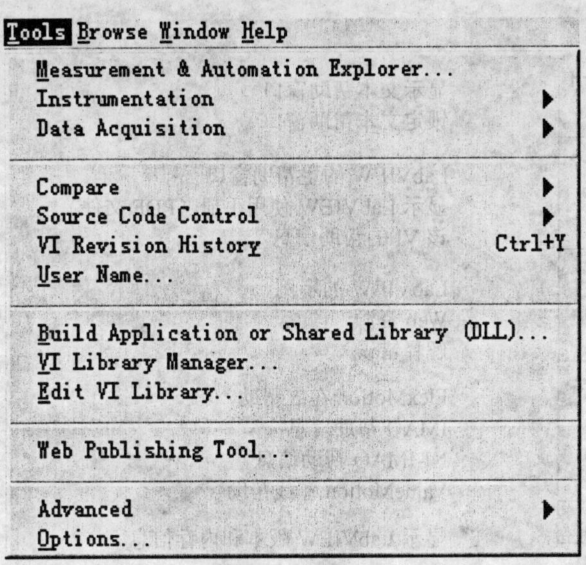

运行 MAX 程序进行 DAQ 配置
仪器驱动程序
DAQ 设置
文件比较
源代码控制
VI 的历史记录
用户名
编译程序或生成动态链接库（专业版）
VI 库文件管理器
编辑 VI 库文件
Web 发布
高级选项
设置选项

图 2-8 Tools 菜单

（5）Browse 菜单（见图 2-9）

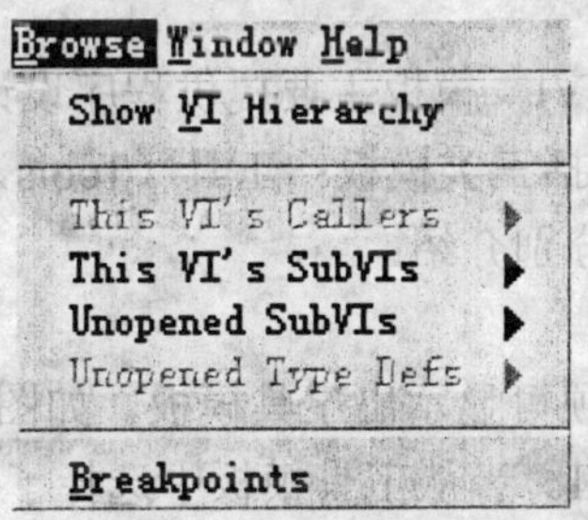

显示菜单中所有 VI 的调用层次结构
显示调用该 VI 的程序清单
显示该 VI 的子程序清单
显示未打开的子程序清单
显示未打开的类型定义
显示断点

图 2-9 Browse 菜单

（6）Window 菜单（见图 2-10）

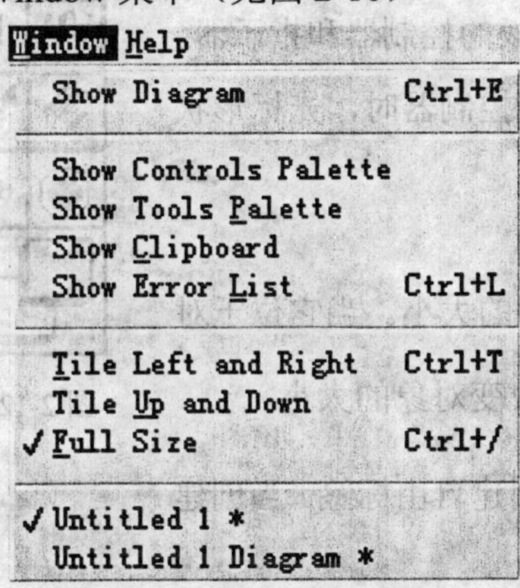

显示框图程序窗口
显示控制模板
显示工具模板
显示剪贴板
显示错误清单
将前面板窗口和框图程序窗口左右并排
将前面板窗口和框图程序窗口上下并排
将当前窗口最大化
显示当前打开的窗口清单

图 2-10 Window 菜单

（7）Help 菜单（见图 2-11）

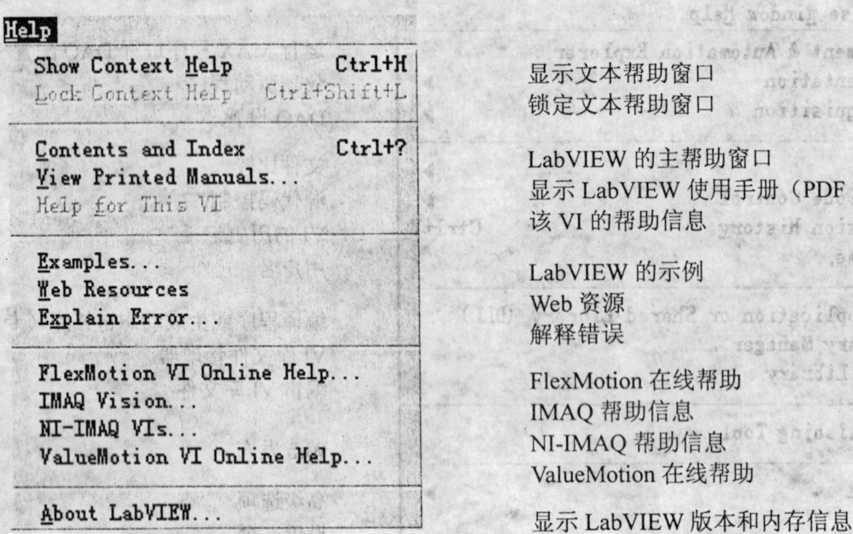

图 2-11　Help 菜单

2.3.7　模板

LabVIEW 具有图形化的模板帮助创建和运行 VI，模板主要提供程序设计所用到的各类控制器、指示器、函数、结构、工具等等，它包括三类模板：工具（Tools）模板、控制（Controls）模板和函数（Functions）模板。下面分别介绍：

1．工具模板（Tools Palette）

选择 Windows 菜单下的 Show Tools Palette 选项可显示出工具模板，如图 2-12 所示。

使用工具模板中的工具可创建、修改和调试 VI。当从工具模板中选择了某种工具后，鼠标光标就变为该工具的形状，表示可以进行某类操作。

下面简单介绍一下各种工具的作用：

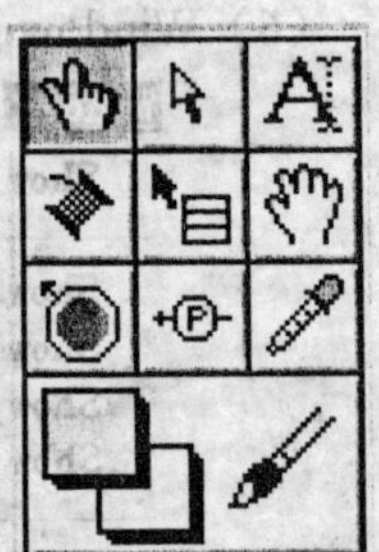

图 2-12　工具模板

操作工具，使用该工具可以操作前面板的控制器和指示器。当光标经过文本控制器、字符串控制器或数字控制器时，光标形状变成 ，点击一下即可输入字符或数字。

选择工具，用于选择、移动和改变对象的大小。当它位于对象的边角时，形状变为 ，可以改变对象的大小。

标签工具，用于输入标签文本或者创建自由标签。当创建自由标签时光标形状变为 形状。

连线工具，用于在框图程序上连接对象。在 Windows 菜单下选 Show Help Windows 选项，然后将该工具放在任一条连接线上，就会在 Help 窗口内显示连线的数据类型。

对象弹出菜单工具，点击鼠标左键可弹出对象的弹出式菜单，相当于在其他工具状态下点击右键。

翻滚工具，使用该工具可以翻滚窗口，而不需要用滚动条。

断点工具，使用该工具可以在 VI 函数和结构内设置断点，当程序执行到断点时就暂停执行。

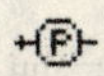探针工具，使用该工具可以在框图程序的连线上设置探针，以便监视该连线上的数据。

颜色提取工具，使用该工具可以提取对象的颜色，以便用于编辑其他的对象。

颜色工具，使用该工具可以改变对象的颜色，包括改变对象的前景色和背景色。

2．控制模板（Controls Palette）

选择前面板窗口的 Windows 菜单下的 Show Controls Palette 选项可显示出控制模板，如图 2-13 所示。

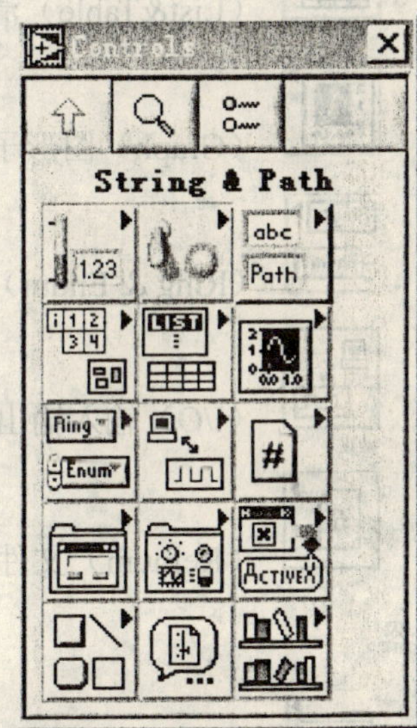

图 2-13　控制模板

控制模板只用于前面板，用来创建控制器和指示器。模板中显示的是一些子模板的图标，点击图标即可弹出该图标下的子模板。

注意　只有激活前面板窗口时才能调用控制模板。

下面简单介绍一下各子模板的作用：

Search 按钮，按下该按钮将弹出一个对话框，可以输入关键字来查找前面板控件或框图程序函数。

Up to Owning Palette 按钮，该按钮可以返回上一级模板。

Options 按钮，按下该按钮可以定制控制模板。

（Numeric）数字子模板，包含一些数字控制器和指示器。

（Boolean）布尔子模板，包含一些布尔值的控制器和指示器，如按钮开关、指示灯。

（String & Path）字符串和文件路径子模板，包含一些字符串及文件路径的控制器和指示器。

（Array & Cluster）数组和簇子模板，包含一些数组型的控制器和指示器。

（List&Table）清单列表子模板，包含一些清单和列表的控制器和指示器。

（Graph）图形子模板，包含一些显示数据曲线的图形指示器。

（Ring & Enum）选项环和枚举子模板，包含一些选项环及枚举型控制器。

（I/O）输入输出子模板，包含一些输入输出操作的控制器。

（Refnum）文件标识子模板，包含一些用于文件操作的文件标识控制器和指示器。

（Dialog Controls）对话框子模板，包含一些对话框的标准控件。

（Classic Controls）传统子模板， LabVIEW 5.0 版本的控制器和指示器。

ActiveX 子模板，包含一些调用 ActiveX（网络多媒体对象）控件的控制器和指示器。

（Decorations）修饰子模板，包含一些图形对象，用于前面板的修饰。

（Select a Control…）选择控件子模板，用来装载用户自定义控件。

（User Controls）用户控件子模板，用来存放用户自定义的控件。

3．函数模板（Functions Palette）

选择框图程序窗口的 Windows 菜单下的 Show Functions Palette 选项可显示出函数模板，如图 2-14 所示。

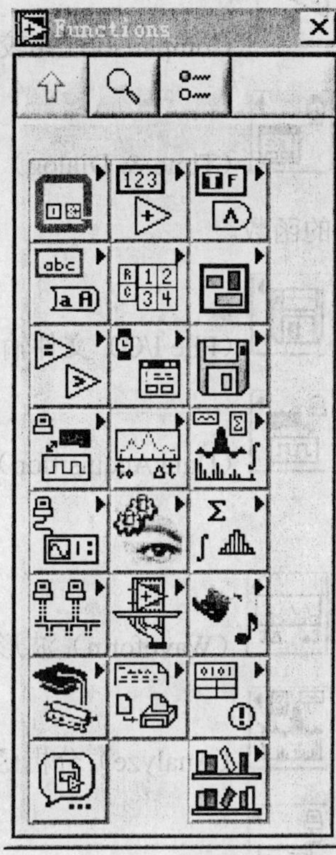

图 2-14　函数模板

函数模板只用于框图程序窗口，用来创建框图程序。模板中显示的是一些子模板的图标，点击图标即可弹出该子模板。函数模板主要包含各种函数（子 VI）及控制程序流程的结构。

注意　只有在激活框图程序窗口时才能调用函数模板。

下面简单介绍一下各子模板的作用：

Search 按钮，按下该按钮将弹出一个对话框，可以输入关键字来查找前面板控件或框图程序函数。

Up to Owning Palette 按钮，该按钮可以返回上一级模板。

Options 按钮，按下该按钮可以定制函数模板。

（Structures）结构子模板，包含一些控制程序流程的控制结构，例如 For 循环、While 循环、Case 结构等等。

（Numeric）数字子模板，包含一些算术、三角、对数等数学函数。

（Boolean）布尔子模板，包含一些逻辑和布尔函数。

（String）字符串子模板，包含一些对字符串进行处理的函数。

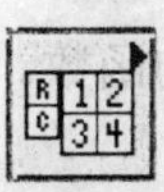

（Array）数组子模板，包含一些数组处理函数。

（Cluster）簇子模板，包含一些簇处理函数。

（Comparison）比较子模板，包含一些对数字、布尔值和字符串进行比较的函数。

（Time & Dialog）时间和对话框子模板，包含一些对话框窗口以及计时和出错处理的函数。

（File I/O）文件输入输出子模板，包含一些处理文件输入输出的函数。

（Data Acquisition）数据采集子模板，包含一些驱动插入式数据采集卡的 VI 程序。

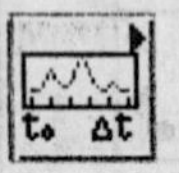（Waveform）波形子模板，包含一些波形曲线的函数。

（Analyze）分析函数子模板，包含一些数据分析的函数。

（Instrument I/O）仪器输入输出子模板，包含一些串行、GPIB 和 VISA 仪器控制的输入输出函数。

（Motion&Vision）动画图像子模板，包含一些动画和图像处理的函数。

（Mathematics）数学子模板，包含一些数学函数。

（Communication）通讯子模板，包含 TCP、UDP、DDE、OLE 和 Apple.Events 等方式的网络函数。

（Application Control）应用程序子模板，包含一些应用程序控制的函数。

（Graphics & Sound）图形声音子模板，包含一些图形和声音处理的函数。

（Tutorial）示教课程子模板，包含一些 LabVIEW 教程的练习中用到的 VI 程序。

（Report & Generation）报表子模板，包含一些报表生成函数。

（Advanced）高级函数子模板，包含一些库函数调用、VI 程序控制、数据处理等多种功能的函数。

（Select a VI…）选择 VI 子模板，用来调入一个 VI 程序作为子程序使用。

（User Libraries）用户库子模板，用来存放用户的 VI 程序。

2.3.8　VI 库

LabVIEW 可以将多个 VI 程序文件（扩展名为.vi）压缩成一个文件（文件的扩展名为.llb），我们称之为库文件，使用 VI 库有以下优点：

- 使用 VI 库，可以用最多 255 个字符（含扩展名）给 VI 程序命名；
- VI 库可压缩 VI 程序以节省磁盘空间（在打开时解压）；
- 因为多个 VI 在同一文件中，使得计算机之间的 VI 转移很简单。

另外，VI 库还有如下特性：

- VI 库没有层次，也就是说不能在 VI 库内创建 VI 库；
- 在文件系统中打开 VI 或保存 VI 比在 VI 库中来得快，因为压缩和解压要耗费运行时间。

用户可以创建自己的 VI 库，方法是先保存文件，如选择 File 菜单下的 Save As…选项，出现如图 2-15 所示的对话框。

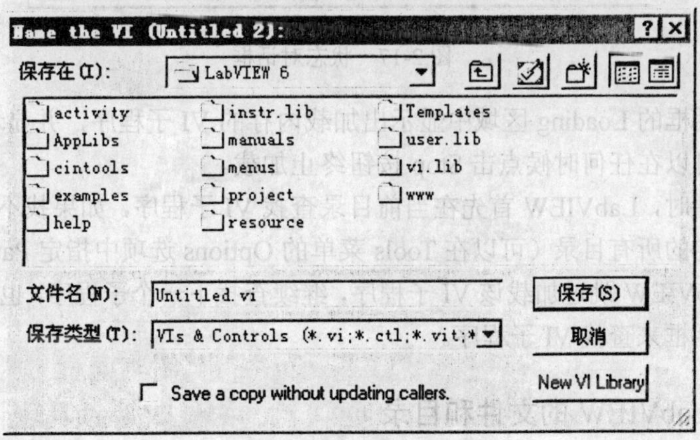

图 2-15　保存 VI

然后在对话框中点击 New VI Library 按钮，将显示如图 2-16 所示的对话框。

在对话框中输入新 VI 库的文件名（库名不少于 8 个字符，扩展名为 llb），然后点击

VI Library 按钮。如果命名时未加扩展名，LabVIEW 自动添加.llb 扩展名。在 LabVIEW 环境中，VI 库文件与文件一样使用，包括打开、保存和关闭等。另外，可以使用 Tools 菜单下的 Edit VI Library 选项来编辑 VI 库文件。

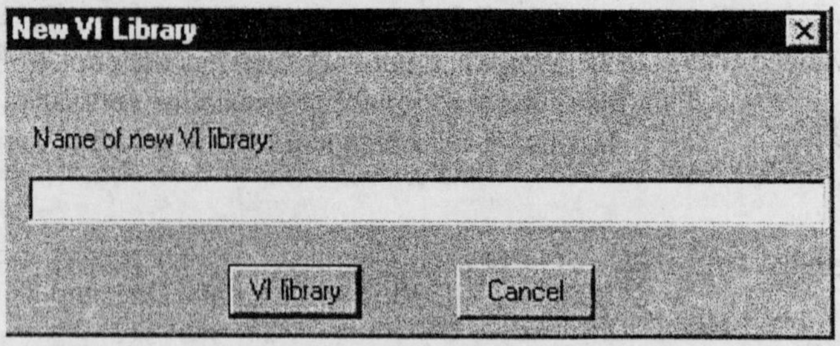

图 2-16　New VI Library 对话框

2.3.9　打开 VI 程序

可以在文件管理系统（如我的电脑、资源管理器）中直接双击 VI 的文件名来打开 VI 程序（安装 LabVIEW 后就自动建立了这类文件的关联），LabVIEW 首先自动加载该 VI 的相关文件（如子 VI、驱动程序等），会在屏幕上显示状态对话框，如图 2-17 所示。

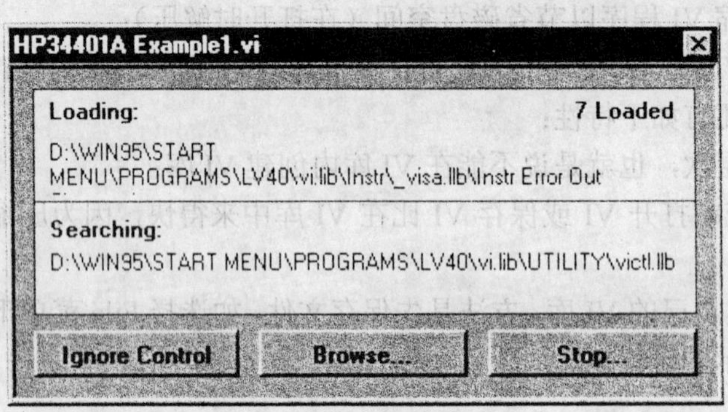

图 2-17　状态对话框

在状态对话框的 Loading 区域中显示出加载内存的 VI 子程序，并显示已加载的 VI 子程序的数量，可以在任何时候点击 Stop 按钮终止加载。

在加载文件时，LabVIEW 首先在当前目录查找 VI 子程序，如果找不到，就查找由 VI Search Path 指定的所有目录（可以在 Tools 菜单的 Options 选项中指定 Paths）。单击 Ignore 按钮可以使 LabVIEW 跳过加载该 VI 子程序，继续查找下一个子程序，也可以单击 Browse 按钮用文件对话框来查找 VI 子程序。

2.3.10　LabVIEW 的文件和目录

LabVIEW 系统包括 LabVIEW 的应用程序和一些相关的文件。

LabVIEW 使用一些文件和目录来存储创建 VI 必需的信息，这些文件和目录包括：

vi.lib 目录。这个目录包括 VI 库文件，如数据采集、数据分析，vi.lib 必须和 LabVIEW

位于同一目录下，不要改变 vi.lib 的目录名，因为当 LabVIEW 一启动它就要寻找这个目录，如果改动了，有许多控件和库函数将不能使用。

examples 目录。目录里包含有许多说明 LabVIEW 函数的 VI 样本。

cintools 目录。目录里有连接外部 C 程序到 LabVIEW 的文件。

menus 目录。该目录存储所有视图的菜单信息，通常使用 default 子目录。

help 目录。该目录包含所有与 LabVIEW 有关的 help 文件。

user.lib 目录。该目录下的 VI 可以显示到函数模板的用户库子模板上。

BASCLASS.llb 库文件。该文件包含了 LabVIEW 教程的练习中的 VI。

2.3.11 LabVIEW 帮助选项

LabVIEW 的帮助系统做得非常出色，对掌握 LabVIEW 来说是个很好的途径。

在 LabVIEW 中，对于 VI 程序、VI 子程序及节点有多种帮助选项，Help 窗口和 Online Help 在线帮助为两个较常用的 LabVIEW 程序帮助方式。

1．文本帮助窗口

在菜单栏的 Help 菜单下选择 Show Contxt Help 选项，或者同时按下 Ctrl 键和 H 键即可显示 Help 窗口。当从工具模板中选择任一工具置于框图程序或前面板对象上时（如 VI 子程序、函数、常量、控制器、指示器以及每个端口），Help 窗口将显示该对象的帮助信息对话框。

下面简单介绍一下帮助信息对话框的几个按钮的作用：

简单/复杂帮助按钮，点击该按钮可以在简单的帮助和复杂的帮助方式之间切换。简单帮助强调重要的连接，对于不重要的端口只显示出该端口有连线存在，没有对其说明；复杂帮助则显示所有端口的连接说明，如图 2-18、2-19 所示。

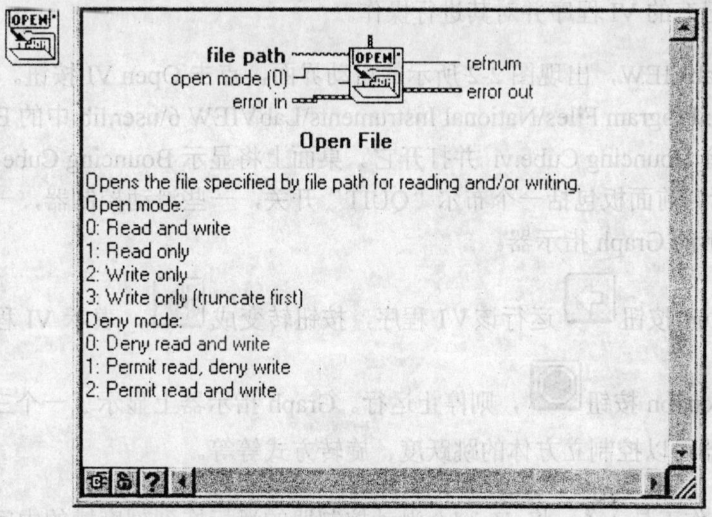

图 2-18 简单的帮助窗口

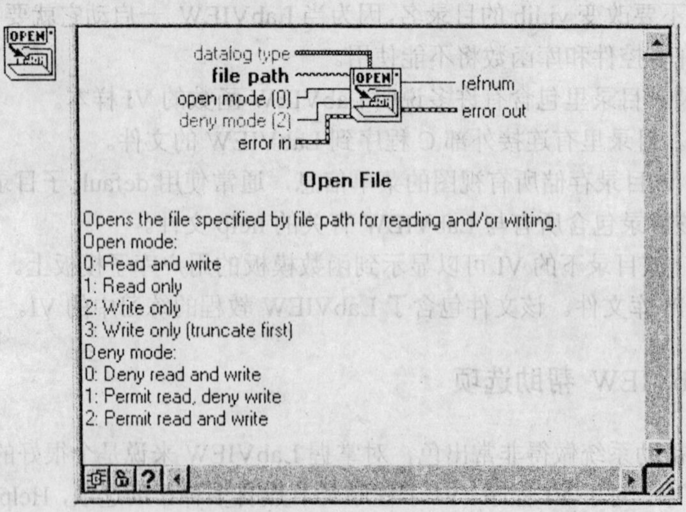

Complex Diagram Help Window

图 2-19　复杂的帮助窗口

锁定帮助按钮，单击该按钮，可以锁定 Help 窗口的当前内容。当内容锁定之后，鼠标移至其他对象上时不改变显示内容。要解除锁定状态，再点击该按钮即可。

2．Online Help 在线帮助

Online Help 的特色是详细描述了框图程序的大多数对象，可以通过点击 Help 窗口里的在线帮助图标 来访问 Online Help。

练习 2-1

打开一个已有的 VI 程序并对其进行操作。

1．启动 LabVIEW，出现图 2-2 所示的启动界面，点击 Open VI 按钮。

2．打开 C:\Program Files\National Instruments\LabVIEW 6\user.lib 中的 BASCLASS.llb 库文件，再选择 Bouncing Cube.vi 并打开它。桌面上将显示 Bouncing Cube 前面板窗口，如图 2-20 所示。前面板包括一个布尔“QUIT”开关，一些滑动控制器，一个旋钮控制器和一个显示图形的 Graph 指示器。

3．单击 Run 按钮 运行该VI 程序，按钮转变成 ，表示 VI 程序正在运行。按下 Abort Execution 按钮 ，则停止运行。Graph 指示器上显示了一个三维立方体，使用前面板控制器可以控制立方体的跳跃度、旋转方式等等。

4．使用操作工具 ，将 Height 滑动控制器的滑标拖到刻度槽的中间位置，立方体开始跳跃。滑动控制器是一种特殊类型的数字控制器，虽然这样的特殊控制器有几种类型，比如旋转式和滑动式，但它们的操作方式是类似的。LabVIEW 的控件做得非常直观，操作起来类似于真实仪器上的控制器。

使用操作工具操作滑动控制器的其他操作方法：

· 点击刻度槽上的一点，滑标将移至该点。

· 点击滚动按钮，滑标将朝着箭头指向缓慢移动。

· 在数字指示器内单击一下，然后输入一个数值来指定刻度。

5. 试着调节其他控制器，特别是 Depth 和 Translation 控制器。尽管这些控制器看起来不同，操作方式与 Height 控制器是相似的。

6. 点击 QUIT 开关，可终止 VI 程序的运行。尽管点击前面板工具栏的 Abort Execution 按钮也可以停止 VI 的运行，但这不是停止 VI 程序运行的正确方法。

7. 在 File 菜单下选择 Close 选项，关闭 Bouncing Cube.vi。

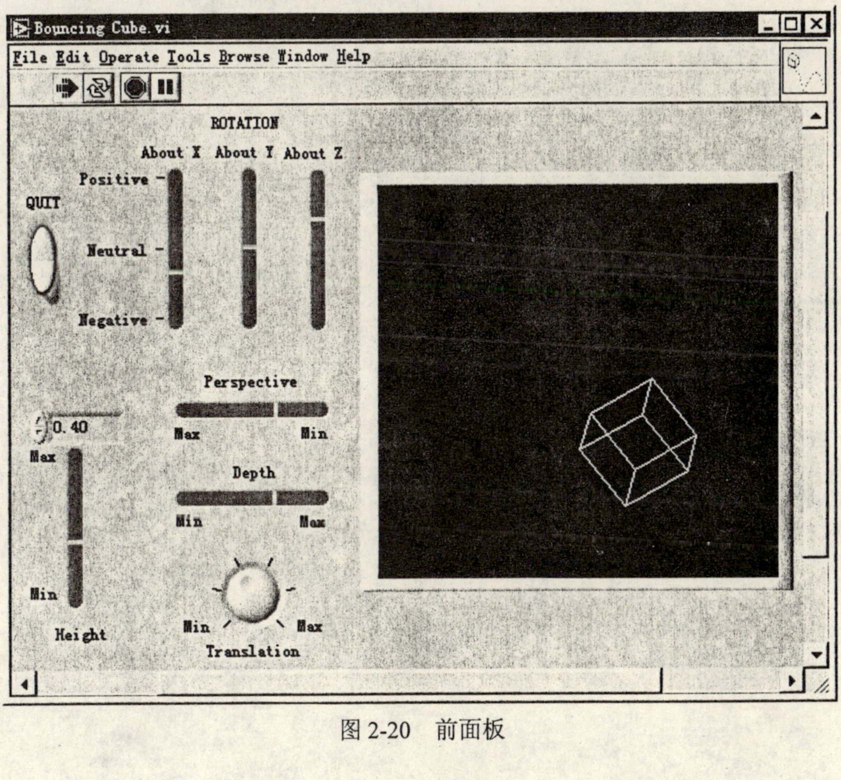

图 2-20　前面板

§2-4　总结、提示和技巧

· VI（虚拟仪器）有三个主要部分：前面板、框图程序和图标/连接口。

· 前面板指定 VI 的输入量和显示 VI 的输出量。控制器指定输入量，指示器显示输出量。

·框图程序是由节点、端口和连线组成的可执行代码。

·使用工具模板中的操作工具、编辑工具和调试工具来操作 VI。

·使用控制模板在前面板窗口中放置控制器和指示器，在前面板窗口的空白处点击鼠标右键可弹出控制模板。

·使用函数模板在框图窗口中放置节点（函数和 VI 子程序）。在框图程序窗口的空白处点击鼠标右键可弹出函数模板。

·在对象上右击鼠标可以访问其弹出式菜单。

第三章　VI 程序的创建、编辑和调试

§3-1　VI 程序的创建

VI 程序有三个主要组成部分：前面板、框图程序和图标/连接口。本章讨论前面板与框图程序，图标/连接口部分将在第四章详细介绍。

3.1.1　前面板

VI 的前面板由控制器和指示器组成。控制器将数据提供给 VI 程序，作为输入；指示器用于显示 VI 生成的数据，作为输出。控制器和指示器有多种类型，用户可以通过选取控制模板的各子模板将指示器和控制器添加到前面板中。可以在前面板窗口空白处按鼠标右键弹出控制模板，或者在菜单栏的 Windows 菜单下选择 Show Controls Palette 选项来打开该模板。

1．数字型控制器和指示器

数字型控制器和数字型指示器，如图 3-1 所示，是两种应用最为普遍的前面板控件，要输入或改变数字控制器的值，可用操作工具点击控制器左侧的增量按钮，或者先用操作工具双击需改变的数字控制器，然后用键盘键入数值。

2．布尔型控制器和指示器

布尔型控制器和指示器分别用于输入和输出布尔型数值（真或假），布尔对象用来模拟开关、按钮和 LED 灯等。如图 3-2 所示的布尔对象为一个开关和 LED 指示灯。

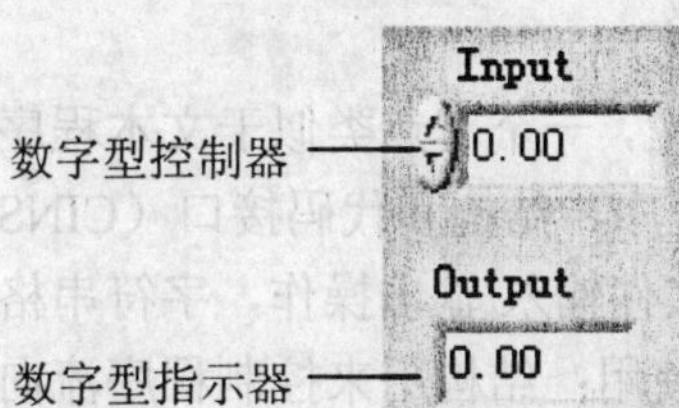

图 3-1　数字型控制器和指示器

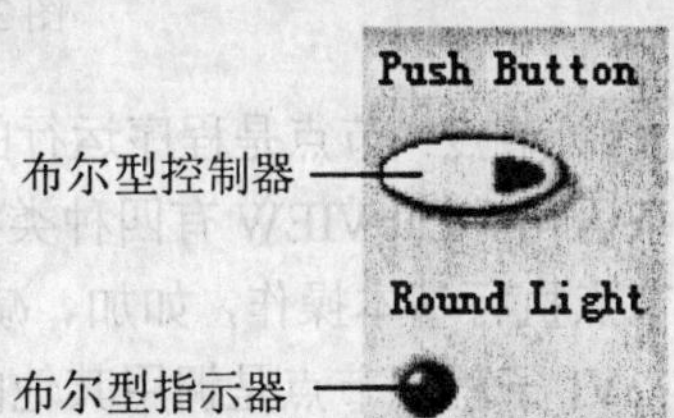

图 3-2　布尔型控制器和指示器

3．控制器和指示器的配置

绝大多数的控制器和指示器的配置可以改变，即在控制器或指示器上右击鼠标弹出菜单，选择菜单选项来改变配置，也可以在控制器或指示器的各个部位上分别弹出菜单来完成该部分的配置，如图 3-3 所示。

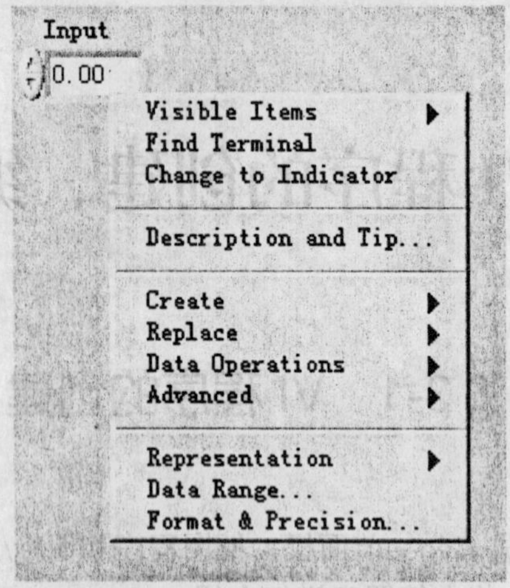

图 3-3　控制器的弹出菜单

3.1.2　框图程序

1. 框图程序的组成

框图程序由节点、端口和连线组成（见图 3-4）。

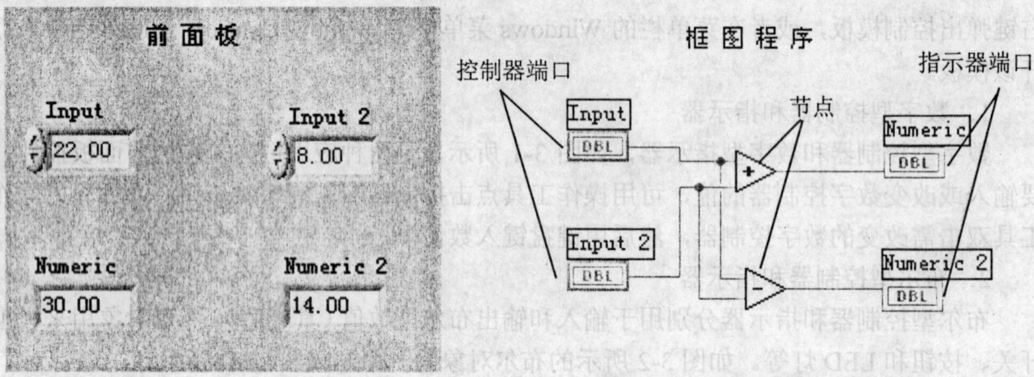

图 3-4　前面板及框图程序的组成

（1）节点：节点是程序运行的要素，即程序执行的单位，一个节点类似于文本程序中的一条语句。LabVIEW 有四种类型的节点：函数、VI 子程序、结构和代码接口（CINS）。函数节点执行基本操作，如加、减、乘、除等数学运算，文件输入/输出操作，字符串格式化等；VI 子程序节点是调用其他的 VI 程序来作为子程序使用；结构用来控制程序流向，如 For 循环、While 循环等；CIN 是框图程序和用 C 语言编写的用户编码之间的接口。在图 3-4 中显示了一个 VI 程序的两个函数节点，一个是加法函数，另一个是减法函数。

（2）端口：端口使数据能在框图程序之间以及框图程序的节点之间顺利地传递。端口类似于文本程序中的参数或常量，可分为控制器、指示器端口和节点端口（即函数图标的连线端口）两类。控制器、指示器端口对应于前面板上创建的控制器和指示器，当执行 VI 程序时，前面板中控制器的值通过控制器端口传递到框图程序；当 VI 程序结束执行后，通过指示器端口将输出数据又传递到前面板的指示器。在前面板创建或删除控制器或指示器时，控制器端口或指示器端口将自动在框图程序中生成或删除。在图 3-4 中的框图程序显示了前面板的控制器端口和指示器端口，同时也表示了加法函数和减法函数的端口模式。

（3）连线：连线是端口间传递数据的路径。在框图程序中数据流动是单向的，从源端口到一个或多个目的端口。不同形式的连线代表不同的数据类型，在彩色显示器上还用不同的颜色来表示不同的数据类型，下面列出了常用的连线类型。

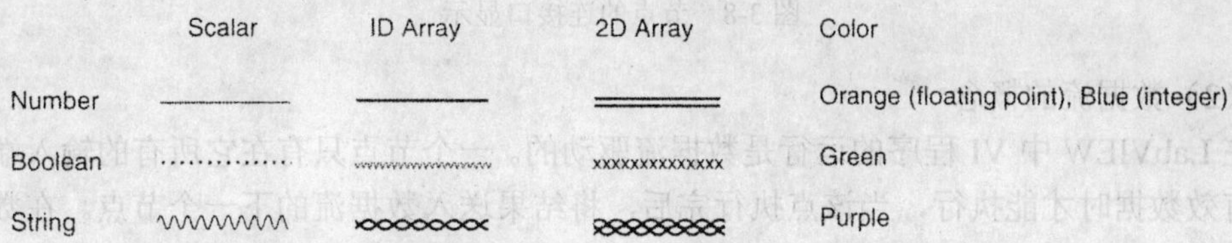

连线时可使用工具模板中的连线工具来进行操作。在图 3-5 和图 3-6 中，形象地表示了连线的过程，鼠标标志的箭头表示点击的位置，鼠标标志上的数字表示了需点击鼠标左键的次数。

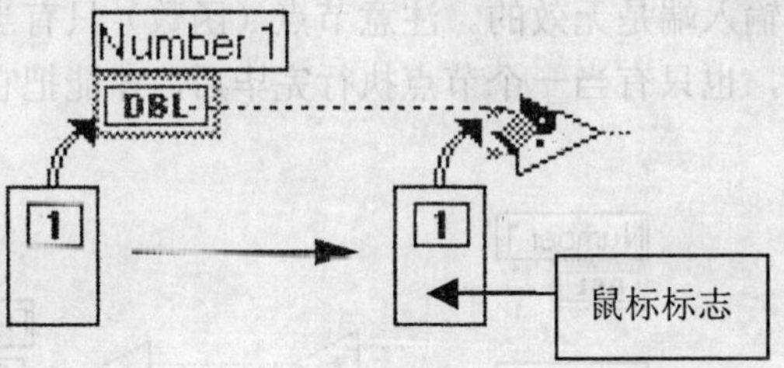

图 3-5　移动连线工具

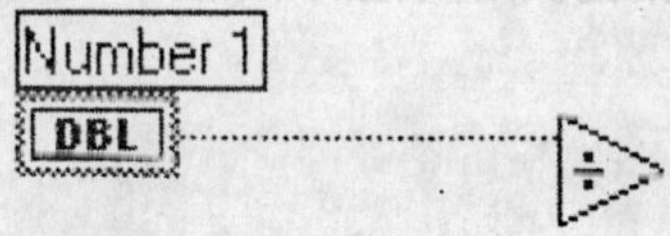

图 3-6　完成连线

具体连线步骤是：若要将两个端口用连线连接起来，首先选用连线工具指向一个端口，该端口会闪烁，点击一下鼠标左键，就可以从该端口开始连线，然后把连线工具移到第二个端口上，点击一下鼠标左键，这样就可以在两个端口之间形成一条连线了。

从一个端口将连线工具移到另一个端口上时，不按下鼠标按钮，连线将随鼠标移动，当将鼠标以 90° 转向时可使连线以 90° 弯曲，按空格键可以改变连线的弯曲方向。

当将连线工具移到一个函数端口上时，会显示出一个提示条（见图 3-7），提示条可使连线时函数节点的端口容易识别，提示条上显示出端口名。

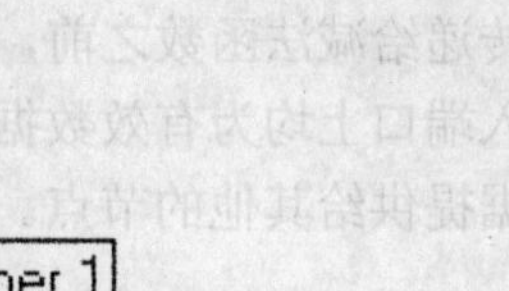

图 3-7　端口的提示条

正确地连接端口是很关键的，可以通过显示节点的连接口以方便用户正确地连线，即在函数的图标上右击弹出菜单，如图 3-8 所示，选择 Visible Items>>Terminals 即可。若要返回到图标显示，重复上述操作即可。

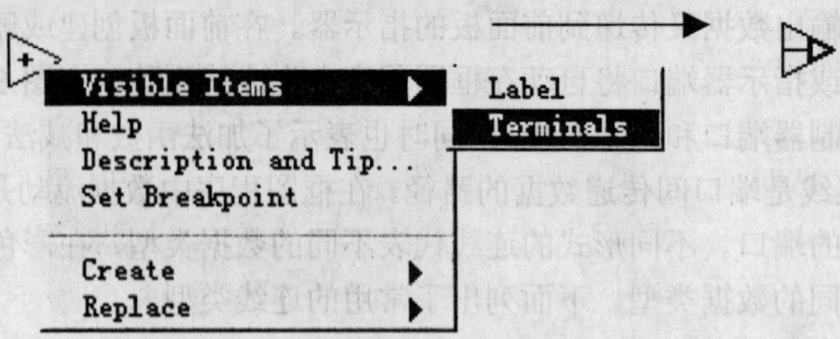

图 3-8　节点的连接口显示

（2）数据流的概念

在 LabVIEW 中 VI 程序的运行是数据流驱动的。一个节点只有在它所有的输入端口都连接有效数据时才能执行，当该点执行完后，将结果送入数据流的下一个节点。在数据流执行方式中，没有明显的先后顺序，大家可以形象地把连线理解为导线，把节点理解为电路，当电路的所有输入端有信号时才工作并产生输出信号。与数据流的执行方式相对比，文本程序的执行为控制流方式，即指令执行的顺序按照程序的编写顺序进行。

例如：在一个完成两数相加后，将求得的和减去 50 的 VI 框图程序中，如图 3-9 所示，框图程序从左至右执行，这不是由对象放置顺序决定的，而是在加法函数没有将两数相加的值传递给减法函数之前，减法函数的该输入端是无效的。注意节点（函数）只有当它所有输入端口上均为有效数据时，才能执行，也只有当一个节点执行完毕后，才能把它的输出数据提供给其他的节点。

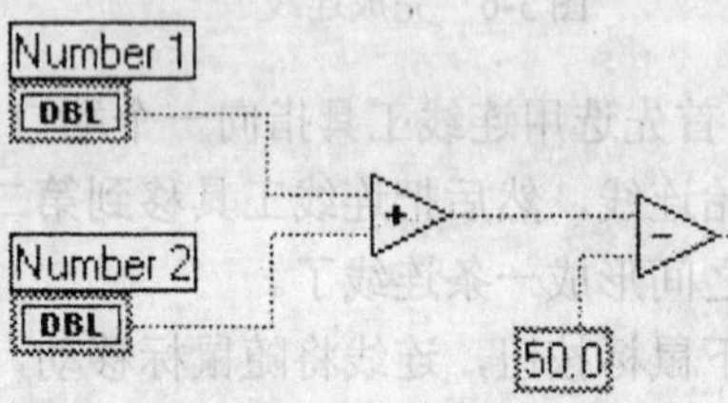

图 3-9　框图程序

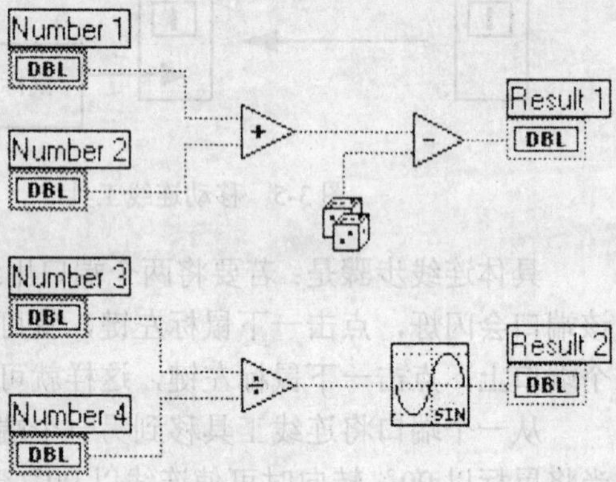

图 3-10　框图程序

在图 3-10 所示的例子中，加法和除法中哪一个节点（函数）将先执行呢？因为例中两个节点的输入值同时有效，所以无法确定哪一个先执行。如果要使一个节点（函数）必须在另一个节点（函数）的前面执行，而两节点（函数）之间又没有任何类型的依赖关系，可以采用顺序结构来强制执行的顺序（顺序结构将在后面的章节中讨论）。

练习 3-1

创建一个 VI 程序，比较两个数，如果两数相等则灯亮。

一、前面板（见图 3-11）

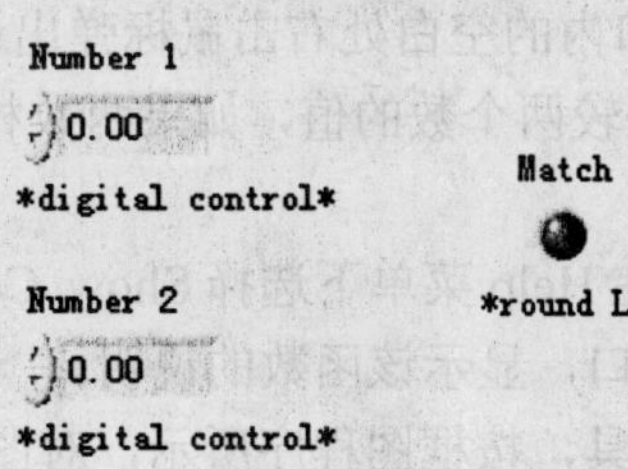

图 3-11　两数比较程序的前面板

1．从 File 菜单下选择 New VI 选项，创建新的 VI。

2．从 Windows 菜单下选择 Tile Left and Right 选项，使前面板和框图程序窗口呈左右平铺显示。

3．创建数字型控制器，这些控制器用于输入需比较的数。

1）在前面板窗口空白处右击鼠标弹出控制模板，在控制模板的数字子模板中选择 Digital Control。

2）用工具模板中的选择工具将控制器拖动到需放置的位置。

3）在标签栏内输入字符串 Number 1，并在栏外点击鼠标，以结束字符输入。如果没有标签栏，在控制器上右击鼠标弹出菜单，　选择 Visible Items>>Label 选项，即可显示出标签栏。

4）重复上述过程创建第二个数字型控制器，或者用选择工具拖动第一个控制器并同时按下<Ctrl>键可以复制一个控制器，然后对其进行编辑。

4．创建一个 LED 指示灯，当两个数相等时，这个指示器会亮，否则，保持灯灭状态。

1）在控制模板的 Boolean 子模板中选择 Round LED 指示器，将指示器拖到需要放置位置。

2）在该指示器的标签栏内输入字符串 Match。

在创建一个新的控制器或指示器的同时，LabVIEW 在框图程序窗口内自动创建相应的端口。端口图标中的符号反映控制器和指示器的数据类型。例如：符号为 DBL 表示双精度浮点型，符号为 TF 表示布尔型。并且请注意，在框图程序中，控制器端口的边框要比指示器端口的边框粗一些。

二、框图程序（见图 3-12）

1．激活框图程序窗口或按下组合键<Ctrl>+E 切换到框图程序窗口。

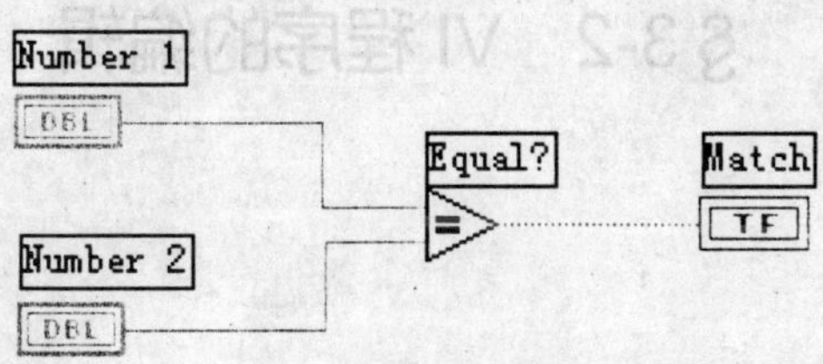

图 3-12　两数比较的框图程序

2．从函数模板的 Comparison 子模板中选择 Equal? 函数。如果函数模板未在框图程序窗口显示出来，可在框图程序窗口内的空白处右击鼠标弹出该模板。

Equal? 函数（见图 3-13），比较两个数的值，如果两数相等，则输出“真”，否则输出“假”。

要查看函数的帮助说明，可在 Help 菜单下选择 Show Context Help，当把鼠标放在函数图标上时，可弹出一个 Help 窗口，显示该函数的说明。

3．使用工具模板中的连线工具，按框图程序所示，对图标进行连线。

要从一个端口连线到另一端口，如图 3-14 所示，可在第一个端口上点击连线工具，将连线移至第二个端口上并点击鼠标就可完成连线。对一条连线来说，从哪一个端口开始连线没有顺序之分。当连线工具指向一个函数图标时，函数该位置的端口会闪烁，这有助于我们正确完成连线。也可在函数图标上右击鼠标弹出菜单，选择 Visible Items>>Terminals 选项，可显示出该函数的连接端口，以帮助正确连线，若要返回到图标显示方式，重复操作即可。

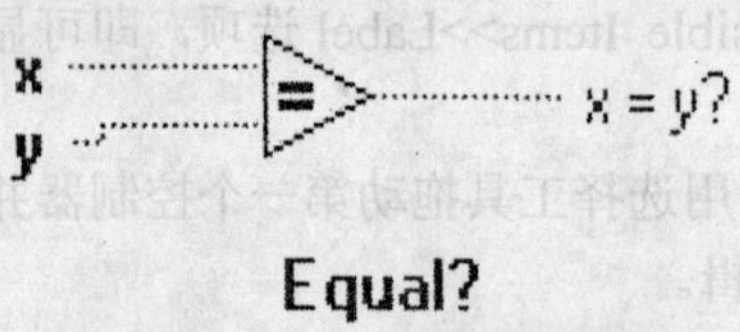

图 3-13　Equal 函数的图标

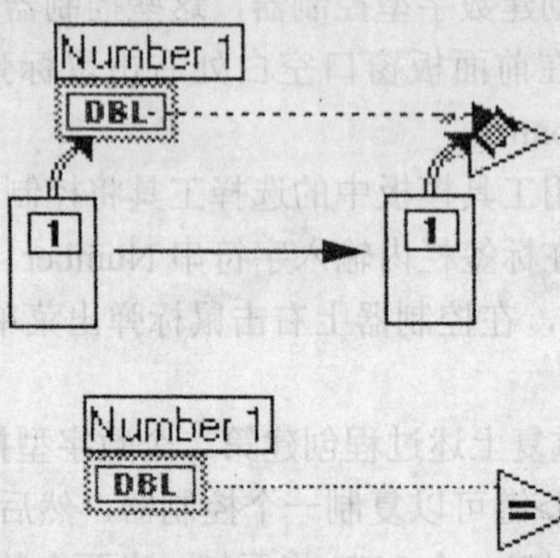

图 3-14　用连线工具进行连线操作

4．在 File 菜单下选择 Save，然后在对话框中选定路径，将文件命名为 Compare.vi，保存该 VI 程序。

5．在数字控制器内输入数据，运行VI程序：

1）使用操作工具，双击数字指示器并输入数值；

2）点击Run按钮运行VI程序；

3）输入不同的数据，验证程序运行结果。

6．在File菜单下选择Close选项，关闭Compare.vi 程序。

§3-2　VI 程序的编辑

3.2.1　创建对象

LabVIEW不仅可以在前面板通过控制模板创建对象，也可以在框图程序中为前面板创建控制器和指示器。在框图程序的节点上右击鼠标弹出菜单，选择相应的选项，可以在前面板创建控制器、指示器，也可创建在框图程序中使用的常量。在图3-15中说明了如何创建Add 函数的前面板控制器。在框图程序中创建的前面板控制器或指示器，只能在前面板中删除。

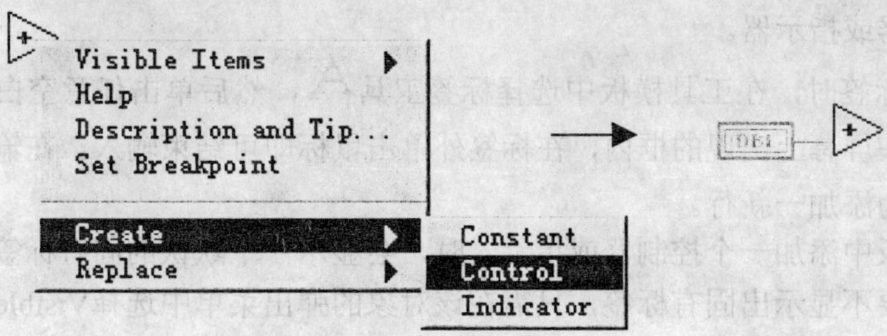

图 3-15　从对象的弹出菜单中创建控制器

3.2.2　选择对象

选择工具 用于选择前面板和框图程序窗口中的对象。

将选择工具移动至某对象上点击鼠标左键，即可选中该对象。当对象被选中后，它的周围有一流动的虚线框，若要选中两个或更多对象时，可同时按下<Shift>键再用鼠标去点击要选择的对象。另外，也可以在空白处拖动鼠标，出现一个虚框，将要选中的对象都围在框内，释放鼠标即可选中多个对象。

3.2.3　移动对象

移动对象时可以用选择工具拖动对象到目的位置，也可以用选择工具选中对象后，通过箭头键来移动选中的对象。

当用选择工具移动对象时，可同时按下<Shift>键来限制其只能在水平或竖直方向上移动，移动的方向由该对象开始移动的方向决定。

3.2.4　删除对象

可以用选择工具 选中对象后，按<Delete>键，或在 Edit 菜单下选择 Clear 选项来删除对象。

3.2.5　复制对象

在 LabVIEW 中大多数对象都可以复制。复制对象时，按下<Ctrl>键的同时用选择工具 拖动需要复制的对象至新的位置即可。另外，也可以在 VI 程序间或者从其他应用程序中复制对象，即使用 Edit 菜单下的 Copy、Cut 和 Paste 选项，从一个 VI 程序中复制对象到另一个 VI 中，如果两个 VI 程序都已打开，则可以将一个 VI 程序窗口中的对象直接拖至另一个 VI 程序窗口中来完成 VI 程序间对象的复制。同样，也可以从其他应用程序中复制或剪切图片或文本并将之粘贴到 LabVIEW 的 VI 程序中。

3.2.6　标注对象

有两种对象标签：自由标签和固有标签。自由标签是用户自己添加的文本标注，固有标签属于控制器或指示器。

创建自由标签时，在工具模板中选择标签工具A，然后单击任意空白处，然后就可以将文本输入在屏幕上出现的框内，在标签外单击鼠标即可结束输入。在输入文本时，按回车键被默认为添加一新行。

当在前面板中添加一个控制器或指示器时，会显示一个默认的固有标签，可以用标签工具修改。若要不显示出固有标签，只需在该对象的弹出菜单中选择Visible Items>>Label选项即可。

3.2.7　连线的选中和删除

如图3-16所示，一根竖直或水平的线称之为线段(Wire Segment)，三根或四根线段连接的交点称为交叉点（Junction），连线的分支（Branch）是指从一个交叉点或端口到另一个交叉点或端口（两者之间没有交叉点）的连线（可以是多条不同方向的线段连接而成）。将选择工具移到某线段上，单击它可选中该线段，双击则选中该分支，连击三次则选中整条连线（包括所有连通的线段）。

如果连线出错，需要删除，则可用选择工具选中想要删除的连线，按下<Delete>键即可。

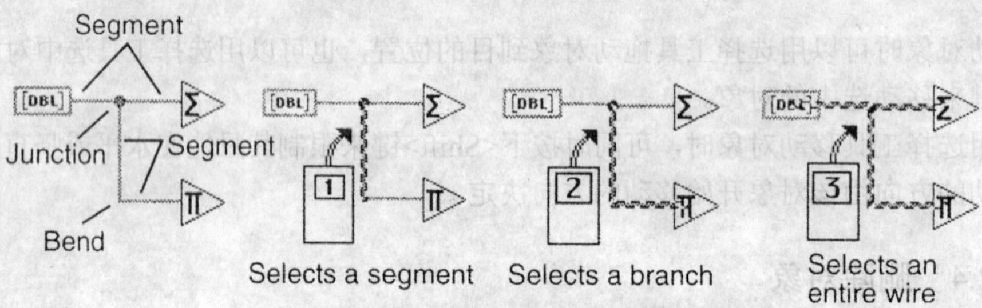

图 3-16　连线的选中和删除

使用选择工具拖动已连线的对象到一个新的位置时，连线可自动伸缩（随对象位置改变而改变），如图 3-17 所示。

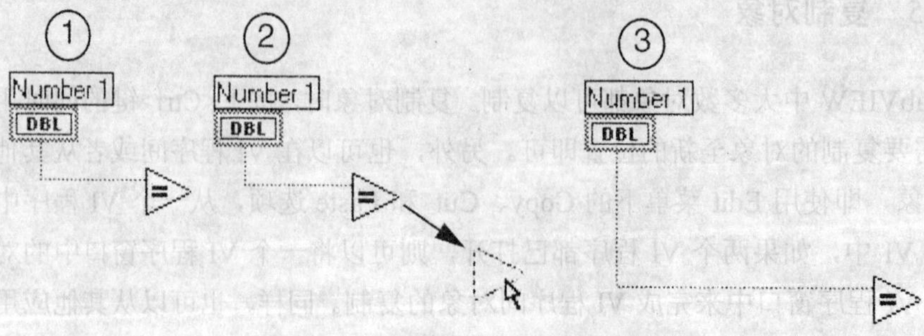

图 3-17　连线随对象移动而延伸

3.2.8 坏线

连线为虚线则表示该连线不正确。造成坏线的原因有很多，如图3-18所示，两个控制器对象相连、或者连线连接的两端口的数据类型不匹配（如数字型连到布尔型），都会造成坏线。可以用<Delete>键来删除一根坏线，也可以从Edit菜单下选择Remove Broken Bad Wires 选项来删除框图程序中的所有坏线（快捷键为<Ctrl>＋B）。

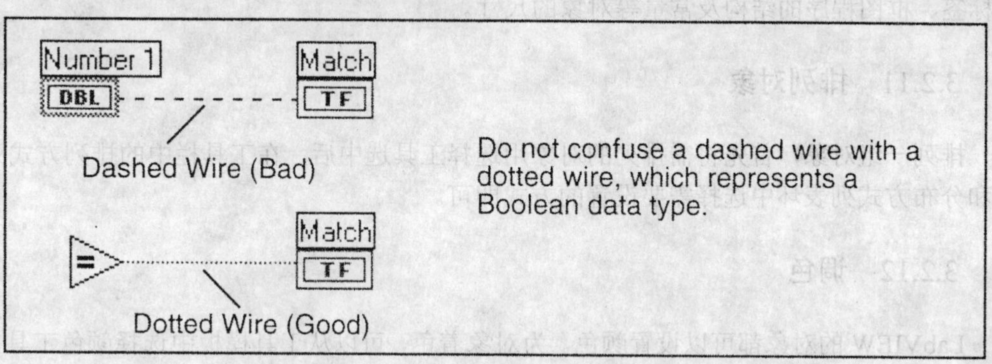

图 3-18 正确和错误的连线

3.2.9 改变文本的字体、形状、大小、颜色

使用工具栏中的字体设置列表环可以改变文本的字体、形状、大小、颜色。

一些控制器和指示器使用多种形式的文本标签，如数字指示器和X、Y图轴的数字刻度标志等。在LabVIEW环境下，可以灵活地、独立地改变每一文本的显示形式，可以用标签工具双击文本标签，使文本呈高亮状态（见图3-19），然后在窗口工具栏的字体设置列表环中，选择选项来改变文本的字体、形状、大小、颜色等。

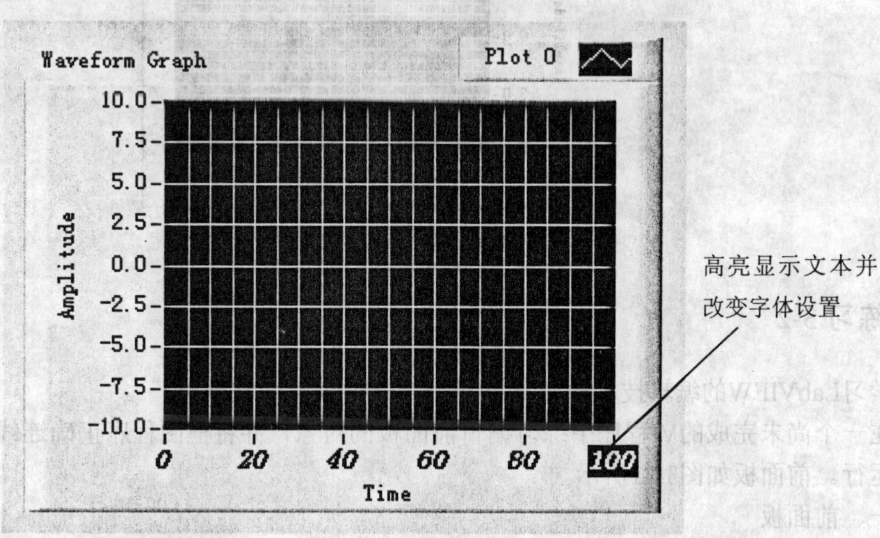

图 3-19 波形 Graph 指示器

3.2.10　改变对象的尺寸大小

使用选择工具可以很方便地改变大多数前面板控制器的尺寸大小。将选择工具放置在对象的一个边角上，直到选择工具形状变为框架角 ┘└ ┌ ┐，拖动框架角直到虚线轮廓线达到所需尺寸，松开鼠标按键，即可改变该对象的尺寸。这种方法同样适用于改变自由标签、框图程序的结构及常量等对象的尺寸。

3.2.11　排列对象

排列一组对象，首先将需排列的对象用选择工具选中后，在工具栏中的排列方式列表环和分布方式列表环中选择需要设置的方式即可。

3.2.12　调色

LabVIEW 的对象都可以设置颜色。为对象着色，可以从工具模板中选择颜色工具，将该工具放在对象上，右击鼠标弹出调色板，如图 3-20 所示，在调色板中选择颜色，对象的颜色将随之改变。如果选择调色板中一个标有 T 的小方块，则对象颜色将变为透明色，使用该方法可以使文本标签周围的方框隐藏起来。

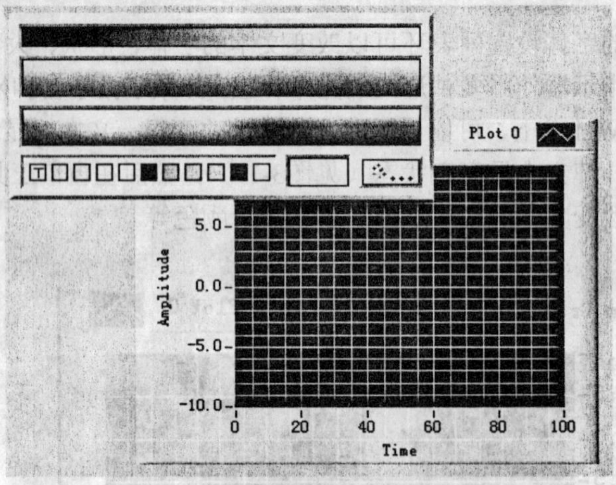

图 3-20　对调色板的操作

练习 3-2

学习LabVIEW的编辑技术。

在一个尚未完成的VI程序中练习编辑前面板的对象，并将框图程序正确连线，使之能正确运行。前面板如图3-21所示。

一、前面板

1．在File菜单下选择Open，打开 C:\Program Files\National Instruments\LabVIEW 6\User.lib\BASCLASS.llb库文件，选择Editing Exercise .vi。

2．移动数字控制器。

1）从工具模板中选取选择工具；

2）拖动数字控制器到其他位置。

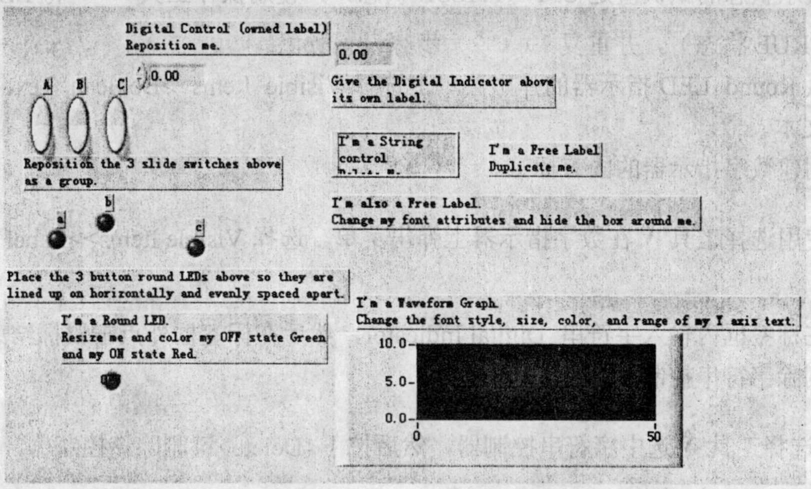

图 3-21　Editing Exercise .vi 程序的前面板（未完成）

注意　只要控制器移动，其所属的标签也会随之移动，也可以单独拖动控制器的标签到其他位置上。

3．将三个滑动开关A、B、C同时移动。

1）使用选择工具在三个开关附近拖出一个虚框，将三个开关包含在虚框内；

2）任意拖动选定框内的一个滑动开关，选定框内的所有对象将随之同时移动。

4．将三个 LED 指示器 a、b、c 水平均匀排列。

1）使用选择工具将三个 LED 指示器 a、b、c 同时选中；

2）在工具栏的排列方式列表环中选择 Vertical Center ，使三个 LED 指示器水平对齐；

3）在工具栏的分布方式列表环中选择 Horizontal Centers ，使 LED 指示器均匀分布。

5．改变Round LED指示器的大小。

将选择工具移到Round LED指示器上，按下鼠标按钮并向外拖动光标使Round LED指示器尺寸变大。

6．改变 Round LED 指示器的颜色。

1）选取颜色工具，在LED对象上右击鼠标弹出调色板；

2）在调色板上选择颜色，对象的颜色随之改变；

3）布尔状态的默认值是OFF（FALSE状态），使用操作工具，将LED的状态改为ON（TRUE状态），并重复1）、2）步骤设置颜色；

4）从Round LED指示器的弹出菜单上选择Visible Items>>Boolean Text选项，隐藏Boolean文本。

7．创建数字指示器的固有标签。

1）使用选择工具在数字指示器上弹出菜单，选择Visible Items>>Label选项，显示出标签框；

2）在标签框内输入字符串 Digital Indicator，然后在标签框外点击鼠标结束输入。

8．删除字符串控制器。

使用选择工具选中字符串控制器，然后按下<Delete>键删除该控制器，或者在Edit菜单下选择Clear来删除。

9．复制自由标签。

按住<Ctrl>键，在自由标签上按下鼠标按键并拖至新的位置，可以复制自由标签。

10．改变自由标签的字体形状，隐藏自由标签的边框。

1）选中自由标签，然后用工具栏的字体设置列表环中的选项来改变字体形状；

2）使用颜色工具在标签上弹出调色板，选择T来隐藏标签的边框。

11．改变Y轴上刻度的字体风格、大小和颜色。

使用标签工具双击Y轴刻度的“10”呈高亮状态，并在工具栏的字体设置列表环中选择字体风格、大小和颜色。

12．改变Y轴的刻度范围，用标签工具双击文本“0.00”，然后输入“－10.0”。

二、框图程序

1．按照下面的步骤，将框图程序连线，完成的框图如图3-22所示。

Multiply 函数。在本练习中，这个函数完成将数字常量10.0与数字控制器的值相乘的运算。

10.00 Numeric Constant 常量。在本练习中，该常量与数字控制器内的值相乘。在Multiply Numeric函数端口上弹出菜单，选择Create>>Constant选项，并输入10，然后点击栏外结束输入。

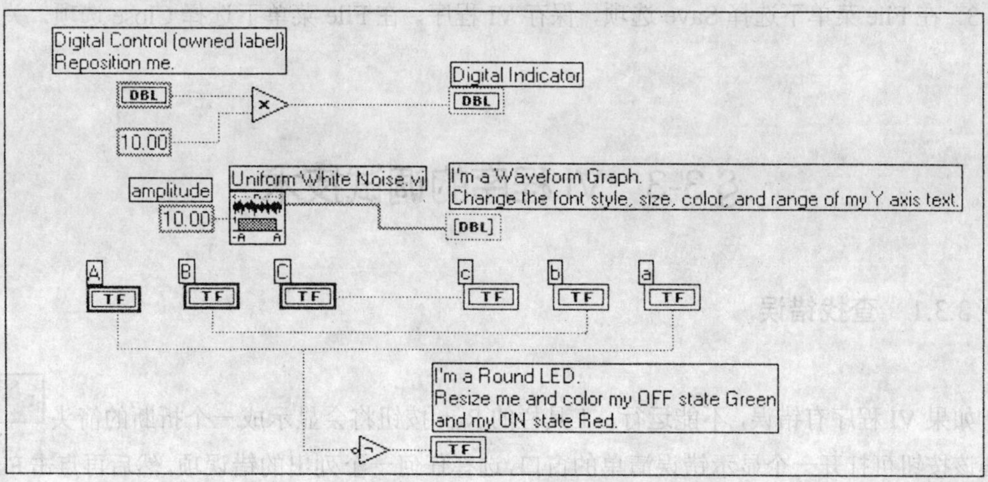

图 3-22　完成的框图程序

 Uniform White Noise .vi（Analyze>>Signal Processing>>Signal Generation 子模板）。该 VI 程序产生－10～10 之间的一致分布的随机数。在本练习中，将它输出传给波形 Graph 显示。

 Not 函数（Boolean 子模板）。在本练习中，该函数将 Boolean 开关 A 的值取反并传给 Round LED。

2．在菜单栏的 Windows 菜单下选择 Show Panel 选项，切换到前面板窗口，使用操作工具  ,改变前面板控制器的值，点击工具栏内的 Run 按钮，运行程序，如图 3-23 所示。

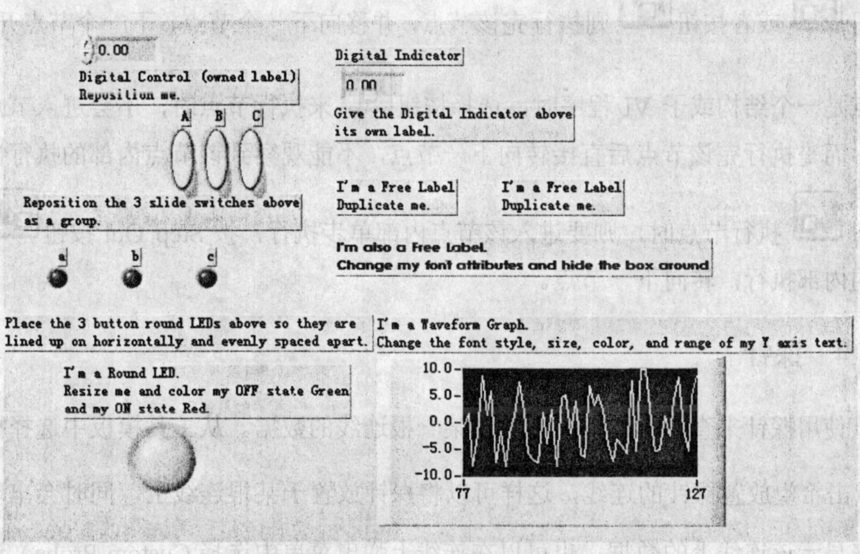

图 3-23　完成的前面板

3．在 File 菜单下选择 Save 选项，保存 VI 程序，在 File 菜单下选择 Close 选项，关闭 VI。

§3-3 VI 程序的调试技术

3.3.1 查找错误

如果 VI 程序有错误，不能运行，工具栏的 Run 按钮将会显示成一个折断的箭头 。点击该按钮可打开一个显示错误清单的窗口，选择任何一个列出的错误项，然后再点击 Find 按钮，则框图程序中出错的对象或端口就会被呈高亮状态显示。

3.3.2 设置执行程序高亮

高亮执行方式通常用于单步模式，用来跟踪框图程序中的数据流向。点击 Highlight Execution 按钮 使之变为 ，当 VI 程序运行时，可以观察数据的动态。

3.3.3 VI 程序的单步执行

调试时，当希望框图程序一个节点一个节点地执行，可设置单步执行模式。点击按钮 或按钮 ，则开始执行第一个节点，该节点闪烁，表示该节点将被执行，再点击一下按钮 或者按钮 则执行完该节点，并移向下一个节点，下一个节点开始闪烁。如果节点是一个结构或子 VI 程序时，选择按钮 来执行节点时，不会进入节点内部单步执行，而是执行完该节点后直接转向下一节点，不能观察到该节点内部的执行情况。而选择按钮 执行节点时，则要进入该节点内部单步执行，按 Step Out 按钮 可跳出该节点的内部执行，转向下一节点。

3.3.4 探针

可以使用探针来查看框图程序中通过某一根连线的数据。从工具模板中选择探针工具 ，点击希望放置探针的连线，这样可以将探针放置于某根连线上，同时会出现一个探针窗口来显示该连线上的数据。也可以在连线上弹出菜单中选择 Custom Probe，选择任何与连线数据类型相匹配的探针。

3.3.5　断点

当需要在 VI 程序的某些位置（如 VI 子程序、节点或连线）暂停程序执行，以便使用探针或者单步方式来查看数据时，可使用断点工具  点击想要设置断点的位置，再次点击该位置则取消断点。断点在节点上显示为红框，在连线上显示为红点。

练习 3-3

熟悉 LabVIEW 调试功能。

完成一个未完成的 VI 程序，使用单步和高亮执行方式运行该 VI。该 VI 程序完成的功能是：产生一个随机数与 10.0 相乘，然后通过一个 VI 子程序将积与 100 相加后开方。前面板及框图程序如图 3-24 所示。

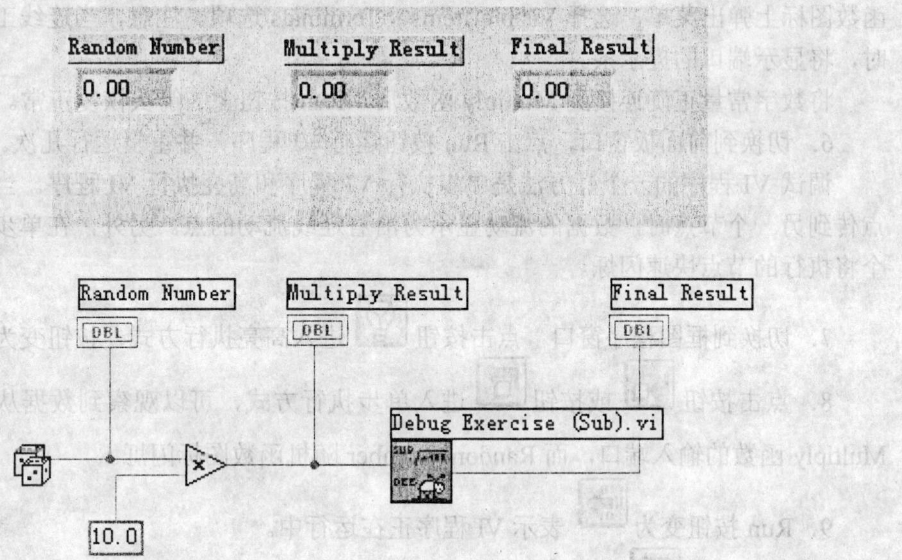

图 3-24　Debug Exercise(Main).vi 程序的前面板及框图程序（已完成）

1. 在 File 菜单下选择 Open 打开 LabVIEW 6\User.lib\BASCLASS.llb 库文件，选择 Debug Exercise（Main）.vi 程序。

2．在 Windows 菜单下选 Show Diagram 打开框图程序。

 Random Number（0-1）函数（Numeric 子模板）。该函数产生（0，1）之间的一个随机数。

 Multiply 函数（Numeric 子模板）。在本练习中，函数完成随机数与 10.0 相乘的

运算。

 Numeric Constant（Numeric 子模板）。该常量指定框图程序中的常数。

 Debug Exercise (sub).vi 。这是一个子程序，完成将输入+100 后所得的值开平方根的运算。

3．在 Windows 菜单下选 Show Panel 切换到前面板窗口。

4．查找出错对象。

1）点击折断的 Run 按钮 ，显示一个错误列表对话框；

2）点击对话框内的错误项，然后点击 Show Error 按钮，在框图程序中，Multiply 函数图标用虚线加亮，表示该函数有错（有一个端口未连线）。

5. 将数字常量 10.0 与 Multiply 函数的左下端口相连。如果要查看端口，可以在 Multiply 函数图标上弹出菜单，选择 Visible Items>>Terminals 选项。注意，当连线工具放在端口上时，将显示端口的提示条。

将数字常量正确连接到 Multiply 函数后，Run 按钮上的箭头恢复正常。

6．切换到前面板窗口，点击 Run 按钮运行 VI 程序，并重复运行几次。

调试 VI 程序的一个好方法是单步执行 VI 程序和高亮执行 VI 程序。当数据从一个节点传到另一个节点时，数据的流动显示为沿着连线流动的点。另外，在单步方式中，下一个将执行的节点快速闪烁。

7．切换到框图程序窗口，点击按钮  进入高亮执行方式，按钮变为 。

8．点击按钮  或按钮  进入单步执行方式，可以观察到数据从数字常量流向 Multiply 函数的输入端口，而 Random Number 随机函数图标闪烁。

9．Run 按钮变为  表示 VI 程序正在运行中。

1）点击按钮 ，执行当前节点，并在下一个准备执行的节点处暂停并闪烁；

2）当框图程序的轮廓线闪烁时，表示单步执行完毕，点击 Step Out 按钮 结束整个 VI 程序的执行。注意观察程序运行后前面板的数据显示。

10．使用按钮 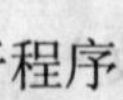，再一次单步执行 VI 程序，用这种单步执行方式，可进入 Debug Exercise (sub).vi 子程序的框图。

1）打开 Debug Exercise (main).vi 的框图程序，并点击按钮 或按钮 进入单步执行方式；

2）当 Debug Exercise (sub).vi 程序闪烁时，点击按钮，Debug Exercise (sub).vi 子程序的框图会自动打开；

3）此时在 Debug Exercise (main).vi 框图程序窗口中，VI 子程序图标上有一个绿色箭头，显示为，表示子程序工作在单步方式下；

4）在 Debug Exercise (sub).vi 框图程序窗口中，单击 Step Out 按钮按钮两次，结束 VI 子程序的单步执行；

5）此时返回 Debug Exercise (main).vi 框图程序窗口，点击 Step Out 按钮按钮结束 VI 程序的执行。

在 LabVIEW 中，可用探针来查看在连线上流动的数据。

11．设置探针

在工具模板中选择探针工具，然后点击连线或对象，可为连线或对象设置观察数据的探针。图 3-25 为一个探针窗口。

图 3-25 探针窗口

12．单步执行 VI 程序，当数据流过探针时，探针窗口将显示数据。

在 LabVIEW 中，可以在 VI 框图的任意位置设置断点。

13．从工具模板中选断点工具，设置断点。

14．点击 Run 按钮运行 VI 程序，程序将在断点处中断。需要使 VI 继续执行，点击 Pause/Continue 按钮，用断点工具再次单击已设置的断点，可取消该断点。

15．要结束执行高亮状态，可点击按钮使之变为。

16．在 File 菜单下选择 Save，保存 VI 程序，在 File 菜单下选择 Close，关闭所有的程序及打开的窗口。

§3-4 总结、提示和技巧

3.4.1 总结

· VI 的控制器和指示器放置在前面板窗口。

· 在框图程序中，控制器端口的边框比指示器端口的要粗一些。要使控制器改为指示器（或指示器改为控制器），可在框图程序端口上或前面板对象上右击鼠标弹出菜单，选择 Change to Indicator 选项（或 Change to Control 选项）。

· 框图程序由节点、端口和连线组成。

· 要使控制模板、函数模板及其子模板一直在窗口中显示，点击模板左上角的图标即可。

·Run 按钮显示为折断的箭头，表示程序有错，不能执行，可以点击该按钮找到出错的对象。

·使用高亮执行、单步执行方式和断点、探针来跟踪数据在 VI 中的流动，这样可方便地调试 VI 程序。

·LabVIEW 单步调试方式包括：

——按钮：调试时进入 VI 子程序、结构等节点的内部单步执行。

——按钮：单步方式运行程序，不进入 VI 子程序、结构等节点的内部单步执行。

——按钮：中断单步运行方式。

·操作工具用于操作前面板的控制器和指示器，选择工具用于选择、移动和改变对象的大小，在框图程序中使用连线工具连线。

·在对象上可右击鼠标弹出菜单。

3.4.2　提示及技巧

*提示 1：使用的较为频繁的菜单选项有快捷命令键。一些常用的快捷命令键有：

<Ctrl>＋S　保存一个 VI 程序。

<Ctrl>＋R　运行一个 VI 程序。

<Ctrl>＋E　在前面板窗口与框图窗口之间切换。

<Ctrl>＋H　打开或关闭 Help 窗口。

<Ctrl>＋B　删除框图程序中的所有坏线。

<Ctrl>＋W　关闭当前窗口。

<Ctrl>＋F　查找对象、VI 程序等。

<Shift>＋鼠标右键　访问工具模板。

*提示 2：使用<Tab>键可切换工具模板的工具。在前面板窗口内，按空格键可在选择工具和操作工具之间切换，在框图窗口内，按空格键可在选择工具和连线工具之间切换。

*提示 3：当用操作工具按数字控制器左侧的 increment 按钮改变控制器的值时，同时按<Shift>键，如图 3-25 所示，可使数字控制器内的值快速增加或减少。

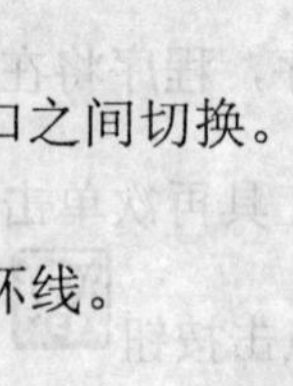

图 3-25　快速增加或减少数字控制器内的值

*提示 4：在编译一个 VI 程序前，可取消工具栏中的单步和高亮执行工具，这种编译方式可降低对内存的要求，并使速度加快 1%～2%。要采用这种方式，可在前面板或框图

程序窗口的右上角的图标方框（即图标/连接口）上弹出菜单，选择 VI Properties 选项，弹出 VI Properties 窗口，如图 3-26 所示，在 Excecution 菜单中取消 Allow Debugging 选项，这样 Execution Highlighting 按钮和 Single Step 按钮就取消了。

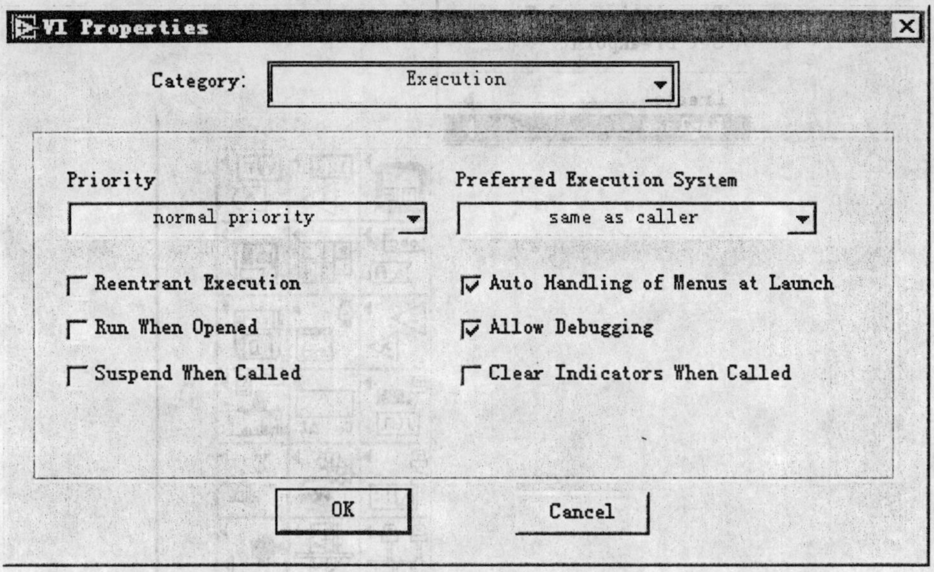

图 3-26　VI Properties 窗口

*提示 5：在 Edit 菜单下选择 Find 或同时按下快捷键<Ctrl>+F 键，可在内存或 VI 程序的指定清单中查找 VI 程序、共用体或文本。

*提示 6：在主 VI 框图程序中双击子 VI 程序图标，可打开子 VI 程序的前面板，也可在 Browse 菜单下选择 This VI's SubVIs 子菜单中的 VI 子程序图标。

*提示 7：按<Ctrl>键并在主 VI 框图程序中双击子 VI 程序图标，可打开子 VI 程序的框图程序窗口。

*提示 8：创建常量、控制器和指示器的快捷方式：

· 在函数图标的端口上右击鼠标弹出菜单，选择 Create>>Constant ,Create>>Control 或 Create>>Indicator 选项。

· 将前面板的控制器或指示器拖至框图程序窗口，可创建相同类型的常量。

· 将框图程序的常量拖到前面板窗口，可创建相同类型的控制器。

*提示 9：复制对象时，可使用选择工具选中对象，按下<Ctrl>键并拖动鼠标。

*提示 10：要限制对象只能在水平或竖直方向上移动，按下<Shift>键并用选择工具拖动对象，此时对象就只能在水平或竖直方向上移动。

*提示 11：在节点上弹出菜单选择 Replace 选项，可替换节点，如图 3-27 所示。

*提示 12：复制对象颜色时，首先选择颜色提取工具，点击要复制颜色的对象，提取颜色，然后用该工具在需着色的对象上点击即可。

*提示 13：要在连线时改变连线的方向可按空格键。

*提示 14：要使连线的交叉点显示为圆点，可在 Tools 菜单下选择 Option 选项，弹出 Option 窗口，如图 3-28 所示，选择相应选项即可。

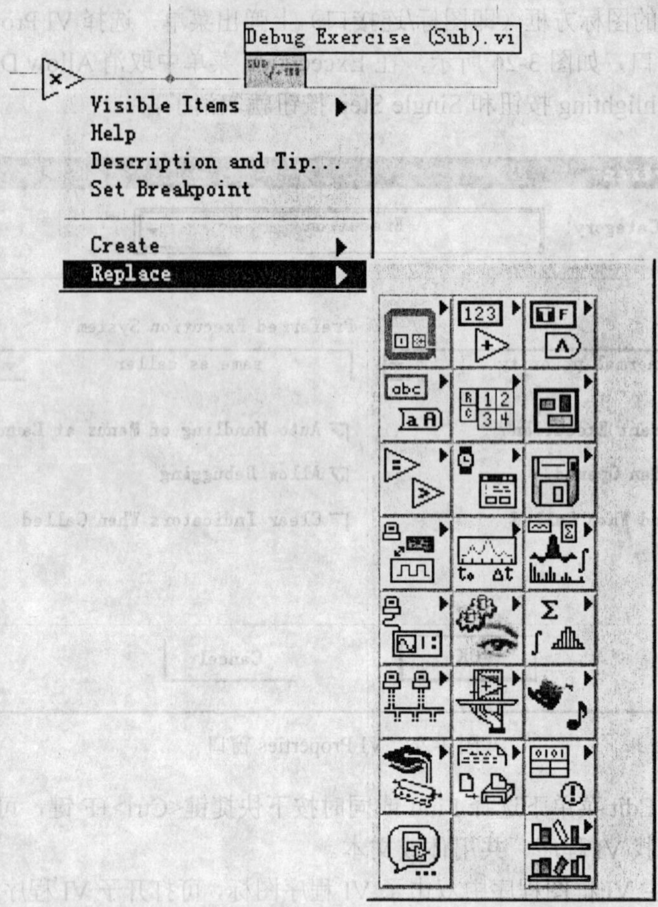

图 3-27　节点上弹出菜单选择 Replace

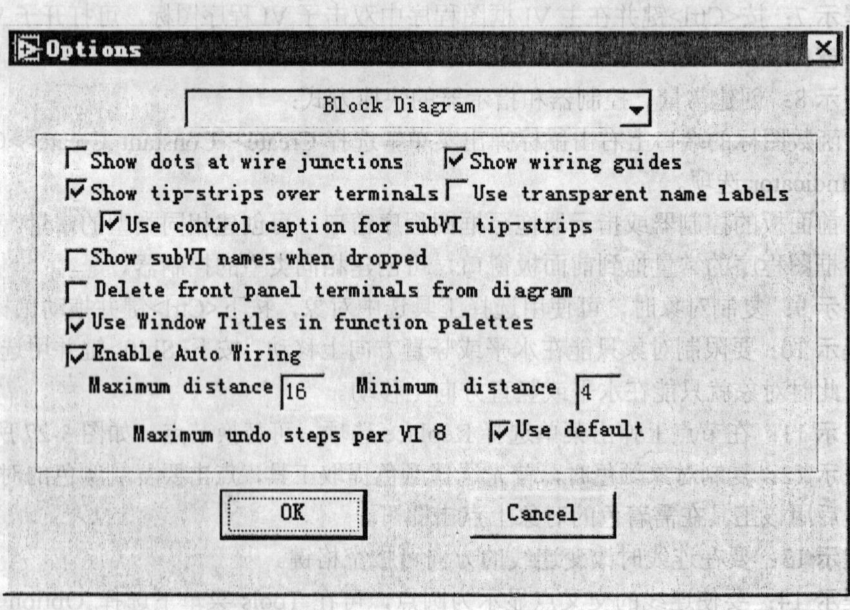

图 3-28　Option 窗口

*提示 15：在前面板窗口和框图窗口中可使用箭头键移动选中的对象（包括线段），按一下箭头键沿箭头方向移动一个像素。

*提示 16：当正在连线操作还未结束时，单击鼠标右键或单击源端口，可取消正进行的连线操作。

*提示 17：下面几点有助于正确连线：

· 在 Help 菜单下选择 Show Context Help，打开 Help 窗口。当连线工具经过某连线端口时，将显示标签提示条，说明该端口的名称。

· 在函数的弹出菜单下选择 Visible Items>>Terminals，显示该函数的连接端口。

*提示 18：单步调试工具的快捷键

· Step Into：<Ctrl>+<↓>

· Step Over：<Ctrl>+<→>

· Step Out：<Ctrl>+<↑>

习　题

习题 3-1

创建一个 VI 程序，比较两个数，如果其中一个数大于或等于另一个数，则 LED 点亮（提示——使用函数模板中的 Comparison 子模板内的 Greater or Equal? 函数）。VI 程序命名为 Compare(>=).vi。

习题 3-2

创建一个 VI 程序，产生一个 0.0～10.0 的随机数。如果输入数为 0，点亮前面板 LED，以表示除数为 0 出错，将 VI 程序命名为 Divide.vi 并保存。

第四章　VI 子程序的创建

§4-1　VI 子程序的基本概念

创建一个 LabVIEW 应用程序的关键是理解和使用 VI 程序的层次化结构。这就是说，你创建好一个 VI 程序后，可将其作为一个 VI 子程序在另一个 VI 程序中调用。如果在某框图程序中有太多的节点图标，可以将这些节点图标组成为一个 VI 子程序，使框图程序的结构更加简洁，从而使应用程序的调试、理解和维护更加容易。

VI 子程序（SubVI）类似于传统程序设计语言中的函数或子程序。图 4-1 表示了传统程序设计语言与框图程序之间的相似关系。

Function Code

```
function average (in1, in2,
                  out)

{
 out = (in1 + in2) / 2.0;
}
```

Calling Program Code

```
main
{
 average (point1, point2,
          pointavg)
}
```

SubVI Block Diagram　　　　**Calling VI Block Diagram**

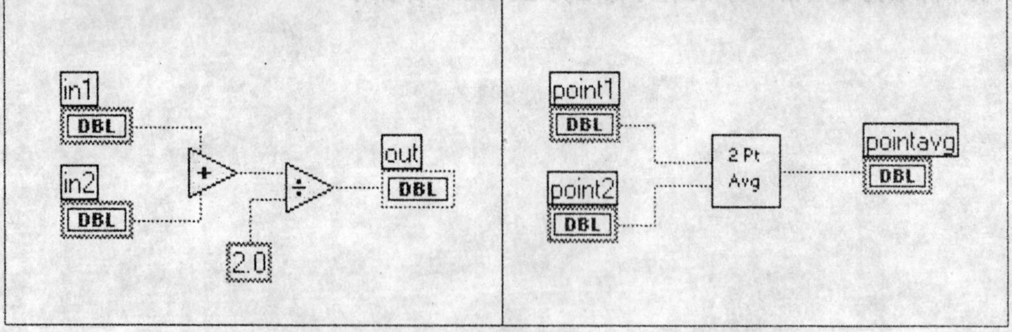

图 4-1　VI 子程序和文本编程语言的子程序及其调用的对比

假若我们设计好一个计算两点斜率的 VI 程序，其前面板和框图程序如图 4-2 所示。若将该程序作为一个 VI 子程序，必须为它创建一个图标和连接口，下面就讨论这个问题。

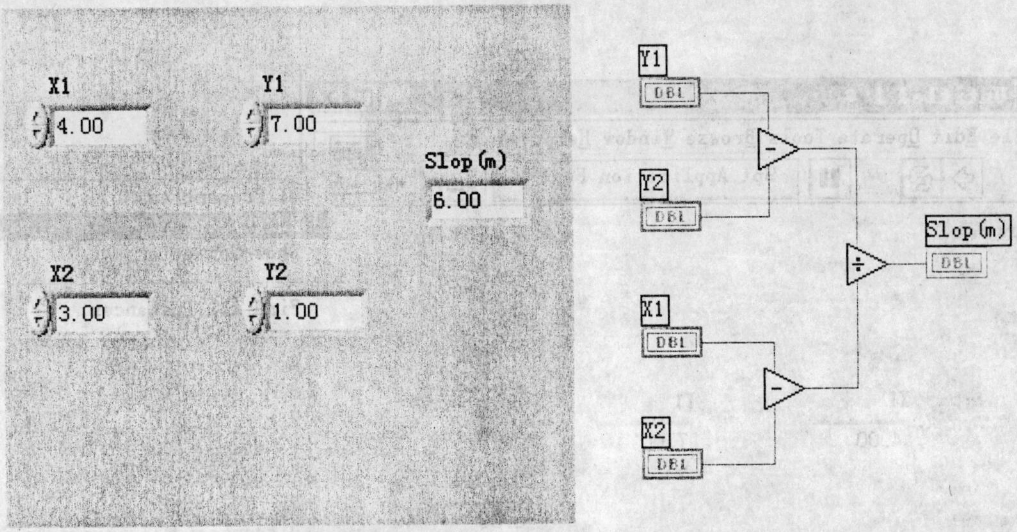

图 4-2　计算两点斜率的 VI 程序的前面板和框图程序

§4-2　图标和连接口的创建

要调用一个 VI 子程序时，在主 VI 程序的框图程序中，需要连接一个代表该 VI 子程序的图标，而该图标也需要有连接口（连线端口）将数据与主 VI 程序传递。

4.2.1　图标的创建

每一个 VI 程序在其前面板窗口和框图程序窗口的右上角均有一个图标。对于一个 VI 程序，其默认图标是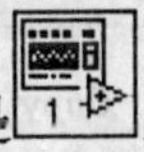，图标中的数字表示启动 LabVIEW 后打开的新 VI 的个数。

可使用 Icon Editor（图标编辑器）来修改图标，如图 4-3 所示，在窗口右上角的图标上右击鼠标弹出菜单，选择 Edit Icon 选项即可激活 Icon Editor（图标编辑器）窗口，如图 4-4 所示。Icon Editor 窗口左边为图案编辑工具，中间为放大的图标图案的像素编辑区，像素编辑区右边的小方框为实际大小的图标。根据所使用的显示器的类型不同，可以将图标分别设计为单色（B&W）、16 色和 256 色模式的图案，并将不同的图案分别保存。编辑器的默认值为单色（B&W），也可以选择其他颜色模式。如果设计的是彩色图标，并将该 VI 程序保存在*.llb 库中，那么此图标不能在函数模板的子模板中显示，在单色显示器中图标也不能显示。为了简便起见，一般创建单色图标。

注意　VI 程序及 VI 子程序的创建、编辑都是在编辑模式下进行的。如果 VI 当前处于运行模式（Run Mode），可在 Operate 菜单中选择 Change to Edit Mode 选项来切换到编辑模式。

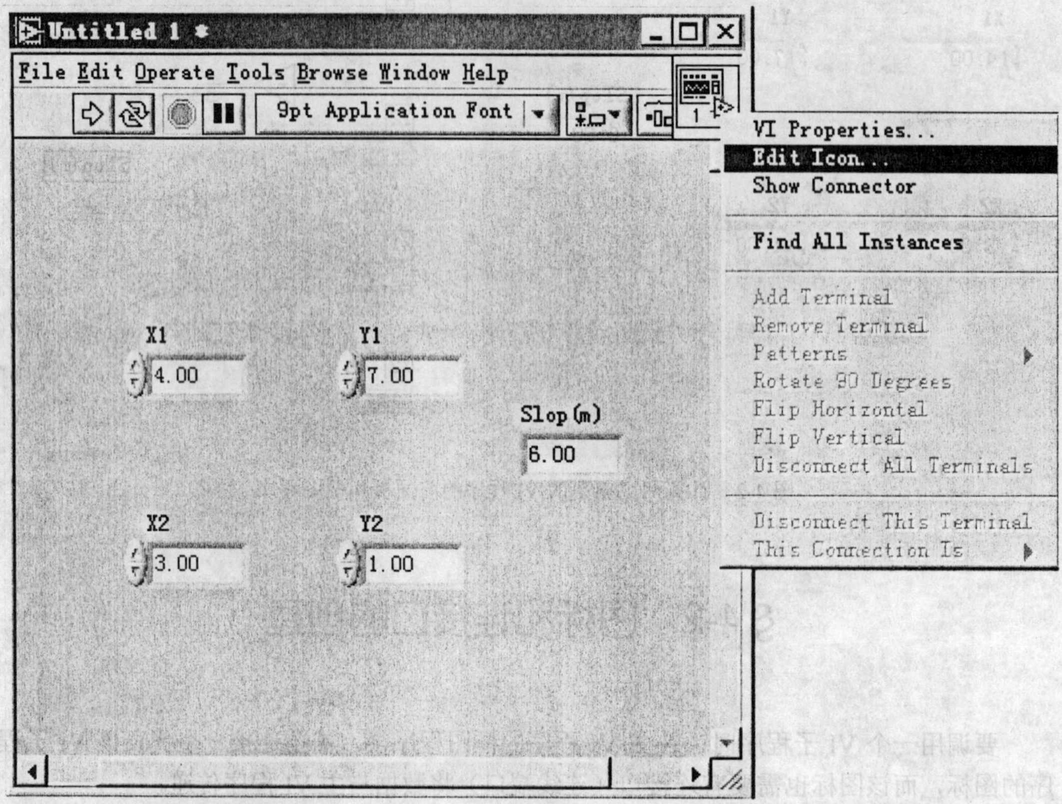

图 4-3　前面板窗口右上角图标上弹出菜单

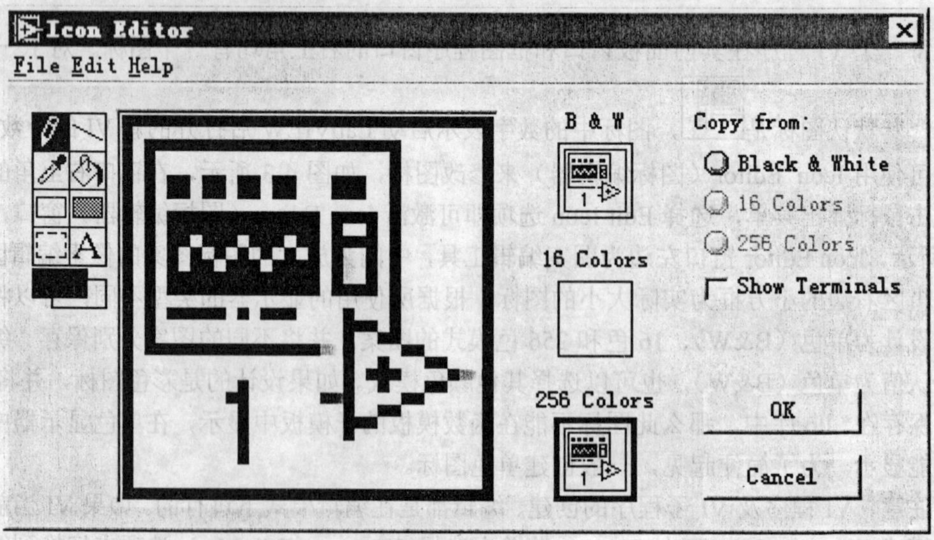

图 4-4　图标编辑器窗口

编辑窗口左边的工具可完成以下功能：

 铅笔工具——逐点绘制或擦除像素点。

 画直线工具——画直线。使用<Shift>键可限定画竖直线、水平线或 45 度斜线。

 填色工具——用前景色填满勾勒出的区域。

 色彩复制工具——从某个图标像素中复制前景色。

 矩形工具——画一个矩形框，其边框颜色为前景色。

 矩形填色工具——画一个矩形框，其边框颜色为前景色，框内颜色为背景色。

 选择工具——选定图案中的某一区域用于执行移动、复制、删除或其他操作。双击该工具，选定整个图标图案。

 文本工具——在图标图案中添加文本。双击该工具可选择字体和大小。注意在 Windows 下，小字体通常效果更好。

 前景/背景——显示当前的前景色和背景色。单击任何一个都可弹出调色板用来重新选择颜色。

选择图标编辑器窗口的 Edit 菜单下的 Undo，可取消上次执行的操作。

选中编辑区右边的选项 Show Terminal，可显示连接口的端口。

4.2.2 连接口的创建

连接口是 VI 程序的数据的输入输出接口。如果要将前面板控制器的数据输入到 VI 子程序或将 VI 子程序产生的数据输出到前面板指示器，则在 VI 子程序图标上必须要有与这些控制器和指示器相连接的端口。根据该 VI 程序所需要的输入输出参数的个数来确定连接口的端口数，并确定前面板控制器和指示器与这些端口的对应关系。

在前面板窗口右上角的图标方框上弹出菜单，如图 4-5 所示，选择 Show Connector 选项来定义连接口。注意，在框图程序窗口的图标方框上弹出的菜单没有此选项。

此时，前面板窗口右上角的图标由连接口取代，如图 4-6 所示。每一个小矩形框代表一个连接口的端口，这些端口用来将数据输入到 VI 程序，或将 VI 程序的数据输出。LabVIEW 中默认的连接口模式为输入端口（控制器端口）在连接口方框的左边，输出端口（指示器端口）在连接口方框的右边，端口数由前面板的控制器和指示器的个数决定。

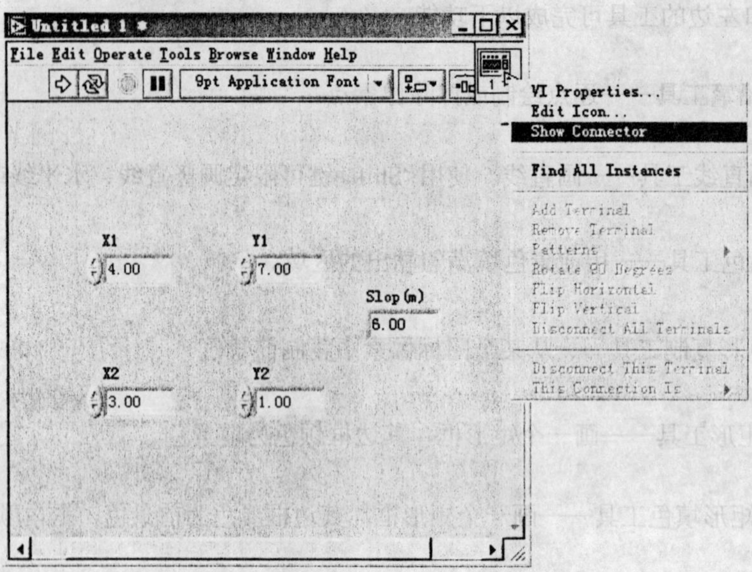

图 4-5　在前面板窗口中选择显示图标的连接口

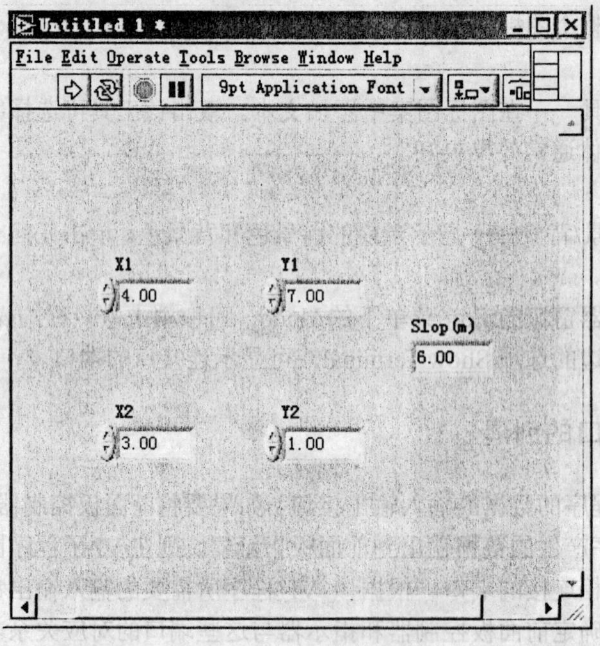

图 4-6　前面板右上角图标变为连接口显示

如有必要，可以给 VI 程序选择其他的连接口模式。

1）选择和修改连接口模式

在连接口上弹出菜单并选择 Patterns 选项，可以选择不同的连接口模式，如图 4-7 所示。

如果选择了一种新的连接口模式后，原来连接口方框上的端口与控制器和指示器之间的对应关系将被自动取消。一个 VI 子程序可用的端口数最多为 28 个。

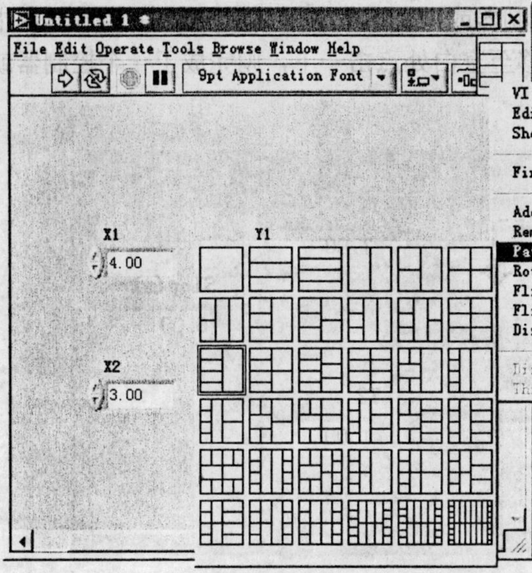

图 4-7　弹出选择连接口的模式

如果只改变连接口端口的排列，可在连接口方框的弹出菜单上分别选择 Rotate 90 Degrees（旋转 90°）、Flip Horizontal（水平翻转）或 Flip Vertical（垂直翻转）。

2）给控制器和指示器分配端口

使用连线工具可以给前面板的控制器和指示器分配端口。按以下步骤将控制器和指示器与连接口的端口一一对应起来。

① 在连接口的一个端口上点击鼠标，工具自动变为连线工具，该端口变为黑色，如图 4-8 所示。

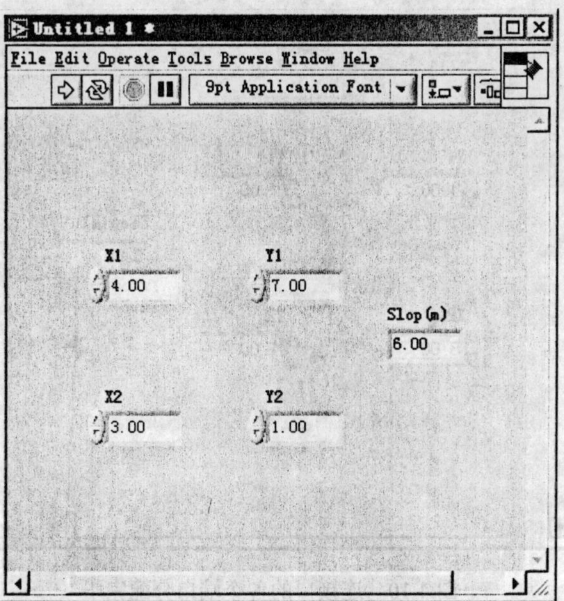

图 4-8　用连线工具点击端口

② 在要分配给该端口的控制器或指示器上点击鼠标，选中的控制器或指示器将被虚线框住，如图 4-9 所示。将鼠标移至空白处点击一下，则完成了一个控制器或指示器与端口的对应。

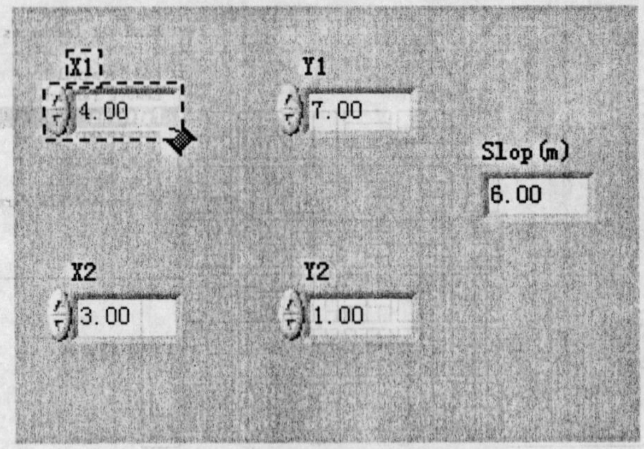

图 4-9　用连线工具点击控制器

注意　尽管用连线工具将端口分配给了前面板的控制器或指示器，但两者之间并没有一条连线。

③ 对需要指定端口的控制器和指示器重复上述步骤，使连接口的各个端口分别与相应的指示器或控制器建立对应关系，如图 4-10 所示。

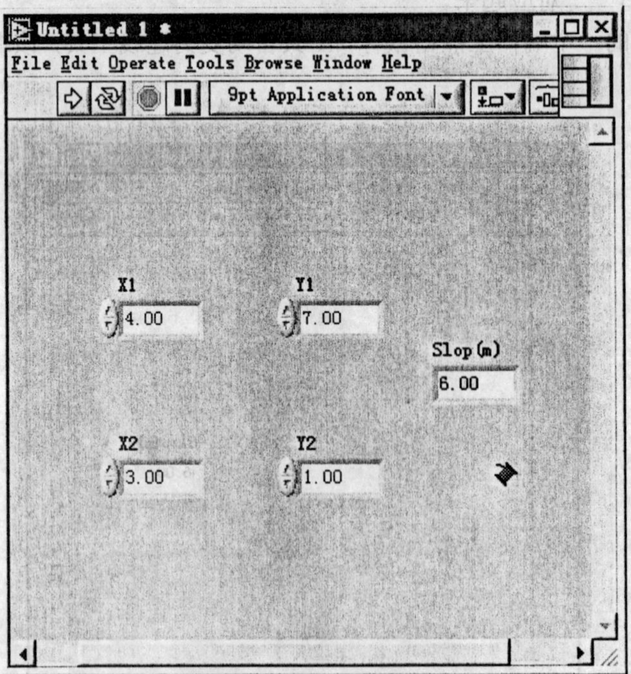

图 4-10　连接口的各个端口分配完毕

也可以先选中指示器或控制器，然后再选择端口。如果连接口的端口数多于实际所需要的个数，没有分配的端口不影响 VI 程序的运行，如果前面板的控制器和指示器的个数多于连接口的端口数，也不影响 VI 程序的运行。

§4-3　将一个 VI 程序作为被调用的子程序

当 VI 程序建立了图标和连接口，就可以作为子程序（SubVI）被调用了。

在一个 VI 程序的框图程序中，可以调用其他任何一个带有图标和连接口的 VI 程序作为该程序的子 VI。在函数模板中选择 Select a VI…子模板，如图 4-11 所示，将弹出一个对话框，用户可以输入要调用的子 VI 的文件名，即可将该子 VI 的图标加入到主 VI 的框图程序窗口中，然后对子 VI 的连接口进行相应的连线。

VI 子程序节点并不是 VI 子程序本身，就像一般文本语言程序中子程序调用语句并不是子程序本身一样。在框图程序中可包含几个相同的 VI 子程序节点，等于多次调用相同的 VI 子程序。

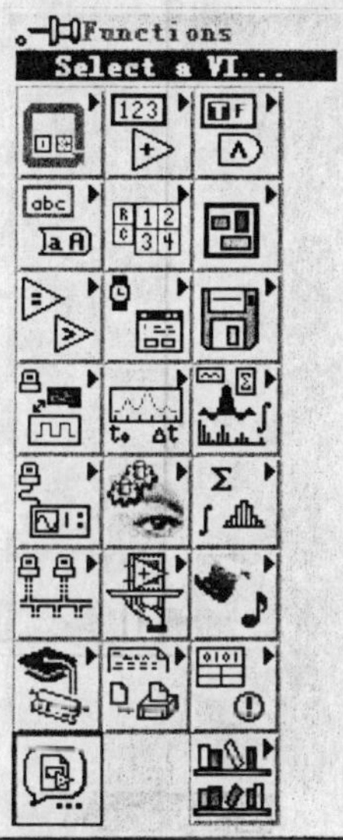

图 4-11　在函数模板中选择 Select a VI 子模板

4.3.1　VI 子程序的打开、运行和改变

可以从主 VI 程序的框图程序中打开一个被调用的子 VI 程序。双击该 VI 子程序的图标即可以打开其前面板窗口，可以运行或修改，对 VI 子程序所做的任何修改只有在存盘后才会起作用。

4.3.2　VI 子程序节点的在线帮助

在 Help 菜单下选择 Show Context Help，可打开文本帮助窗口，将鼠标移到 VI 子程序节点上时，Help 窗口可显示出该 VI 子程序的每个连接端口的连线说明，如图 4-12 所示。

可以根据 VI 子程序的输入/输出参数要求对连接口端口进行模式设置，并可在 Help 窗口中进行显示。在 VI 子程序窗口右上角的图标方框上弹出菜单选择 Show Connector，然后，在需要设置的端口上右击鼠标，选择弹出菜单的 This Connection Is 子菜单中的 Required、Recommended 或 Optional 选项，如图 4-13 所示。

Required——端口设为此模式时，如果端口没有连线，则 VI 程序不能运行。在 Help 窗口中，连接端口的文本标注显示为黑体。

Recommended——端口设为此模式时，如果端口没有连线，VI 程序可以运行，但会显示一条警告提示。在 Help 窗口中，连接端口的文本标注显示为一般文本。

Optional——端口设为此模式时，如果端口没有连线，可以运行 VI 程序，但发生连线错误的可能性会增加。在 Help 窗口中，连接端口显示为无效。

注意　在 LabVIEW 中输入和输出端口的默认模式为 Recommended。

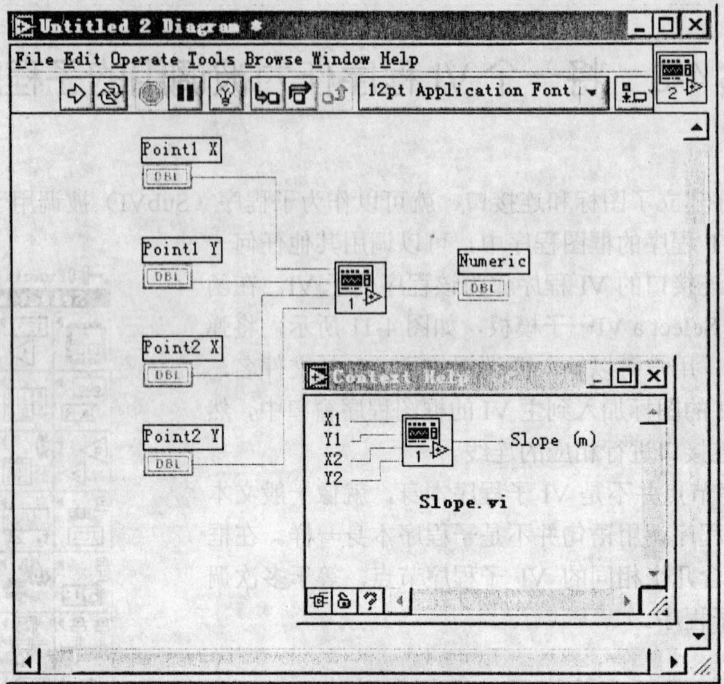

图 4-12　计算两点斜率的子程序的 Help 窗口

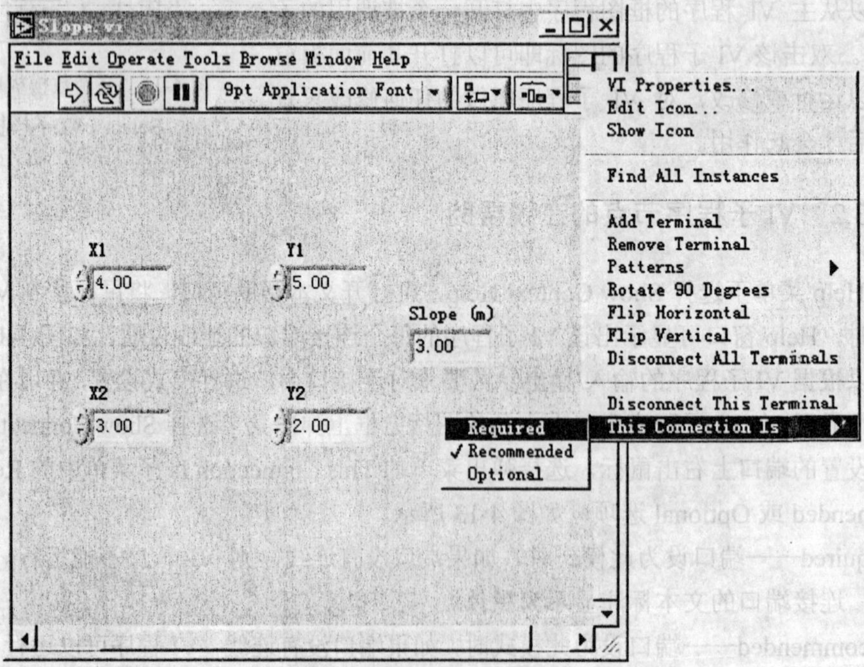

图 4-13　端口模式的设置

练习 4-1

创建一个测量温度的 VI 程序，该程序显示温度的单位可以选择为华氏度或摄氏度，并建立其图标/连接口，使之可被其他 VI 程序作为子程序调用。

使用（Demo）Read Voltage.vi（在函数模板的 User Libraries>>Basics Course 子模板中）来模拟一个温度传感器的电压输出。

一、前面板（见图 4-14）

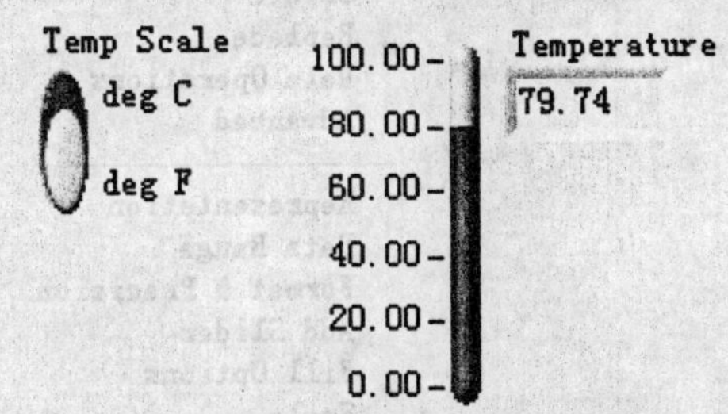

图 4-14 前面板

1．选择 File 菜单下的 New VI 选项，打开一个新的 VI。

2．在前面板窗口内放置温度计指示器。

1）在前面板窗口的空白处右击鼠标，弹出控制模板，从控制模板的 Numeric 子模板下选择 Thermometer 指示器；

2）在 Thermometer 指示器的标签栏内输入文本“Temperature”，并在窗口的空白处点击鼠标按键来结束文本输入。

3．重新设定温度计指示器的刻度，使其显示 0.0～100.0 的温度范围。可使用标签工具 A，在温度计刻度“10.0”上双击，直接输入文本“100.0”，输入结束后温度刻度自动改变。

4．在前面板窗口放置竖直开关控制器。

1）在前面板窗口的空白处右击鼠标弹出控制模板，从控制模板的 Boolean 子模板中选择 Vertical Slide Switch 控制器，在控制器标签栏中输入文本“Temp Scale”；

2）使用标签工具 A，在竖直开关控制器的 True 状态旁，设置文本标签“deg C”，在开关的 False 状态旁，设置文本标签“deg F”。

5．给前面板的对象加上描述信息。在前面板的对象上右击鼠标弹出菜单，并选择 Description and Tip 选项，如图 4-15 所示，可在弹出的对话框中输入对对象的描述信息。当 VI 程序正在运行时，也可以在线弹出该对象的弹出菜单，选择 Description and Tip 选项来显示该对象的描述信息。在框图程序窗口中，也可以用同样的方法给对象加上描述信息。

对象的描述信息将显示在文本帮助窗口中。

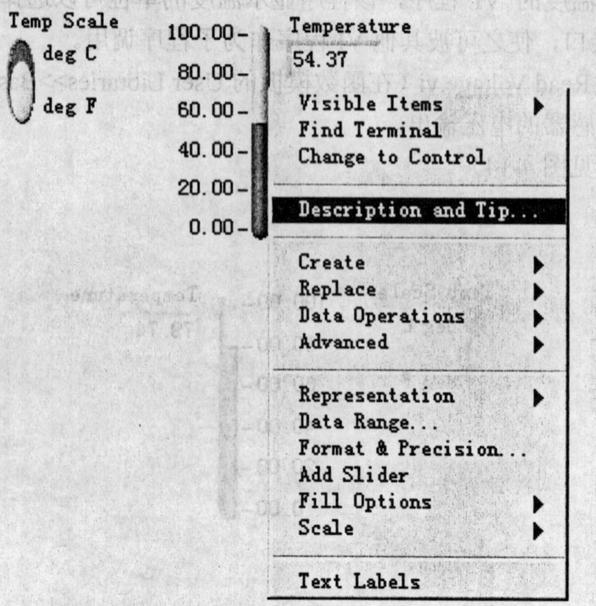

图 4-15　选定对象的描述菜单

6．编写温度计指示器和开关控制器的描述信息。

1）在温度计指示器上弹出菜单并选择 Description and Tip 选项；

2）输入如图 4-16 所示的描述信息，并点击 OK 按钮；

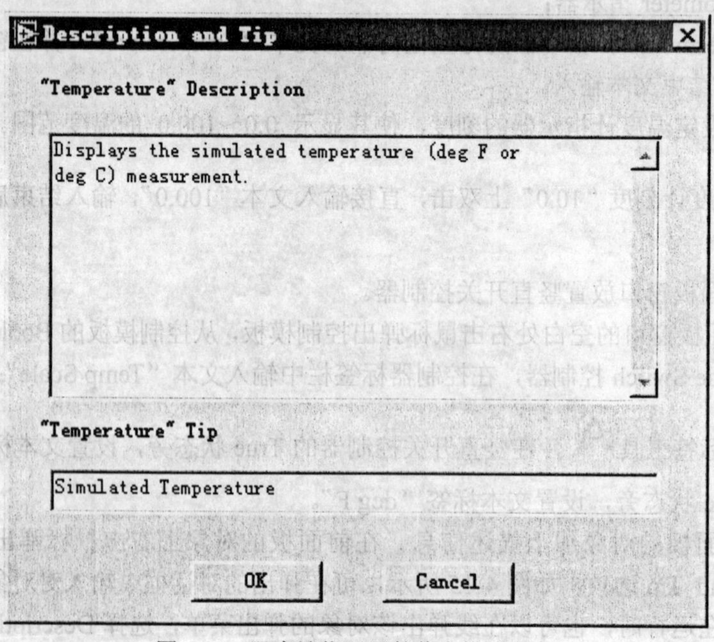

图 4-16　温度计指示器的信息描述窗口

3）在竖直开关控制器上弹出菜单并选择 Description and Tip 选项；

4）输入如图 4-17 所示的描述信息，并点击 OK 按钮。

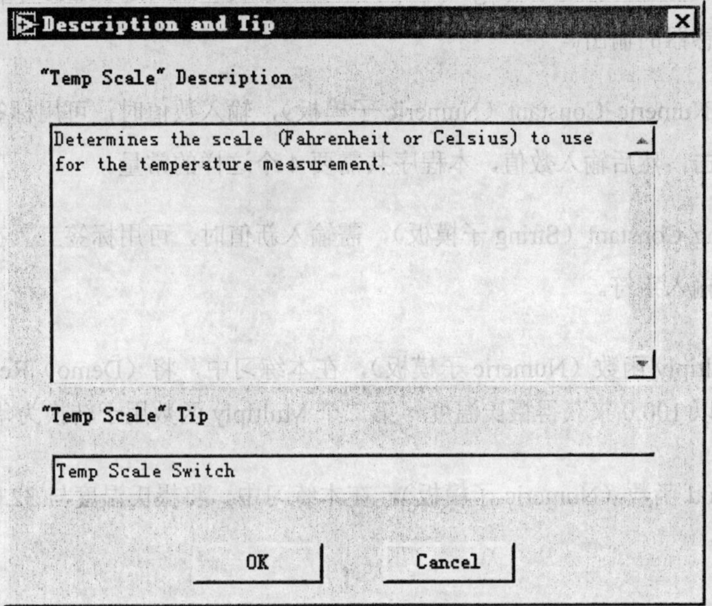

图 4-17　竖直开关控制器的信息描述窗口

7．从指示器和控制器的弹出菜单中再次选择 Description and Tip 选项，可查看所创建的描述信息。

二、框图程序（见图 4-18）

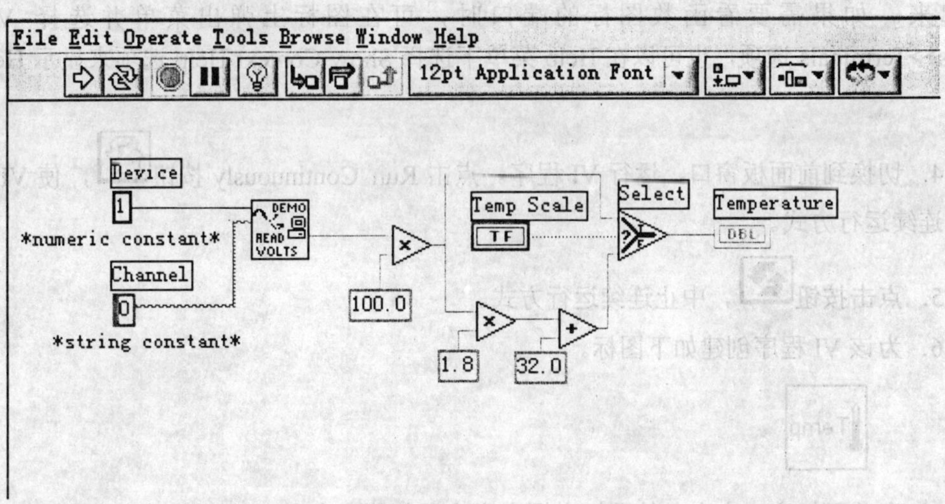

图 4-18　框图程序

1．在前面板窗口的 Windows 菜单下选 Show Diagram，切换到框图程序窗口。

2．放置框图程序对象，在框图程序窗口的空白处右击鼠标弹出函数模板，并选择所需的对象。

 （Demo）Read Voltage .vi （User Libraries>>Basics Course 子模板），该 VI 程序模拟温度传感器的输出。

 Numeric Constant（Numeric 子模板），输入数值时，可用标签工具在该数字常量上双击，然后输入数值，本程序共需要 4 个这样的常量。

 String Constant（String 子模板），需输入新值时，可用标签工具在该字符串常量上双击，然后输入字符。

 Multiply 函数（Numeric 子模板），在本练习中，将（Demo）Read Voltage.vi 的输出电压值乘以 100.0 来获得摄氏温度。第二个 Multiply 函数用于转换为华氏温度。

 Add 函数（Numeric 子模板），在本练习中，将摄氏温度与 32.0 相加以完成华氏温度的转换。

 Select 函数（Comparison 子模板），根据 Temp Scale 开关的布尔值，选择输出华氏（False）或摄氏（True）温度值。

3．使用选择工具将各对象图标按图 4-18 所示来放置，并用连线工具把它们连接起来。如果需要看函数图标的端口时，可在图标上弹出菜单并选择 Visible Items>>Terminals 选项，也可以在 Help 菜单下选择 Show Context Help 选项来显示 Help 窗口。

4．切换到前面板窗口，运行 VI 程序。点击 Run Continuously 按钮，使 VI 程序处于连续运行方式。

5．点击按钮，中止连续运行方式。

6．为该 VI 程序创建如下图标。

1）在前面板窗口右上角的图标方框上右击鼠标弹出菜单，选择 Edit Icon 选项，打开图标编辑器。

2）双击图标编辑器的矩形选择工具，并按<Delete>键清除原来的默认图案。选取矩形工具重新设置边框。

3）用铅笔工具画一个代表温度计的图标图案。

提示：按下<Shift>键并拖动鼠标，用铅笔工具画水平或竖直直线。

4）使用文本工具输入字符“Temp”，并双击文本工具弹出字体设置对话框，将字体设为 Small Font。

5）当完成图标设计后，如图 4-19 所示，点击 OK 按钮关闭图标编辑器，在前面板窗口右上角的图标方框中将显示新建的图标。

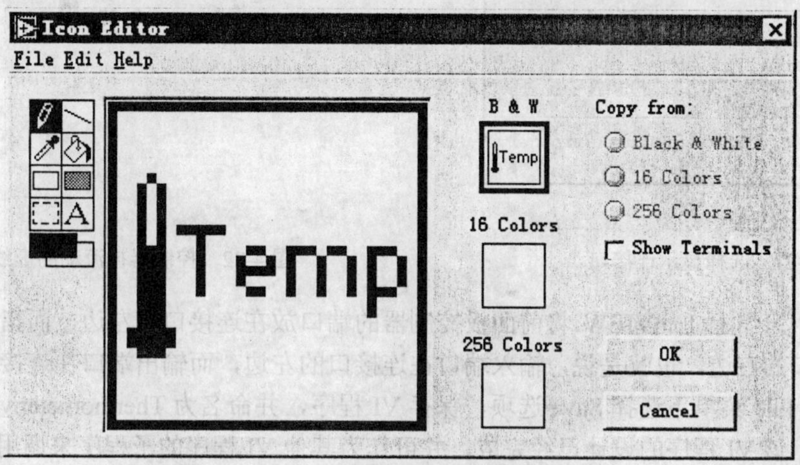

图 4-19　图标编辑器窗口

7. 为该 VI 程序创建如图 4-20 所示的连接口

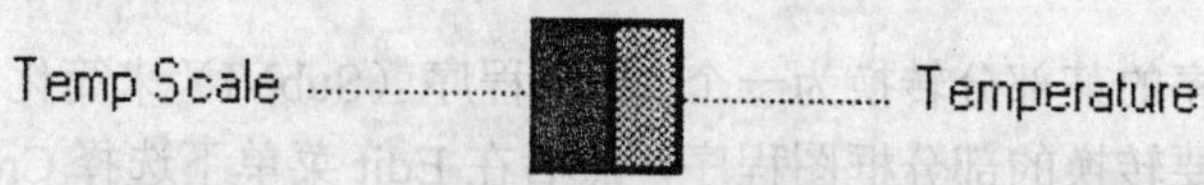

图 4-20　连接口示意图

1）在窗口右上角的图标方框上右击鼠标弹出菜单，选择 Show Connector 选项，如图 4-21 所示。

LabVIEW 程序自动根据前面板的控制器和指示器的个数来选择连接口的端口数。在此例中，有两个端口——竖直开关控制器和温度计指示器。

2）给开关和温度计分配端口。使用连线工具点击连接口左边的端口，该端口变黑，再点击开关控制器，控制器被一流动的虚线框住，如图 4-22 所示，则完成了开关控制器的端口分配。

用连线工具点击连接口的右边端口，该端口变黑，再点击温度指示器，指示器被一流动的虚线框住，表示已经给该指示器分配了一个端口。点击空白处，虚线消失，选中的端口变暗，表示已将连接口的端口分配给了控制器和指示器。

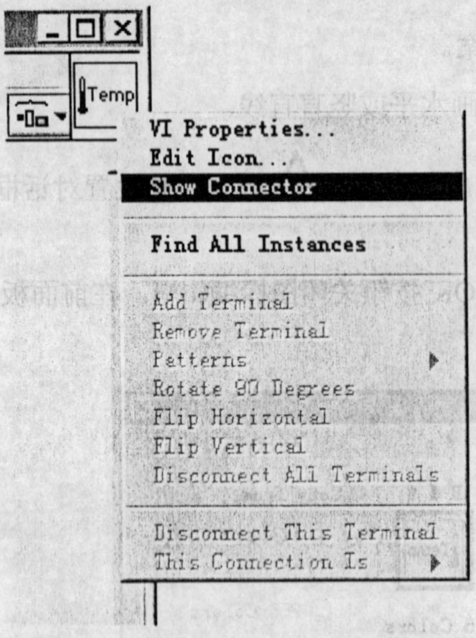

图 4-21　选择显示连接口

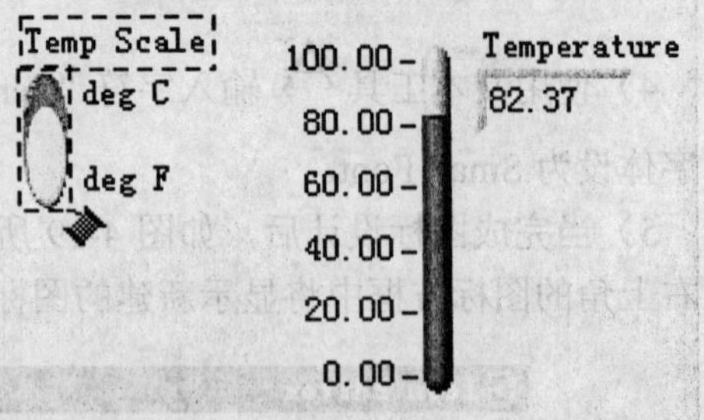

图 4-22　控制器被流动的虚线框住

注意　习惯上 LabVIEW 将前面板控制器的端口放在连接口的左边，而指示器的端口放在连接口的右边，也就是说，输入端口在连接口的左边，而输出端口在连接口的右边。

8．在 File 菜单下选择 Save 选项，保存 VI 程序，并命名为 Thermometer.vi。

至此，该 VI 程序的设计已经完成，并可作为其他 VI 程序的子程序来调用。

9．在 File 菜单下选择 Close 选项，关闭 VI 程序。

4.3.3　选定部分框图程序来创建 VI 子程序

可以将框图程序的某部分转换为一个 VI 子程序（SubVI）来简化 VI 的框图程序。首先用选择工具选定要转换的部分框图程序，然后在 Edit 菜单下选择 Create SubVI 选项，即可以将选定的框图程序转换成 VI 子程序。LabVIEW 自动为新建的 VI 子程序创建图标/连接口，并用新的 VI 子程序图标取代原来选定的框图程序部分，如图 4-23 所示。

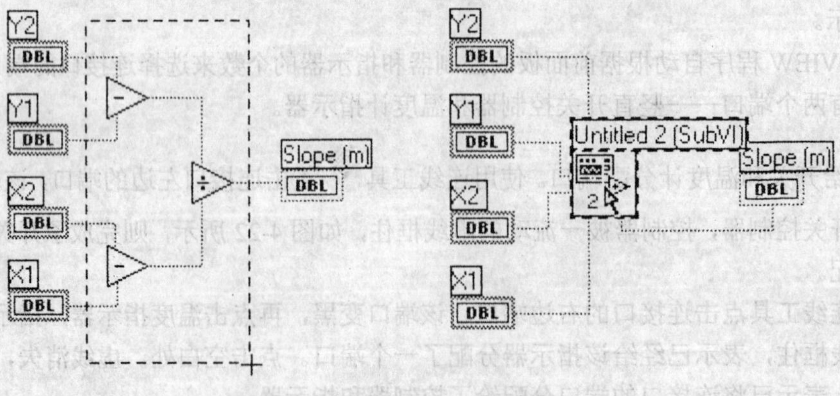

图 4-23　将框图程序的选定部分转换成一个 VI 子程序

注意 用来创建子 VI 的框图程序部分，其输入、输出个数不能超过 28 个，因为一个 VI 的连接口最多允许有 28 个端口。

练习 4-2

使用上面介绍的方法来创建 VI 子程序。

修改练习 4-1 创建的 Thermometer.vi，将摄氏温度转换为华氏温度的框图程序部分转换为 VI 子程序。

一、前面板

在 File 菜单下选择 Open 选项，打开练习 4-1 创建的 Thermometer.vi，前面板如图 4-24 所示。

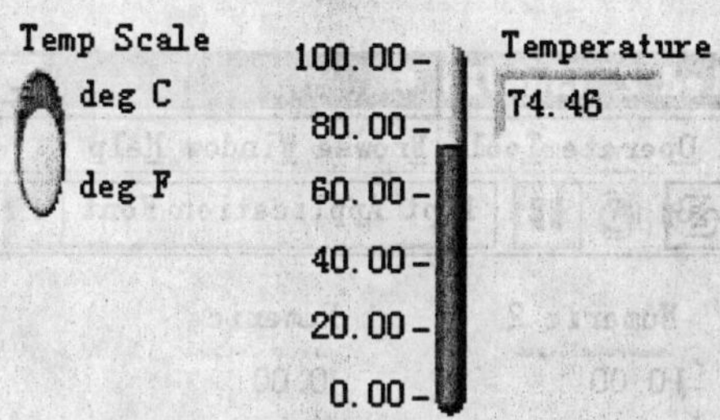

图 4-24 Thermometer.vi 的前面板

二、框图程序（见图 4-25）

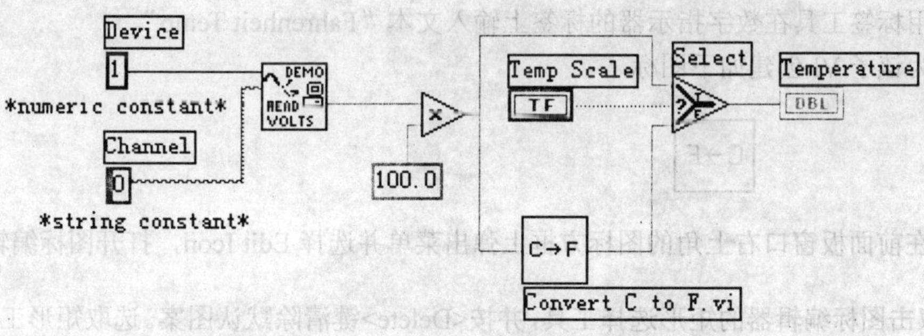

图 4-25 Thermometer.vi 的框图程序

1．从 Windows 菜单下选择 Show Diagram 选项，打开框图程序窗口。

2．选定 Thermometer.vi 程序的部分框图程序，并转换为 VI 子程序。

1）使用选择工具选中乘法函数和加法函数，在框图程序中选中部分被一条流动的虚线框住，如图 4-26 所示。

2）在 Edit 菜单下选择 Create SubVI 选项，则图 4-26 中被流动虚线框住的部分转换成了一个 VI 子程序，如图 4-27 所示。这种方法可使 VI 程序的开发模块化。

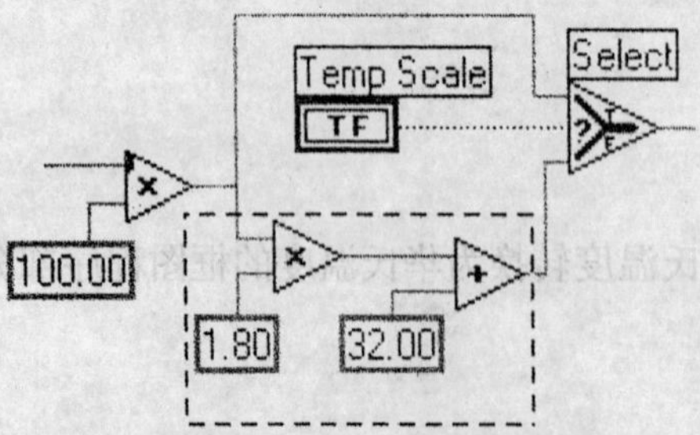

图 4-26　选定框图

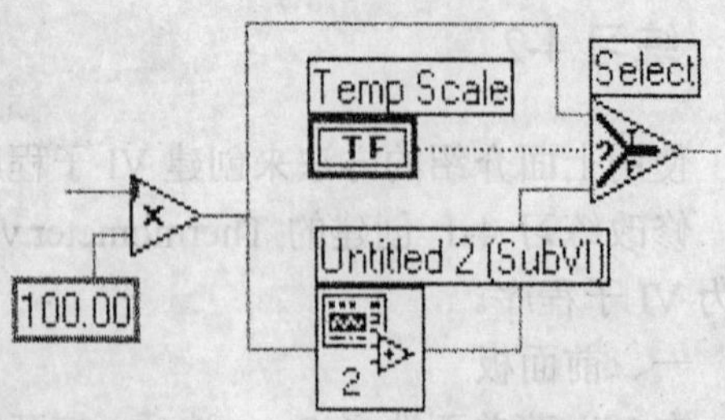

图 4-27　选定部分变为一个子 VI

3．双击第 2 步创建的 Untitled2（SubVI）子程序图标，弹出其前面板，如图 4-28 所示。

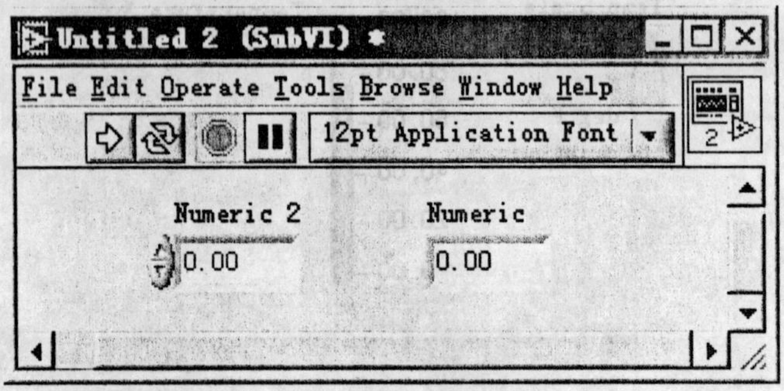

图 4-28　子 VI 的前面板

4．给该子程序的前面板对象加上标签。

1）用标签工具在数字控制器的标签上输入文本“Centigrade Temp”。

2）用标签工具在数字指示器的标签上输入文本“Fahrenheit Temp”。

5．为该子 VI 创建如下图标

1）在前面板窗口右上角的图标方框上弹出菜单并选择 Edit Icon，打开图标编辑器。

2）双击图标编辑器的矩形选择工具，并按<Delete>键清除默认图案。选取矩形工具 重新设置边框。

3）用文本工具 创建文本“C　F”，双击文本工具 弹出字体设置对话框，将字体设为 Small Font，用铅笔工具 画一个箭头。

4）当图标设计完成后点击 OK 按钮，如图 4-29 所示，关闭图标编辑器，前面板窗口右上角将显示新建的图标。

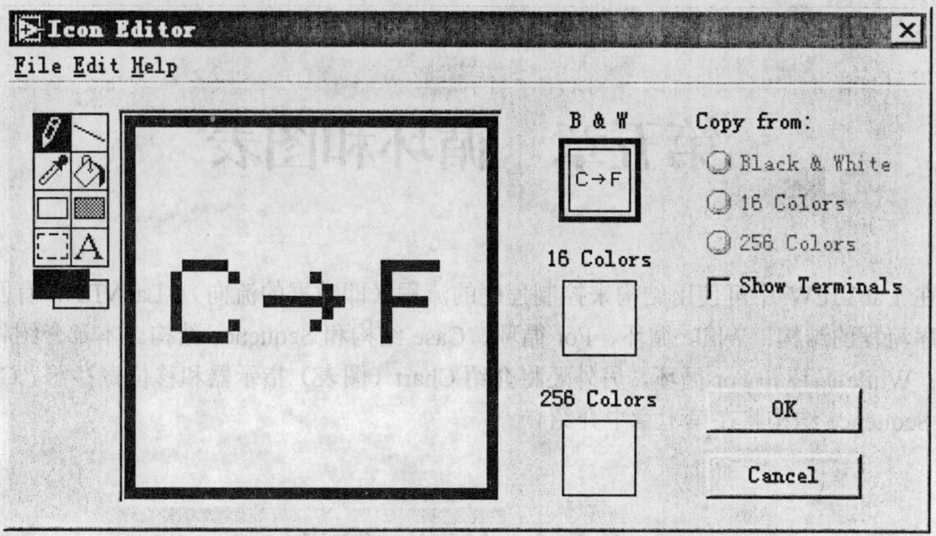

图 4-29　图标编辑器窗口

注意　当使用 Edit 菜单的 Create SubVI 选项来创建一个 VI 子程序时，连接口的端口是自动分配好的。

5）在 File 菜单下选择 Save 选项，保存该子 VI，程序命名为 Convert C to F.vi。

6．在 File 菜单下选择 Close 选项，关闭该子 VI。

7．在 File 菜单下选择 Save as 选项，另外保存 Thermometer.vi，并重新命名为 Thermometer W-Convert.vi。

§4-4　总结、提示和技巧

· 通过调用 VI 子程序，将框图程序模块化使之更容易理解和调试。

· VI 子程序的连接口端口用于与主 VI 程序之间传递数据。定义 VI 子程序连接口时，先选择子 VI 所需要的端口数，然后将前面板的指示器和控制器分配给每一个端口。

· 在前面板的图标/连接口方框上弹出菜单，打开图标编辑器可以修改 VI 的图标图案。

· 将输入端口按 Required、Recommended 或 Optional 设置，可以帮助减少连线时发生的错误。

第五章　循环和图表

在 LabVIEW 中可使用结构来控制程序的流程（即数据的流向）。LabVIEW 有四种控制程序流程的结构：While 循环、For 循环、Case 结构和 Sequence 结构。本章介绍将两种结构：While 循环和 For 循环，另外还将介绍 Chart（图表）指示器和移位寄存器。Case 结构和 Sequence 结构将在第七章中介绍。

§5-1　While 循环

While 循环是一种带条件判断的循环，如果条件成立，While 循环可以反复执行循环内的框图程序部分，类似于 C 语言中的 Do…While 语句。

在框图程序的函数模板下，选择 Structures 子模板里的 While 循环，如图 5-1 所示，然后在框图程序窗口中拖一个框出来，这即是 While 循环框，如图 5-2 所示，也可以框住一些程序对象来作为 While 循环体。可用选择工具拖动 While 循环的边框，以改变其边框的大小。

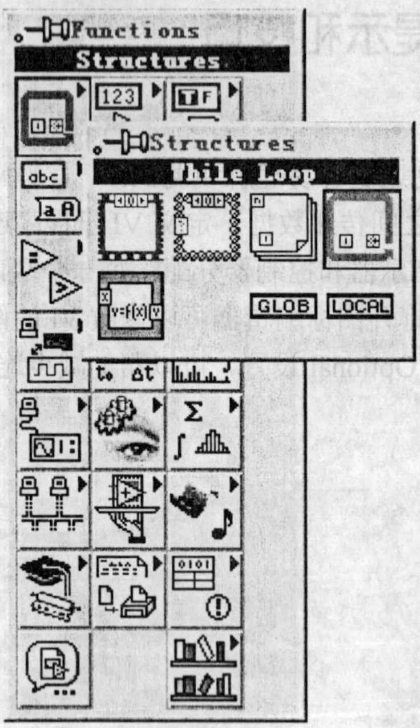

图 5-1　While 循环在函数模板的 Structures 子模板里选取

图 5-2　While 循环框图

While 循环框内有一个条件端口，用于判断是否继续 While 循环。VI 程序是在每次循环结束后，才去检测条件端口的值，当条件端口接收到的布尔值是 True 时，继续循环，当该端口的值是 False 时，则退出 While 循环。因此不管条件是否成立，循环至少要执行一次，然后再去判断条件端口的值。

While 循环图标的另一个端口是计数端口，计数端口用于统计循环执行的次数，While 循环每执行一次，计数端口的值就加 1。计数端口从零开始计数，也就是说，在第一次循环结束时，计数端口的值为 0，如果循环执行了 10 次，则计数端口的值为 9。

在图 5-3 中，While 循环中的程序将重复执行，直到 Temp 子程序的产生的温度值大于或等于 85 时停止循环， Not 函数执行非运算，当条件端口接到的值为 False 时，停止循环，Numeric 指示器显示循环的次数。

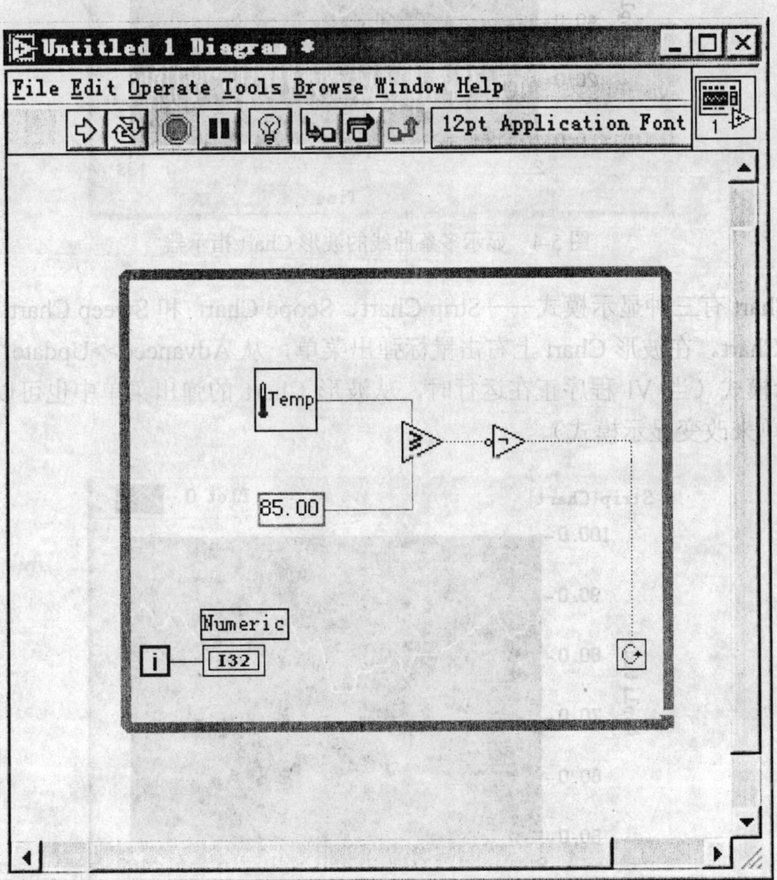

图 5-3　While 循环的例子

§ 5-2　波形 Chart

波形 Chart 是一种可显示一条或多条曲线图形的指示器，波形 Chart 在控制模板的 Graph 子模板中，图 5-4 所示为一个显示多条曲线的波形 Chart 指示器。

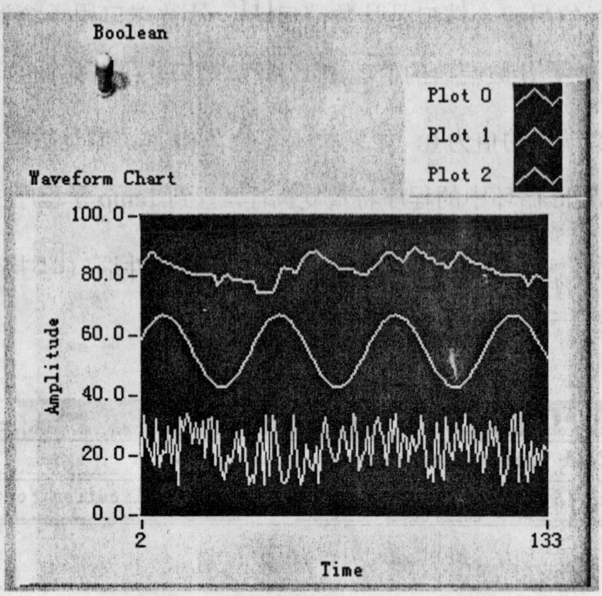

图 5-4　显示多条曲线的波形 Chart 指示器

波形 Chart 有三种显示模式——Strip Chart、Scope Chart 和 Sweep Chart。其中默认模式为 Strip Chart。在波形 Chart 上右击鼠标弹出菜单，从 Advanced>>Update Mode 子菜单中选择显示模式（当 VI 程序正在运行时，从波形 Chart 的弹出菜单中也可以选择 Update Mode 子菜单来改变显示模式）。

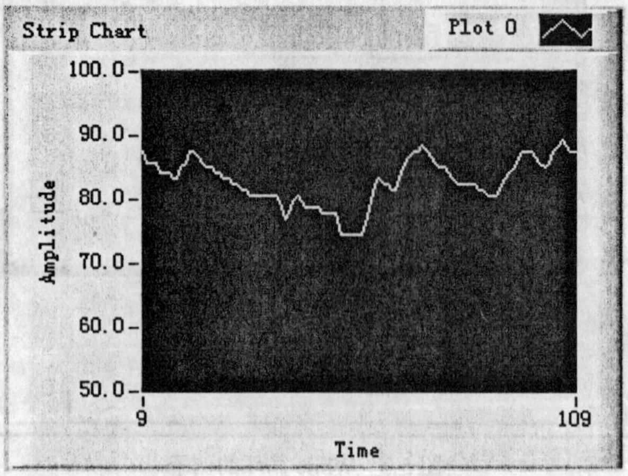

（a）Strip Chart 显示模式

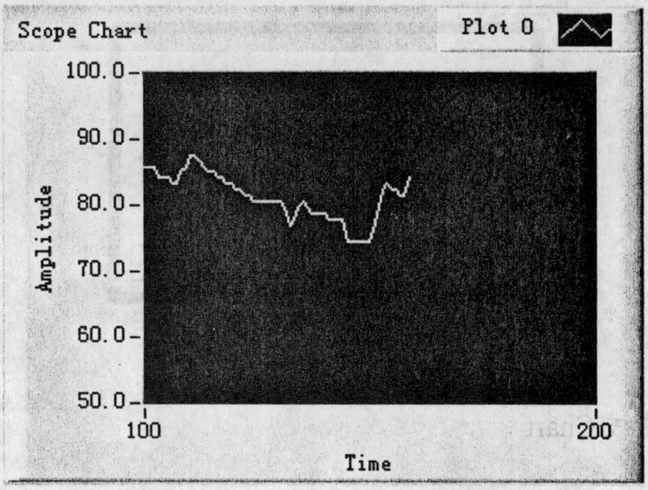

（b）Scope Chart 显示模式

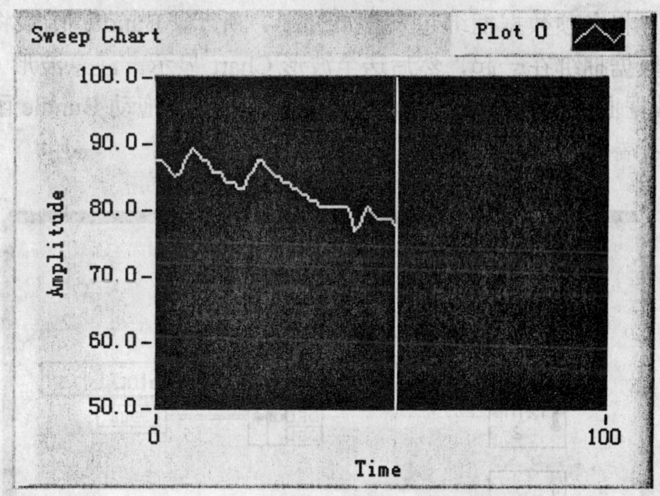

（c）Sweep Chart 显示模式

图 5-5

如图 5-5（a）、（b）、（c）所示，Strip Chart 显示模式是：每接收一个新数据，该数据显示在前一个数据的右侧，当数据曲线到达显示区的右边缘时，原有数据曲线左移。Scope Chart 显示模式是：当数据曲线到达显示窗口的右边缘时，曲线被清除，又从左边界开始重新显示曲线。Sweep Chart 显示模式是：在新数据开始的地方出现一条竖直线，然后竖直线随着数据曲线右移。

5.2.1 单曲线 Chart

可以直接将一个标量输出与波形 Chart 相连，如图 5-6 所示。在框图程序中，波形 Chart 指示器的图标所显示的数据类型与输入的类型自动匹配。

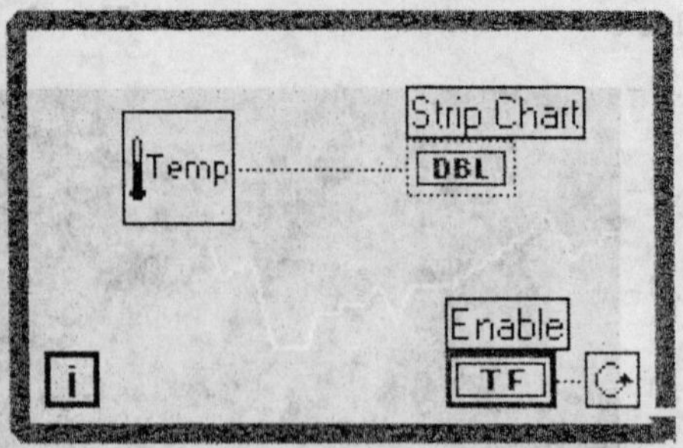

图 5-6　Chart 与一个标量相连

5.2.2　多曲线 Chart

波形 Chart 可以同时显示多条曲线，但必须使用 Bundle 函数 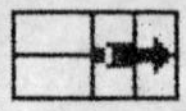 （在函数模板的 Cluster 子模板中）将多项数据捆绑起来。如图 5-7 所示，Bundle 函数将三个采集温度的 VI 子程序的输出数据捆绑在一起，然后送至波形 Chart 显示。注意波形 Chart 的端口图标的变化。要增加数据曲线的捆绑数目时，只要使用选择工具拖动 Bundle 函数的边框来增加 Bundle 函数的输入端口数即可。

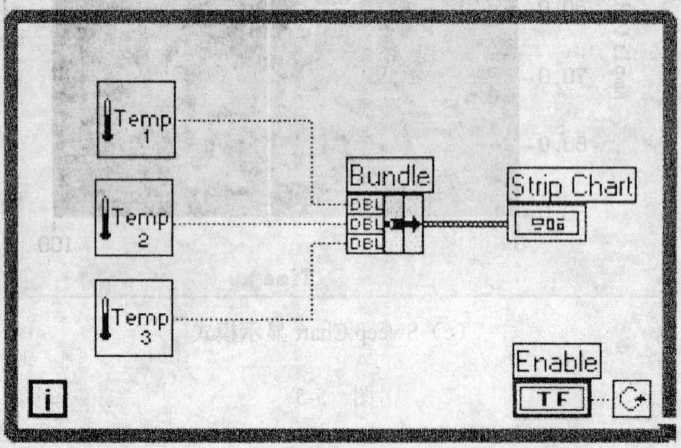

图 5-7　数据捆绑

§5-3　开关的机械特性

在第四章的练习 4-1 中，当要运行 VI 程序时，首先必须打开竖直开关控制器，然后点击 Run 按钮，这样不太方便。我们可以通过改变开关控制器的机械特性，以便在每次运行 VI 程序时不需要先打开开关。所谓“机械特性”是指模拟真实开关的动作特性。

在 LabVIEW 中，布尔开关控制器的机械特性的选项有：Switch When Pressed（按下时启动)、Switch When Released（松开时启动)、Switch Until Released（按下时启动直到松开)、Latch When Pressed（按下时锁定)、Latch When Released（松开时锁定)、Latch Until Released（按下时锁定直到松开）六种。

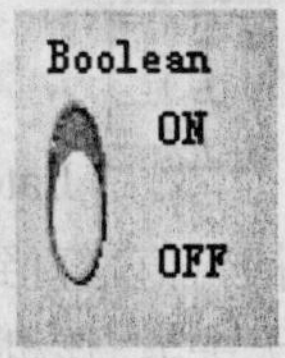

图 5-8　布尔开关控制器

一个布尔开关控制器如图 5-8 所示，其开关的默认值状态为关，即开关的布尔值为 False。

我们可以通过在开关控制器上弹出菜单并选择 Mechanical Action 选项来设置开关的机械特性，如图 5-9 所示。

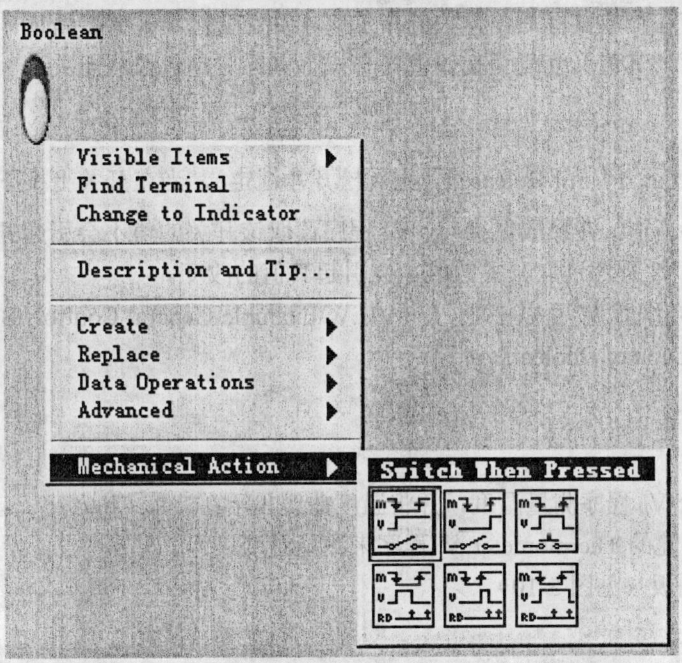

图 5-9　设置开关的机械特性

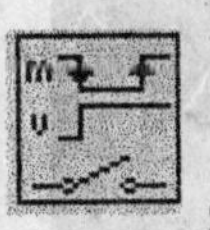
Switch When Pressed（按下时启动)，当在开关上按下鼠标时，其值立刻改变，即由 False 变为 True，或由 True 变为 False。

Switch When Released（松开时启动)，当在开关上按下鼠标而不释放时，其值不改变，只有在释放鼠标后，开关的布尔值才发生变化。

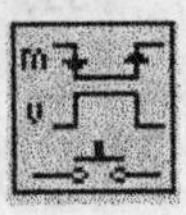
Switch Until Released（直到松开才启动)，当在开关上按下鼠标时，其值立刻改变，而当释放鼠标后时，开关的布尔值也会改变，即恢复到按下鼠标前的状态。

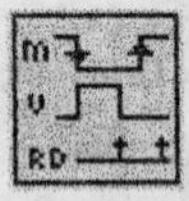

Latch When Pressed（按下时锁定），当在开关上按下鼠标时，其值立刻改变，并保持新值，直到 VI 程序读取该开关的值后，其值又恢复为初始值（与按下鼠标后是否释放无关）。该机械特性可用于终止 While 循环或者控制 VI 程序只运行一次。

Latch When Released（松开时锁定），当在开关上按下鼠标而不释放时，其值不改变，只有在释放鼠标后，开关的布尔值才发生变化，并保持新值，直到 VI 程序读取该开关的值后，其值又恢复为初始值（与按下鼠标后是否释放无关）。

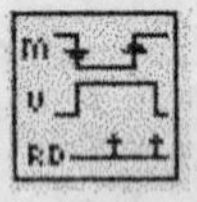

Latch Until Released（直到松开才锁定），当在开关上按下鼠标时，其值立刻改变，并保持新值。在释放鼠标前，VI 程序读取该开关的值不会引起开关值的改变，而当鼠标释放后，VI 程序读取开关的值才会引起其值的改变。

注意　详细信息可以参阅 LabVIEW\Example\General\Controls\Booleans.llb 库中的 Mechanical Action of Boolean.vi。

练习 5-1

创建一个 VI 程序测量温度，并将温度曲线显示在波形 Chart 上。该 VI 程序将调用在练习 4-1 中创建的 Thermometer .vi 程序来测量温度。

一、前面板（见图 5-10）

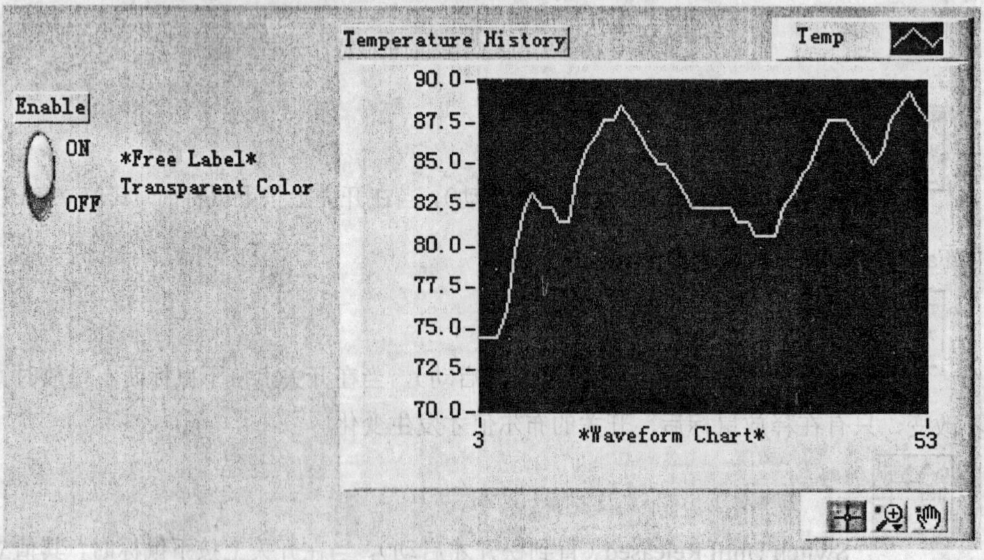

图 5-10　前面板

1．打开前面板，并在前面板窗口中放置一个竖直开关控制器（在控制模板的 Boolean 子模板中），在开关的标签栏中输入文本“Enable”。可使用该开关来停止 VI 程序的运行。

2．在前面板窗口中放置一个波形 Chart 指示器（在控制模板的 Graph 子模板中），在该 Chart 指示器的标签栏中输入文本“Temperature　History”。可用该波形 Chart 来实时地显示温度曲线。

3．由于波形 Chart 默认的曲线图例标注为“Plot 0”，根据情况，可对图例的标注进行更改。用标签工具 A 在标注“Plot 0”上双击，然后输入文本“Temp”即可。

4．修改波形 Chart 上显示温度的刻度。使用标签工具 A 在波形 Chart 刻度“10.0”上双击，然后输入“90”。重复上述步骤将刻度“0.0”改为“70”。

二、框图程序

1．切换到框图程序窗口。

2．从函数模板的 Structures 子模板中选择 While Loop，然后拖住 While 循环框，使两个端口位于 While 循环中。

3．选择其他框图程序对象。

Thermometer .vi （在函数模板中的 Select a VI…），在 Select a VI…对话框中选择练习 4-1 中创建的 Thermometer .vi 程序，将其作为一个子程序调用，来产生一个温度值。

4．按照图 5-11 所示的框图程序连线。

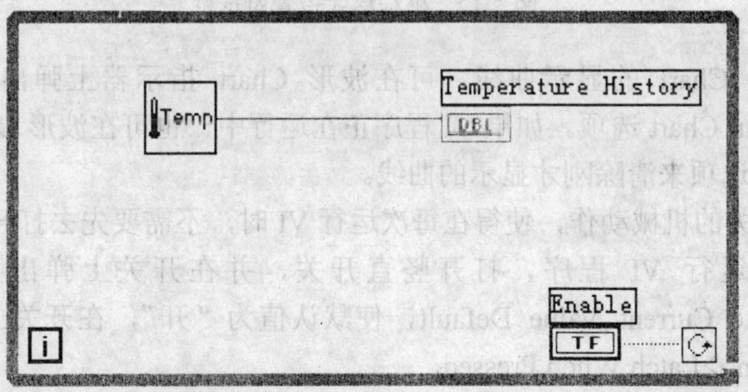

图 5-11　框图程序

5．返回前面板窗口，用操作工具点击竖直开关，使之处于“开”的状态，运行 VI 程序。While 循环内的框图程序只有在竖直开关处于“关”的状态时才会中止执行，只要开关处于“开”的状态，Thermometer .vi 子程序就不断地采集新的温度测量值，并将该值显示在波形 Chart 中。

6. 要停止温度测量，可点击竖直开关，并处于“关”的状态，使循环条件为 False，以中止循环。

7. 可以根据显示数据和参数选择的需要，设置波形 Chart 的 X、Y 轴刻度。在 Chart 指示器上弹出菜单并选择 Y scale>>formatting ，将出现图 5-12 所示的窗口。

点击 Grid Options ，从弹出的子菜单中选择不同的坐标轴格式，体会不同的坐标格式的差别。在该窗口中，还可以改变刻度格式、绘图模式和坐标轴的显示格式与精度等。

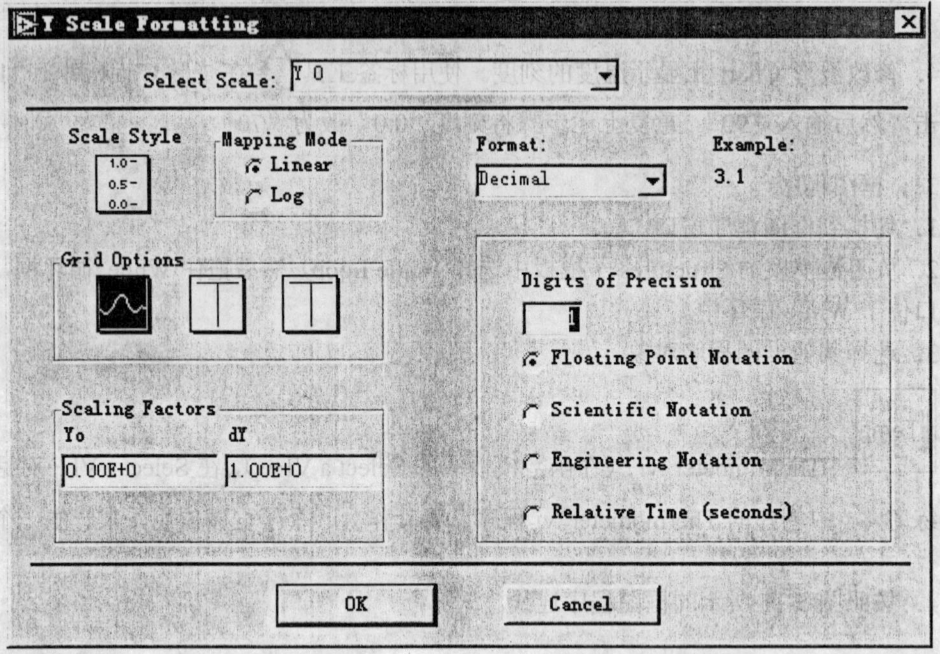

图 5-12　坐标格式设置对话框

要清除波形 Chart 的显示曲线，可在波形 Chart 指示器上弹出菜单并选择 Data Operations>>Clear Chart 选项。如果 VI 程序正在运行中，也可在波形 Chart 的弹出菜单中选择 Clear Chart 选项来清除刚才显示的曲线。

修改竖直开关的机械动作，使得在每次运行 VI 时，不需要先去打开开关。

8. 先不要运行 VI 程序，打开竖直开关，并在开关上弹出菜单，选择 Data Operations>>Make Current Value Default，使默认值为“开”，在开关上弹出菜单并选择 Mechanical Action>>Latch When Pressed。

9. 运行 VI 程序，然后点击竖直开关使其停止循环，开关将移到 OFF 的位置并在 While 循环的条件端口读取该值后回到 ON 的位置。

在 While 循环中，有时需要以一个固定的时间间隔来采样数据，如每秒一次或每分钟一次，这就需要在 While 循环框图中添加一个定时器。可以使用函数模板的 Time&Dialog 子模板中的 Wait Until Next ms Multiple 函数来控制循环的间隔时间，该函数保证每次循环的时间间隔不少于指定的毫秒数。

10. 如图 5-13 所示，将 VI 程序修改为每 500 毫秒测量一次温度值。

Wait Until Next ms Multiple 函数（Time&Dialog 子模板），在本练习中，该函数保证循环每 500ms 重复一次。

500

Numeric Constant（Numeric 子模板）。该数值常量连到 Wait Until Next ms Multiple 函数，用来指定延时的时间，单位为 ms。

11．改用不同的延时时间，运行 VI 程序。

12．保存该 VI 程序，将程序命名为 Temperature Monitor.vi，然后关闭 VI。

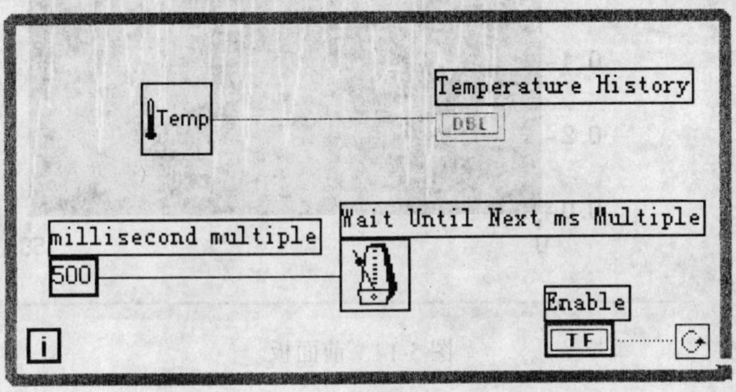

图 5-13 循环每隔 500ms 执行一次

练习 5-2

创建一个 VI 程序，产生随机数，并在波形 Chart 指示器上用 Scope Update 方式显示数据曲线。设计如图 5-14 所示的前面板，在前面板有一个旋钮控制器，可以在 0～2 秒之间调节循环的时间间隔，竖直开关用于中止 VI 程序的执行，使其默认状态为“开”。

练习提示

1.在波形 Chart 指示器上弹出菜单，选择 Visible Items>>Plot Legend 选项，将波形 Chart 的 Palette 隐藏。

2．使用 Random Number（0～1）函数（Numeric 子模板）来产生随机数据。

3．Loop Delay 旋钮的端口乘以 1000，把单位从毫秒转化为秒，将该值作为 Wait Until Next ms Multiply 函数（Time & Dialog 子模板）的输入，用于控制 While 循环的延时时间。

4．使用波形 Chart 指示器的弹出菜单（Advanced>>Update Mode 选项）来设置 Chart 的显示模式。保存该 VI，命名为 Random Signal.vi。

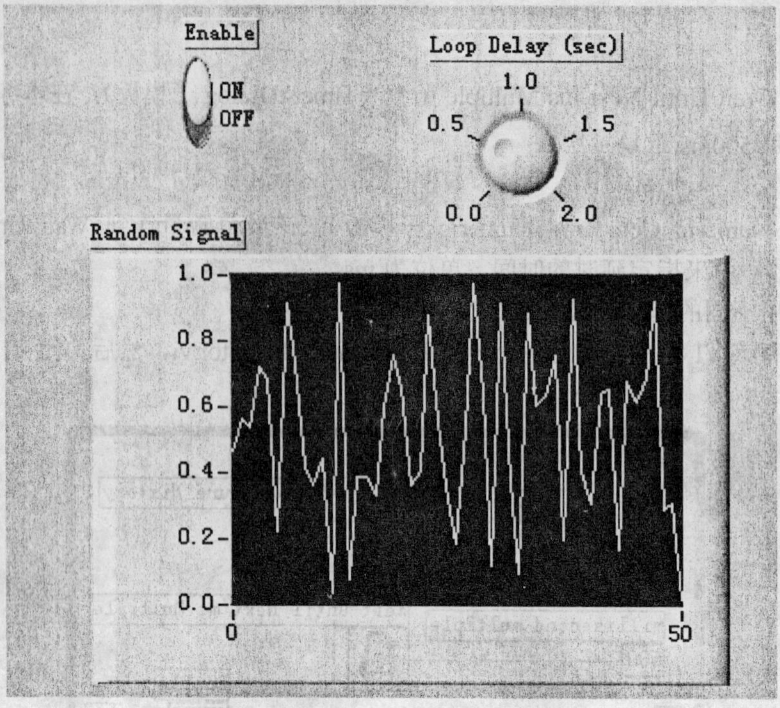

图 5-14　前面板

练习 5-3

创建一个 VI 程序，不断地产生随机数，直到产生的随机数与程序指定的数值相匹配。记录下共产生了多少个随机数才与程序的指定值相匹配。

一、前面板（见图 5-15）

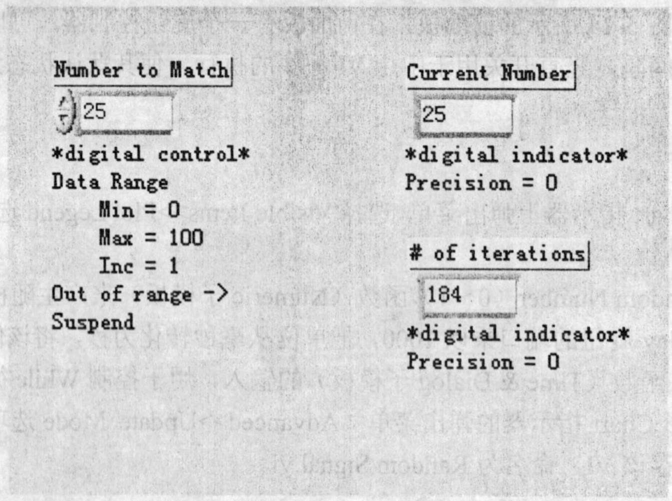

图 5-15　前面板

1．新建一个 VI 程序。

2．创建一个如图 5-15 所示的前面板。

Number to Match 数字控制器用于输入要匹配的指定值，Current Number 数字指示器显示当前产生的随机数，# of iterations 数字指示器显示产生了多少个随机数才与程序的指定值相匹配。

3．设置程序指定值的数据范围

利用一个对象的弹出菜单中的 Data Range 选项，可设置该对象的数据类型、数值范围以及用操作工具修改数值时变化的步长，当用户设定值超出数据范围时，可选择两种处理方式：

- Coerce　强制转换为指定数据范围的上限或下限；
- Ignore　忽略。

将本练习中输入的指定值范围设定为 0～100，修改步长为 1。

1）在 Number to Match 数字控制器上弹出菜单，选择 Data Range 选项。

2）如图 5-16 所示填写对话框，并点击 OK 按钮。

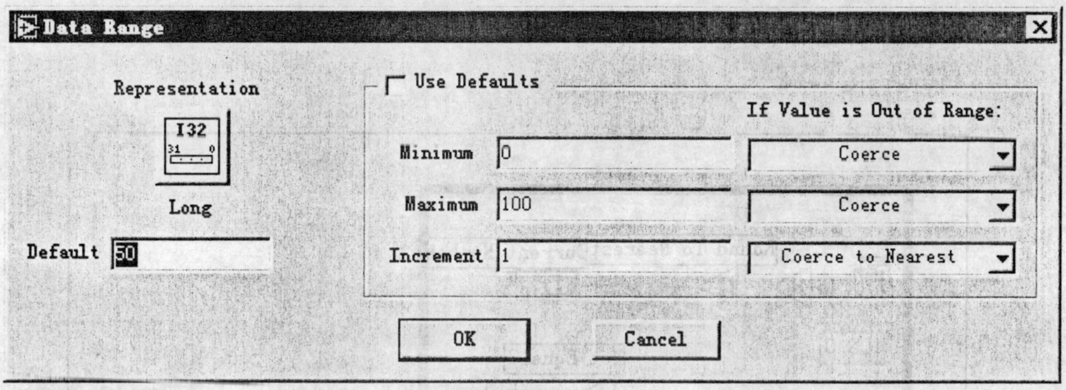

图 5-16　Data Range 对话框

4．修改数值的小数显示位数

数字控制器和指示器默认为十进制显示，且小数点后有两位小数（如 3.14）。可使用对象上的弹出菜单中的 Format&Precision 选项来改变小数显示位数，或将数字控制器和指示器以科学计数法、工程计数法或相对时间法来显示。

1）在数字指示器上弹出菜单并选择 Format&Precision（要访问该选项必须在 VI 程序没有运行时），如图 5-17 所示。

2）在 Digits of Precision 框内处输入“0”并点击 OK 按钮，将小数的显示位数改为零。

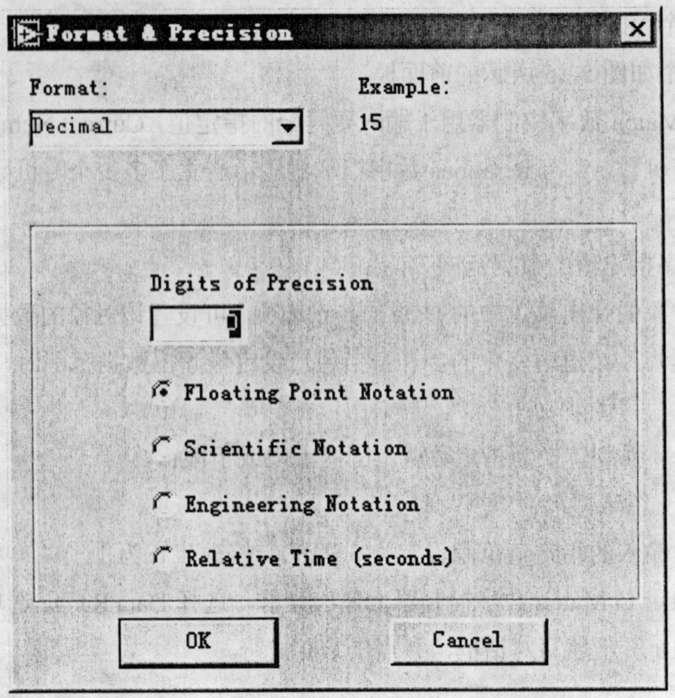

图 5-17　设置数据的显示格式及小数位数

二、框图程序

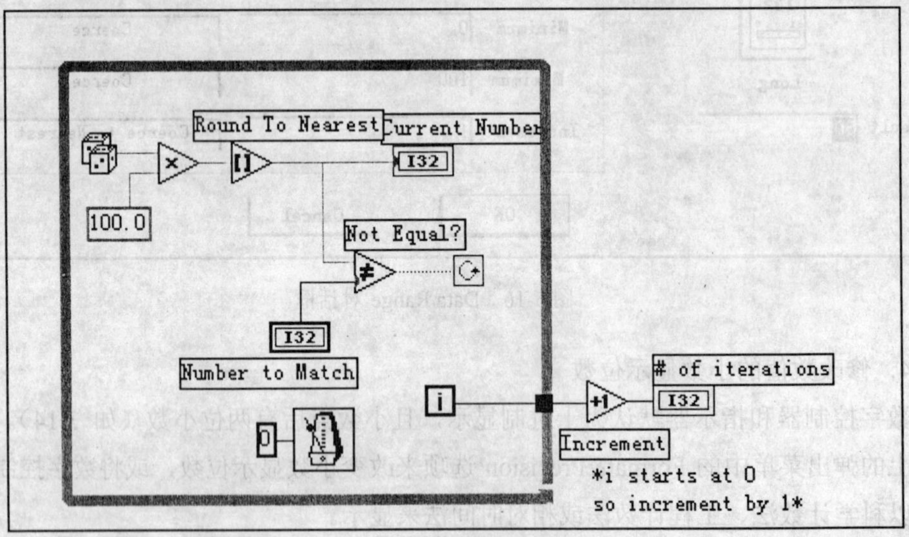

图 5-18　框图程序

1．创建如图 5-18 所示的框图程序。

Random Number（0～1）函数（Numeric 子模板），该函数输出一个 0～1 之间的随机数。

Multiply 函数（Numeric 子模板），在本练习中，该函数将随机数乘以 100，也就是说，该函数的输出是一个 0.0～100.0 的随机数。

Not equal? 函数（Comparison 子模板），在本次练习中，该函数完成随机数与前面板中的指定数相比较，如果两数不等，返回值为 True，否则为 False。

Round to Nearest 函数（Numeric 子模板），在本次练习中，该函数将随机数四舍五入取整。

Increment 函数（Numeric 子模板），在本次练习中，该函数将 While 循环结束后的计数端口的值加 1。由于计数端口从 0 开始计数，因此需要加 1。

While 循环边框上的数据出口为一个小方块，称为 Tunnel（信道），可以暂时存储数据。数据通过信道传递进入或流出一个循环结构。当循环结束后，数据传递出循环。当使用信道来将数据传递给循环时，只有在数据传到信道后，循环结构才能执行。

在本练习中只要产生的随机数与指定值不相等循环就会继续执行。Not Equal? 函数在两数不相等时，返回 True，循环就再执行一次，计数端口的值自动加 1。当循环结束后，输出循环计数值。

2．返回前面板，输入一个数给 Number to Match 控制器，运行 VI 程序。改变指定的数值，再运行 VI 程序。

注意　由于 Current Number 指示器位于循环内部，所以在每次循环时都更新数值，而 # of iteration 指示器位于循环外部，所以只在循环完成后，才输出结果。

如果 VI 程序中数字指示器的值变化很快，观察困难的话，可使用高亮运行方式，在框图程序窗口中，点击按钮，这种方式可以使 VI 运行速度减慢，以便观察产生的每一个随机数。

3．在 Number to Match 控制器中，输入一个超出该控制器数据范围的数值（设定的数据范围在 0～100 之间），试试看。

4．保存 VI，命名为 Auto Match .vi，然后关闭 VI。

§5-4 移位寄存器

移位寄存器主要用于 While 循环和 For 循环，它可以将上一次循环的值传给下一次循环。创建移位寄存器的方法是：在循环的左边框或右边框上弹出菜单并选择 Add Shift Register 选项。

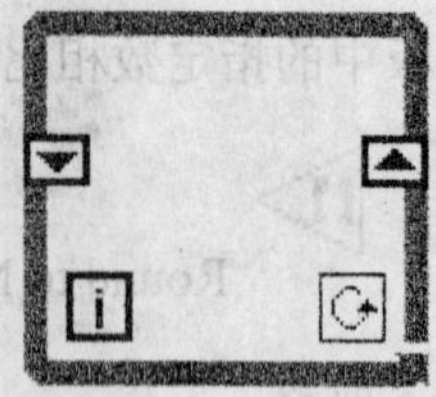

图 5-19 移位寄存器

如图 5-19 所示，移位寄存器在循环边框上包含一对端口，连在右端口上的数据在每次循环结束时被寄存在右端口，并在下一次循环开始时传递给左端口，如图 5-20 所示。移位寄存器可存储任何类型的数据——数字型、布尔型、字符串等，移位寄存器能够与连接到它上面的第一个对象的数据类型自动匹配。

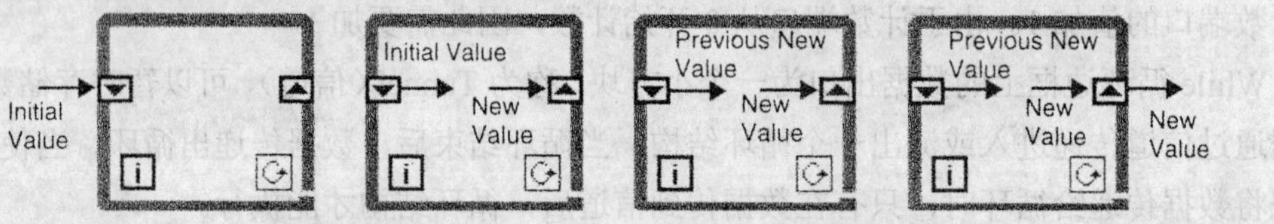

图 5-20 移位寄存器数据传递图

移位寄存器可以存储前几次循环的值，这种特性在求数据的平均值时很有用。在移位寄存器的左端口或右端口上右击鼠标弹出菜单，选择 Add Element 选项，可创建附加的左端口来存储前几次循环的值，例如，在左端口添加三个单元，可以分别存储前三次循环的值，如图 5-21 所示。

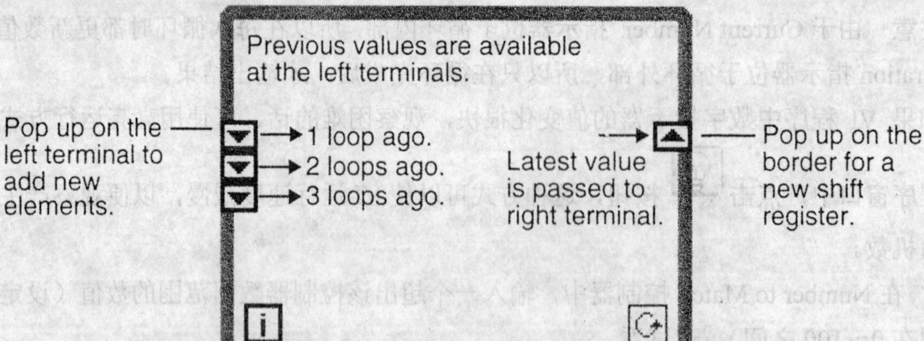

图 5-21 移位寄存器的工作过程

下面介绍移位寄存器的初始化。

初始化移位寄存器时，在循环外将初始值连到移位寄存器的左端口。如果不初始化，移位寄存器的默认初始值是：布尔型的初始值为 False，数字型的初始值为 0。

注意　如果第一次运行含有未初始化移位寄存器的 VI 程序时，LabVIEW 将移位寄存器初始化为默认值，只要不关闭 VI 程序，下一次运行时，移位寄存器就保留上一次运行程序后存储的值，而不会被 LabVIEW 重新初始化，如图 5-22 所示。

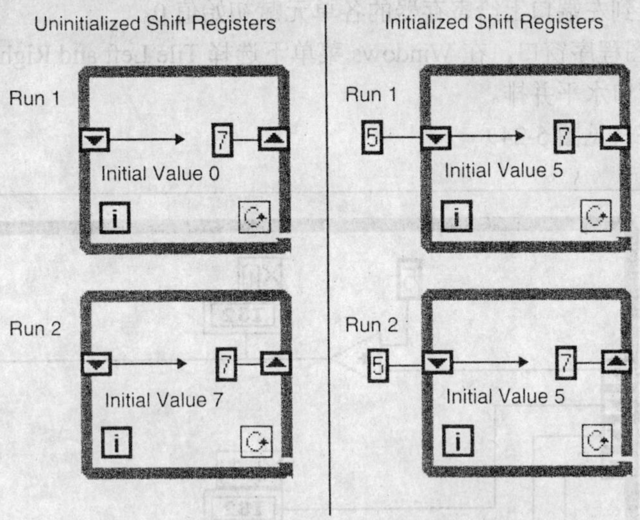

图 5-22　初始化与未初始化移位寄存器的比较

练习 5-4

使用移位寄存器访问前 n 次循环的值。

一、前面板（见图 5-23）

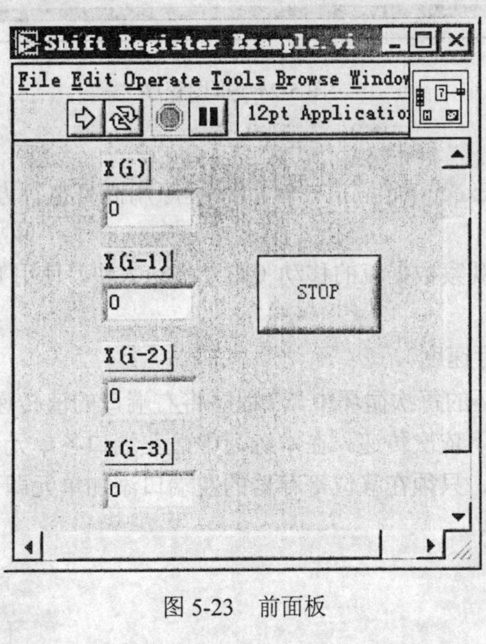

图 5-23　前面板

1. 打开 C:\Program Files\National Instruments\LabVIEW 6\User.lib\BASCLASS.llb 库文

件中的 Shift Register Example .vi。

前面板有四个数字指示器，X（i）指示器显示的是前一次循环开始时，移到左端口的值，X（i－1）指示器显示前两次循环的值，X（i－2）指示器显示前三次循环的值，依此类推。将常数 0 连到左端口上给寄存器的各单元赋初始值 0。

2．切换到框图程序窗口，在 Windows 菜单下选择 Tile Left and Right 选项，将前面板窗口和框图程序窗口水平并排。

二、框图程序（见图 5-24）

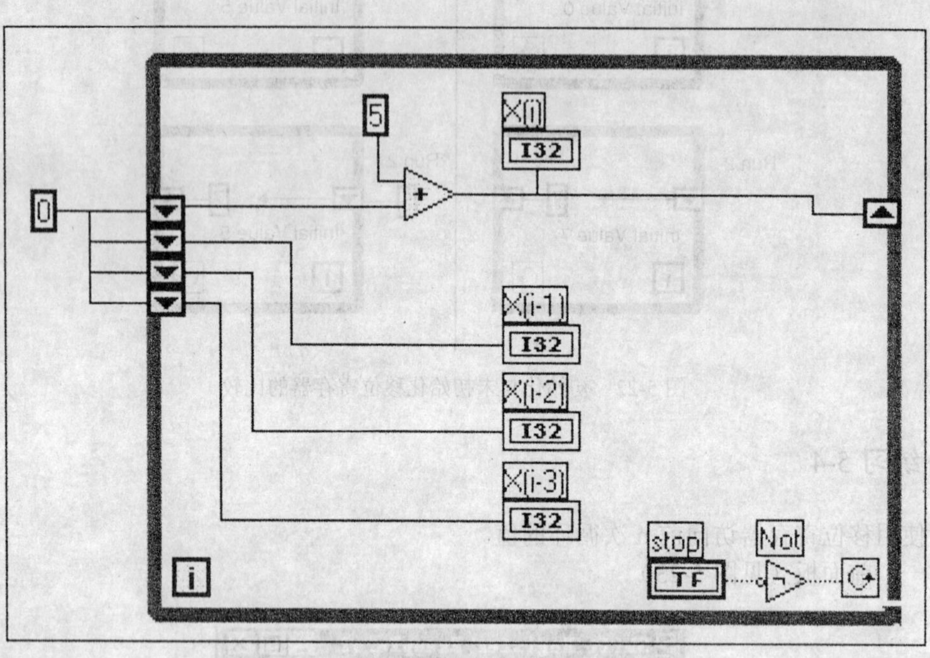

图 5-24　框图程序

1．点击 Highlight Execution 按钮，使程序用高亮执行方式运行。

2．运行 VI 程序并观察数据流的移动（如果移动太快，使用 Pause 按钮和单步执行按钮来减慢运行速度）。

注意　在 While 循环的每次循环中，VI 程序将右端口的值传递到左端口的第一个单元，其他各单元的值由上往下依次传递。在本练习中，左端口各单元保存了前四次循环产生的数值，要保存更多的值，只须在移位寄存器的左端口添加单元即可。

3．关闭该 VI 程序。

练习 5-5

使用移位寄存器求平均值。

修改练习 5-1 创建的 Temperature Monitor .vi 程序，将最后三次测量的温度值求平均，并在波形 Chart 中显示该平均温度曲线。

一、前面板（见图 5-25）

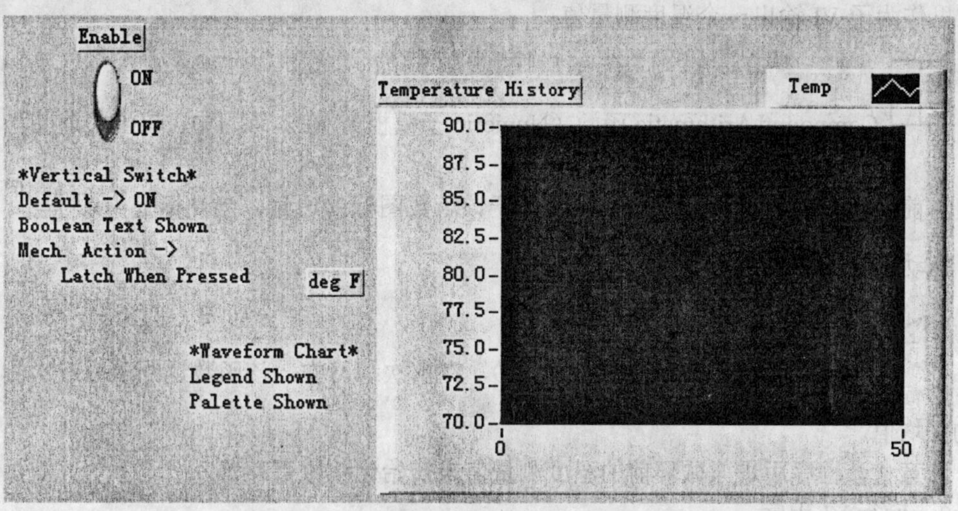

图 5-25 前面板

1．打开练习 5-1 创建的 Temperature Monitor .vi 程序。

2．切换到框图程序窗口。

二、框图程序（见图 5-26）

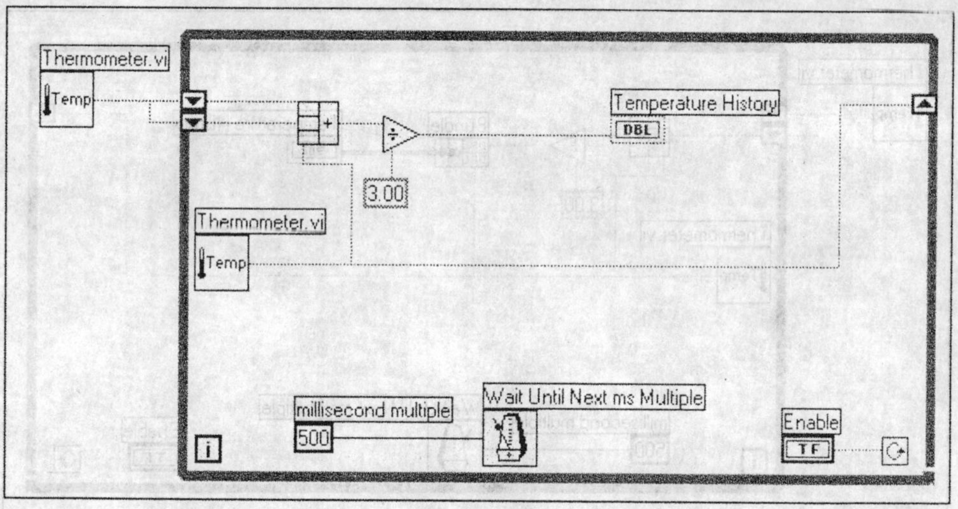

图 5-26 框图程序

1．在 While 循环的左边框或右边框上弹出菜单并选择 Add Shift Register 选项，创建移位寄存器，在移位寄存器左端口上弹出菜单并选择 Add Element 选项，添加一个移位寄存器单元。

2．将框图程序修改为如图 5-26 所示。

Thermometer .vi （在 Select a VI…子模板中调用），该 VI 为练习 4-1 所创建，在这里作为子 VI 输出一个温度测量值。

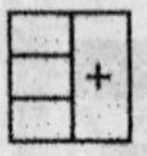

Compound Arithmetic 函数（Numeric 子模板），在本练习中，该函数返回当前温度值与前两次温度值的和。将选择工具置于该函数图标的边角，当光标变为 ┘└ ┌ ┐ 时，拖动鼠标使函数输入端口扩展为三个。

Divide 函数（Numeric 子模板），在本次练习中，该函数返回最后三次测量温度的平均值。

注意　该程序用进入循环前的温度测量值来初始化移位寄存器。

3．运行 VI 程序。

4．Chart 可显示多条曲线。在多个标量输入的情况下，必须先将数据捆绑在一起，然后送到 Chart 指示器显示。将图 5-26 所示的框图程序修改为在一个波形 Chart 上可以同时显示平均温度值和当前温度值。

将框图程序修改为如图 5-27 所示。

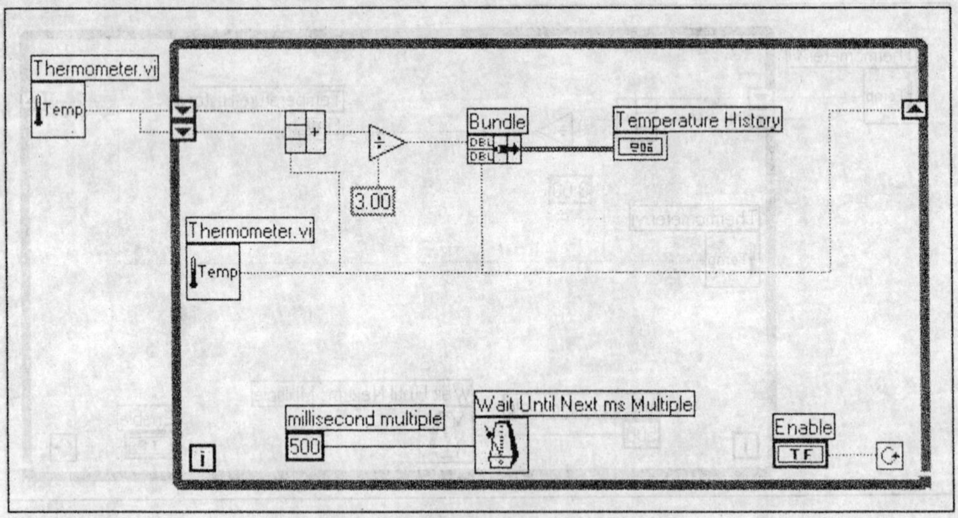

图 5-27　显示多曲线 Chart 的框图程序

Bundle 函数（Cluster 子模板），在本次练习中，该函数将平均值和当前值捆绑在一起，以便在同一个波形 Chart 上显示。用选择工具拖动该函数图标的边角可添加输入端口数。

5. 可用选择工具将波形 Chart 的图例移到其他位置，也可将图例扩展为显示两条曲线。用标签工具点击图例标签，将“Temp”改为“Running Avg”，同样，可以将“Plot1”改为“Current Temp”。如果文本不能完整显示，可用选择工具在图例的左下角处拖动鼠标，加大图例的文本框。

可以在图例的曲线上弹出菜单选择 Color 项，可以对曲线和背景进行着色。

6．运行 VI 程序，VI 程序将在波形 Chart 上显示两条曲线，如图 5-28 所示。

波形 Chart 含有图例、工具模板、数字指示器、滚动条和显示窗等部件，波形 Chart 指示器的默认状态只显示图例、显示窗口，可以通过弹出菜单来设置波形 Chart 指示器，使之符合数据显示的要求或显示更多的信息。

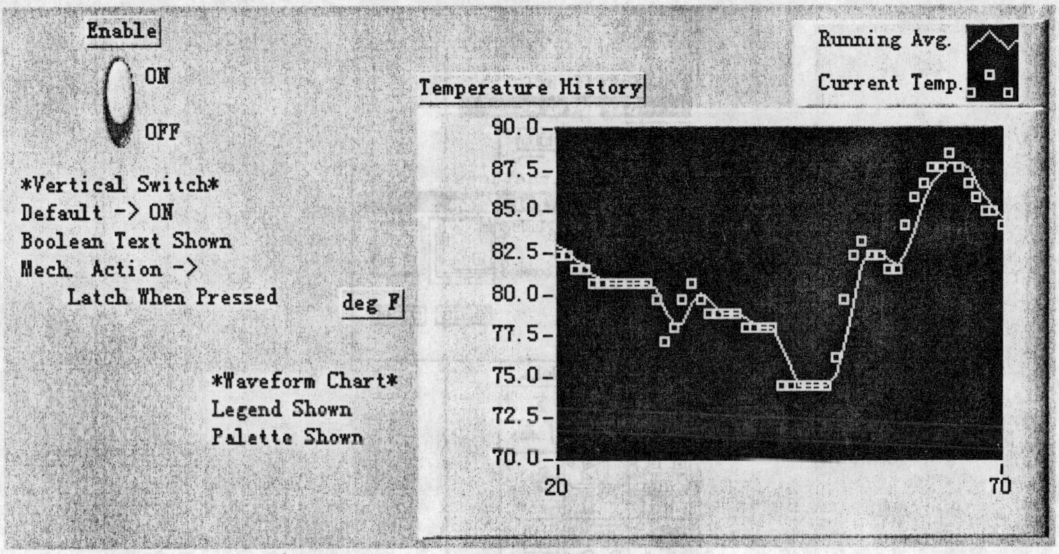

图 5-28　默认设置的波形 Chart

7．波形 Chart 中的每一条曲线都有一个独立的数字显示器。在 Chart 指示器上弹出菜单选择 Visible Items>>Digital display 选项。

8．可在 Chart 指示器上弹出菜单，选择 Visible Items>>ScrollBar 选项来显示滚动条。

9．设置 Y 轴的刻度。

1）使用标签工具 点击 Y 轴上的刻度“70.0”，然后输入“75.0”。

2）用标签工具 点击 Y 轴从下至上的第二个刻度值，将该刻度改为“77.5”，这样可以确定 Y 轴的刻度间隔。例如，如果 75.0 上面的刻度为 77.5，则表示 Y 轴刻度的划分间隔为 2.5，将 77.5 改为 80.0 则间隔为 5.0。

注意　波形 Chart 的尺寸大小对坐标轴的刻度显示有直接影响，如果设置的坐标轴刻度显示不出来，可以用选择工具来加大波形 Chart 的尺寸。

10．选择 File 菜单的 Save As…选项，另外保存 VI 程序，更名为 Temperature Running Average.vi。

§5-5 For 循环

For 循环不同于 While 循环，它可以指定循环的次数。在函数模板的 Structures 子模板中选择 For 循环，如图 5-29 所示，然后将要重复执行的程序用 For 循环边框围住。For 循环的边框可改变大小。For 循环有两个端口：循环次数端口 N（输入口）和计数端口 i（输出口），循环次数端口 N 用于指定循环执行的次数，计数端口 i 用于输出循环执行的次数。

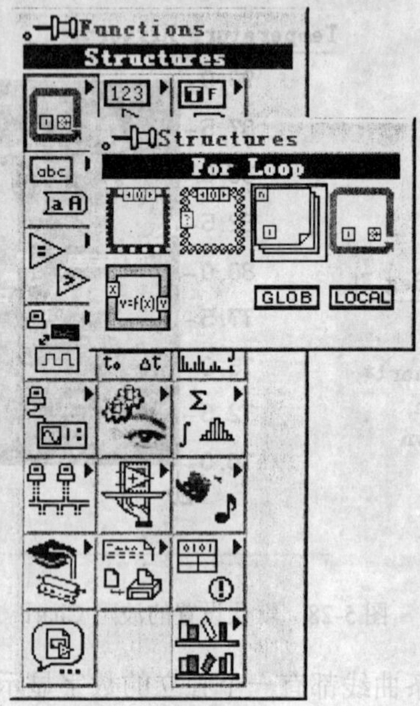

图 5-29 选择 For 循环

For 循环和 While 循环的区别在于：For 循环要执行预先指定的循环次数，而 While 循环只有在条件端口接收到的值变为 False 时才停止循环。

图 5-30 所示的例子是一个产生 100 个随机数的 For 循环，并将这些随机数显示在波形 Chart 中。

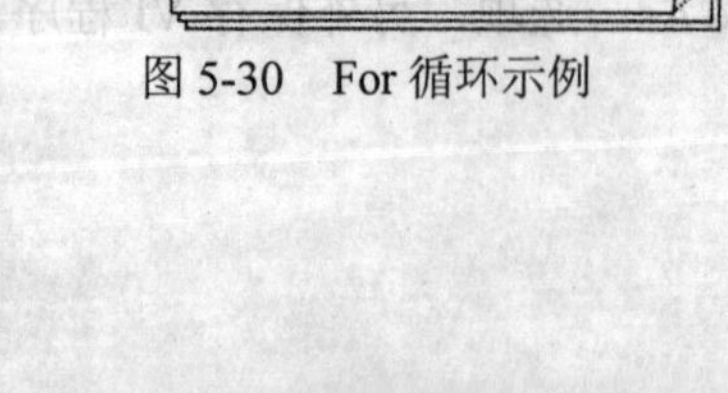

图 5-30 For 循环示例

§5-6 数据类型转换

到目前为止，我们所使用的数字型控制器和指示器的数据类型均为双精度浮点型（DBL）。实际上，LabVIEW 的数字类型有整型（8 位、16 位和长整型 32 位）和浮点型（单精度、双精度或扩展精度）。默认的数据类型为双精度浮点型。

如果将两个不同数据类型的端口连线，LabVIEW 会自动将其中一个端口的数据类型转换为另一个端口的数据类型，此时，在发生类型转换的端口上将显示一个称为强制转换点的圆点标注，以示提醒。

如图 5-31 所示，For 循环的循环次数端口 N 的数据为长整型，如果将一个双精度浮点数连到该端口时，LabVIEW 会强制将该数据转换为长整型。注意：在图 5-31 中的右边的 For 循环的循环次数端口上有一个黑点。

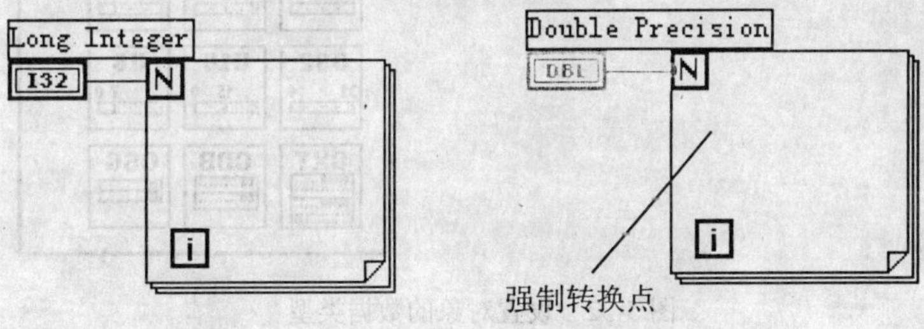

图 5-31 强制数据类型转换的例子

要改变前面板数字型对象的数据类型，可在前面板对象上或其框图程序的端口图标上弹出菜单，选择 Representation 选项，将会弹出可供选择的数据类型模板，如图 5-32 所示。

EXT	扩展型	范围（-Inf ～ +Inf）
DBL	双精度浮点型	范围（-Inf ～ +Inf）
SGL	单精度浮点型	范围（-Inf ～ +Inf）
I32	带符号 32 位整型	范围（-2 147 483 648 ～ 2 147 483 647）
I16	带符号 16 位整型	范围（-32 768 ～ 32 767）
I8	带符号 8 位整型	范围（-128 ～ 127）
U32	无符号 32 位整型	范围（0～ 4 294 967 295）
U16	无符号 16 位整型	范围（0～ 65 535）
U8	无符号 8 位整型	范围（0～ 255）
CXT	扩展型复数	范围（无）
CDB	双精度复数	范围（无）
CSG	单精度复数	范围（无）

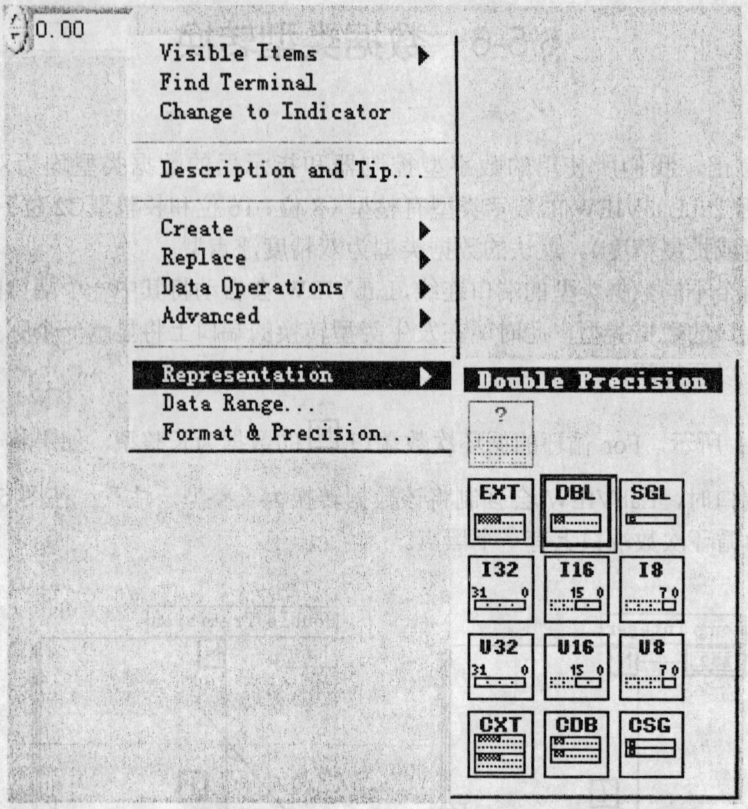

图 5-32　设置对象的数据类型

当 VI 程序将浮点数取整时，采用四舍六入五奇进的原则，例如，2.5 取整为 2，而 3.5 取整为 4。

练习 5-6

创建一个 VI 程序，在波形 Chart 上用 Sweep Chart 方式显示两条曲线，一条为当前产生的随机数曲线，另一条则为前四个随机数的平均值曲线。

在本练习中，使用 For 循环（N=200）。VI 程序的前面板如图 5-33 所示。

创建框图程序的提示：

1．使用一个有 3 个左端口的移位寄存器求前四个数据的平均值。

2．使用 Random Number 函数（Numeric 子模板）产生随机数。

3．使用 Bundle 函数（Cluster 子模板）将随机数和平均值捆绑在一起，送到 Chart 显示。

4．保存该 VI，命名为 Random Average.vi 。

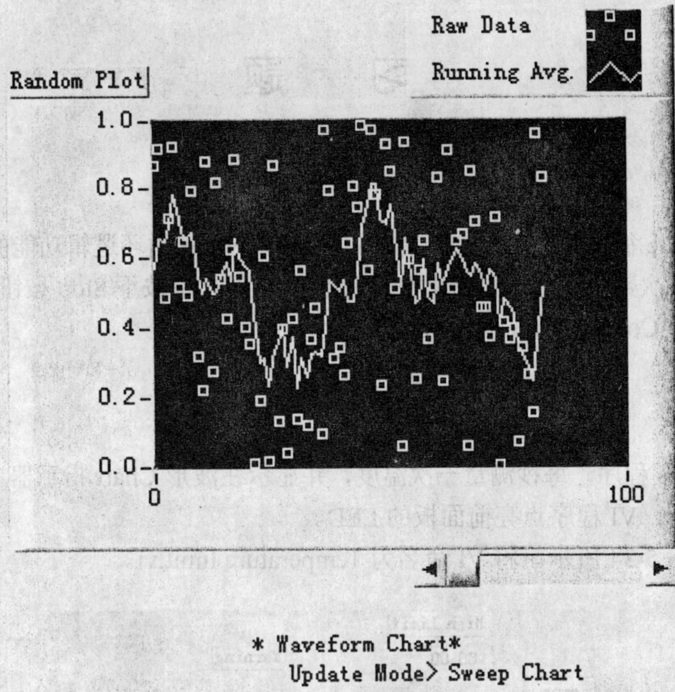

图 5-33　前面板

§5-7　总结、提示和技巧

· While 循环和 For 循环是两种可以用来重复执行循环框内程序的结构。

· While 循环只要其条件端口值为 True 就能继续运行。

· For 循环的循环次数由连接到循环次数端口的值确定。

· Wait Until Next ms Multiple 函数可指定每次循环的时间间隔，单位为毫秒。

· 波形 Chart 可用于显示一条或多条曲线。

· 波形 Chart 有三种更新模式——Strip Chart、Scope Chart 和 Sweep Chart。

·需要保存多次循环产生的数据时，可在移位寄存器的左端口上弹出菜单，并选择 Add Element 选项，在左端口上添加一个新单元。

· 可在波形 Chart 或它的各个组成部分上弹出菜单，来修改 Chart 显示的属性和参数。

· 当 LabVIEW 强制转换某端口的数据类型时，就会在该端口上产生一个强制转换点（Correction Dots）。

习　题

习题 5-1

用一个 While 循环来创建一个具有 For 循环和 While 循环逻辑功能的程序，即当达到用户指定的循环次数（在前面板控制器中指定）或在运行中按下 Stop 按钮时均可中止循环。将该程序命名为 Combo While-For loop.vi。

习题 5-2

创建一个 VI 程序，每秒测量一次温度，并显示在波形 Chart 指示器上。如果温度高出或低于设定范围，VI 程序点亮前面板的 LED。

前面板如图 5-34 所示。将 VI 命名为 Temperature limit.vi。

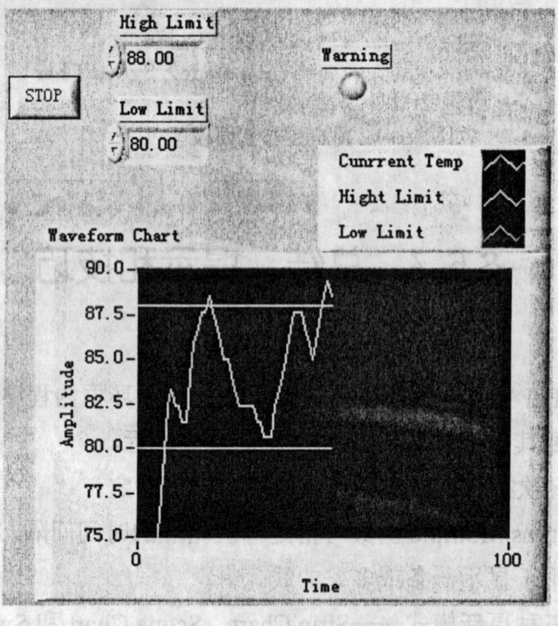

图 5-34　前面板

习题 5-3

修改习题 5-2 中创建的 VI 程序，使其能显示温度曲线的最大值和最小值。提示：使用移位寄存器和 Max&Min 函数（Comparison 子模板）。将程序另外保存，命名为 Temp Limit (max-min).vi。

第六章　数组和图形

这一章主要介绍如何使用数组和图形（Graph），主要内容有：数组概述，如何在循环边框上产生数组，一些基本的数组函数，什么是多态性，怎样用图形（Graph）来显示数组。

§6-1　数　　组

数组是同一类型数据的集合。一个数组可以是一维的，在内存允许的情况下，也可以是多维的，每维最多可以包含 2^{31} 个元素。LabVIEW 中的数组可以为任何类型。可以通过数组指针访问数组元素，指针在 0 到 N－1 的范围内变化，而N就是数组元素的个数。下面是一个一维数组的例子，第一个元素的指针为 0，第二个为 1，如此类推。

指 针（Index）	0	1	2	3	4	5	6	7	8	9
10 个元素的数组	2	2	2	0	9	1	0	0	5	7

6.1.1　创建数组控制器和指示器

创建数组控制器和指示器分两个步骤：创建数组壳（Array Shell）和建立数据对象（如字符型、数字型、布尔型的控制器或指示器）。数组的类型由数据对象的类型决定。

第一步　从控制模板的 Array&Cluster 子模板中选择 Array 控制器，放在前面板上，即建立了一个空的数组壳（Array Shell），如图 6-1 所示。

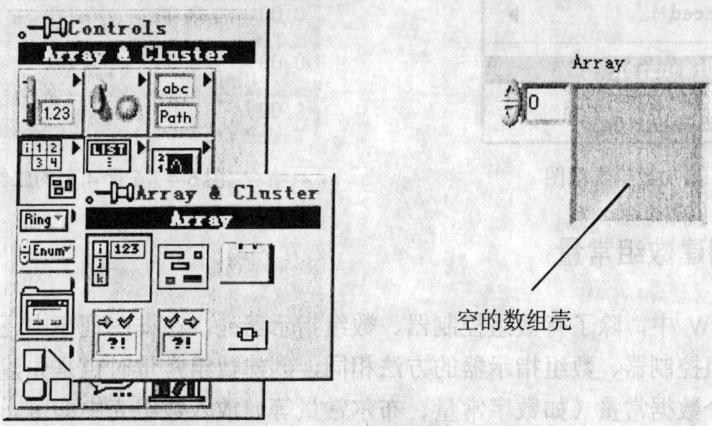

图 6-1　Array&Cluster 子模板和数组壳

第二步 把一个数据对象拖入数组壳，或者从控制模板中添加一个数据对象到数组壳中，这样就可以创建一个数组，如图 6-2 所示。

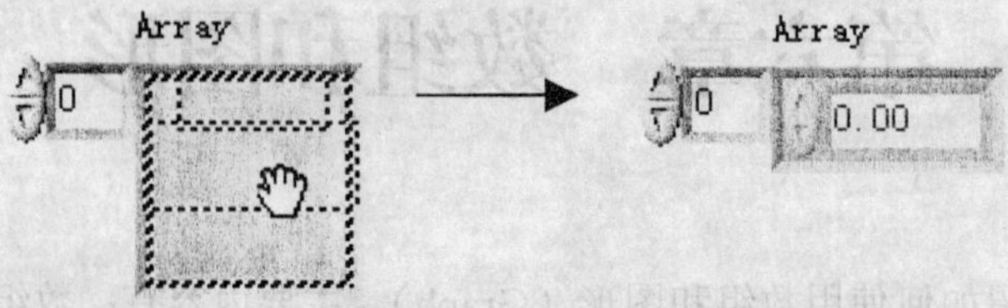

图 6-2 为空的数组壳添加数据对象

注意 空的数组壳是不能直接使用的，在框图程序中使用该数组之前，必须为空的数组壳指定一个数据对象。如果没有指定好数据对象，二维数组端口将会显示为黑色，并带有一个空括号。

6.1.2 二维数组

一个二维数组需要两类指针：行指针和列指针。这两种指针都是以 0 为起点来标记元素的。要建立一个二维数组，可以在一维数组壳左边的指针标记上弹出菜单，选择 Add Dimension 选项，增加数组控制器或指示器的维数，如图 6-3 所示。图 6-4 所示为一个 6 行 4 列的二维数组。可以用同样的方法创建三维、四维等多维数组。

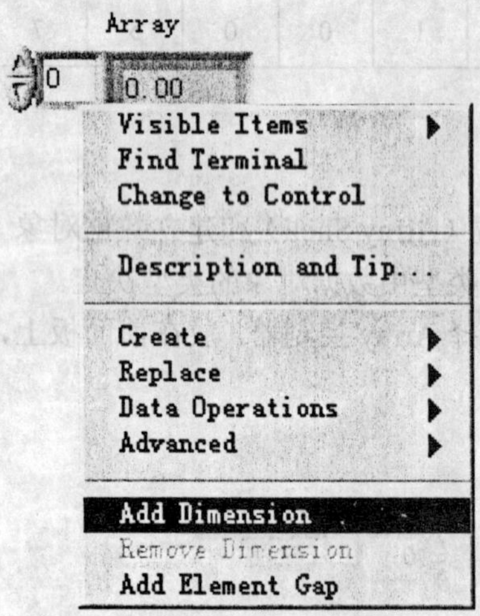

图 6-3 增加数组维数图

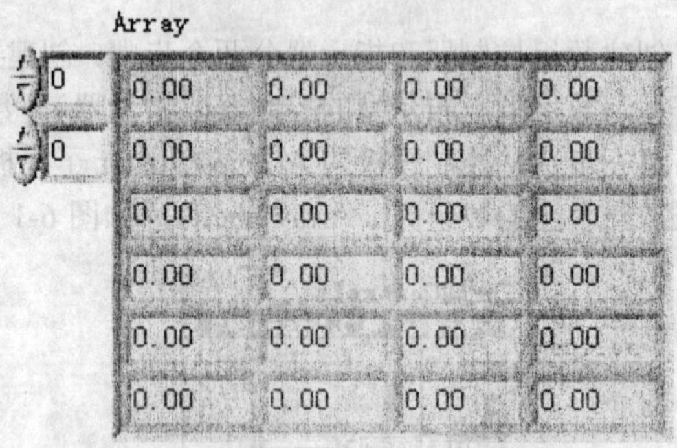

图 6-4 6 行 4 列的二维数组

6.1.3 创建数组常量

在 LabVIEW 中，除了有数组控制器、数组指示器外，在框图程序中还要用到数组常量。和创建数组控制器、数组指示器的方法相同，创建数组常量时也是先建立一个空的数组壳，再将一个数据常量（如数字常量、布尔常量等）放入数组壳中即可。下面的例子将介绍如何创建一个布尔型数组常量。

第一步　从函数模板下的 Array 子模板中选择 Array Constant 常量，放在框图程序中，即建立了一个空的数组壳，如图 6-5 所示。

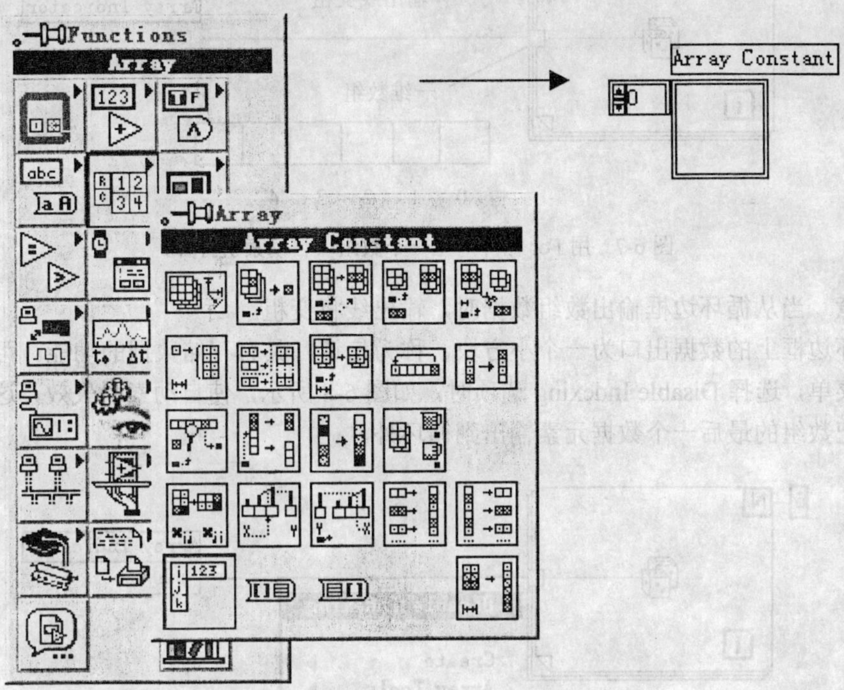

图 6-5　建立 Array Constant 数组壳

第二步　将一个布尔型常量放入数组壳中，即可创建一个数组常量，如图 6-6 所示。

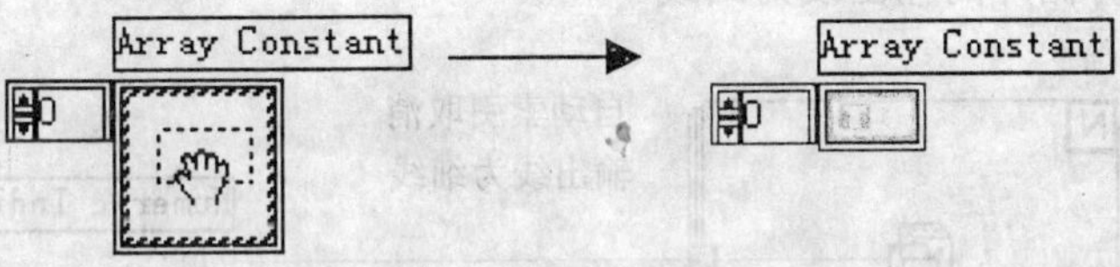

图 6-6　将数据常量放入数组壳中

§6-2　利用循环创建数组

在 For 循环和 While 循环的边框上可以自动地累积数据，形成数组，这种特性被称为自动索引。下例显示了一个在其边框上对数组进行自动索引的 For 循环，如图 6-7 所示，自动索引默认为打开状态。每一次循环产生一个新的数组元素，并存储在循环的边框上。循环结束以后，数组数据将传送到指示器中。

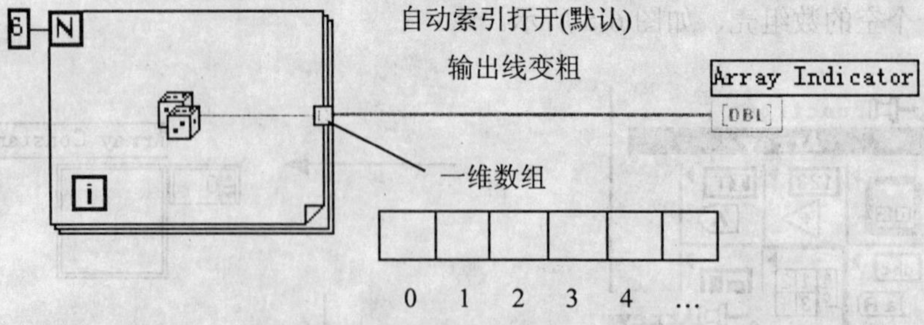

图 6-7　用 For 循环产生一个数组（自动索引打开）

注意　当从循环边框输出数组数据时，输出线将变粗。

循环边框上的数据出口为一个小方块，称为信道，具有存储数据的功能。可以在信道上弹出菜单，选择 Disable Indexing 选项时，如图 6-8 所示，使自动索引失效，这样数据出口就只把数组的最后一个数据元素输出到循环外。

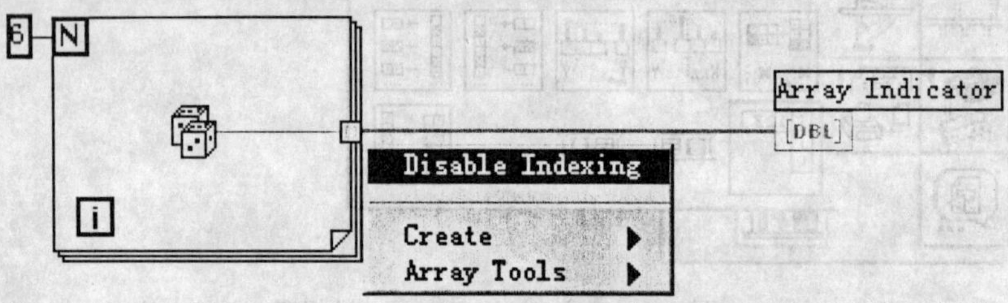

图 6-8　取消自动索引

下例中，自动索引被设为无效，因此只有最后一次循环产生的随机数传到循环外，如图 6-9 所示，此时循环的输出线为细线。

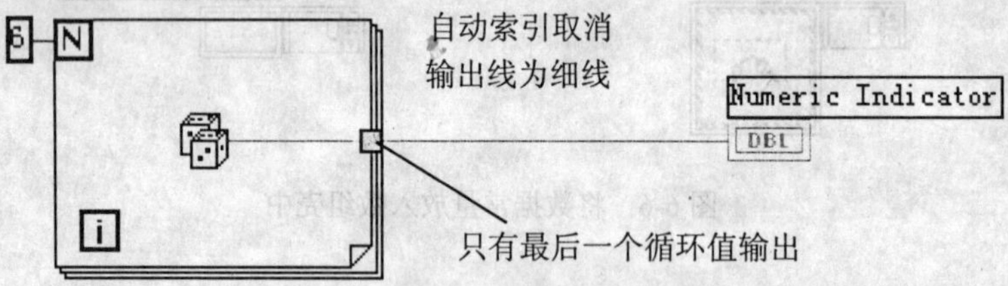

图 6-9　取消自动索引的 For 循环

注意　因为 For 循环常用来处理数组，所以数据出口的自动索引默认为有效。而 While 循环的数据出口的自动索引默认为无效，若需要 While 循环输出数组，则必须在数据出口的弹出菜单中选择 Enable Indexing 选项，将自动索引改为有效。

6.2.1　创建二维数组

使用两个 For 循环，把其中一个嵌套在另一个中可以生成一个二维数组。外层的 For 循环产生行元素，而内层的 For 循环产生列元素。下面的例子显示了两个 For 循环嵌套在一起产生一个二维的随机数组的情况，其框图程序及前面板如图 6-10 所示。

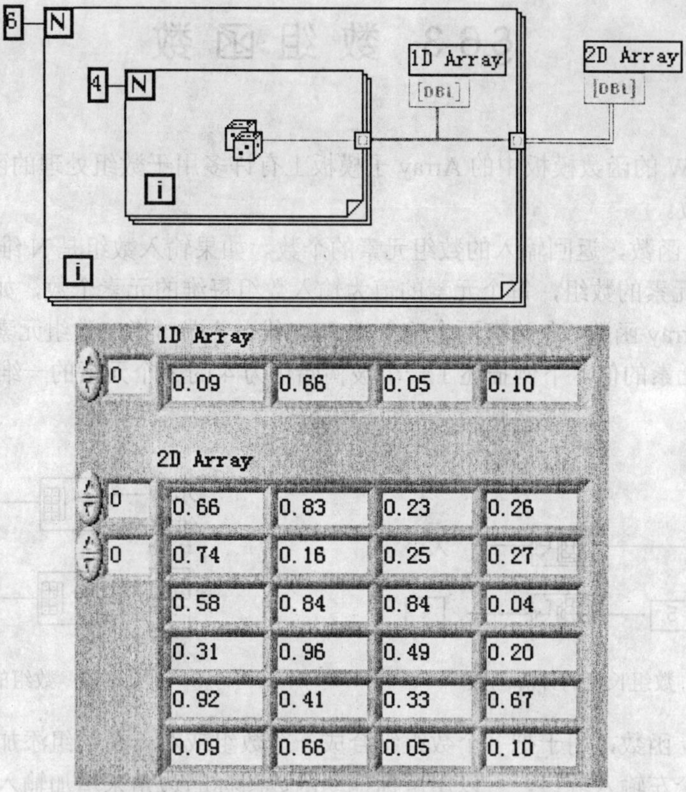

图 6-10　两个 For 循环创建二维随机数组

6.2.2　利用自动索引来设置 For 循环次数

当把数组传送到一个自动索引有效的 For 循环时，循环的次数自动地设置为数组的长度，这样就可以不必在 N 端口上指定循环次数。当传送的是多个数组，或在 N 端口上指定了循环次数，则循环次数为两者的最小值。

在下面的例子中，如图 6-11 所示，设数组 1 的长度为 10，数组 2 的长度为 50，N 端口的值为 100，则循环次数为它们的最小值 10。

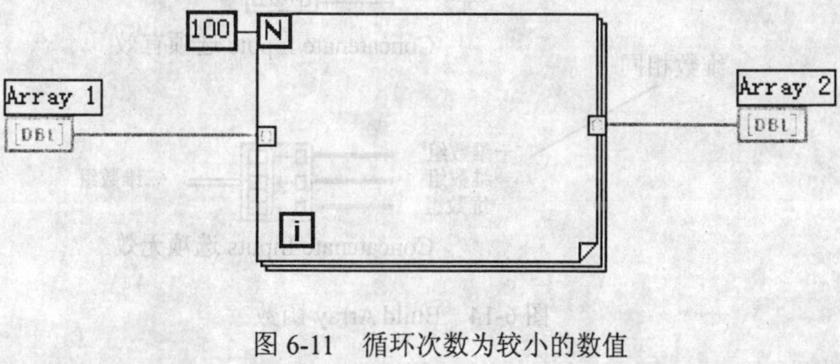

图 6-11　循环次数为较小的数值

§6-3　数 组 函 数

在 LabVIEW 的函数模板中的 Array 子模板上有许多用于数组处理的函数。下面将介绍几种常用的函数。

Array Size 函数，返回输入的数组元素的个数。如果输入数组是 N 维的，那么将输出一个含有 N 个元素的数组，每个元素的值为输入数组每维的元素个数，如图 6-12 所示。

Initialize Array 函数，左边有两个输入端口，“维数”端口指定数组元素的个数，“元素”端口指定数组元素的值。下例描述了一个被初始化为 4 的 3 个元素的一维数组的情况，如图 6-13 所示。

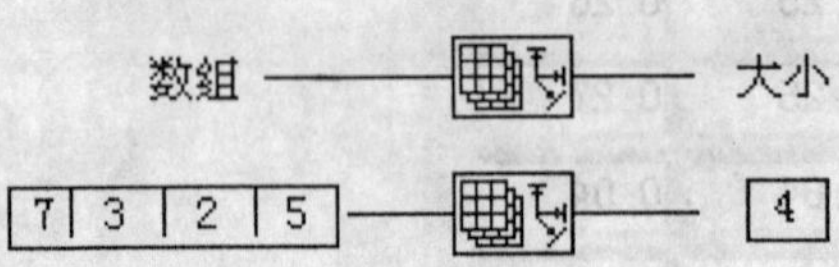

图 6-12　数组长度的计算函数

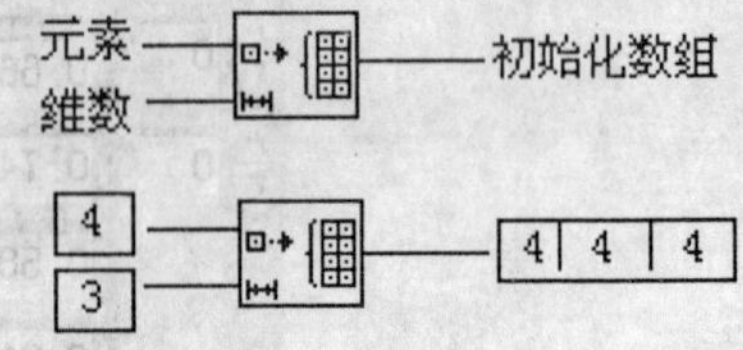

图 6-13　数组的初始化函数

Build Array 函数，用于把多个数组组合成一个数组或对一个数组添加元素。该函数默认状态只有一个左输入端口，可以用鼠标拖动函数图标的边角来增加输入端口的数目。注意，函数的输入项必须是同维的，或者是一维数组和元素（元素可以被认为是一维的）。在函数图标的输入端口上弹出菜单，并选择 Concatenate Inputs 选项，可以改变函数的组合特性。当 Concatenate Inputs 选项被选中时（即有效），将各个输入项连接成一个更长的数组，维数不变；当 Concatenate Inputs 选项未被选中时（即无效），Build Array 函数将各个输入项作为元素放到一个更高维的数组中，输出数组将比输入数组高一维，如图 6-14 所示。注意，当输入项是一维数组和元素时，Concatenate Inputs 选项将被固定为有效，即只能将一维数组和元素连接成一个更长的一维数组，而不能增加维数。

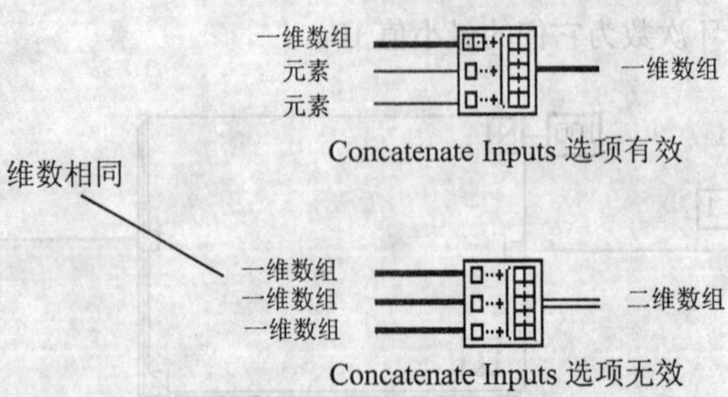

图 6-14　Build Array 函数

Array Subset 函数，可以从一个数组中取出一个子数组，即在输入数组中以指定的指针为起始位置，取指定长度的数组元素作为子数组输出，如图 6-15 所示。

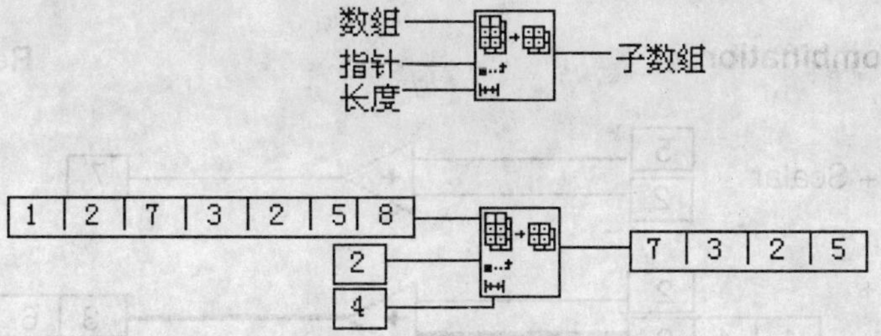

图 6-15　子数组的提取

Index Array 函数，用于输出数组中指定位置的元素，如图 6-16 所示。图 6-17 是一个利用 Index Array 函数输出数组中第四个元素的例子，要注意第四个元素的指针是 3，也就是说，第一个元素的指针是 0。

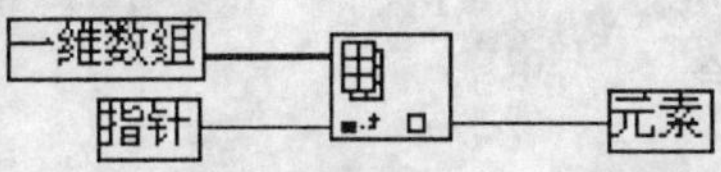

图 6-16　Index Array 函数

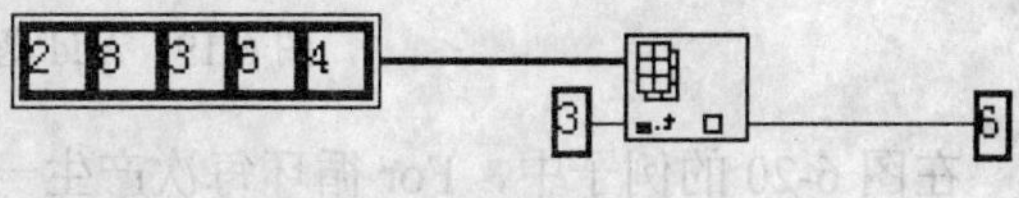

图 6-17　一维数组中第四个元素的提取

Index Array 函数不仅可以从一维数组中提取一个标量元素，也可以从一个多维数组中提取一个子数组或元素。如图 6-18 所示，当函数的输入端连接一个二维数组时，指针端口自动变为两个（行指针端口和列指针端口），用于指定提取的行、列。

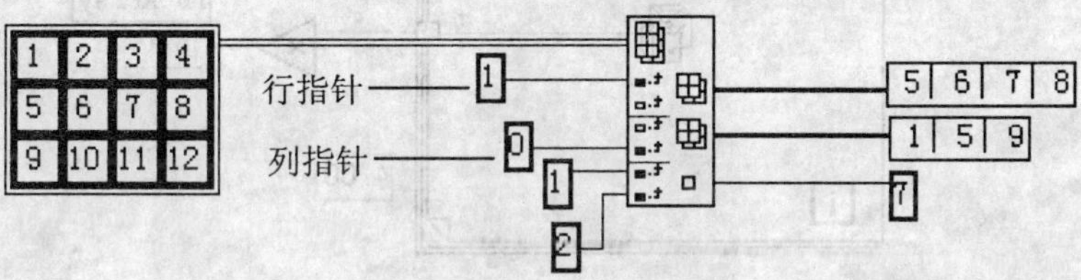

图 6-18　二维数组中一维数组或元素的提取

§6-4　多　态　性

LabVIEW 的算术函数，如 Add，Multiply，Divide 等，都具有多态性，也就是说，这些函数的输入可以是不同的数据结构——标量和数组。例如，我们可以把一个标量值和一个数组相加。图 6-19 所示的例子说明了 Add 函数的几种多态组合。

在第一种多态组合中，结果是一个标量。在第二种多态组合中，标量与数组中的每一个元素相加。在第三种多态组合中，两个数组中的对应元素相加。在第四种多态组合中，计算得到的结果与第三种类似，但是，由于两个数组长度不等，所以结果数组的长度取决于输入数组中较小的一个。

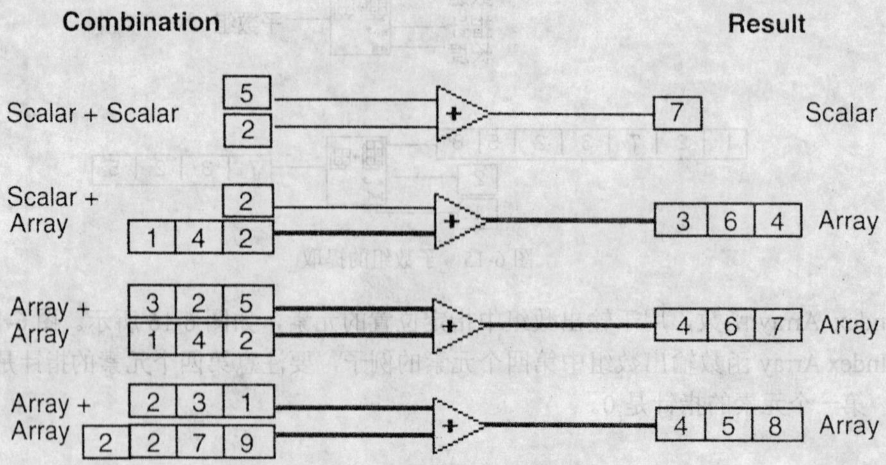

图 6-19　Add 函数的多态组合

在图 6-20 的例子中，For 循环每次产生一个随机数，该随机数存储于循环边框上的小方块（信道）中。当循环执行结束之后，Multiply 函数就用标量因数与数组中的每一个元素相乘，结果数组将在前面板的指示器上显示出来。

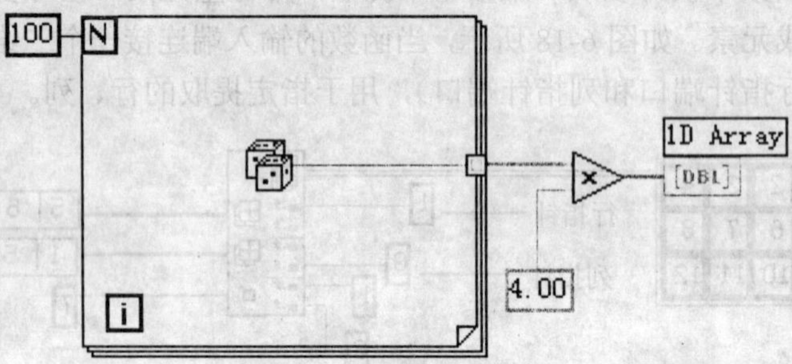

图 6-20　Multiplay 函数多态性的应用

注意　此节可参考 LabVIEW 6\User.lib\BASCLASS.llb 库的 Polymorphism Example.vi。

练习 6-1

产生一个数组，熟悉数组函数。

设计一个 VI 用来连接两个数组。把一个初始化后的数组以指定的偏移量添加到连接好的数组中，并指出最后数组的中间元素。

一、前面板

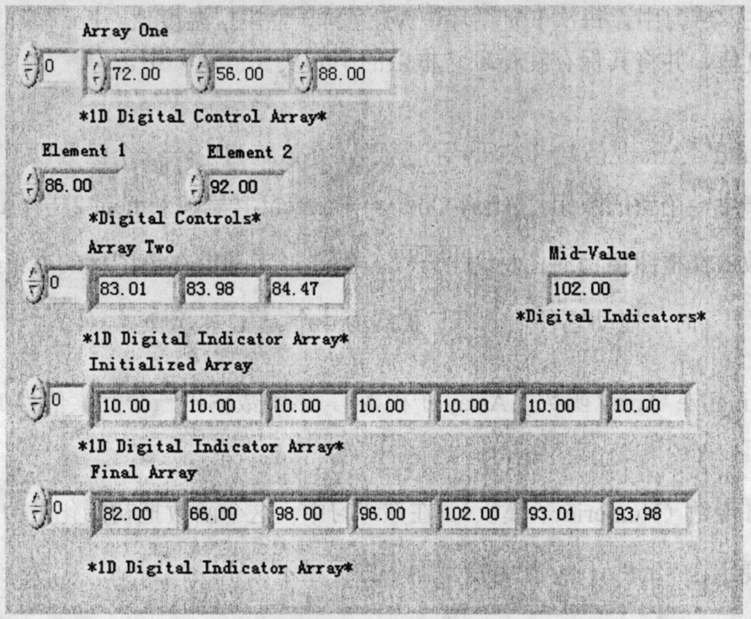

图 6-21　前面板

1．新建一个 VI，设计一个如图 6-21 所示的前面板。

a．创建一个数字控制器数组。首先在前面板窗口中放置一个数组壳（Array & Cluster 子模板中)，并给它注以标签“Array One”，然后，在数组壳中置入数字控制器（Numeric 子模板中）。

b．分别创建数字指示器数组 Array Two、Initialized Array 和 Final Array。

2．创建两个数字控制器 Element 1 和 Element 2，以及一个数字指示器 Mid-Value。

二、框图程序

1．建立图 6-22 所示的框图程序。

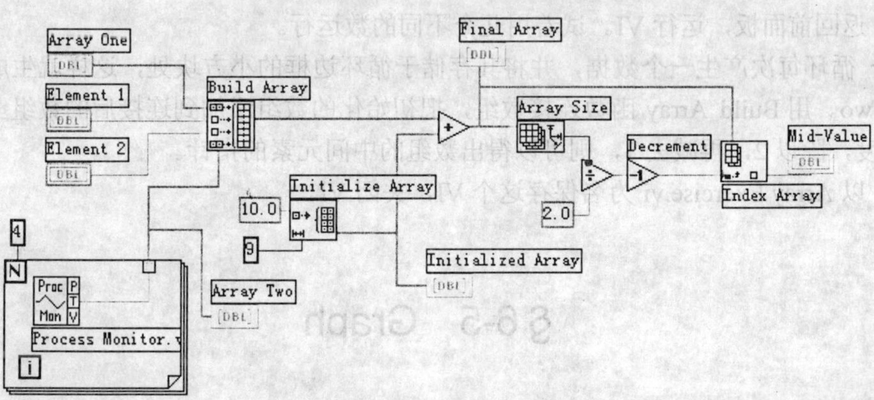

图 6-22　框图程序

 Process Monitor .vi（User Libraries 子模板>>Basic Course）。这个 VI 输出模拟温

度的数据。在本练习中，每次 For 循环中 VI 返回一个模拟温度值。For 循环的每次重复都产生一个温度值，并将其保存在循环边框上的小方块（信道）中。

Build Array 函数（Array 子模板）。在该练习中，这个函数以下列顺序连接输入数据，以产生一个新的数组：Array One——Element 1——Element 2——Array Two。

这个函数放在框图窗口时图标为，把选择工具放在该图标的右下角，直到鼠标变成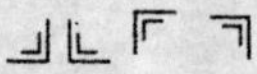时，拖动它使输入端口扩展为 4 个。

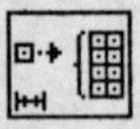Initialize Array 函数（Array 子模板）。该函数输出一个元素值为 10 的 9 个元素的数组。

Add 函数（Numeric 子模板）。在该练习中，这个函数把初始化后的数组与连接数组相加，以便于在 Final Array 数组指示器中进行显示。

Array Size 函数（Array 子模板）。该函数输出 Final Array 数组的元素个数。

Divide 函数（Numeric 子模板）。在该练习中，这个函数将 Final Array 中的元素除以 2。

Decrement 函数（Numeric 子模板）。在该练习中，这个函数用来把 Divide 函数返回的结果减去 1。由于指针是从零开始的，所以必须进行一次减一运算。

Index Array 函数（Array 子模板）。在该练习中，这个函数输出数组的中间元素。

2．返回前面板，运行 VI。试着用几个不同的数运行。

For 循环每次产生一个数据，并将其存储于循环边框的小方块处，这样就生成了数组 Array Two。用 Build Array 函数连接数组，把初始化的数组添加到连接后的数组上。提取数组长度，除以 2，再减去 1，则可以得出数组的中间元素的指针。

3．以 Array Exercise.vi 为名保存这个 VI，关闭 VI。

§6-5 Graph

Graph 指示器是对一个或多个曲线点数组的二维显示。LabVIEW 常用的 Graph 类型有 XY Graph 和波形 Graph。这两种类型的 Graph 面板显示是相同的。图 6-23 就是一个 Graph 的例子。

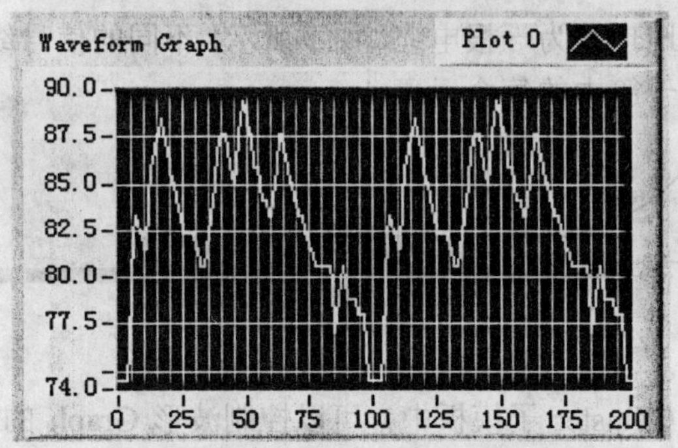

图 6-23　Graph 显示面板

Graph 指示器在控制模板的 Graph 子模板中。Graph 是以规则的间距来绘制单值函数的，相当于采集到的是随时间变化的波形。波形 Graph 在采集点分布均匀的情况下可以很好地绘制数组数据。Graph 指示器常用来做虚拟示波器的显示部件。

6.5.1　簇

若要使用 Graph，还必须首先对 LabVIEW 的另外一种数据类型——簇有一个基本的了解。簇是一种可以把相同或不同类型的数据组合在一起的数据结构，类似于 C 语言中的结构体数据类型 struct。

例如，学生情况表中有这样一些数据：姓名（字符型）、性别（字符型）、年龄（数字型）、党员否（布尔型）等，可以用函数模板的 Cluster 子模板中的 Bundle 函数将这些数据捆绑在一起，形成一个簇，作为一个整体将数据进行处理，如图 6-24 所示。

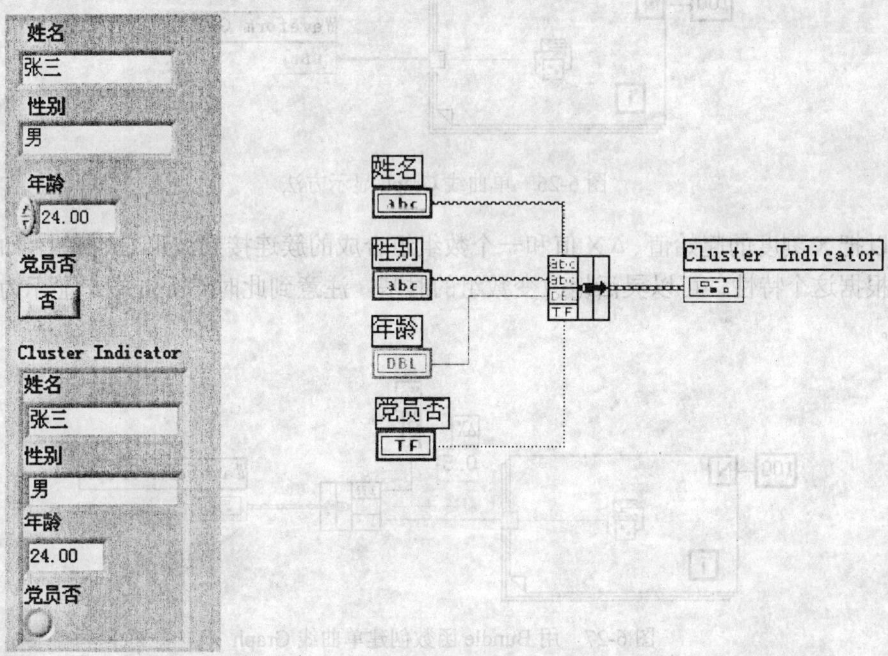

图 6-24　将不同的数据类型捆绑成一个簇

我们可以把簇形象地理解为一根电缆，如下所示，不同的信号线捆绑在一起进行传输，电缆中的每根线就相当于簇中的每个元素。

利用 Bundle 函数（Cluster 子模板中）可以控制波形 Graph 的横轴刻度显示，如把 X 刻度的起始值、ΔX 值（两个点的刻度间隔）以及 Y 数组组合成一个簇传递给波形 Graph，如图 6-25 所示。

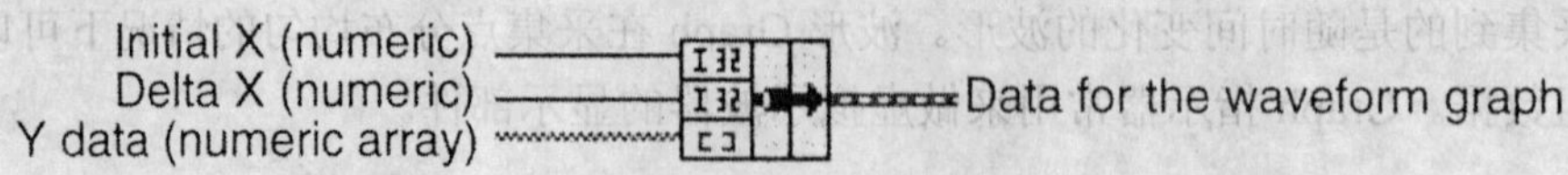

图 6-25　Bundle 函数

6.5.2　单曲线 Graph

对于基本的单曲线 Graph，Y 数组可以直接传给波形 Graph，该方式默认的 X 刻度起始值为 0 和 ΔX 为 1，此时，在框图程序中 Graph 端口将显示为数组指示器图标，如图 6-26 所示。

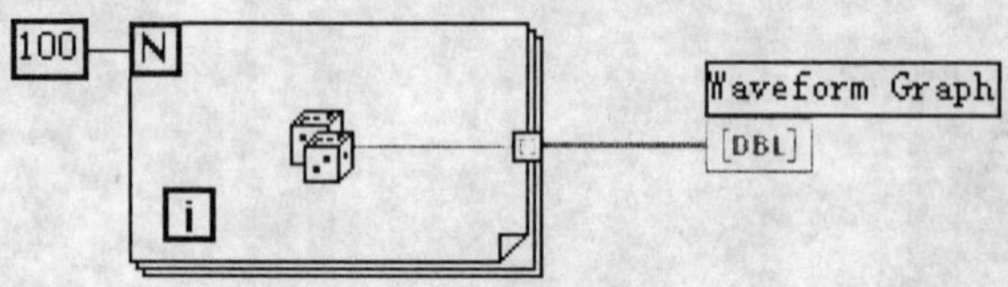

图 6-26　单曲线 Graph 显示方法

可以把 X 刻度的起始值、ΔX 值和一个数组组合成的簇连接到波形 Graph 上，如图 6-27 所示。根据这个特性，可以灵活地改变数组的时基。注意到此时 Graph 端口显示为簇指示器图标。

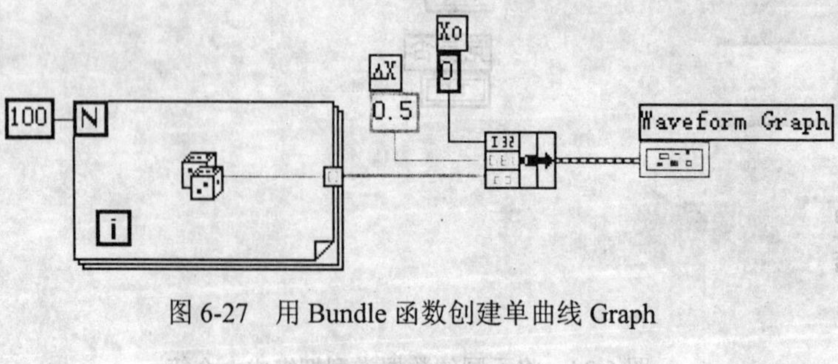

图 6-27　用 Bundle 函数创建单曲线 Graph

6.5.3 多曲线 Graph

可以按照前面所介绍的单曲线 Graph 创建的方法来创建多曲线数据，然后传送到多曲线波形 Graph 中。下面的例子介绍了两种连接多曲线 Graph 的方法。

在图 6-28 所示的例子中默认两个数组的 X 刻度起始值为 0 且 ΔX 值为 1。

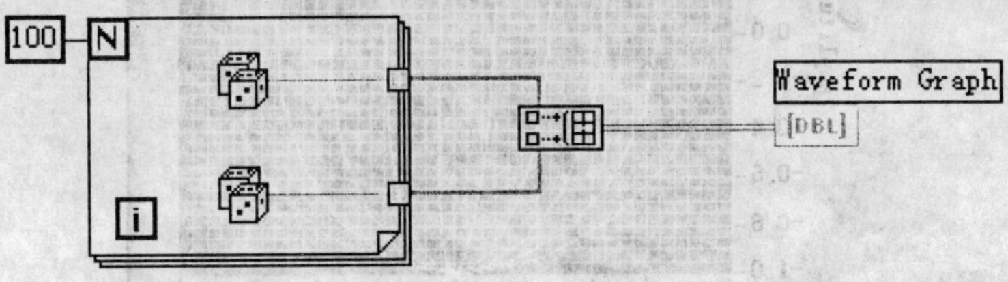

图 6-28 利用 Build Array 函数创建多曲线 Graph

在图 6-29 所示的例子中，每个数组的 X 刻度起始值和 ΔX 值都是特定的。

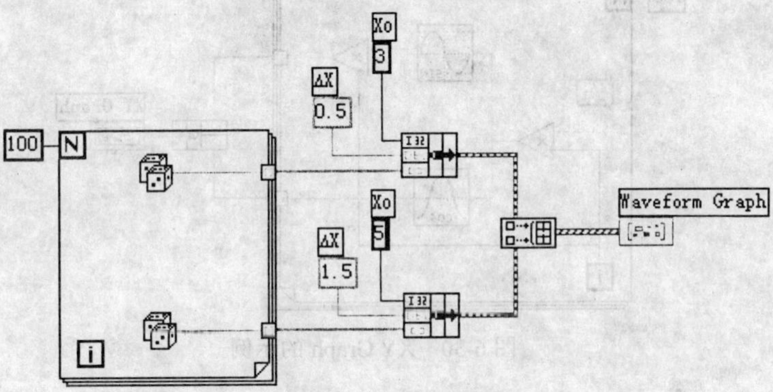

图 6-29 利用簇创建多曲线 Graph

 Build Array 函数（Array 子模板）将输入的两个一维数组组合成一个二维数组，或者将输入的簇产生为一个簇数组。

6.5.4 XY Graph

XY Graph 指示器位于控制模板的 Graph 子模板中。XY Graph 是一种通用的、笛卡尔式的作图方式，对于绘制多值函数，比如环形或时基在变化的波形尤其理想。如图 6-30 为一个 XY Graph 显示的例子。

其中，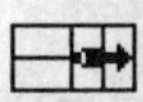Bundle 函数（Cluster 子模板）把 X 和 Y 数组组合为一簇，并将它连到 XY Graph 指示器上。对于 XY Graph，其组成部分为一个 X 数组和一个 Y 数组。这时，XY Graph 就是一个簇指示器。

注意 此节可参考 LabVIEW 6\Example\general\graphs\gengraphs.llb 库的 Waveform Graph.vi 和 XY Graph.vi。

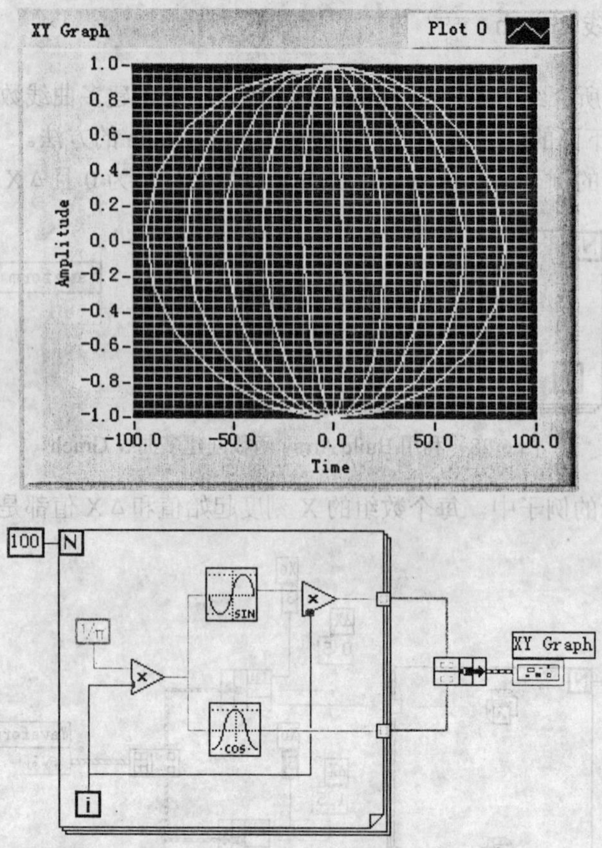

图 6-30　XY Graph 的示例

练习 6-2

用 For 循环的自动索引特性产生一个数组，并在波形 Graph 中绘制该数组。

设计一个 VI，在该 VI 中利用函数模板的 User Libraries>>Basic Course 子模板中的 Process Monitor.vi 产生一数组，并且把数组在波形 Graph 中绘制出来。另外需要把该 VI 修改为多曲线 Graph。

一、前面板

1．新建一个 VI，设计如图 6-31 所示的前面板。

2．在前面板窗口上放置一个数组壳（Array & Cluster 子模板），把这个数组标记为“Waveform Array”，然后把一个数字指示器（Numeric 子模板）置于该数组壳中，这个指示器用来显示数组中的内容。

3．在前面板窗口中放置一个波形 Graph 指示器（Graph 子模板），标记这个 Graph 为“Waveform Graph”。在 Graph 指示器上弹出菜单，并选择 Visible Items>>Plot Legend 选项来隐藏图例。

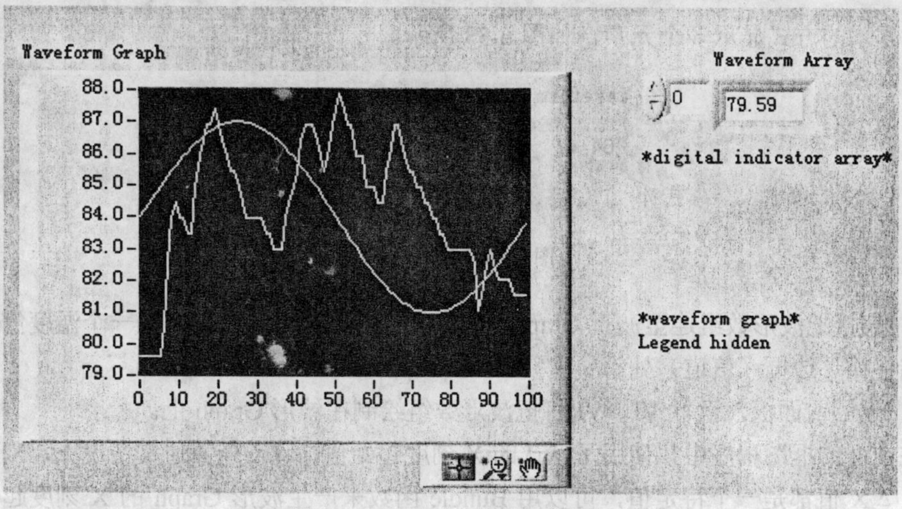

图 6-31　多波形曲线显示前面板

二、框图程序

1．设计如图 6-32 所示的框图程序

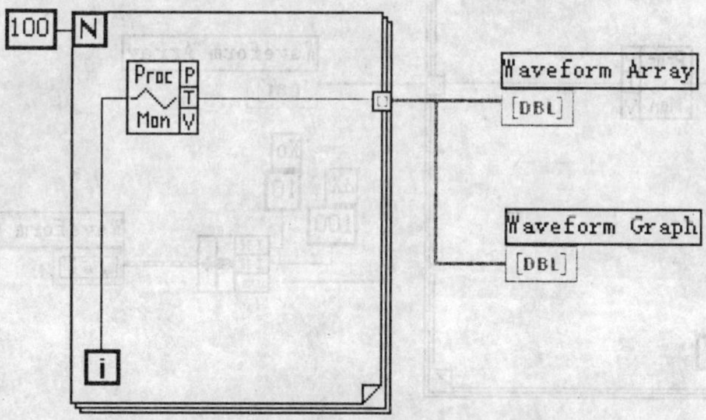

图 6-32　多波形曲线显示的框图程序

Process Monitor .vi（User Libraries>>Basics Course 子模板）。该 VI 输出模拟的实验数据，在这个练习中，For 循环的每次产生一个模拟温度数据点。

Numeric Constant（Numeric 子模板）。在该练习中，这个常数设置了 For 循环的重复次数。该 VI 将在 For 循环边框上存储 100 个温度值，输出的将是一个 100 个元素的数组。在循环次数端口 N 上弹出菜单，并选择 Create Constant 选项，输入常数 100。

2．在数组指示器左边的指针框中输入元素的指针值，可以显示出该元素，如果输入的指针值大于数组的长度，则显示为灰色无效。

如果要同时观察多个元素，则需要改变数组指示器的边框大小，将选择工具放在数组的右下角直至鼠标变为形状，然后再拖动，这时，指示器就从当前指针所对应的元素开始，以逐增的方式显示多个元素，如图 6-33 所示。

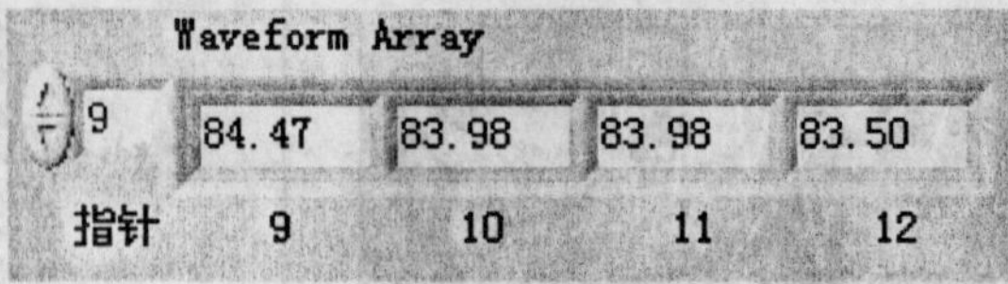

图 6-33　数组的显示

3．直接把波形数组连至波形 Graph 的端口。For 循环每一次均产生一个温度值，并将其存储在循环边框（信道）处。

4．返回前面板，运行 VI。VI 将把波形数组绘制在波形 Graph 上。

在前面的框图程序中，使用了默认的 X 刻度起始值、ΔX 值。通常情况下，X 刻度起始值、ΔX 值都是一个特定值，可以用 Bundle 函数来产生波形 Graph 的 X 刻度起始初值及ΔX 值。

5．返回框图程序窗口，删去波形数组和波形 Graph 间的连线，完成如图 6-34 所示框图程序的连线。

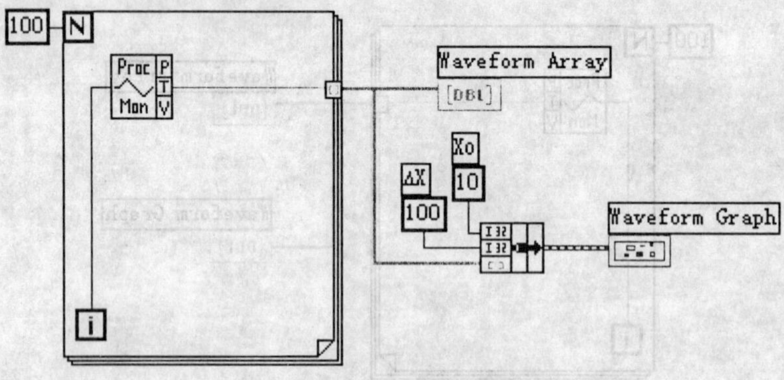

图 6-34　用 Bundle 函数创建的框图程序

Bundle 函数（Cluster 子模板）。在这个练习中，此函数把 X 刻度起始值（10），ΔX 值（100）和 Y 数组（波形数据）组合成一个单簇。

ΔX，要画出“Δ”符号，首先在常量的标签上输入“DX”，然后用标签工具选中“D”，接着从字体列表环 12pt Application Font 选择 Symbol 字体，这样字母“D”就转换为“Δ”符号。

在循环执行完后，Bundle 函数把 X 的起始值（X_0）、ΔX 和数组捆绑在一起，以便于在 Graph 上作图。

6．返回到前面板并运行 VI。VI 将波形数据绘制在波形 Graph 上，X_0=10，ΔX=100。

7．把ΔX 改为 0.5，把 X_0 改为 20。注意这时的 Graph 显示同样的 100 个点，不过是以 20 为起点，每点之间的间隔为 0.5（看 X 轴）。在定时测试中，该 Graph 显示从 20 秒开始的共 50 秒的数据，实验包括几组 X 起始值和 ΔX 值的组合。

8．可以为数值和 Graph 定义时间和日期格式。在波形 Graph 上弹出菜单，选择 X Scale>>Formatting…选项，如图 6-35 所示，按照要求改变格式。

a. 在 Format 菜单列表环上弹出菜单，然后将 Format & Precision 改为 Time & Date 格式。

b. 将 Time 格式设为 AM/PM　HH：MM：SS。

c. 将 Date 格式设为 Y/M/D　4Digit Year。

d. 调整刻度系数，使 X_0 从 08：00：00　AM　2002/03/01 开始，ΔX 每 5 分钟（00：05：00）增长一次。

显示结果如图 6-36 所示。

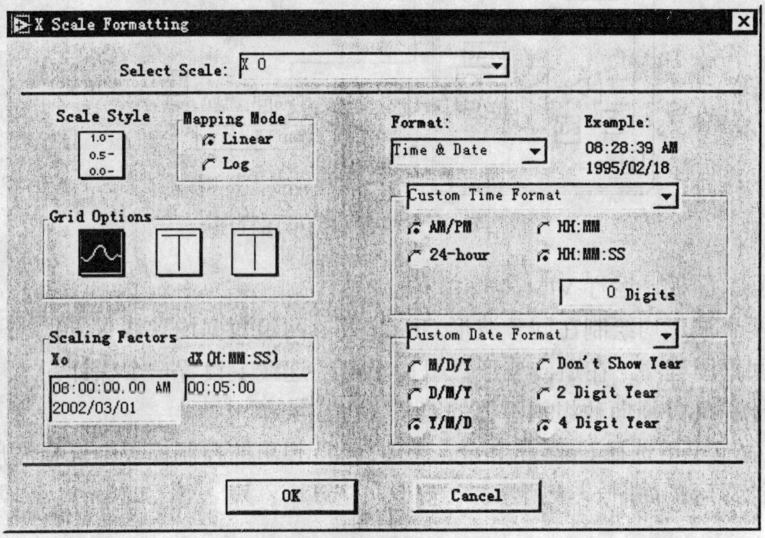

图 6-35　改变 X 轴格式窗口

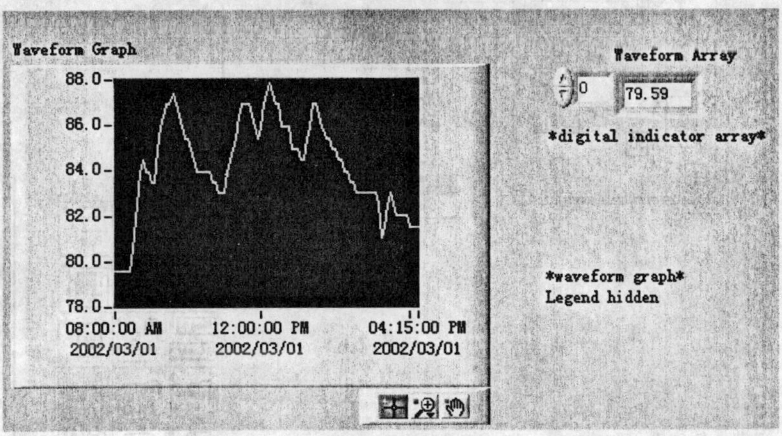

图 6-36　以时间为基轴显示的前面板

9．返回框图程序窗口，建立如图 6-37 所示的框图程序。

 Sine 函数（Numeric>>Trigonometric 子模板）。在这个练习中，可以在一个 For 循环中使用此函数来创建一个数组，这个数组中的元素为一个波长的正弦波点。

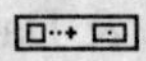 Build Array 函数（Array 子模板）。在这个练习中，此功能用来创建恰当的数据结构，以便于在波形 Graph 上将两个数组绘制出来。要想扩展 Build Array 函数的输入端口，可以用选择工具拖动函数图标的一个角以得到两个输入端口。

 Pi 常量（Numeric>>Additional Numeric Constants 子模板）。

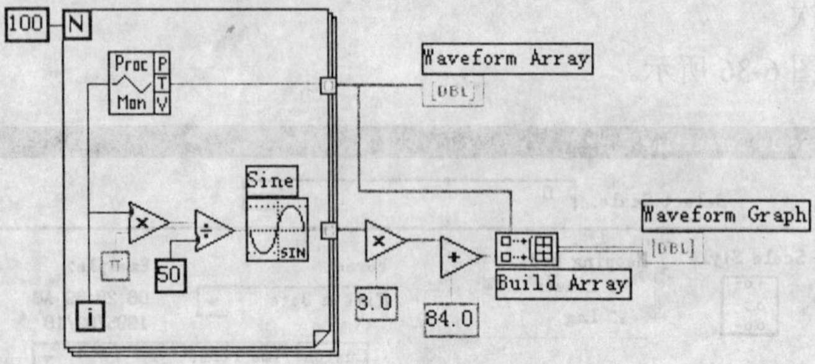

图 6-37　多曲线显示的框图程序

10．返回前面板，运行 VI。

注意　两个波形均绘制在同一波形 Graph 上，两组数据均默认 $X_0=0$，$\Delta X=1$。

11．返回框图程序，在通向波形数组指示器的连线上设置一个探针。

a. 在 For 循环外通向数组指示器的连线上弹出菜单。

b. 从弹出菜单中选择 Custom Probe 选项，再从弹出的控制模板中选择波形 Graph 指示器来作为探针显示。如图 6-38 所示。

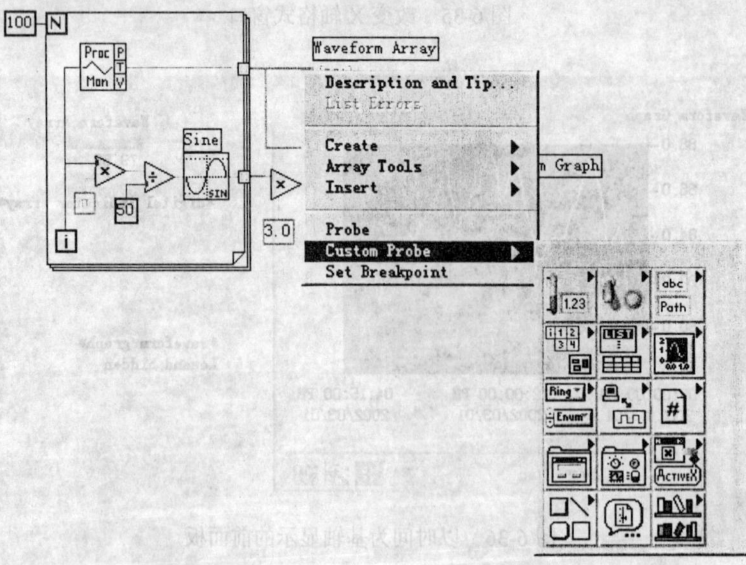

图 6-38　设置一个波形 Graph 来作为探针显示

返回前面板，运行 VI。温度探针只显示数据数组，而不显示正弦波，这是因为没有把探针放在与正弦波相连的线上。然后，关闭探针窗口。

12．将该 VI 命名为 Graph Waveform Array.vi 保存，关闭 VI。

练习 6-3

用 Graph 显示数据并使用分析程序。

设计一个 VI 来测量温度，每隔 0.25 秒测一次，共测定 10 秒。在数据采集过程中，VI 将在波形 Chat 上实时地显示测量结果。采集过程结束后，在 Graph 上画出温度数据曲线及最佳拟合曲线，并算出温度的最大值、最小值和平均值。

一、前面板

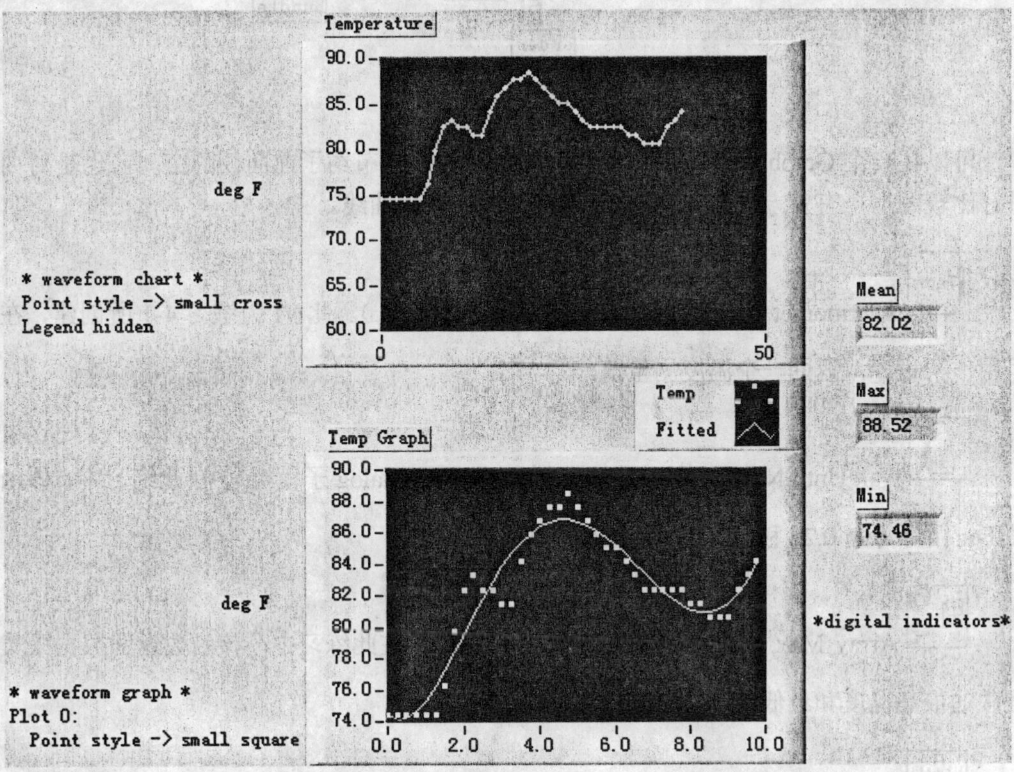

图 6-39 前面板

1．新建一个 VI。

2．建立一个如图 6-39 所示的前面板。

波形 Chat 指示器 Temperature 对采集到的温度数据进行实时显示。采集结束后，VI 在波形 Graph 指示器 Temp Graph 上绘制温度数据曲线及其最佳拟合曲线。Mean、Max 和 Min 数字指示器分别对应显示平均温度、最大温度和最小温度。

二、框图程序

1．建立如图 6-40 所示的框图程序。

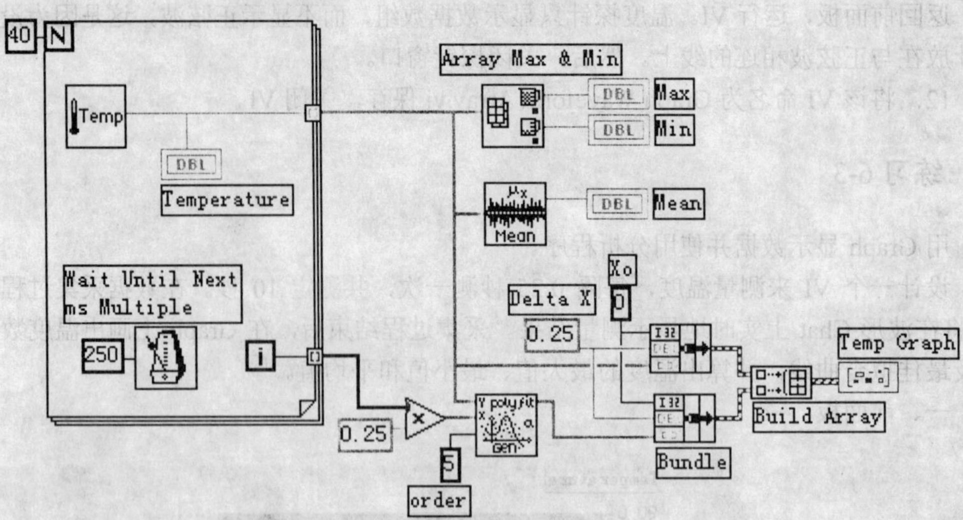

图 6-40　框图程序

可以在一个 Graph 上绘制多条曲线。这个特性不但节约了前面板的空间，也是对曲线进行比较的一个有效方法。XY Graph 能自动适应多条曲线。

Thermometer .vi（用 Select a VI…子模板调入）。此 VI 为练习 4-1 所创建，在这里用作子程序，返回一个温度测量值。

Wait Until Next ms Multiply 函数（Time & Dialog 子模板）。在此练习中，该函数使 For 循环每隔 0.25 秒（250ms）执行一次。

Array Max & Min 函数（Array 子模板）。在此练习中，该函数返回数据采集过程中的最高温度和最低温度。

Mean .vi（Mathematics>>Probability & Statistics 子模板）。在此练习中，该 VI 返回温度测量的平均值。

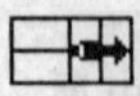Bundle 函数（Cluster 子模板）。在此练习中，该函数将 Graph 的显示元素组合成一个簇。其中元素包括 $X_0(0)$、$\Delta X(0.25)$ 和 Y 数组（温度数据）。用选择工具拖拉函数图标的一角，可以改变其大小。

General Polynomial Fit .vi（Mathematics >>Curve Fitting 子模板）。在这个练习中，

该 VI 返回一个数组，该数组是对温度数组数据的多项式拟合。此练习中多项式的阶数为 5。General Polynomial Fit .vi 给出了对温度数据点的最佳拟合。

 Build Array 函数（Array 子模板）。在这个练习中，此函数创建一个由温度簇和最佳拟合簇组成的簇数组。可以用在 Bundle 函数中使用过的方法来增加此函数输入端的个数。Build Array 函数中把数据组成数组以形成多线 Graph。

2．返回前面板，运行 VI。

3．Graph 上应该同时显示温度数据曲线和温度数据最佳拟合曲线。试着使用几个不同的多项式阶数（框图程序中）。该 For 循环执行 40 次。Wait Until Next ms Multiple 函数使每次循环占用 250ms。VI 将温度测量值保存在循环边框处（信道）中（自动索引有效）。For 循环结束后，数组输出给不同的节点。Array Max & Min 函数返回了最高温度和最低温度。Mean 函数返回温度测量值的平均值。VI 把 X 刻度起始值 0 和 ΔX 值 0.25 与数据数组组合成一个簇。要求 ΔX 值为 0.25，是因为希望在波形 Graph 上每 0.25 秒绘制一个温度点。

4．可以在波形 Graph 的图例上弹出菜单来设置曲线格式、填充格式等选项，对曲线的外观加以调整，我们可以创建柱状图、棒状图或者填充图。如图 6-41 所示。

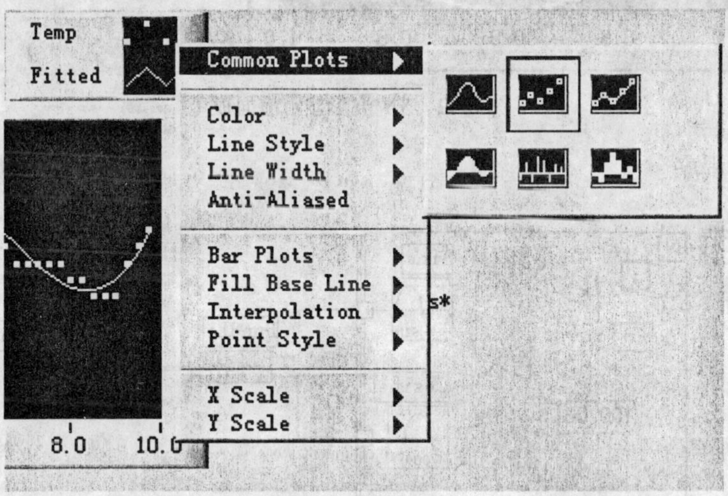

图 6-41 设置曲线显示格式

5．保存该 VI，将其命名为 Temperature Analysis.vi，然后关闭 VI。

练习 6-4

用 XY Graph 绘制曲线。

设计一个 VI，用独立的 X、Y 数组形成一个圆环。

一、前面板

1．新建一个 VI，创建如图 6-42 所示的前面板。

2．在前面板中设置一个 XY Graph（Graph 子模板），将此 Graph 附上标签“XY Graph”。

3．用选择工具拖动一角使该 Graph 扩大，并尽量使图示区域近似于一个正方形。

4．用选择工具调整图例的大小，用标签工具输入图例标签“Circle”，在图例上弹出菜单，从 Point Style 选项中选择小方块显示方式。

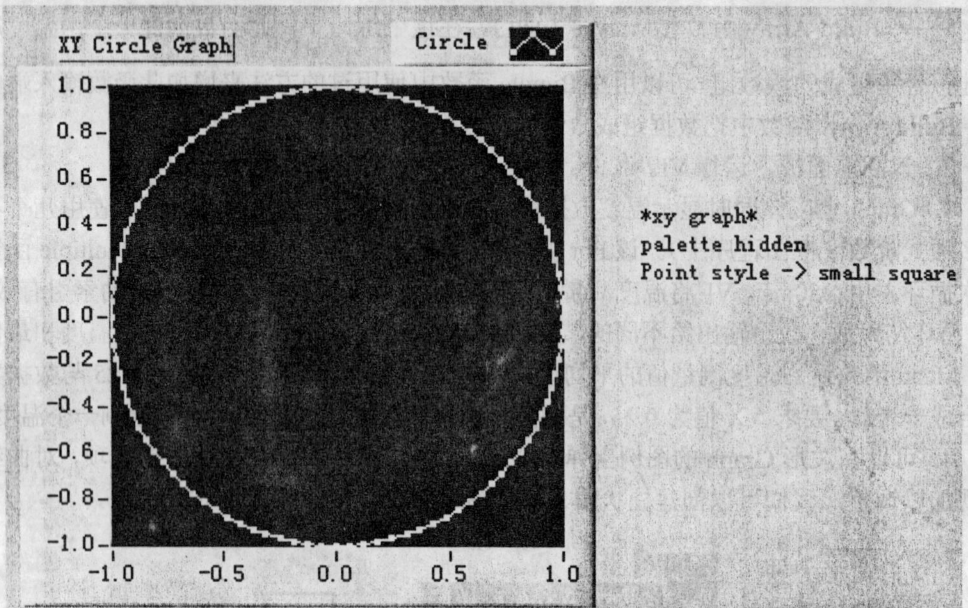

图 6-42　XY 波形显示前面板

二、框图程序

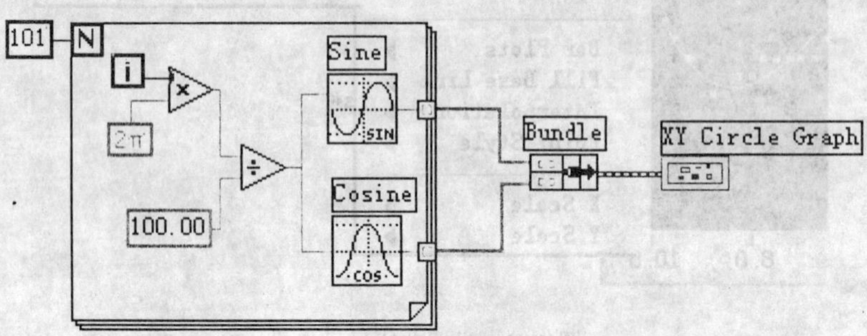

图 6-43　XY 波形显示程序框图

1．创建如图 6-43 所示的框图程序。

Sine 函数（Numeric>> Trigonometric 子模板）。此练习中，在 For 循环中该函数产生一个周期的正弦波数组。

Cosine 函数（Numeric>> Trigonometric 子模板）。在此练习中，可以在 For 循环中使用该函数产生一个周期的余弦波数组。

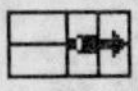Bundle 函数（Cluster 子模板）。在此练习中，该函数把正弦数组和余弦数组组合成簇，以便绘制 XY 图形。

 Pi Multiplied by 2 常量（Numeric>> Additional Numeric Constants 子模板）。

使用 Bundle 函数，可以在 XY Graph 上绘制一个周期的正弦数组对一个周期的余弦数组的 XY 图，它将形成一个圆。XY Graph 对于绘制圆形之类的多值函数或时基不规则变化的波形很有用。

2．返回前面板，运行 VI，将该 VI 命名为 Graph Circle.vi 保存。

§ 6-6　Chart 和 Graph 使用总结

6.6.1　波形 Chart（见图 6-44）

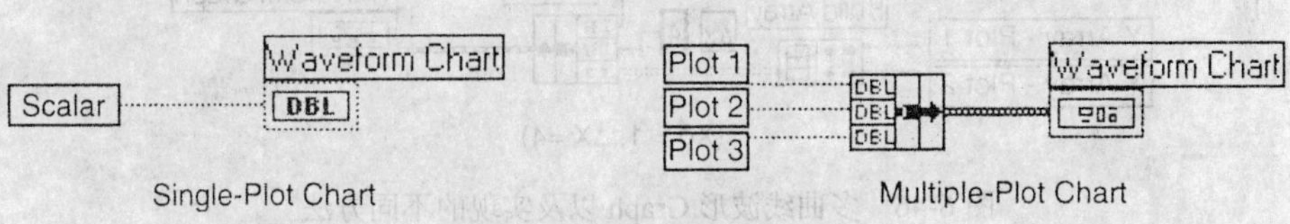

图 6-44　单点以及多点波形 Chart 的框图程序

6.6.2　单曲线波形 Graph（见图 6-45）

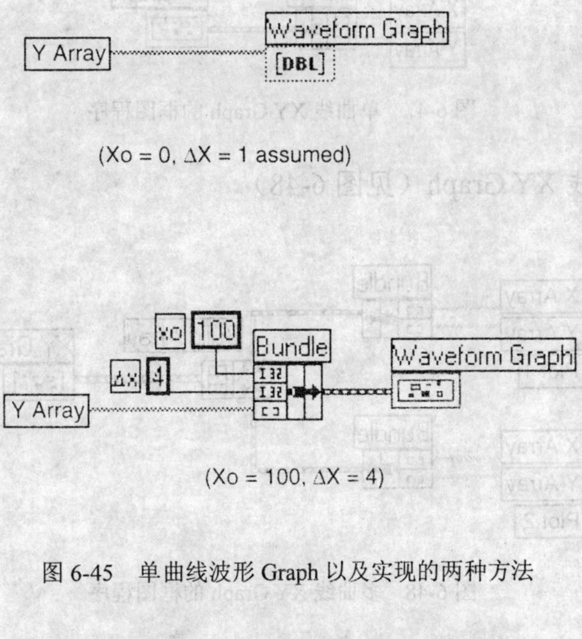

图 6-45　单曲线波形 Graph 以及实现的两种方法

6.6.3　多曲线波形 Graph（见图 6-46）

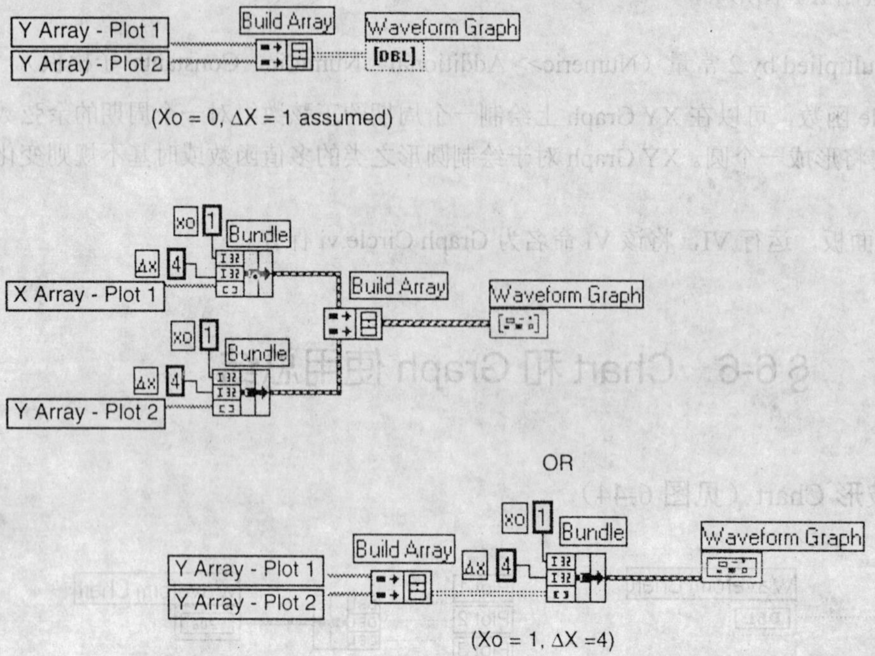

图 6-46　多曲线波形 Graph 以及实现的不同方法

6.6.4　单曲线 XY Graph（见图 6-47）

图 6-47　单曲线 XY Graph 的框图程序

6.6.5　多曲线 XY Graph（见图 6-48）

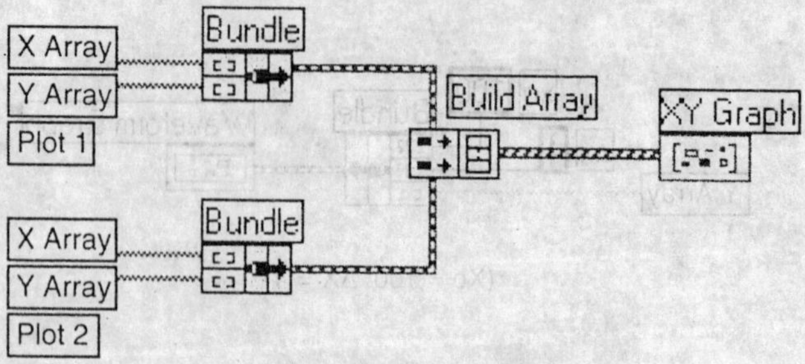

图 6-48　多曲线 XY Graph 的框图程序

§ 6-7　总结、提示和技巧

- 数组是相同类型的数据元素的集合，数据元素的类型可以是任意的，可创建数值数组、布尔数组、字符串数组或者簇数组。
- 切记指针值是以 0 作为起点的，所以数组第一元素的指针应为 0。
- 如果没有添加数据对象，则数组端口将呈黑色空框。
- 在前面板窗口创建一个数组需要两步：首先，在窗口中放置一个数组壳（Array & Cluster 子模板），然后把需要的控制器或指示器放入数组壳中。
- 对数组进行处理的函数有很多。例如 Array 子模板中的 Build Array 和 Index Array 函数。
- 在本章中，只用到了对一维数组进行处理的数组函数，在多维数组中，这些函数的使用也是类似的。
- For 循环和 While 循环都可以在其边框上处理和累加数组。
- 在默认的状态下，LabVIEW 的 For 循环中为自动索引有效，而在 While 循环中自动索引为无效。
- 多态性是指函数具有对不同类型数据结构的输入数据进行调整的能力。
- 波形 Graph 常用来显示数组中的数据。
- Graph 指示器可以自定义曲线显示的格式。在 Graph 或其组件上弹出菜单并进行设置。
- 可以用 Build Array 函数（Array 子模板）在一个 Graph 上显示多条曲线，当把多维数组连至端口时，Graph 自动地变为多曲线 Graph。

习　题

习题 6-1

设计一个 VI，对 100 个随机数组成的数组倒序排列，例如：把 Array[0]变为 Array[99]，以此类推。将该 VI 命名为 Reverse Random Array.vi。

提示：用 Reverse 1D Array 函数（Array 子模板）来倒置数组。

习题 6-2

设计一个 VI，产生一个 100 点随机数的数组，并对此数组进行部分显示，例如，从指针 10 到指针 50。命名此 VI 为 Subset Random Array.vi。

提示：用 Array Subset 函数（Array 子模板）来抽取数组的一部分。

习题 6-3

设计一个 VI，产生一个二维的随机数数组（3 行 10 列），数组产生后，对每一行进行索引并将每一行绘制在它自己的 Graph 上（前面板中应包括三个 Graph 指示器）。给此 VI 命名为 Extract 2d Array.vi。

习题 6-4

设计一个 VI，模拟掷骰子（可能值 1～6）的情况，并记录每点出现的次数。输入是掷骰子的次数，输出为（对于每一个可能值）骰子在某点上出现的次数。只用一个移位寄存器就可以实现该功能。将此 VI 命名 Die Roller.vi。

习题 6-5

设计一个 VI，产生一维数组，然后将相邻的一对元素相乘（从元素 0 和元素 1 开始），最后输出结果数值。例如，输入数组值为 1 23 10 5 7 11，输出数组为 23 50 77。将此 VI 命名 Array Pair Multipler.vi。

提示：用 Decimate 1d Array 函数（Array 子模板）。

第七章　Case 结构和 Sequence 结构

本章将讨论另外两种 LabVIEW 结构：Case（选择）结构和 Sequence（顺序）结构，另外，还将介绍公式节点的概念。

§7-1　Case 结构

通过打开函数模板中的 Structure 子模板，可在框图程序中放置 Case 结构，如图 7-1 所示。可以使用 Case 结构圈住框图程序中的节点，也可以将节点拖到 Case 结构内部。

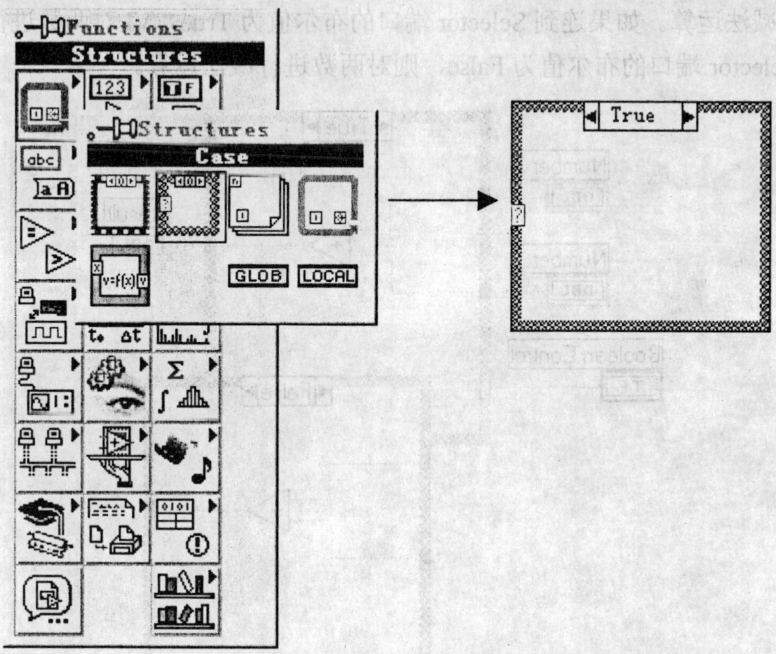

图 7-1　创建一个 Case 结构

Case 结构是一种控制程序分支的结构，与常规文本编程语言的 IF 语句类似。每个 Case 结构可包含多个子 Case，如同一叠卡片，每张卡片为一个子 Case，即一个程序分支，但每次只显示一个子 Case 框图，可以通过 Case 框图标题旁的箭头按钮来切换子 Case 框图。Case 结构有一个条件选择端口 ?（Selector），如图 7-2 所示。LabVIEW 根据连到 Selector 端口 ? 的值来判断执行哪一个子 Case。Selector 端口的数据类型可以是数字型也可以是布尔型。

如果是布尔型，Case 结构只有两个子 Case：True Case 和 False Case ；如果是数字型，则可以包含多个子 Case，最多可包含 $2^{31}-1$ 个子 Case。

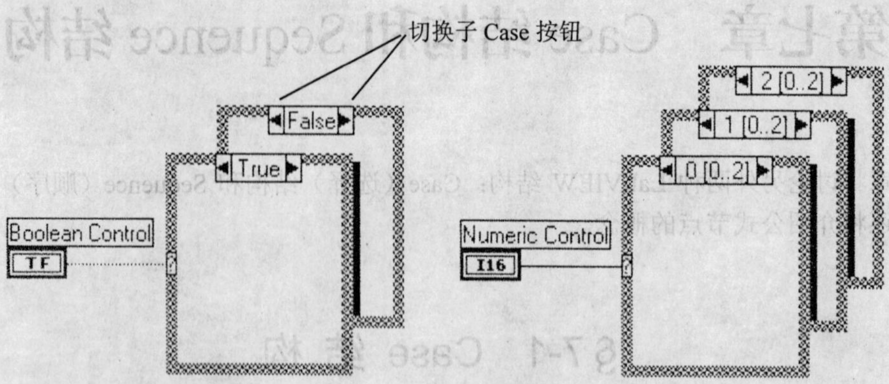

图 7-2　Case 结构示意图

图 7-3 是一个布尔 Case 结构的例子。在此例中，Number1 和 Number2 的数据通过数据通道（Case 边框上的小方块）进入 Case 结构，由 Selector 端口的值决定两个数是进行加法运算还是减法运算。如果连到 Selector 端口的布尔值为 True，VI 对两数进行加法运算，如果连到 Selector 端口的布尔值为 False，则对两数进行减法运算。

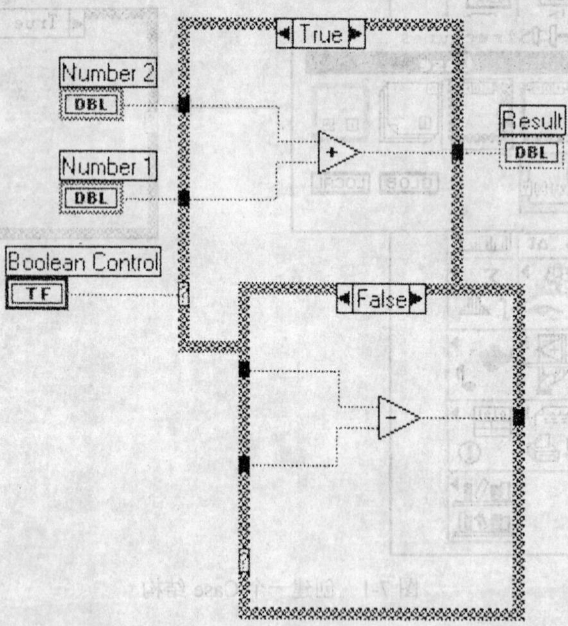

图 7-3　布尔 Case 结构

让我们来看两个 Case 结构的例子：

图 7-4 是一个数字 Case 结构的例子。在此例中，通过数据通道（边框上的小方块）进入 Case 结构的数字是进行加法运算还是减法运算取决于 Selector 端口的值。

在此 Case 中，使用了一个数字型 Text Ring 控制器（在控制模板中的 Ring&Enum 子模板中）把数字与文本项联系起来，如图 7-5 所示。如果 Text Ring 控制器连到 Selector 端口的数值是 0 (Add)，VI 就进行加法运算，如果 Selector 端口的数值是 1 (Subtract)，则 VI 将进行减法运算。

注意　当在一个子 Case 中建立了一个输出数据通道后，必须给每一个子 Case 定义输出数据通道。其他子 Case 中的输出数据通道会出现在同一位置上，没有连线的数据通道是空心方块，必须将每个未连线的输出数据通道连接上数据。可以在未连线的输出数据通道（空心方块）上右击鼠标弹出快捷菜单，选择 Create>>Constant 选项或 Create>>Control 选项，把常量或控制量连至未连接的数据通道，此时，输出数据通道变为实心方块。

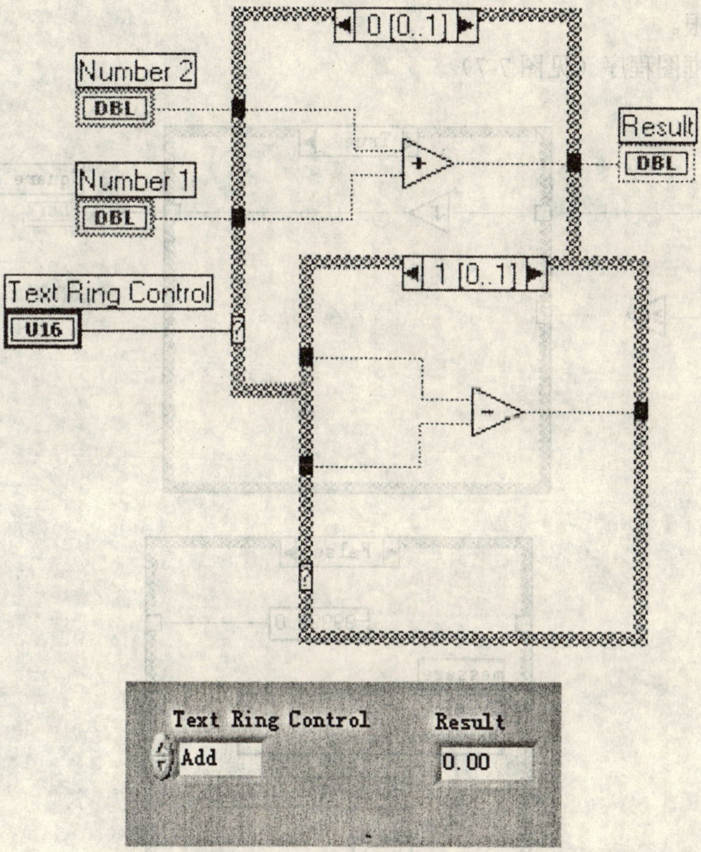

图 7-5　Text Ring 控制器

练习 7-1

学习使用 Case 结构。

设计一个 VI，检查一个数字是不是正数，如果是正数，则 VI 计算出它的平方根；否则，VI 返回一条信息。

一、前面板（见图 7-6）

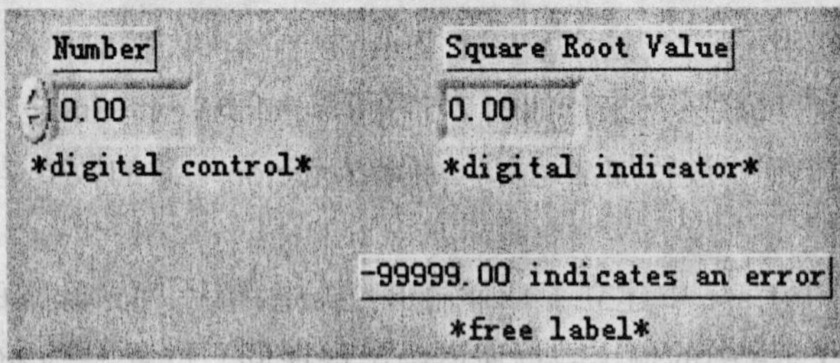

图 7-6　前面板

1．新建一个 VI，切换到前面板窗口。

2．建立一个如图 7-6 所示的前面板。

由数字控制器 Number 输入数字，如果是正数，由数字指示器 Sequence Root Value 显示此数的平方根。

二、创建框图程序（见图 7-7）

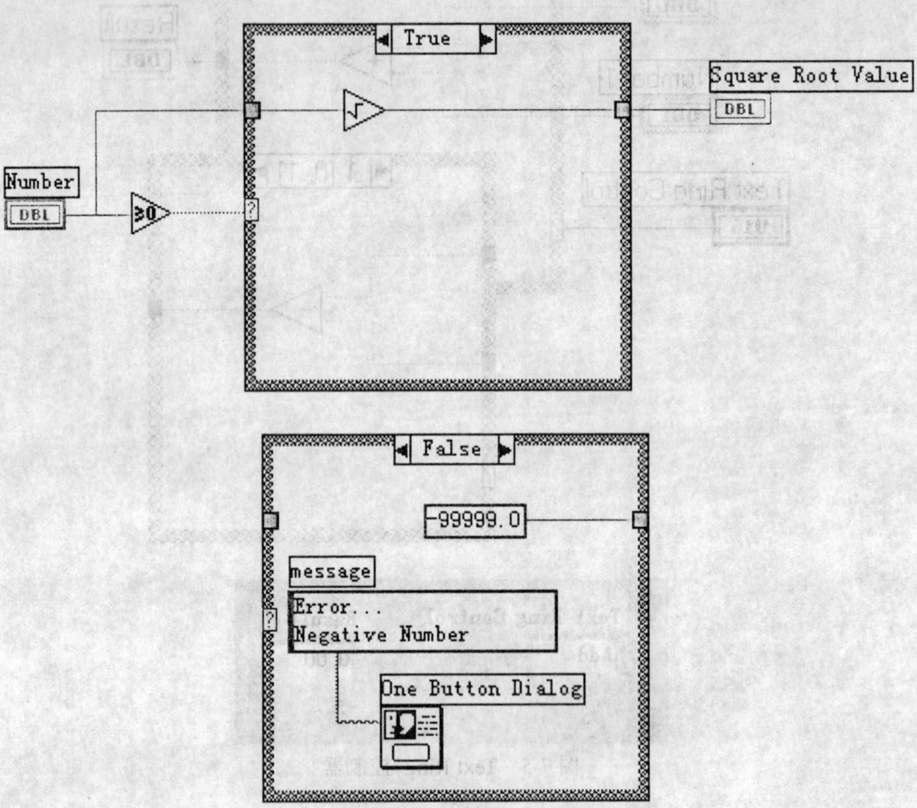

图 7-7　框图程序

1．切换到框图程序窗口。

2．创建一个 Case 结构（在 Structures 子模板中），在框图窗口中拖拉鼠标把它放大。

在默认状态下，Case 结构的选择端口为布尔值。如果在选择端口连入一个数字型控制量，它将自动地转换为数字型 Case 结构。

3．创建另外的框图对象，如图 7-7 所示将它们连接起来。

Greater Or Equal To 0？函数（在 Comparison 子模板中）。在此练习中，该函数检查输入数字是否为正，如果输入数字大于或等于 0，此函数返回 True，否则返回 False。

Square Root 函数（在 Numeric 子模板中）。在此练习中，该函数返回输入数值的平方根。

Numeric Constant ，将连线工具放在空心方块的输出数据通道上弹出快捷菜单，并在快捷菜单上选择 Create>>Constant 选项，用标签工具键入数字常量。在常量上弹出快捷菜单，并选择 Format & Precision…选项，将数字调整为保留 1 位小数的浮点数。－99999.0 在这里表示出错，如对负数开根号等。

One Button Dialog 函数（在 Time & Dialog 子模板中）。在此练习中，该函数将显示一个对话框，包含一条信息“Error… Negative Number”。

String Constant（在 String 子模板中）。用操作工具或标签工具在框里键入文本“Error… Negative Number”。

在此练习中，如果输入的数字大于或等于 0，VI 执行 True 子 Case，True 子 Case 输出该数字的平方根；如果输入的数字小于 0，VI 执行 False 子 Case，False 子 Case 输出－99999.0，表示出错，并由 One Button Dialog 函数显示一个带有信息“Error… Negative Number”的对话框。

4．返回前面板，运行 VI。输入一个大于 0 或小于 0 的数进行验证。

5．保存并关闭 VI，将 VI 命名为 Square Root .vi。

练习 7-2

学习使用 Case 结构。

首先打开练习 5-5 中创建的 Temperature Running Average .vi。

对 Temperature Running Average .vi 进行修改，使其能检测温度是否超出设置范围。如果温度超过了设置的范围，前面板上的 LED 点亮，同时喇叭发音报警。

一、改进前面板，如图 7-8 所示。

数字控制器 High Limit 设定了温度的上限，LED 指示器 WARNING 指示温度是否超出范围。

二、改进框图程序，如图 7-9 所示。

Greater？函数（Comparison 子模板）。在此练习中，当温度测量值超过了在 High

Limit 控制器中设定的温度时，该函数返回 True；否则，该函数返回 False。

Beep .vi（Graphics&Sound>>Sound 子模板）。在此练习中，当 Case 结构的选择端口接收到 True 时，此 VI 发出喇叭声。

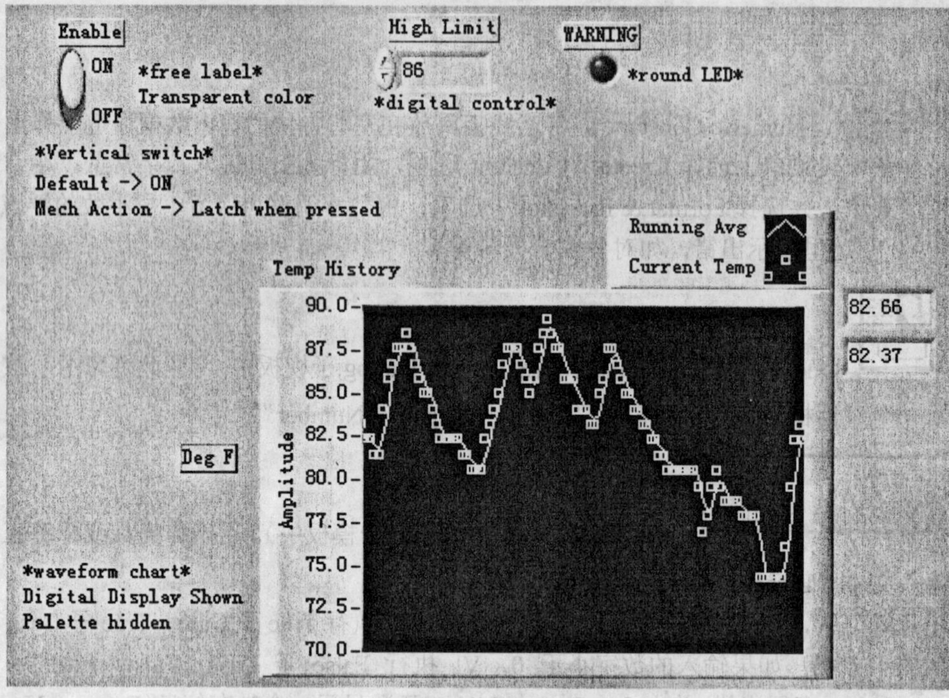

图 7-8　前面板

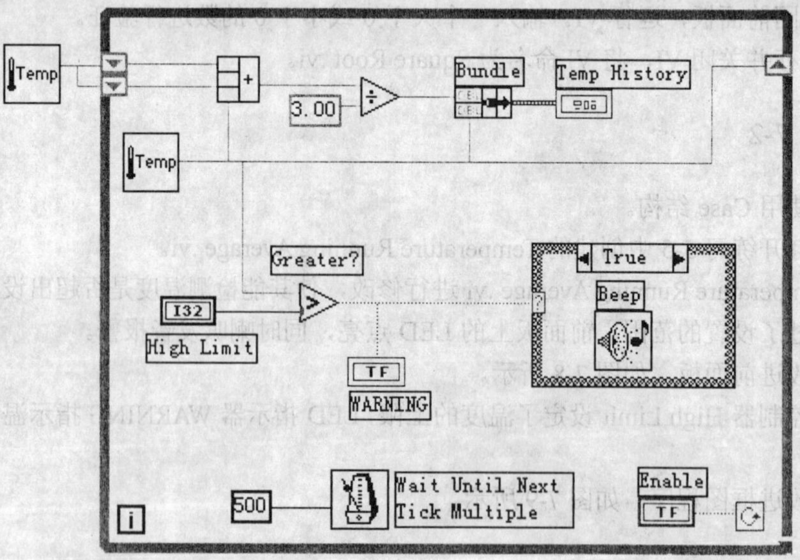

图 7-9　框图程序

注意 在 Case 结构的 False 子 Case 中没有图标，表示不进行任何操作。如果 Thermometer .vi 返回的温度值大于设定的界限，VI 执行 True 子 Case（也就是说，LED 亮，喇叭响）。如果温度小于设定的界限，那么 VI 执行 False 子 Case，不进行任何操作，LED 不亮，喇叭也不响。

返回前面板，在 High Limit 控制器中输入数值 80，运行 VI。

用 File 菜单中的 Save As 选项将此 VI 另存为 Temperature Control .vi。

§7-2 Sequence 结构

在常规文本编程语言中，程序语句一般按其出现的次序执行。LabVIEW 是一种数据流程序设计语言，其源程序是由图形化的对象和连线组成，程序运行时数据按照一定的方向流动，没有明确的先后顺序，当节点所有输入端的数据全部有效时，节点才执行。但在有些情况下，需要明确某些程序段的先后顺序，如在一个节点执行之前必须执行另一个节点，这时可以采用 Sequence 结构，它是一种顺序执行的结构，控制节点执行的顺序。Sequence 结构看上去像电影胶片的帧（Frame），每一帧为一段框图程序，按照帧（Frame）的顺序来执行框图程序。

可以从函数模板的 Structures 子模板上选择 Sequence Structure（见图 7-10）。可以用 Sequence 结构圈住节点或将节点拖入结构内部来创建顺序执行的程序框图。

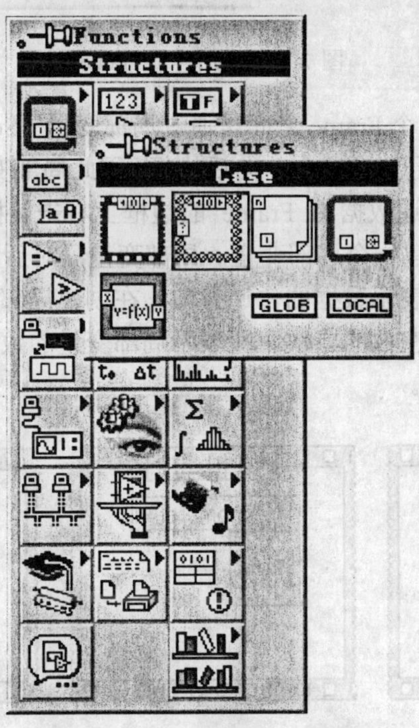

图 7-10 Sequence 结构

Sequence 结构可以包含多个 Frame，每一个 Frame 都有一个编号，首先要执行的 Frame 的编号为 0，第二个要执行的 Frame 的编号为 1，照此类推，编号的顺序即为执行的顺序。

新建的 Sequence 结构只有一个 Frame，可以在 Sequence 结构的边框上弹出菜单，选择 Add Frame After 或 Add Frame Before 选项来增加 Frame，如图 7-11 所示。

在 Sequence 结构顶部的标题栏中，显示出当前 Frame 的编号，（0‥X）表示 Sequence 结构的 Frame 编号的范围。Sequence 结构和 Case 结构一样，每次只能显示一个 Frame 框图，可以通过 Frame 框图标题旁的箭头按钮来切换 Frame。

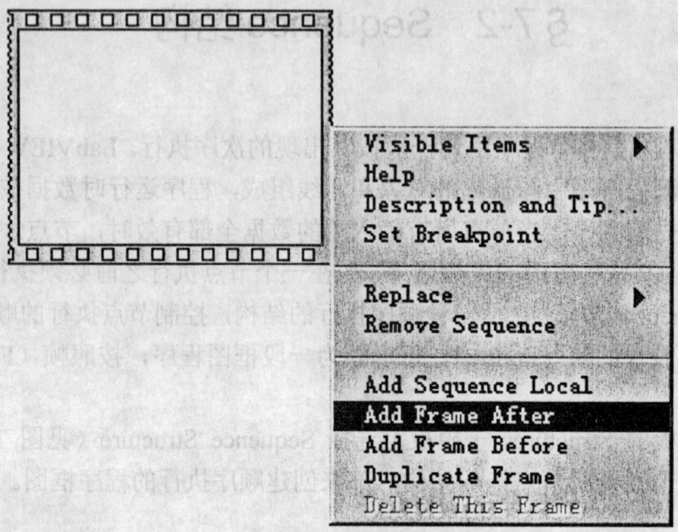

图 7-11　增加一个 Frame

在 Sequence 结构中，各个 Frame 之间是通过局部变量（Sequence Locals）来传递数据的，由于各 Frame 是按照编号的顺序由前向后执行，因此局部变量只能由前向后传递数据。在需要使用局部变量向后传递数据的 Frame 的边框上右击鼠标弹出快捷菜单，选择 Add Sequence Local 选项，可创建一个局部变量。局部变量只对后面的 Frame 有效，显示为一个带箭头的方块，箭头方向表示数据的传递方向。在创建局部变量的 Frame 前面的 Frame 中，是无效的，显示为一个空白的方块，即表示局部变量的数据只向后传递，不能传给前面的 Frame，如图 7-12 所示。

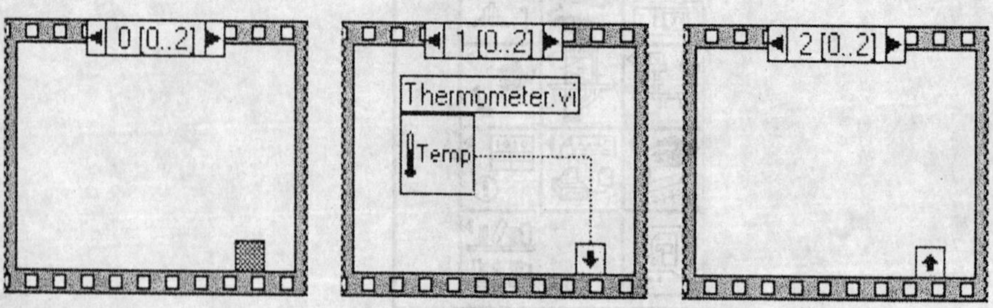

图 7-12　局部变量示意图

练习 7-3

使用 Sequence 结构，设计一个 VI，计算产生一个与指定的数字相等的随机数所需花费的时间。

一、前面板（见图 7-13）

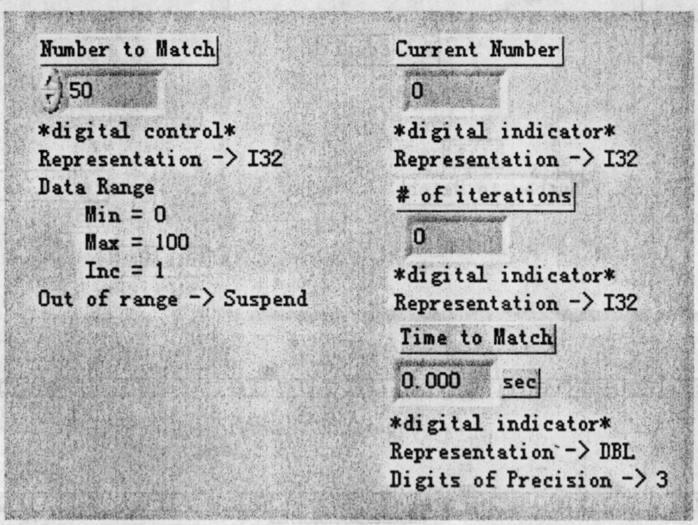

图 7-13　前面板

1．打开练习 5-3 所创建的 Auto Match .vi。

2．修改前面板，使其如图 7-13 所示，按要求修改控制器和指示器。

二、框图程序（见图 7-14）

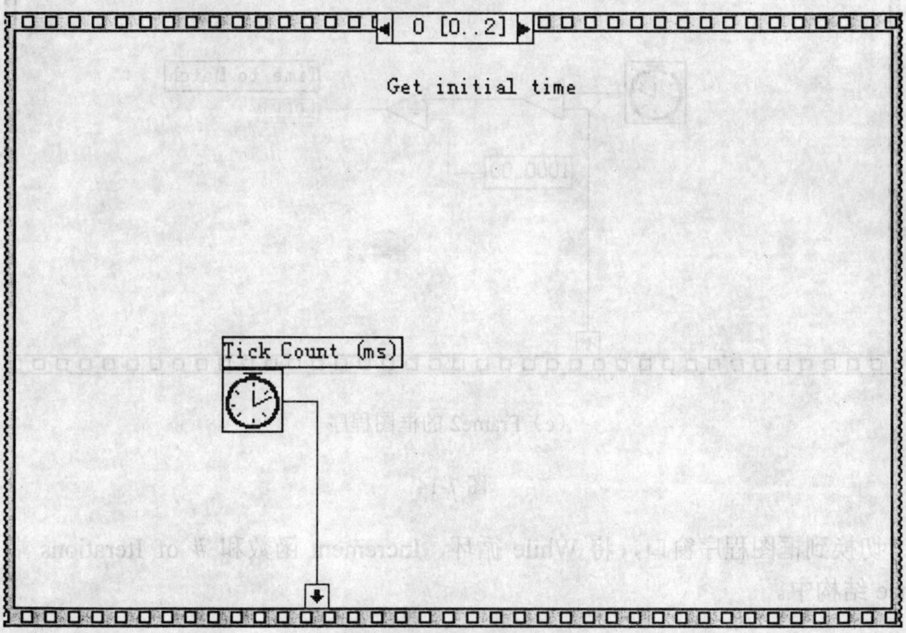

（a）Frame0 的框图程序

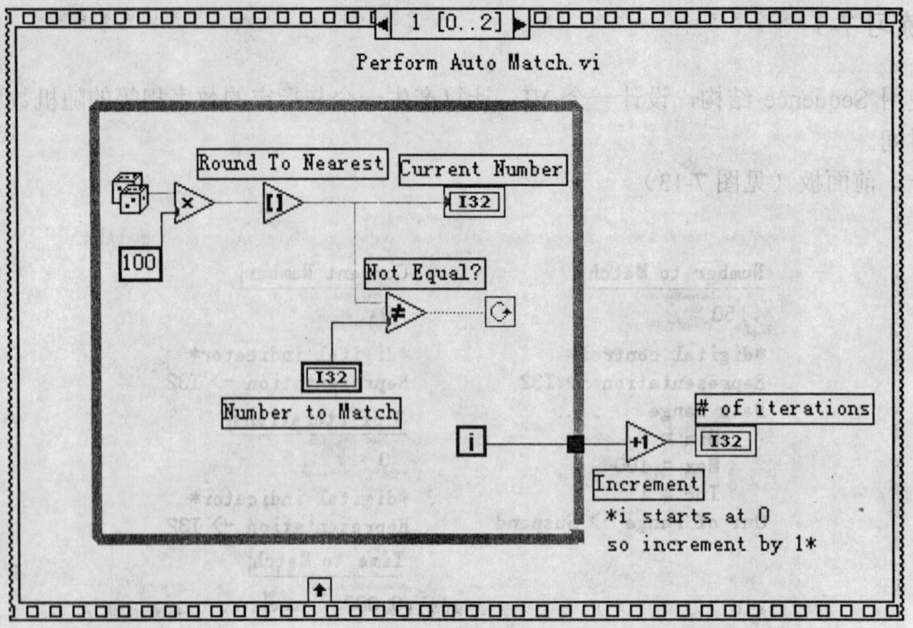

（b）Frame1 的框图程序

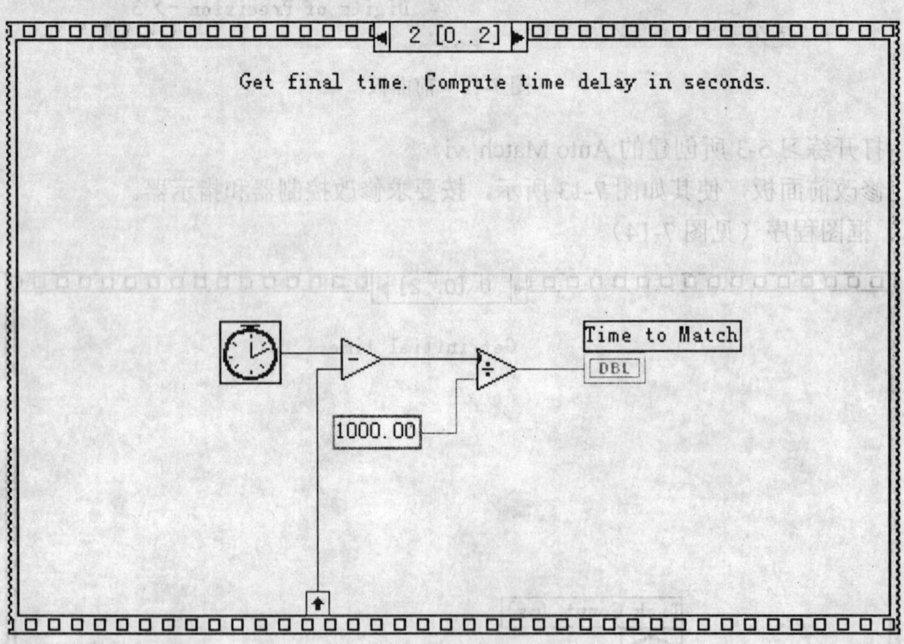

（c）Frame2 的框图程序

图 7-14

1. 切换到框图程序窗口，将 While 循环、Increment 函数和 # of Iterations 端口圈入 Sequence 结构中。

a．从 Structures 子模板中选择 Sequence 结构。

b．拖出一块选定区域，框住 While 循环、Increment 函数和 # of Iterations 端口。

2．在 Frame 边框上弹出快捷菜单，选择 Add Frame After 选项，给 Sequence 结构增加一个 Frame，重复此步再增加一个 Frame。

3．切换到包含 While 循环的 Frame，在 Frame 边框上右击鼠标弹出快捷菜单，选择 Make This Frame>>1 选项，可将 While 循环所在的 Frame 的编号设定为 1。

4．在 Frame 0 的底框上弹出快捷菜单，选择 Add Sequence Local 选项，添加一个局部变量，此时局部变量呈空白方块显示，当连线后，方块内会自动显示出一个向内或向外的箭头。

5．创建图 7-14 所示的框图程序。

Tick Count（ms）函数（Time & Dialog 子模板）。此函数读取系统时钟的当前值，并以毫秒为单位返回该值。在 Frame 0 中，Tick Count（ms）函数读取系统时钟并以毫秒为单位返回该值；在 Frame 1 中，只要 Random Number（0-1）函数产生的数字不等于指定的数字，VI 将继续执行 While 循环，直到产生的随机数等于指定的数字才结束循环，进入 Frame 2；在 Frame 2 中，Tick Count（ms）函数再次读取系统时钟，然后 VI 将 Frame 2 中读取的时间值减去 Frame 0 中读取的时间值，即等于产生匹配的随机数所花费的时间（Frame 与 Frame 之间的运行时间忽略不计），将这个时间差换算成秒，返回给前面板。

6．在控制器 Number to Match 中键入一个数值，运行几次 VI。

7．用 File 菜单中的 Save As 选项保存 VI，将其命名为 Time to match .vi，并关闭 VI。

§7-3 公式节点

在框图程序中，如果需要设计较复杂的数学运算，框图将会十分复杂，工作量大，而且不直观，调试、改错也不方便。这时，可以利用公式节点，只需将数学公式的文本表达式输入在公式节点的框图内，并连接相应的输入、输出端口，则 LabVIEW 会自动地根据公式计算出正确的结果，并从输出端输出。

从函数模板的 Structures 子模板上选择公式节点 Formula Node，在框图中设置公式节点，如图 7-15 所示。公式节点的边框大小可以改变，用户可以使用标签工具，将数学公式直接输入到公式节点的框内。

下面以方程式 $y=x^2+x+1$ 为例。

如果用常规的 LabVIEW 算数函数实现此方程，其框图程序如图 7-16 所示。

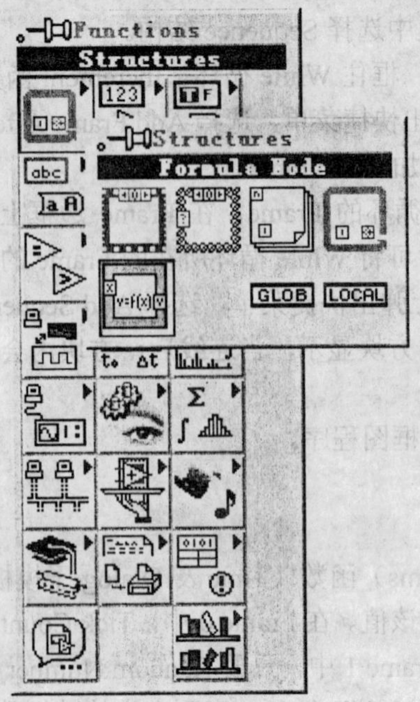

图 7-15　Structures 子模板

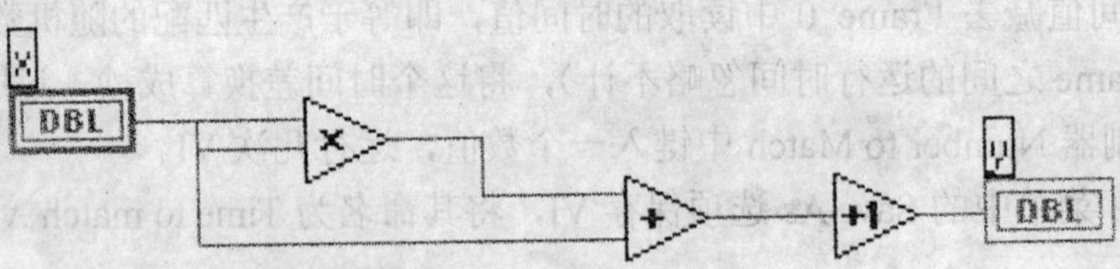

图 7-16　用框图程序实现方程

用公式节点来实现同一方程，如图 7-17 所示。

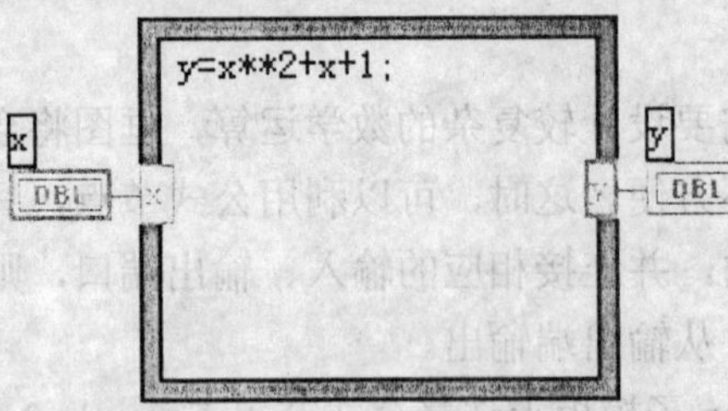

图 7-17　用公式节点实现方程

利用公式节点，可以不用创建框图程序而直接地输入一个或多个复杂的公式。在公式节点边框上弹出快捷菜单，并从弹出菜单中选择 Add Input 或 Add Output 选项来创建公式节点的输入或输出端口。在框内输入一个或多个公式，每个公式语句必须以分号结束，这一点类似于 C 语言。

下面这个例子说明如何在公式节点中执行条件分支。有如下所示的文本程序代码，实现功能是：若 x 为正数，则求出 x 的平方根，并将此结果赋给 y；若 x 为负数时，则 y 值为－99。

```
if (x>=0) then
y = sqrt (x)
else
y=－99
end if
```

可以用公式节点实现这段程序代码，如图 7-18 所示。这里用到了条件运算符 ？：　。

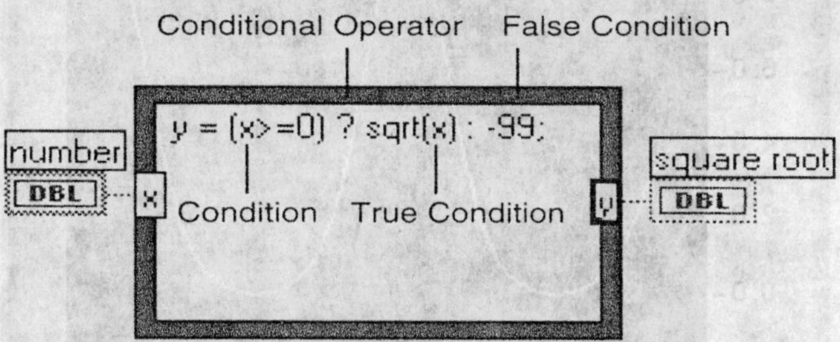

图 7-18　公式节点中的条件分支

公式节点中可以使用的运算符和函数在公式节点的文本帮助窗口中有具体的说明，如图 7-19 所示。

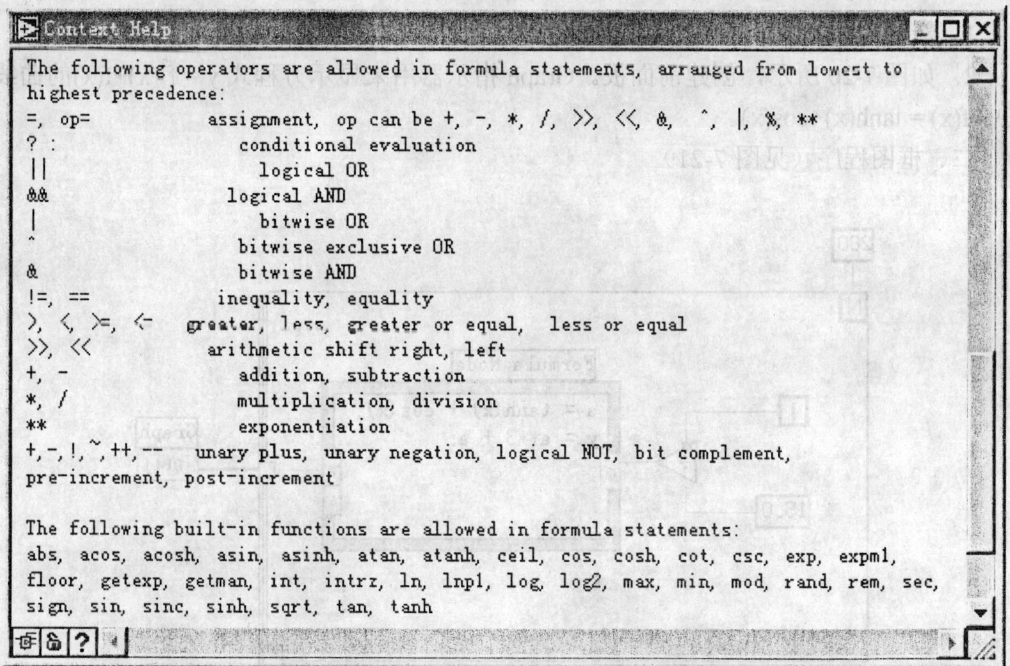

图 7-19　公式节点的 Help 窗口

练习 7-4

使用公式节点设计一个 VI。对一个数学表达式赋值，并将结果绘制成曲线。

一、前面板（见图 7-20）

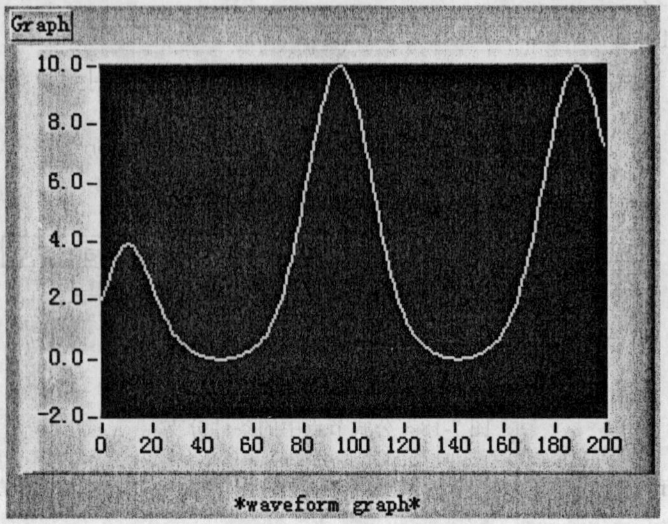

图 7-20 前面板

1．新建一个 VI，打开前面板。

2．如图 7-20 所示，创建前面板。Graph 指示器用来显示方程式 $y = f^3(x)+f(x)$的曲线，其中 $f(x) = \tanh(x)+\cos(x)$。

二、框图程序（见图 7-21）

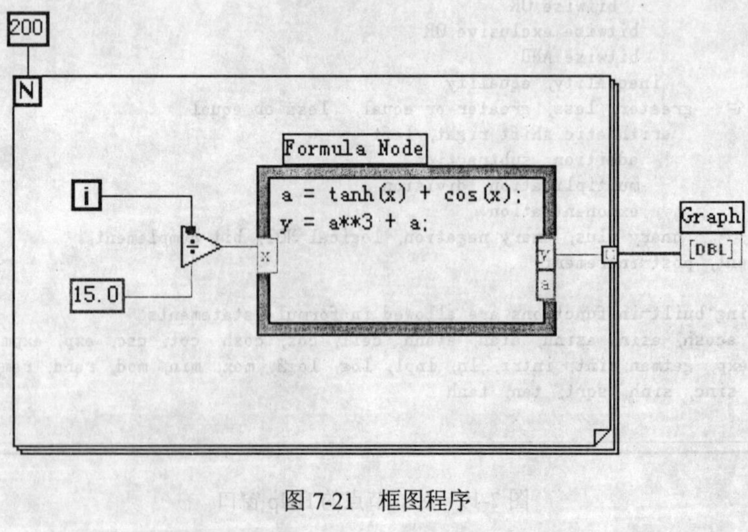

图 7-21 框图程序

1．如图 7-21 所示创建框图程序。

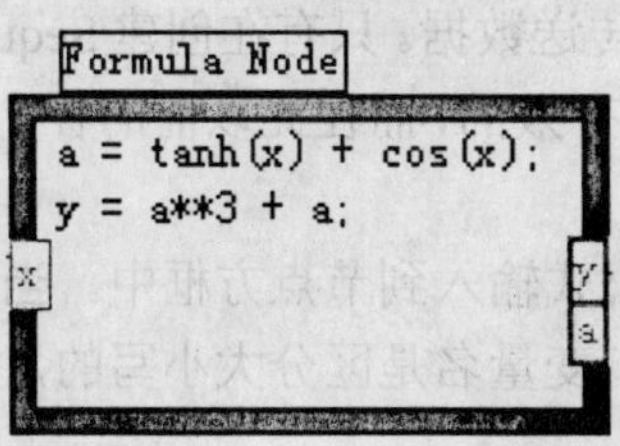

Formula Node（Structure 子模板），用此节点，可以直接输入公式。在节点边框上弹出快捷菜单，选择 Add Input 选项来创建输入端口 x；从快捷菜单中选择 Add Output 选项来创建输出端口 y，中间变量 a 也必须定义成输出端口。变量名必须与公式中的变量相对应，变量名要区分大小写。

注意 公式语句必须以分号结束。

Numeric Constant（Numeric 子模板）。本练习中，该常数定义了 For 循环的重复次数。

Divide 函数（Numeric 子模板），该函数实现除法运算。该 VI 在每次循环中，都用循环计数值 i 去除以 15.0，把商值连接到公式节点，由公式节点计算出函数值。然后，该 VI 将结果存储在 For 循环边框的数组中（自动索引有效）。For 循环执行结束后，该 VI 将此数组绘制成曲线。

2．返回前面板，运行 VI。

3．保存并关闭此 VI，将其命名为 Formula Node Exercise.vi 。

该 VI 用文本代码可表示为：

```
for i=0 to 199
x=i/15.0
a = tanh (x)+cos (x)
y=a**3+a
array[i]=y
next i
graph(array)
```

§7-4 总结、提示和技巧

· LabVIEW 有两种控制数据流的结构——Case 结构和 Sequence 结构。LabVIEW 将这两种结构表现为一叠卡片，在一个时刻，只有一个卡片（子框图）是可见的。

· 根据 Case 结构选择端口的输入值来判断执行哪个子 Case，条件选择可以是布尔值（2 种条件）或者是数字（$2^{31}-1$ 种条件）。当把一个布尔控制器或整形控制器连至条件选择端口时，LabVIEW 会自动定义端口类型。

· 使用 Sequence 结构，可以按 Frame 的编号顺序执行框图程序。

•可以用 Sequence Locals 在 Sequence 结构的各帧之间传送数据。只有在创建 Sequence Locals 的下一个 Frame 中，Sequence Locals 传送的数据才是有效的，而在此以前的各 Frame 中都是无效的。

• 使用 Formula Node（公式节点），可以直接把很多公式输入到节点方框中。当一个函数方程有很多变量或很复杂时，此特性尤其有用。切记：变量名是区分大小写的，每条公式语句必须以分号（;）结尾。

习　题

习题 7-1

设计一个 VI，用公式节点来计算下列方程。

$y_1=x^3+x^2+5$

$y_2=m*x+b$

以上两个方程只允许使用一个 Formula Node。（切记：在节点中，每个方程以分号结尾）将此 VI 命名为 Equations .vi 。

习题 7-2

设计一个 VI 能够像计算器一样进行运算。前面板上有两个数字控制器，用来输入两个数字，另有一个指示器，用来显示 VI 对输入数字进行运算（Add、Subtract、Divide 或 Multiply）的结果。用一个滑动条控制器来选择加、减、乘、除运算。将此 VI 命名为 Calculator .vi 。

习题 7-3

改进 Square Root Exercise （练习 7-1 所创建），要求改进后的 VI 能用公式节点进行各种运算和条件检测。将此 VI 命名为 Square Root 2 .vi 。

习题 7-4

设计一个有两个输入一个输出的子 VI。输入为一个数字控制器 Threshold 和一个数字型数组控制器 Input Array，输出为一个数字型数组指示器 Output Array，显示输入数组 Input Array 中大于 Threshold 值的元素，以 Array Over Threshold .vi 为名保存此子 VI。

创建另一个 VI，产生 0～1 之间的随机数，用 Array Over Threshold .vi 输出值大于 0.5 的数，以此来检测所创建的子 VI。保存此 VI，将其命名为 Using Array Threshold .vi 。

第八章　字符串和文件 I/O

本章主要介绍 LabVIEW 字符串的使用和文件输入、输出的操作，主要内容有：如何创建字符串控制器和指示器，怎样使用字符串函数以及怎样进行文件的输入和输出操作。

§8-1　字　符　串

字符串就是一系列文本字符。在数据传送中，通常将数字型的数据转换成字符串进行传送，然后再把这些字符串转换成数字。在很多情况下，往磁盘上存储的数字型数据也要求是字符串格式，也就是说，在把这些数字存至磁盘上的文件之前，必须先将其转换为字符格式。

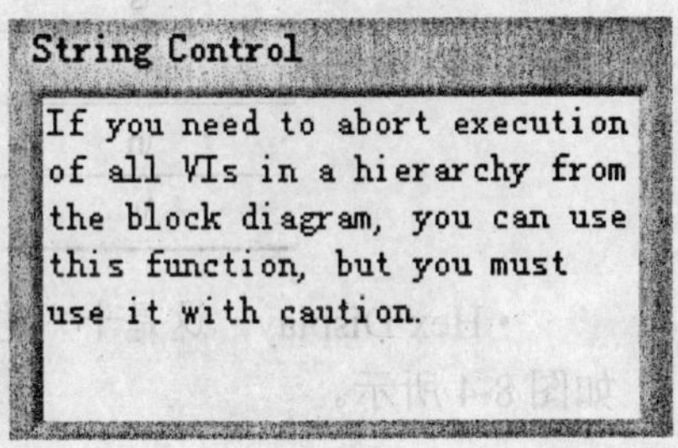

图 8-1　字符串控制器

字符串的输入输出可通过控制器和指示器来实现，字符串控制器和指示器都在控制模板的 String&Path 子模板上。可以用选择工具拖动字符串控制器或指示器的一角来放大文本显示区（见图 8-1）。当文本显示不完时，可以在字符串控制器或指示器上弹出快捷菜单，选择 Visible Items>> Scrollbar 选项，将出现滚动条。

可以在字符串控制器和指示器上弹出快捷菜单来改变字符显示模式。有如下四种显示模式：

· Normal Display，这是正常显示模式，即 LabVIEW 默认的显示模式。

· Password Display，这是口令显示模式，即在前面板上字符串显示为星号，如图 8-2 所示，一般可用作密码口令。

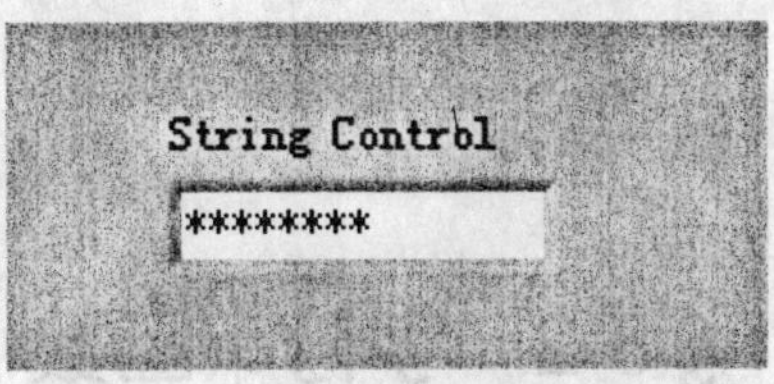

图 8-2　口令显示模式

· '\'Codes Display，这是代码显示模式，可以显示或输入通常情况下不可显示的字符，例如空格、回车、跳格字符等，不可显示字符以反斜杠后跟相应代码的形式表示。如图 8-3 所示，将字符控制器输入的内容用字符指示器显示，其中字符控制器为 Normal Display 显示模式，字符指示器为'\'Codes Display 显示模式。注意，字符控制器和字符指示器在外观上是一样的。

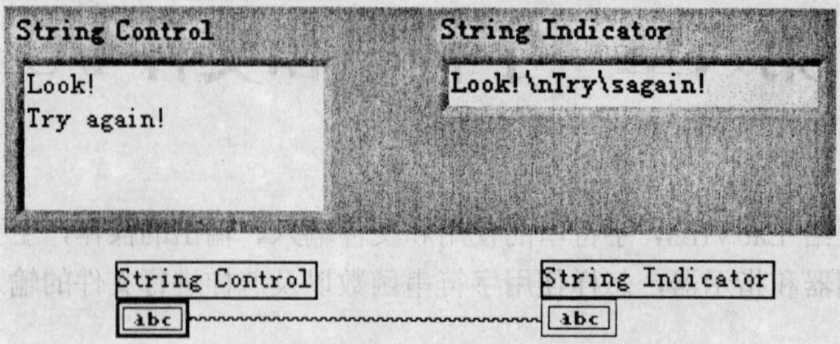

图 8-3　正常显示模式与代码显示模式

不可显示的字符代码如表 8-1 所示。

表 8-1　不可显示字符代码表

代　码	含　义
\b	Backspace　(ASCII BS, equivalent to \08)
\s	Space　(ASCII SP, equivalent to \20)
\r	Return　(ASCII CR, equivalent to \0D)
\n	Newline　(ASCII LF, equivalent to \0A)
\t	Tab　(ASCII HT, equivalent to \09)

· Hex Display，这是十六进制显示模式，即显示字符的 ASCII 代码（十六进制表示），如图 8-4 所示。

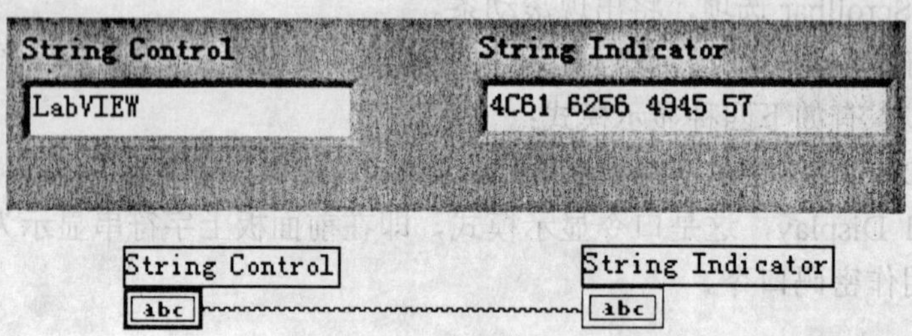

图 8-4　十六进制显示模式

§8-2　字符串函数

LabVIEW 有很多对字符串进行处理的函数。这些函数在函数模板的 String 子模板中。下面介绍一些常用的函数。

· String Length 函数，该函数返回字符串中字符的个数，如图 8-5 所示。

· Concatenate String 函数，该函数可以把所有的输入字符和字符串数组按顺序连接成一个输出字符串。该函数默认只有两个输入端口，可以用选择工具改变它的大小，以增加输入端的个数，如图 8-6 所示。

图 8-5　String Length 函数示意图

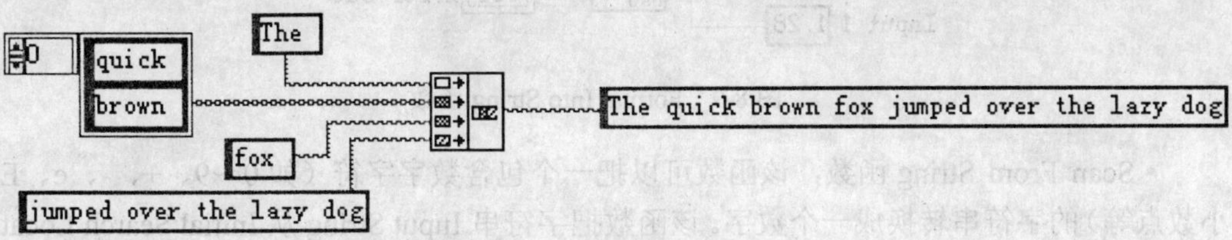

图 8-6　Concatenate String 函数

· String Subset 函数，该函数可以从一个字符串里取一个子串，子串从 offset 开始，取 length 个字符，如图 8-7 所示。（注意：第一个字符的偏移量 offset 为 0，即指针为 0）

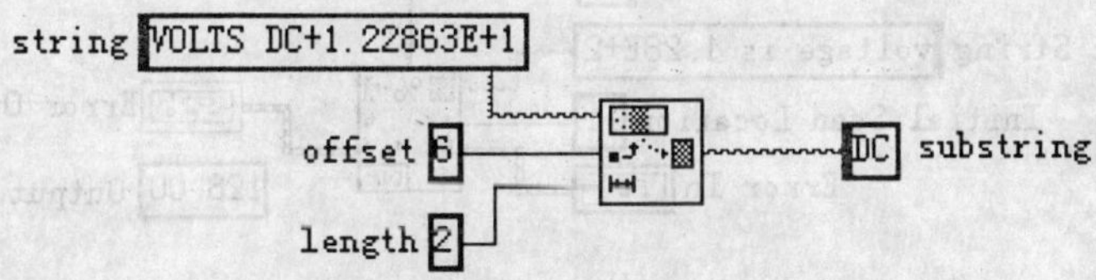

图 8-7　String Subset 函数

· Match Pattern 函数，该函数可以在字符串 string 中查找指定的字符串 regular expression，查找的起始位置为 offset，如果查找到匹配的字符串，就把原字符串 string 分为三个子串输出，一个是匹配字符串前面的子串 before substring，一个是匹配字符串 match substring（即 regular expression），另一个匹配字符串后面的子串 after substring，offset past match 端口输出查找结束后指针的位置。如果没查找到 regular expression，匹配字符串则为空，offset past match 端口输出－1，如图 8-8 所示。

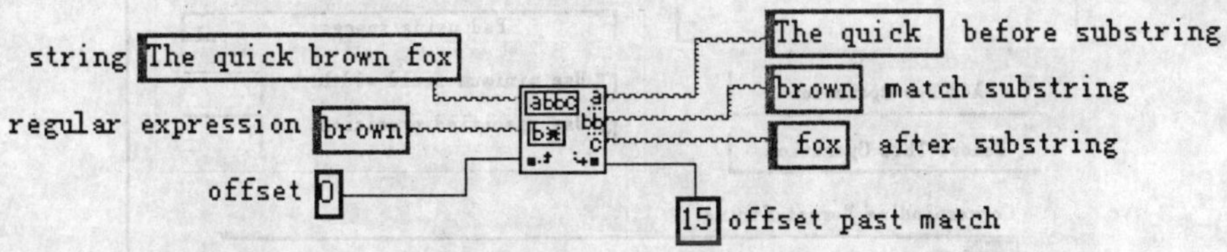

图 8-8　Match Pattern 函数

· Format Into String 函数，该函数可以把任何格式下的 argument（例如，数字型）转换成指定格式的 resulting string，一般用于将数字转换为字符串。用户可以扩展此函数，使其能将多种形态的值同时转换成一个字符串。在下例中，此函数将浮点数 1.28 转换成 6 位字符串"1.2800"，如图 8-9 所示。此函数还带有错误信息端口 error in 和 error out，用于传递错误信息簇，错误信息簇收集程序执行过程当中的错误信息，并最终传递给 Simple Error Handler 函数来处理。

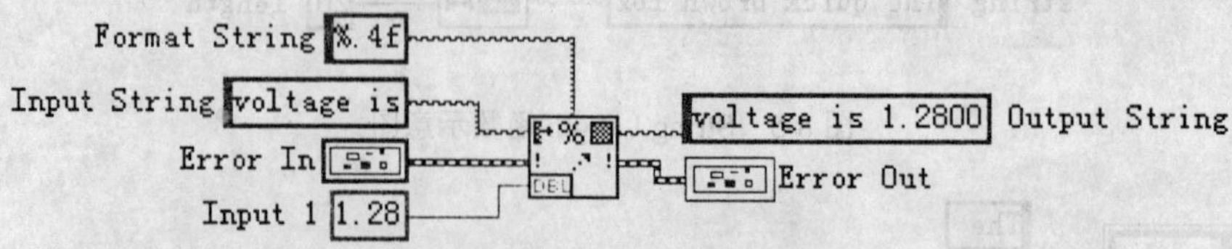

图 8-9　Format Into String 函数

· Scan From String 函数，该函数可以把一个包含数字字符（如 0～9、+、-、e、E 和小数点等）的字符串转换成一个数字。该函数把字符串 Input String 从 Initial Search Location 指定的位置开始展开，将数字字符的字符串转换成一个数字。Format String 指定将字符串展开成不同的数据类型（例如，数字型或布尔型）。在下例中，该函数将字符串"voltage is 1.28E+2"转换成数字 128.00。如图 8-10 所示。

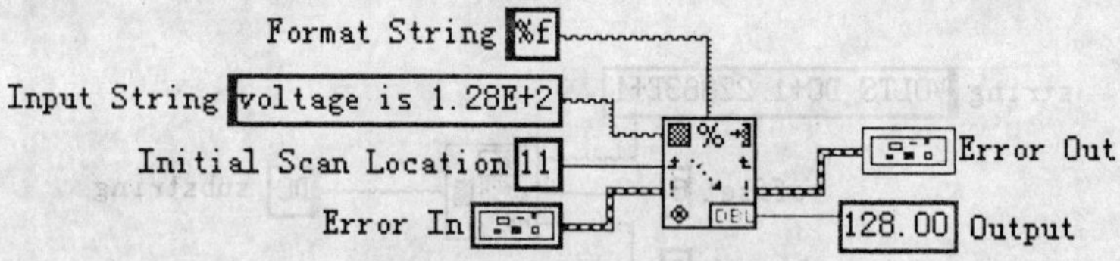

图 8-10　Scan From String 函数

也可以在 Format Into String 或 Scan From String 函数上弹出快捷菜单，选择 Edit Format String 或 Edit Scan String 选项，弹出一个对话框，通过设置格式字符串 Corresponding Format String 来定义字符串或数字的格式，如图 8-11 所示。

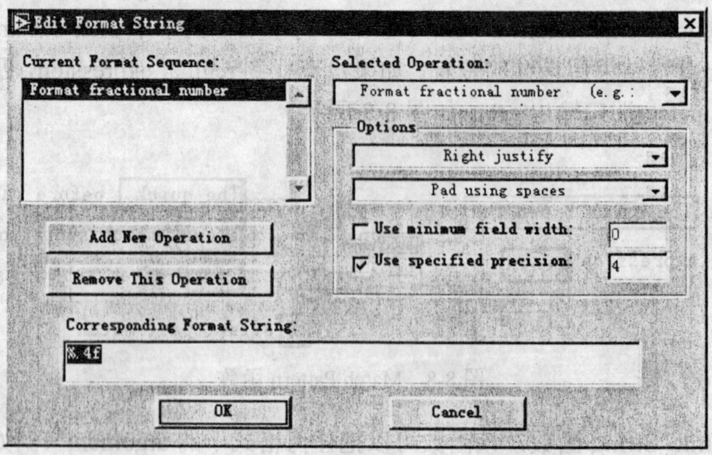

图 8-11　定义格式字符串

练习 8-1

用 Format Into String ，Concatenate String，MatchPattern 和 String Length 等函数设计一个 VI，把一个数字转换成字符串，并将此字符串与其他字符串相连，形成一个输出字符串，同时，显示输出字符串的长度。另外，可以进行密码验证，当密码匹配时，将密码显示出来，并通过一个指示灯来表示密码正确与否。

一、前面板

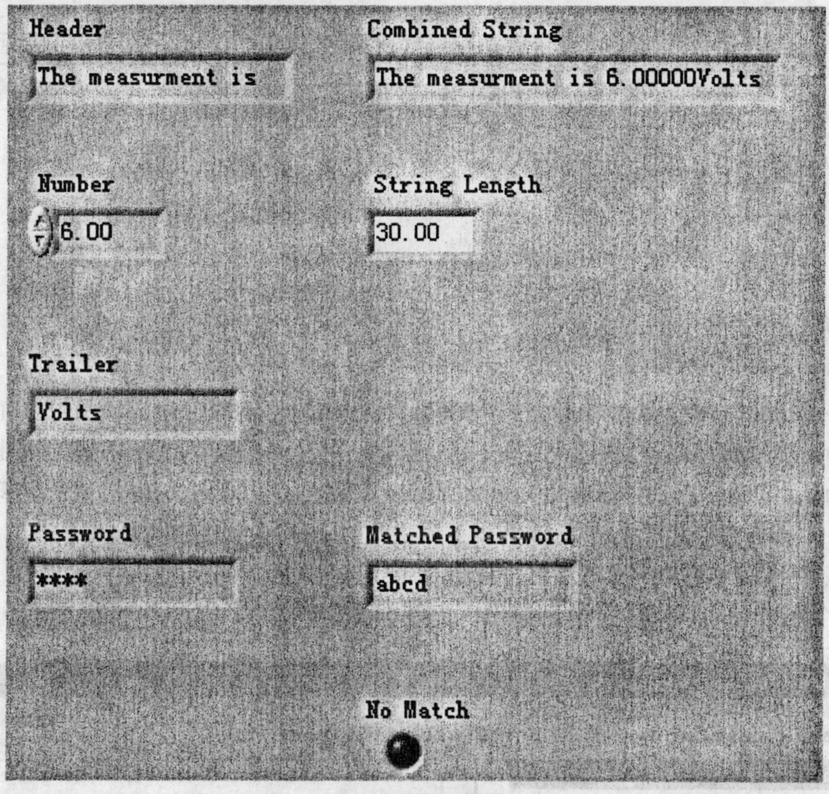

图 8-12　前面板

1．新建一个 VI。

2．创建如图 8-12 所示的前面板。

把两个字符串控制器和一个数字控制器连接成一个输出字符串，并在字符指示器中显示该输出。数字指示器用来显示字符串的长度。

该 VI 同时也用来检测输入的密码字符串是否与框图程序中指定的密码(abcd)相匹配。如果不匹配，该 VI 输出一个布尔数；如果匹配，则字符串指示器显示该密码字符串。

二、框图程序

1．创建如图 8-13 所示的框图程序。

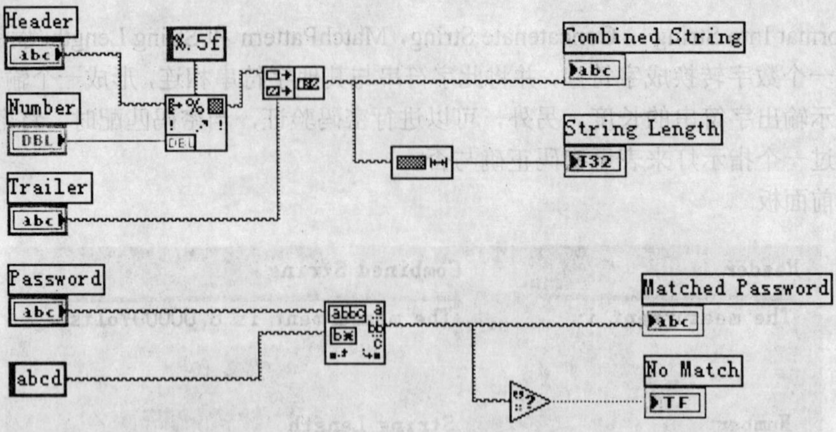

图 8-13　框图程序

下面介绍一些要用到的函数：

Format Into String 函数（在 String 子模板中）。本练习中，该函数将在数字控制器 Number 中指定的数字转换成一个字符串。弹出 Format Into String 函数的快捷菜单，选择 Edit Format String 选项，在 Edit Format String 对话框中可创建%.5f 格式的字符串，操作步骤如下：

1）在 Edit Format String 对话框中，选中 Use specified precision 项并输入 5，即把数字转换成一个小数点后保留 5 位的字符串。如图 8-14 所示。

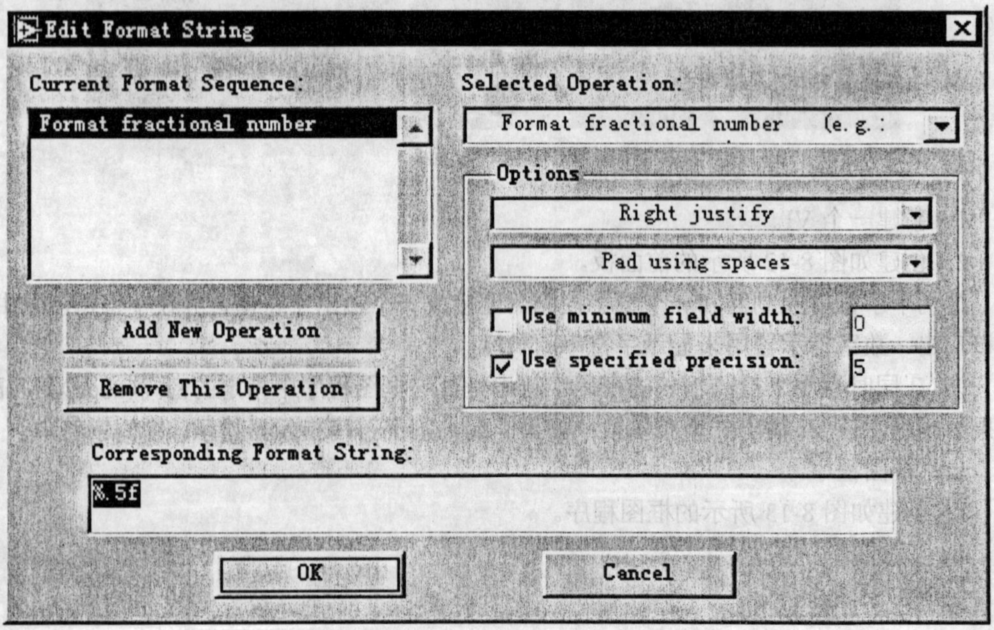

图 8-14　Edit Format String 对话框

2）点击 OK 按钮。该函数自动产生一个字符串常数并将其连至 Format String 函数的输入端口。

Concatenate String 函数（在 String 子模板中）。本练习中，该函数将所有的字符串连成一个输出字符串。要增加输入端，可用选择工具调整该函数的大小。

String Length 函数（在 String 子模板中）。本练习中，此函数返回连接字符串中的字符个数。

Match Pattern 函数（在 String 子模板中）。本练习中，该函数将字符串常量（设定的密码）与用户输入的密码字符相比较。若匹配，显示匹配字符串；否则，将空字符串送给字符串显示。

Empty String/Path？函数（在 Comparison 子模板中）。本练习中，如果从 Match Pattern 函数的匹配字符串输出端检测到一个空字符串，则该函数返回一个布尔值 True。

2．返回前面板，设置 VI 的图标/连接口（Icon/Connector）。在图标/连接口上弹出快捷菜单，选择 Show Connector 选项，用连线工具把输入和输出端口与前面板上的控制器和指示器相连接，如图 8-15 所示。连接完毕，再弹出图标/连接口的快捷菜单，选择 Show Icon 选项。

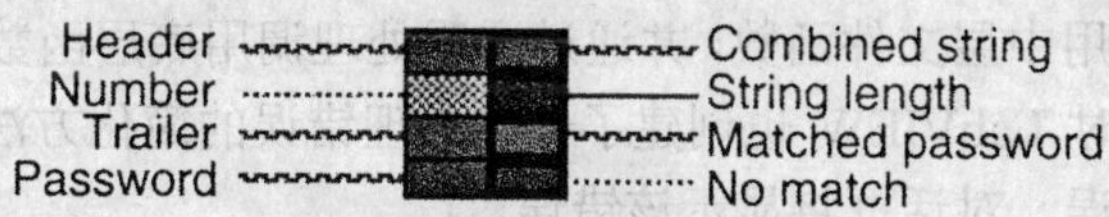

图 8-15 VI 的图标/连接口

3．在三个字符串控制器中键入文本，在数字控制器中键入数字，运行 VI。

4．在控制器 Password 中键入一个错误的密码，运行 VI，观察结果。

5．保存 VI，命名为 Build String.vi，然后关闭 VI。

§8-3 文件 I/O

文件的输入和输出（I/O）是向磁盘文件中存储信息或从磁盘文件中获取信息的操作。LabVIEW 有很多内部函数（设计好的、可以调用的 VI 程序）来处理文件 I/O 操作，所有的文件 I/O 函数都在函数模板的 File I/O 子模板中，如图 8-16 所示。这些函数被分为三个层次：

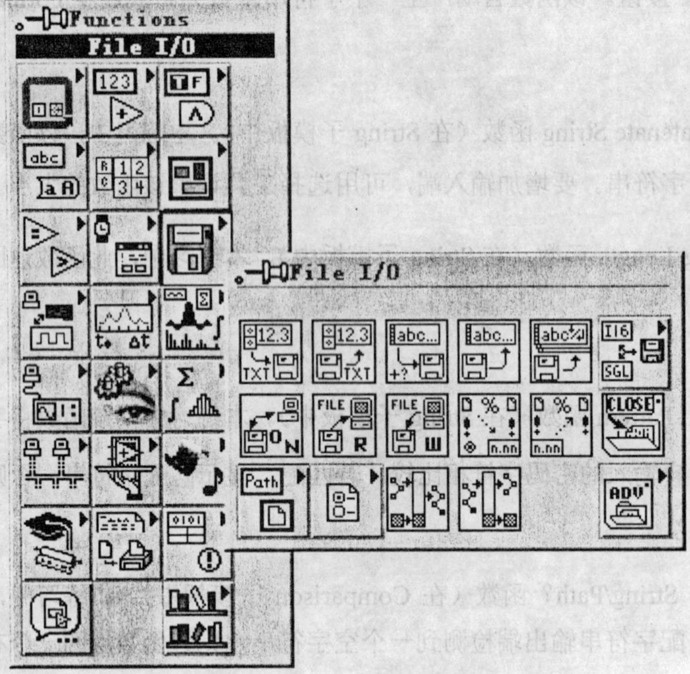

图 8-16 File I/O 子模板

● 高层文件函数（High-level File VIs）

高层文件函数位于 File I/O 子模板的第一行，其中包括一个 Binary File VIs 的子模板，共有九个高层文件函数，这些高层文件函数执行一些常用的操作，主要由中层文件函数构成，即以子 VI 的方式调用中层文件函数，并通过透明处理调用底层函数，简化了 LabVIEW 中的文件 I/O 类型。同时 LabVIEW 也创建了一种处理错误的简化方法，如果在执行这些 VI 时出现了文件 I/O 错误，对话框将显示该错误。

● 中层文件函数（Intermediate File VIs）

中层文件函数位于 File I/O 子模板的第二行。它们提供了比高层文件函数更多、更具体的功能，例如文件的打开、关闭，文件的读和写等具体操作，在 LabVIEW 中文件 I/O 操作的 80%～90%是由中层文件函数来完成的。

● 高级文件函数（Advanced File VIs）

高级文件函数位于 File I/O 子模板的第三行中的 Advanced File Functions 子模板中，是文件 I/O 的底层函数。这些底层函数可以处理 LabVIEW 文件 I/O 操作中的细节问题，具有很大的灵活性。

在本章中，我们主要学习中层文件函数和高层文件函数，并将详细地介绍中层文件函数，以便更好地了解基本的文件 I/O 操作，然后继续介绍高层文件函数。

8.3.1 中层文件函数

基本的中层文件 I/O 操作是对文件进行打开、新建、读、写以及关闭等操作。

1. 常用的中层文件函数

● Open/Create/Replace File 函数。该函数可以用来打开或替换一个已存在的文件，或者创建一个新文件，如图 8-17 所示。file path 端口用于指定被操作文件的路径，如果不连接该端口，则 VI 将显示一个文件对话框，可以从中选择文件的路径；function 端口用于选择该函数的操作类型（如打开、新建还是替换）；error in 和 error out 端口用于传递错误信息簇，错误信息簇收集程序执行过程当中的错误信息，并最终传递给 Simple Error Handler 函数来处理；refnum 端口（ref 为 reference 的缩写、num 为 number 的缩写）用于传递被操作文件的标识号，即告诉后面的函数要对哪个文件进行操作。打开或创建文件后，可以用 Read File 和 Write File 函数对它进行读写操作。

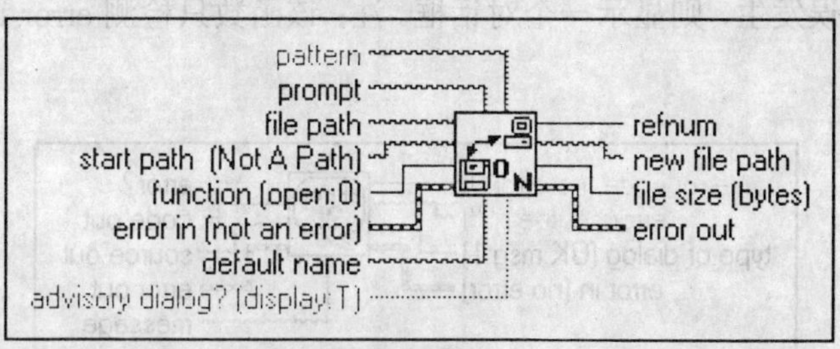

图 8-17 Open/Create/Replace File 函数

● Read File 函数。该函数可以从 refnum 端口指定的文件中读取数据（文本字符），count 端口指定读取的字节数，pos mode 和 pos offset 端口指定读取字符的起始位置，data 端口把读取的字符串作为一个字符数组输出，如图 8-18 所示。

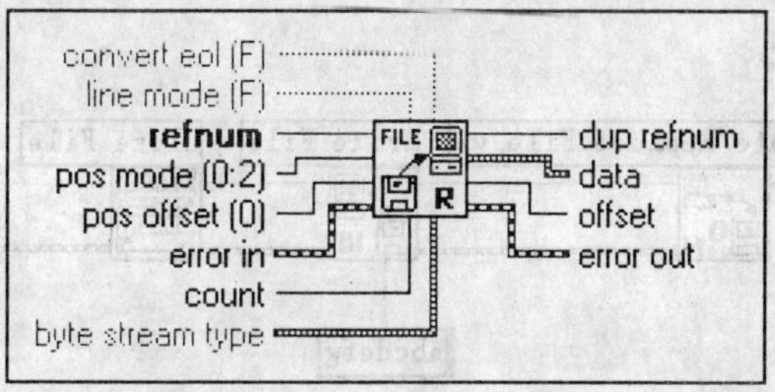

图 8-18 Read File 函数

● Write File 函数。该函数可以向 refnum 端口指定的文件中写入数据，从 pos mode 和 pos offset 端口指定的位置开始写入，data 端口连接将要写入的数据，一般为字符串或文本簇，如图 8-19 所示。注意，写入的文件一般为文本文件。

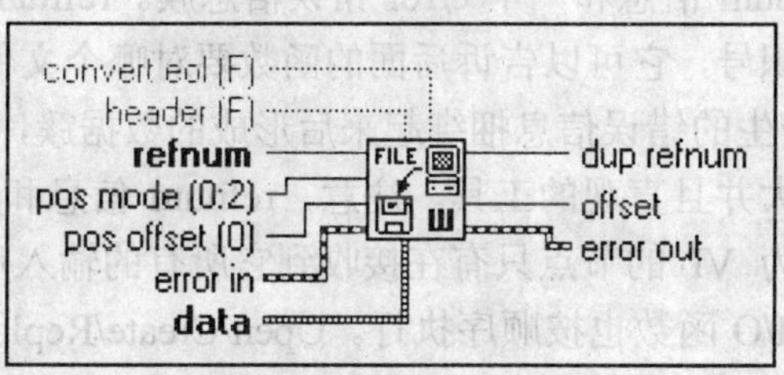

图 8-19 Write File 函数

● Close File 函数。关闭 refnum 端口指定的文件，如图 8-20 所示。

图 8-20　Close File 函数

● Simple Error Handler 函数（在 Time & Dialog 子模板中）。该函数可检测文件操作中的错误，若有错误发生，则显示一个对话框。注：该函数只检测 error 连线所连接的对象。如图 8-21 所示。

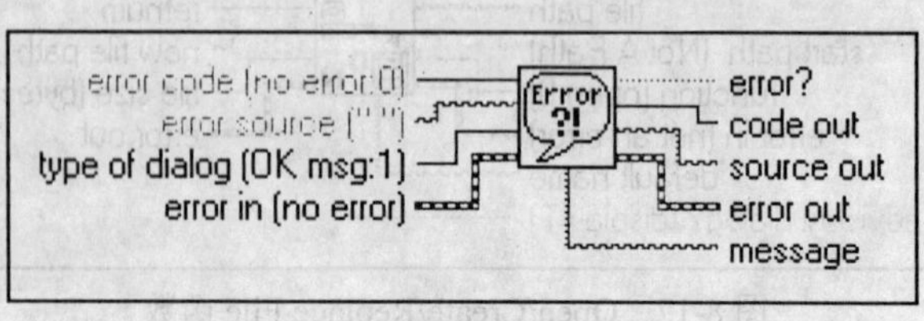

图 8-21　Simple Error Handler 函数

2. 在一个新文件或已存在的文件中存储数据

在一个新文件或已存在的文件中存储数据可分为三步进行：打开或创建文件；往文件中写入数据；关闭文件。下面为一个写入文件的例子，如图 8-22 所示，将字符串“abcdefg”写入文件 d:\test1.txt 中。

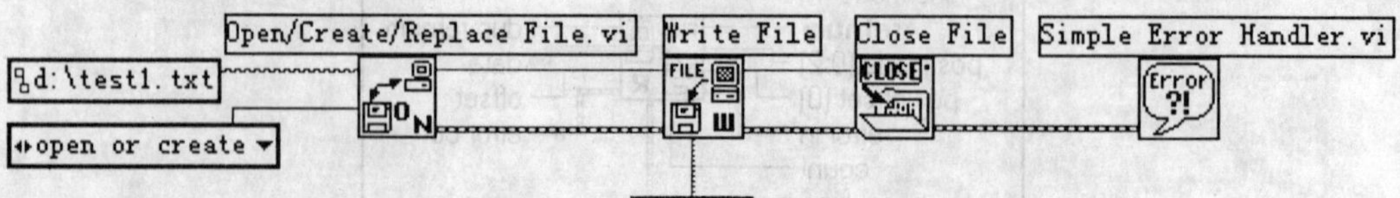

图 8-22　在一个文件中存储数据

用户可以通过指定 File path 端口来直接访问文件，以节省操作时间，也可以不连接 File path 端口而通过一个交互式的文件对话框来访问文件。

在图 8-22 所示的例子中，Open/Create/Replace File 函数打开或新建一个文件 test1.txt，该 VI 同时产生一个 refnum 信息和一个 error 错误信息簇。refnum 信息是打开或创建一个文件时所产生的文件标识号，它可以告诉后面的函数要对哪个文件进行操作。error 簇是将前面的或上游的 VI 所产生的错误信息捆绑起来后形成的数据簇，这些簇是 LabVIEW 处理错误的信息，是功能强大并且直观的工具。注意，refnum 信息和 error 簇按顺序从一个函数送给下一个函数。因为 VI 的节点只有在接收到它所有的输入后才可以执行，所以这两个参数的传递使得文件 I/O 函数也按顺序执行。Open/Create/Replace 函数把 refnum 信息和 error 簇传送给 Write File 函数，由 Write File 函数把数据写入文件；Close File 函数关闭 refnum 指定的文件；Simple Error Handle 函数用来处理 error 簇，如果出错，显示错误对话框。

3．从文件中读取数据

从文件中读取数据时，通常是打开一个已存在的文件，用 Read File 函数读取文件内容，然后关闭文件。同时，必须指定要读取的字节数。下面为一个读取文件的例子，如图 8-23 所示。

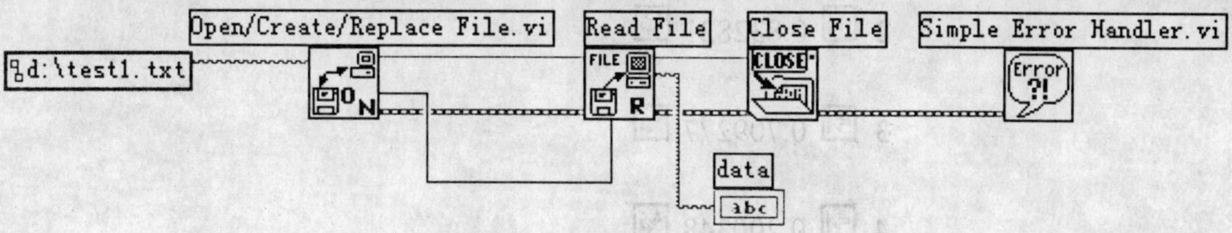

图 8-23　从文件中读取数据

Open/Create/Replace File 函数打开文件 d:\test1.txt，它把 refnum 、error 簇和 file size 等信息传送给 Read File 函数。然后，Read File 函数读取指定的字节数，此例中 file size 端口输出为整个文件的长度，即读取的内容为全部字符。pos offset 的默认值为 0，即从文件的开头读取。Close File 函数关闭该文件，然后用 Simple Error Handle 函数来处理错误信息。

4．生成电子表格（Spreadsheet）文件

在 LabVIEW 中，可以很容易地格式化文本文件，以便能够在一个电子表格（Spreadsheet）软件中打开它们，常用的电子表格软件如 Excel、Lotus 1-2-3 等。在电子表格中，用制表符隔开各列，用行结束符隔开各行。可以用 Concatenate String 函数在每项之间插入一个制表符，在每行最后一项插入一个行结束符，以生成电子表格字符串。

在下面的例子中，创建了一个文本文件，如图 8-24 所示，Format Into String 函数首先把循环计数值和随机数转化成字符串，并与制表符和行结束符连接成一个电子表格格式的字符串，然后再写入文件。注意，此文件为文本文件。

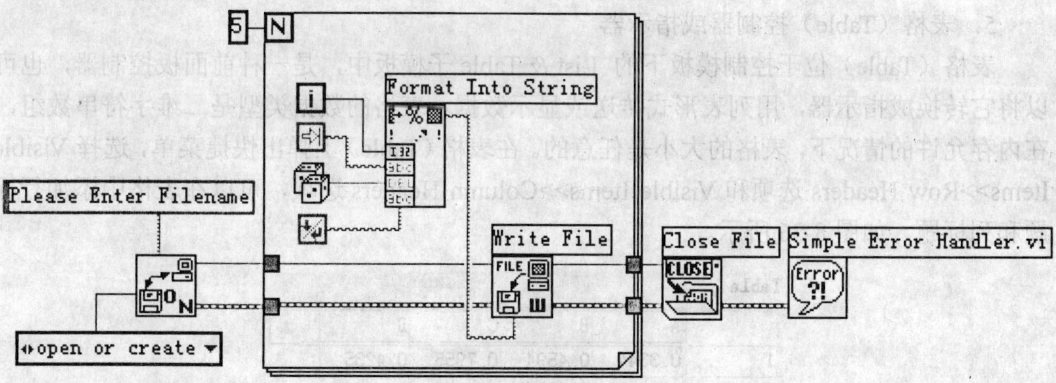

图 8-24　生成电子表格文件

图 8-24 所示的框图程序创建的文本文件如下所示：

0 0.706493

1 0.826553

2 0.832821

3 0.709277

4 0.200348

使用电子表格软件（如 Excel）打开上例生成的文本文件，显示如图 8-25 所示。

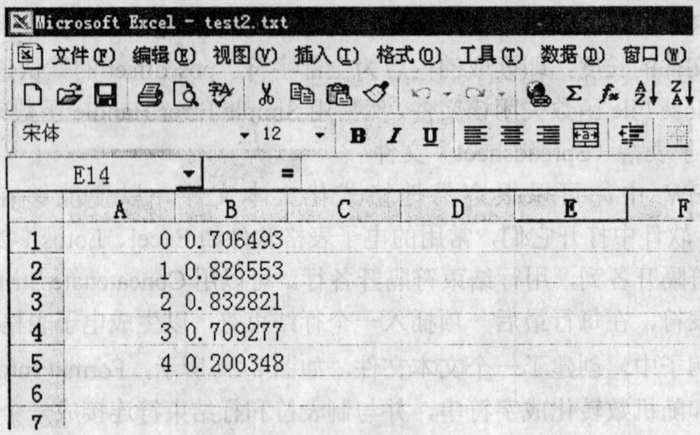

	A	B	C	D	E	F
1	0 0.706493					
2	1 0.826553					
3	2 0.832821					
4	3 0.709277					
5	4 0.200348					
6						
7						

图 8-25　用 Excel 打开电子表格文件

5．表格（Table）控制器或指示器

表格（Table）位于控制模板下的 List & Table 子模板中，是一种前面板控制器，也可以将它转换成指示器，用列表形式传送或显示数据。表格的数据类型是二维字符串数组，在内存允许的情况下，表格的大小是任意的。在表格（Table）上弹出快捷菜单，选择 Visible Items>>Row Headers 选项和 Visible Items>>Column Headers 选项，可以在表格中添加行标题和列标题，如图 8-26 所示。

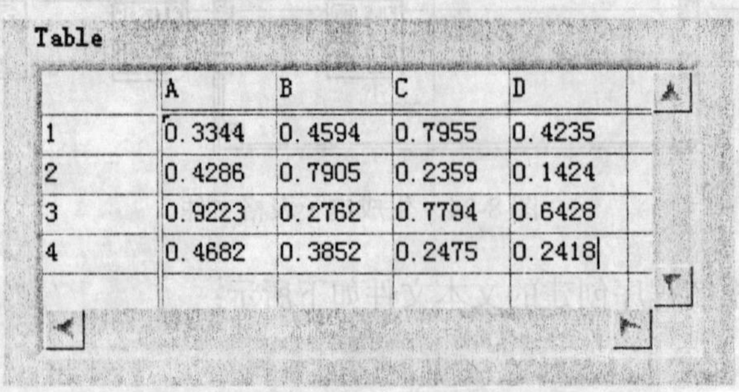

	A	B	C	D
1	0.3344	0.4594	0.7955	0.4235
2	0.4286	0.7905	0.2359	0.1424
3	0.9223	0.2762	0.7794	0.6428
4	0.4682	0.3852	0.2475	0.2418

图 8-26　表格（Table）控制器或指示器

练习 8-2

设计一个 VI，向文件中写入字符数据，即将一个字符信息、一个数字和一个单位标识符连在一起写入一个文件，在练习中将调用练习 8-1 中所创建的程序 Build String.vi。在下一个练习中，将要设计一个 VI 来读取此文件的内容，并进行显示。

一、创建前面板（见图 8-27）。

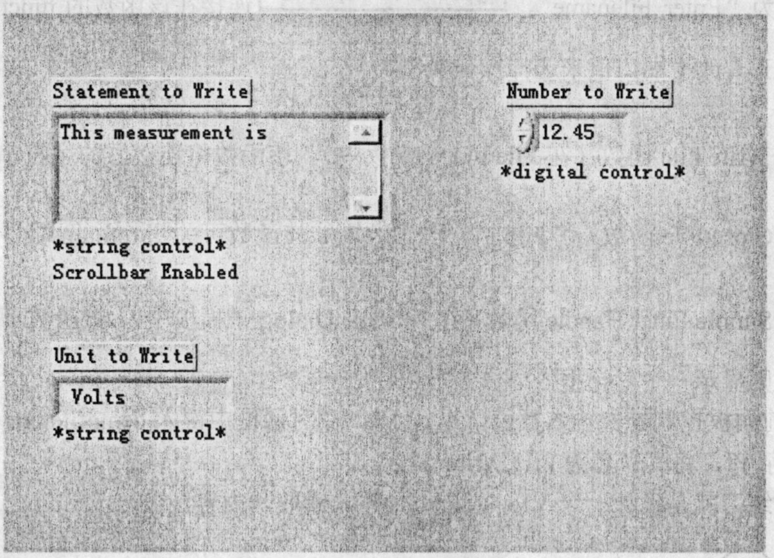

图 8-27　前面板

前面板包括两个字符串控制器（正常显示模式）和一个数字控制器。字符串控制器 Statement To Write 用来输入要写入文件的字符信息，数字控制器 Number To Write 和字符串 Unit to Write 用来输入数字和单位标识符，它们与字符串控制器 Statement to Write 输入的内容一同写入文件中。

二、框图程序（见图 8-28）。

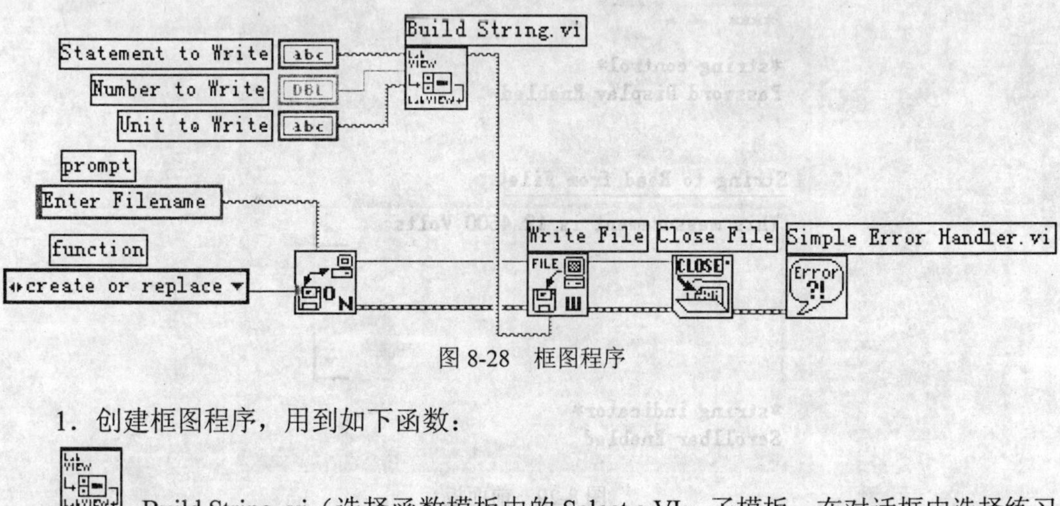

图 8-28　框图程序

1．创建框图程序，用到如下函数：

Build String .vi（选择函数模板中的 Select a VI…子模板，在对话框中选择练习

8-1 创建的 Build String.vi 作为子 VI）。该子 VI 将三个输入的字符串连成一个组合字符串。

 Open/Create/Replace File 函数（在 File I/O 子模板中）。Enter Filename 连接在该函数的 prompt 端口上，该 VI 将显示一个交互式对话框来打开或创建一个文件，该对话框的标题为“Enter Filename”。create or replace 连接在该函数的 function 端口上，可以用操作工具改变端口值来选择操作类型。

 Write File 函数（在 File I/O 子模板中）。该函数将连接好的字符串写入文件。

 Close File 函数（在 File I/O 子模板中）。该函数可关闭 refnum 端口指定的文件。

 Simple Enter Handle 函数（在 Time & Dialog 子模板中）。该函数可处理错误簇，若有错误，则显示一个对话框。

2．在前面板控制器中输入数值，运行 VI。在对话框中键入 demofile.txt，并确定。

3．保存 VI，将其命名为 File Writer.vi。

下面的练习就是设计一个 VI，打开此文件，读取其内容。

练习 8-3

设计一个 VI，从文件中读取数据。当输入的密码与 Build String.vi 指定的密码相匹配时，对上个练习中所创建的文件进行读操作，并在字符串指示器中显示所读取的信息。

一、创建前面板（见图 8-29）。

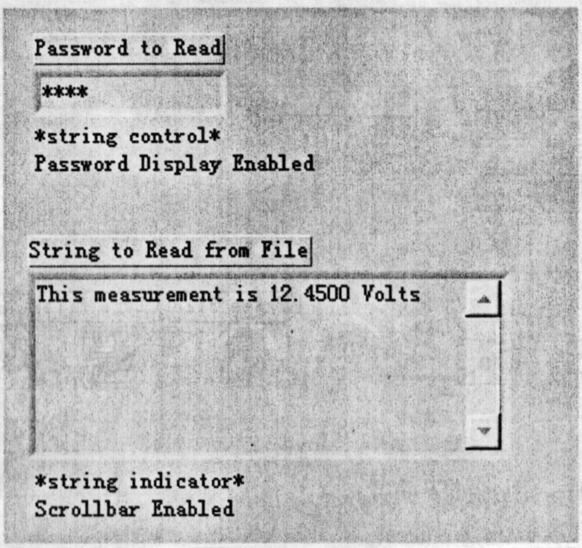

图 8-29　前面板

将前面板中的字符串控制器 Password to Read 设为 Password Display 显示模式，字符串指示器 String to Read from File 用来显示从文件中读取到的信息。如果字符串控制器 Password to Read 中输入的密码字符串与 Build String .vi 所指定的密码相匹配时，从文件读取数据；否则，显示一条表明密码不匹配的信息“Password Failed!!!!!”。

二、框图程序（见图 8-30）。

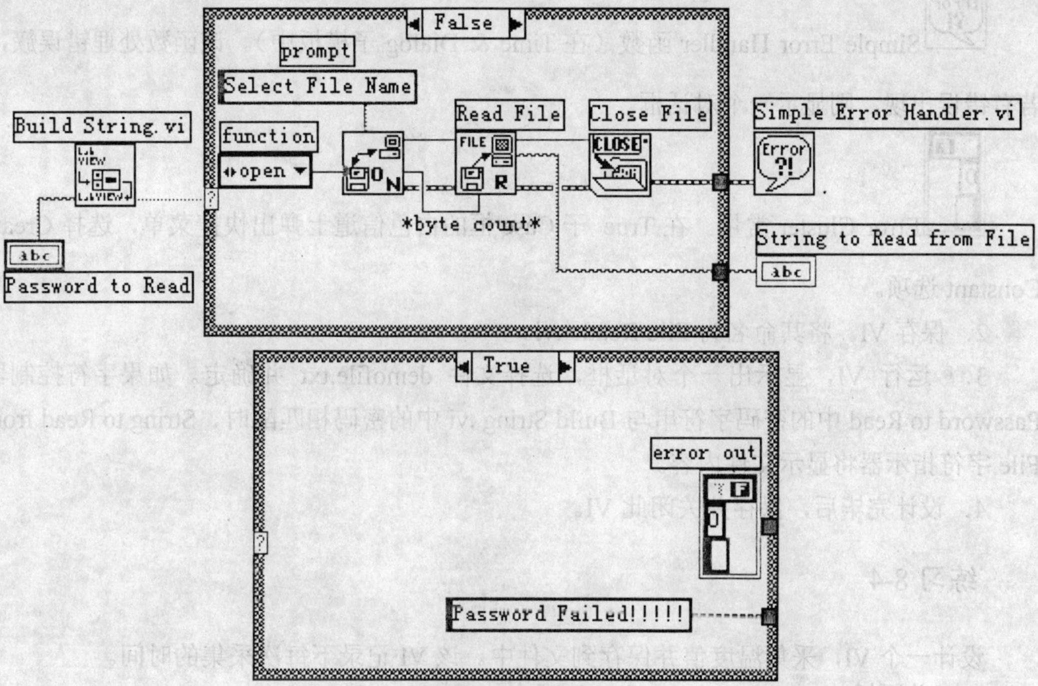

图 8-30 框图程序

1．创建框图程序，用到如下函数：

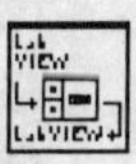Build String .vi（选择 Select a VI…子模板，在对话框中选择练习 8-1 中创建的 Build String.vi 作为子 VI）。该子 VI 将三个输入的字符串连成一个组合字符串。本练习中，该 VI 检验密码是否匹配，若匹配，则 VI 返回 False，并从文件中读取数据；否则，VI 返回 True，并由 Case 结构把一个密码错误的信息传送给字符串指示器。

Open/Create/Replace File 函数（在 File I/O 子模板中）。Select File Name 连接在该函数的 prompt 端口上，VI 将显示一个交互式文件对话框，用来打开或创建一个文件，该对话框的标题为“Select File Name”。open 连接在函数的 function 端口上，表示该函数执行打开文件的功能。

Read File 函数（在 File I/O 子模板中）。该函数从当前文件中读取 file size 端口指定的字节数，默认从文件开头读取，即整个文件。

Close File 函数可关闭 refnum 端口指定的文件。

Simple Error Handler 函数（在 Time & Dialog 子模板中）。该函数处理错误簇，若有错误出现，则显示一个对话框。

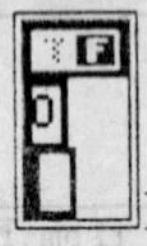Error Cluster 常量。在 True 子 Case 框的白色信道上弹出快捷菜单，选择 Create Constant 选项。

2．保存 VI。将其命名为 File Reader.vi。

3． 运行 VI，显示出一个对话框，选择文件 demofile.txt 并确定。如果字符控制器 Password to Read 中的密码字符串与 Build String .vi 中的密码相匹配时，String to Read from File 字符指示器将显示文件内容。

4．设计完毕后，保存并关闭此 VI。

练习 8-4

设计一个 VI，采集温度值并保存到文件中。该 VI 记录下每次采集的时间。

一、前面板

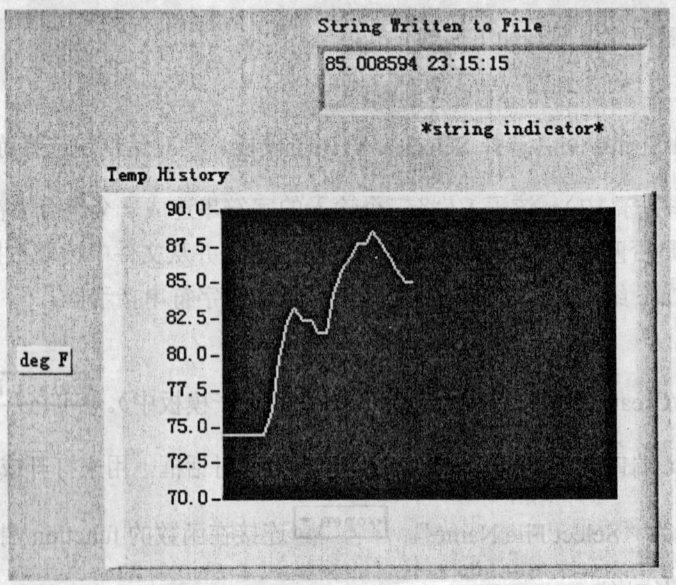

图 8-31 前面板

创建图 8-31 所示的前面板，包括一个字符串指示器和一个图表指示器（Chart）。字符串指示器 String Write to File 显示连接好的温度和时间字符串，Temp History 图表指示器（Chart）显示温度曲线。

二、框图程序

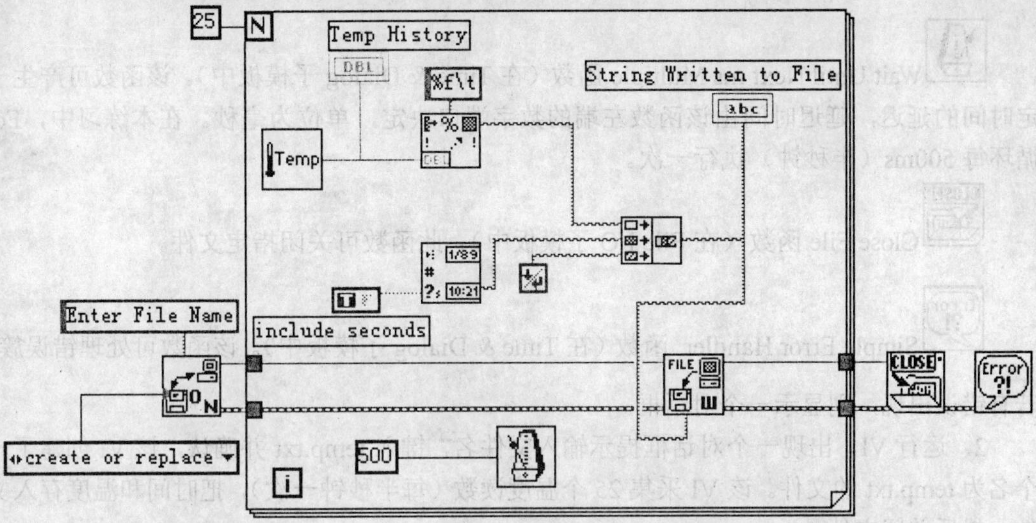

图 8-32　框图程序

1．创建如图 8-32 所示的框图程序，用到如下函数：

Open/Create/Replace File 函数（在 File I/O 子模板中）。在本练习中，该函数用于创建一个新的文件。

Thermometer .vi。选择函数模板中的 Select a VI…子模板，调入练习 4-1 所创建的 Thermometer .vi，作为子 VI。

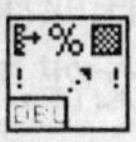Format Into String 函数（在 String 子模板中）。该函数将温度测量值（数字型）转换成一个字符串。在函数的 Format String 端口弹出快捷菜单，选择 Create Constant 选项，输入%f\t 常量，指定字符格式，其中\t 表示在数字后面添加一个制表符。

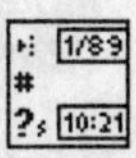Get Date/Time String 函数（在 Time & Dialog 子模板中）。该函数可输出系统时间和系统日期，当采集到温度测量值后，该函数返回时间（字符串格式）。 布尔常量（在 Boolean 子模板中）可选择该函数在输出的时间字符串中是否包含秒。

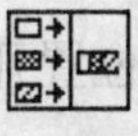Concatenate String 函数（在 String 子模板中）。该函数将温度字符串、时间字符串以及换行符（String 子模板中）连接成一个输出字符串。此输出字符串具有以下格式：

温度字符串 + 制表符 + 时间字符串 + 换行符。在电子表格中，制表符用于分列，换行符用于分行。

Write File 函数（在 File I/O 子模板中）。该函数将温度、时间字符串写入文件。

Wait Until Next ms Multiple 函数（在 Time & Dialog 子模板中）。该函数可产生一定时间的延迟，延迟时间由该函数左端的数字端口决定，单位为毫秒。在本练习中，For 循环每 500ms（半秒钟）执行一次。

Close File 函数（在 File I/O 子模板中）。此函数可关闭指定文件。

Simple Error Handler 函数（在 Time & Dialog 子模板中）。该函数可处理错误簇，若有错误出现，则显示一个对话框。

2．运行 VI，出现一个对话框提示输入文件名，键入 temp.txt 并确认，该 VI 创建了一个名为 temp.txt 的文件。该 VI 采集 25 个温度读数（每半秒钟一次），把时间和温度存入文件，然后关闭文件。

3．保存 VI，命名为 Temperature Logger .vi ，然后关闭 VI。

4．用字处理或电子表格软件（如 Word、Excel 等）来打开所创建的文件 temp.txt。

8.3.2　高层文件函数

高层文件函数简化了文件 I/O 的操作，提供了一些常用的读写操作，高层文件函数实际上是用中层文件函数构成的 VI 程序，无须用户再用中层文件函数设计框图程序，可以直接使用。高层文件函数使用面和灵活性不如中层文件函数，在这里我们只简单介绍一些常用的高层文件函数：

- Write Characters to File 函数。该函数可以把一个字符串写入一个新文件或添加到一个已存在的文件中。在写入文件之前，打开或创建文件；写入之后，关闭该文件，如图 8-33 所示。

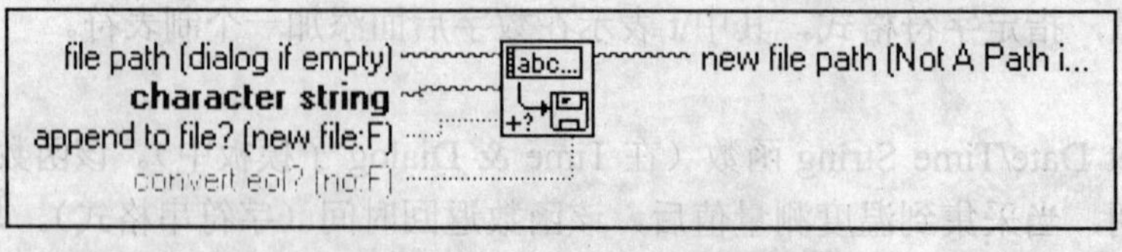

图 8-33　Write Characters to File 函数

- Read Characters From File 函数。该函数可以打开一个文件，并从指定位置开始读取指定数目的字符，读完后输出字符串并关闭文件，如图 8-34 所示。

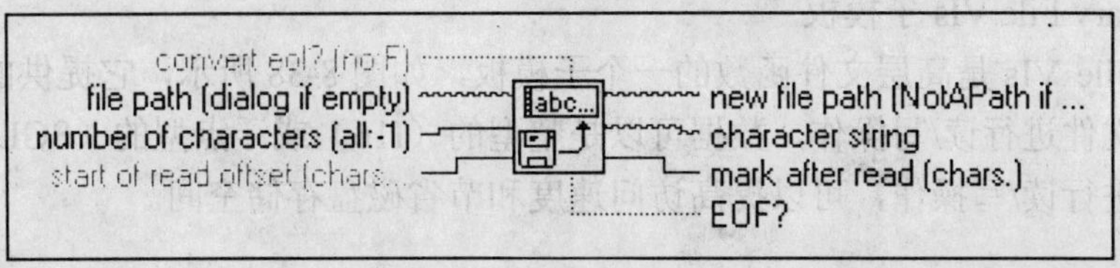

图 8-34　Read Characters From File 函数

● Write to Spreadsheet File 函数。该函数可以把一个单精度的二维或一维数字型数组转换成文本字符串，并将此字符串写入一个新文件或添加到一个已存在的文件中，写入之后关闭文件，该文件为电子表格文件，如图 8-35 所示。

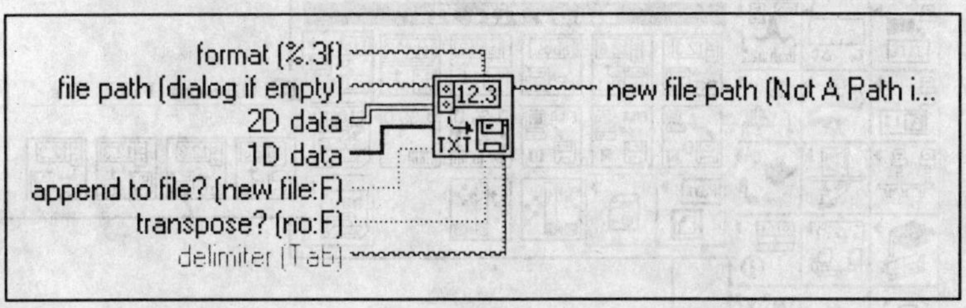

图 8-35　Write to Spreadsheet File 函数

● Read From Spreadsheet File 函数。该函数可以打开一个电子表格文件，从指定位置开始，读出指定数目的行或列，并将此字符数据转换成一个二维的单精度数字数组，读完后关闭文件。可以用此函数去读一个以文本格式保存的电子表格文件，如图 8-36 所示。

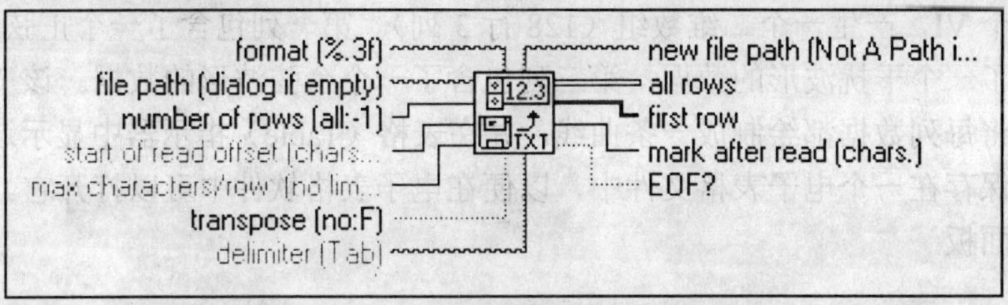

图 8-36　Read From Spreadsheet File 函数

● Read Lines From File 函数。该函数可以打开一个 ASCII 格式的文件(纯文本文件)，从指定的位置开始，读取指定数目的行，并转换成一个字符串输出。读完后关闭文件。如图 8-37 所示。

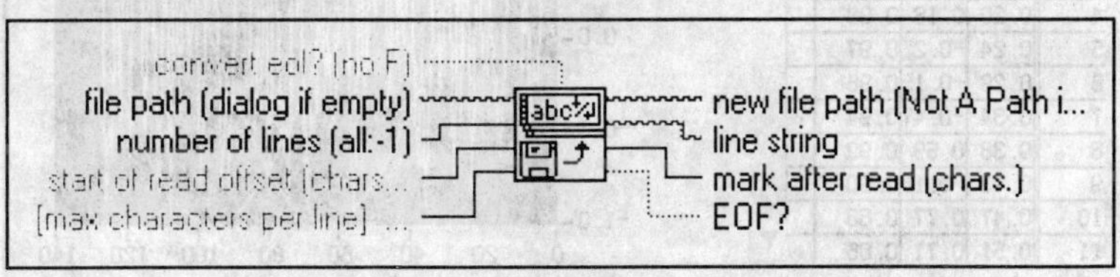

图 8-37　Read Lines From File 函数

● Binary File VIs 子模板

Binary File VIs 是高层文件函数的一个子模板，如图 8-38 所示，它提供的函数能以二进制格式对文件进行读/写操作，数据可以是整型的（I16）或浮点型的（SGL）。以二进制格式对文件进行读/写操作，可以提高访问速度和节省磁盘存储空间。

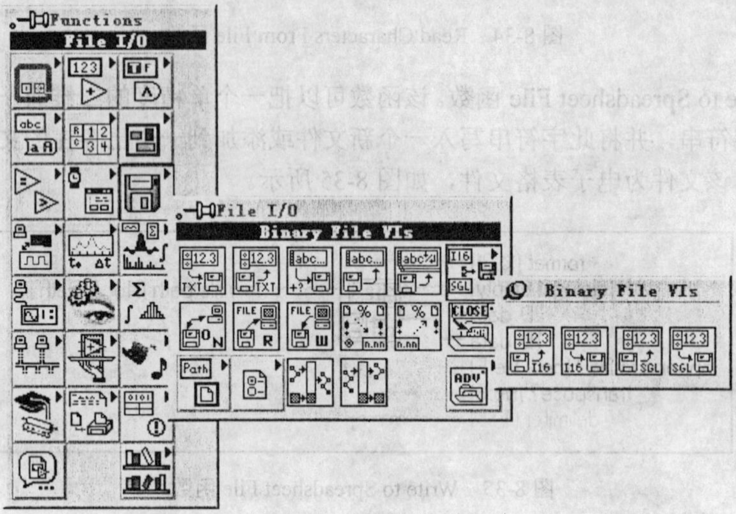

图 8-38　Binary File VIs 子模板

练习 8-5

设计一个 VI，产生一个二维数组（128 行 3 列）。第一列包含了一个正弦波形的数据；第二列包含了一个干扰波形的数据；第三列包含了一个余弦波形的数据。该 VI 在一个多线 Graph 中将每列数据都绘制成一条曲线，并在表格（Table）指示器中显示这些数据。把该二维数组保存在一个电子表格文件中，以便在电子表格软件中可以打开它。

一、前面板

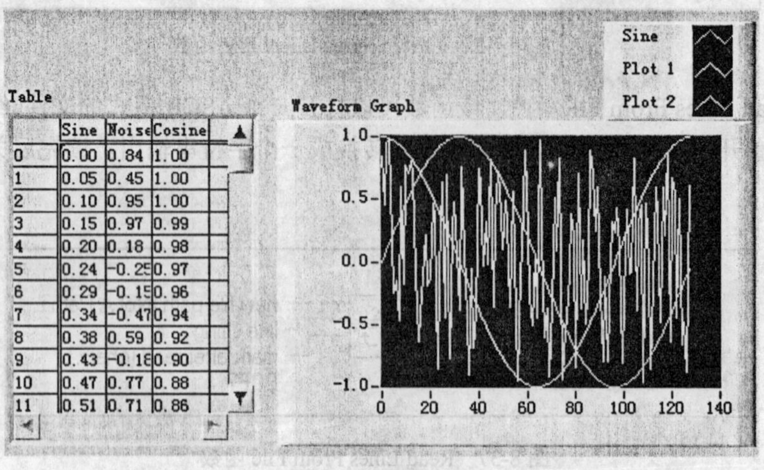

图 8-39　前面板

创建如图 8-39 所示的前面板，包含一个用来显示二维数组的表格（Table）指示器和一个用来显示该二维数组数据的多线 Graph 指示器。

二、框图程序

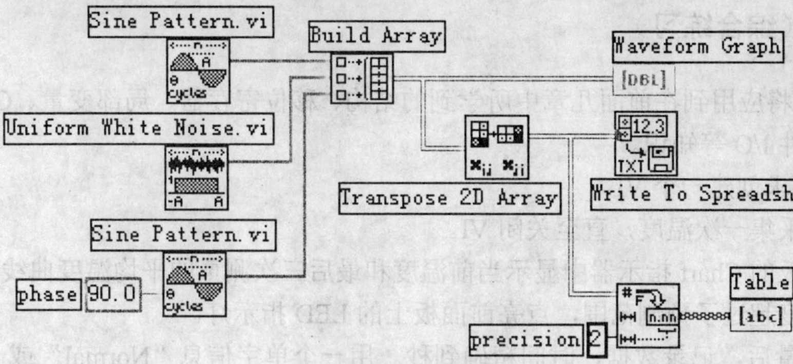

图 8-40　框图程序

1．创建图 8-40 所示的框图程序，用到如下函数：

Sine Pattern 函数（在 Analyze>>Signal Processing>> Signal Generation 子模板中）。该函数可以产生一个包含一个正弦图的数字数组（128 个元素）。在该函数的相位（phase）端口上连接一个常数 90，即改变相位 90 度，就可以产生余弦图的数字数组。

Uniform Write Noise 函数（在 Analyze>>Signal Processing>> Signal Generation 子模板中）。该函数可以产生一个干扰波形的数字数组（128 各元素）。

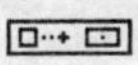Build Array 函数（在 Array 子模板中）。在本练习中，该函数把正弦数组、干扰数组、余弦数组组建成为一个二维数组。可以用选择工具来增加该函数的输入端口。

Transpose 2D Array 函数（在 Array 子模板中）。该函数可以转置二维数组，即重新组织排列二维数组元素，使得行列交换，即 X_{ij} 变成 X_{ji}。

Write To Spreadsheet File 函数（在 File I/O 子模板中）。该函数可以将二维数字数组写入一个电子表格文件。

Number To Fractional String 函数（在 String>>String/Number Conversion 子模板中）。本练习中，该函数将一个数字数组转换成一个可以在表格指示器中显示的字符串数组。精度字符串（precision）指定小数点后的小数位数。

2. 运行该 VI。当 VI 显示和绘制完数据后，将显示一个文件对话框，键入文件名 wave.txt 并确认。

3．保存 VI，命名为 Spreadsheet Example .vi ，然后关闭 VI。

4．用字处理软件或电子表格软件（如 Word、Excel 等）打开生成的文件 wave.txt，查看其内容。

注意　本例只有三个数组存储在文件中。要包含更多的数组，可以通过增加 Build Array 函数的输入端来实现。

练习 8-6（综合练习）

本练习中，将应用到在前面几章中所学到的结构、移位寄存器、局部变量、Chart、数组、Graph、文件 I/O 等知识。

按照以下要求创建一个 VI。

1．每秒钟采集一次温度，直至关闭 VI。

2．在前面板的 Chart 指示器中显示当前温度和最后三次测量的平均温度曲线。

3．如果温度超过了预制范围，点亮前面板上的 LED 指示灯。

4．每次测量后，记录数据，时间精确到秒。用一个单字信息“Normal”或“Over”来表示温度是否超出了预制范围。

5．记录下日期、时间、温度、平均值等数据，并生成电子表格文件。

6．采集结束后，在前面板的 Graph 指示器中显示原始温度曲线和最佳拟和温度曲线，同时用数字指示器显示平均温度值、最高温度值和最低温度值。

7．保存 VI，将其命名为 Temperature Application .vi。

前面板如图 8-41 所示：

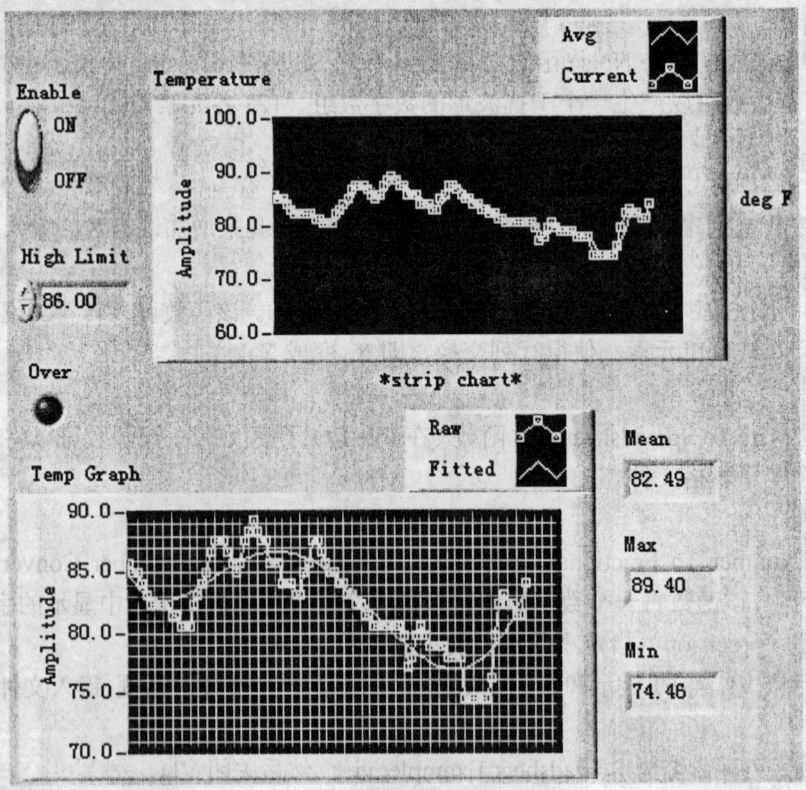

图 8-41　前面板

用 Excel 打开生成的电子表格文件，如图 8-42 所示。

	A	B	C	D	E
1	Date	Time	Temp	Avg	Comment
2	2002-2-15	1:04:08	85.89	86.47	Normal
3	2002-2-15	1:04:08	85.01	85.89	Normal
4	2002-2-15	1:04:09	85.01	85.3	Normal
5	2002-2-15	1:04:09	84.13	84.72	Normal
6	2002-2-15	1:04:09	83.25	84.13	Normal
7	2002-2-15	1:04:09	82.37	83.25	Normal

图 8-42　生成的电子表格文件

§8-4　总结、提示和技巧

· 字符串是 ASCII 字符的集合，字符串控制器和指示器在控制模板的 String & Table 子模板上。

· LabVIEW 有很多函数来处理各种类型的字符串。这些函数在函数模板上的 String 子模板中。

· LabVIEW 有很多进行文件 I/O 操作的函数，它们位于函数模板的 File I/O 子模板上。

· 字符串格式化函数 Format Into String 可以把数字型数据转换成字符串 ASCII 格式。

· 字符串格式化函数 Scan From String 可以把 ASCII 字符数据转换成数字格式。

· 在 Scan From String 或 Format Into String 函数上弹出快捷菜单，选择 Edit Format String 选项，可以自动产生格式字符串。

· 文件 I/O 函数被分成三个层次：高层、中层和高级文件函数。

· 如果使用 Open/Create/Replace 函数，并且不连接文件路径端口，那么，VI 将显示一个交互式的文件对话框来指定文件。

· 如果 VI 写入字符串数据，它形成一个 ASCII 文本文件；如果写入的是其他的数据形式，则产生一个二进制文件。二进制文件速度快且更紧密，节省存储空间，而 ASCII 文本文件通用性好，在很多软件中都是可读的。

习　题

习题 8-1

设计一个 VI，产生一个随机数二维数组（3 行 100 列），把此数据写入到电子表格文件，如图 8-43 所示，本练习要用到 File I/O 子模板的高层文件函数。保存该 VI，将其命名为 Spreadsheet Exercise.vi。

提示：先用 Write Characters To File 函数来写标题，然后用 Write to Spreadsheet File 函数把数字写入同一文件。

	A	B	C
1	Waveform 1	Waveform 2	Waveform 3
2	0.622	0.92	0.006
3	0.371	0.084	0.073
4	0.547	0.27	0.319
5	0.529	0.652	0.051
:			
99	0.094	0.915	0.651
100	0.081	0.024	0.481
101	0.424	0.06	0.457

Header

图 8-43　生成的电子表格文件

习题 8-2

设计一个 VI，把用制表符分隔的电子表格字符串转换成用冒号分隔的电子表格字符串。也就是说，该电子表格字符串用冒号隔开各列，用行结束符隔开各行。此 VI 应当在前面板上同时显示出用制表符隔开和用冒号隔开的电子表格字符串。保存 VI，将其命名为 Spreadsheet Converter .vi。

提示：使用带有移位寄存器的 While 循环和 Match Pattern 函数。如果被查找的字符串在输入字符串中没被找到，则 Match Pattern 函数在 Offset past match 输出端口上返回－1。

习题 8-3

修改 Temperature Logger .vi（练习 8-4 中创建），以保证每次运行 VI 时，VI 不用创建新文件，而是把数据添加至已存在的文件 temp.txt 的末尾，并在 Windows 的记事本或写字板中查看文件 temp.txt。以 Temperature Logger 2.vi 为名，保存该文件。

提示：可以设置 Write File 函数的 pos mode 和 pos offset 端口的参数值。

第九章　VI 属性、编译及通信

本章介绍一些常用的 VI 属性的设置，这样用户可以更好地控制 VI 的运行方式，以及如何将创建好的 VI 程序编译成可独立运行的 EXE 文件或动态链接库 DLL，另外还将介绍 VI 程序如何进行网络通信，共享数据。

§9-1　VI 属性设置

选择 File 菜单中的 VI Properties 选项，或在图标/连接口上弹出菜单选择 VI Properties 选项，弹出 VI Properties 对话框，可以设置 VI 的各种属性，包括 General、Memory Usage、Documentation、Revision History、Security、Window Appearance、Window Size、Execution、Print Options 九种属性。下面介绍一下 VI 的属性设置。

1. General 属性

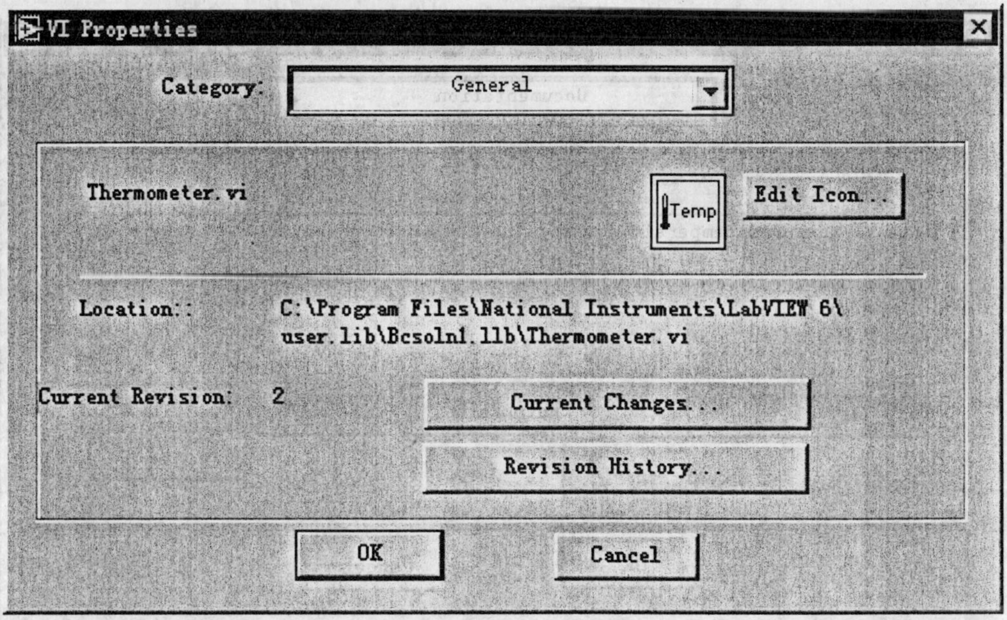

图 9-1　General 对话框

如图 9-1 所示，该对话框为 VI 的一般属性，可以编辑 VI 的图标、显示 VI 变化及设置 VI 的历史记录。

2．Memory Usage 属性

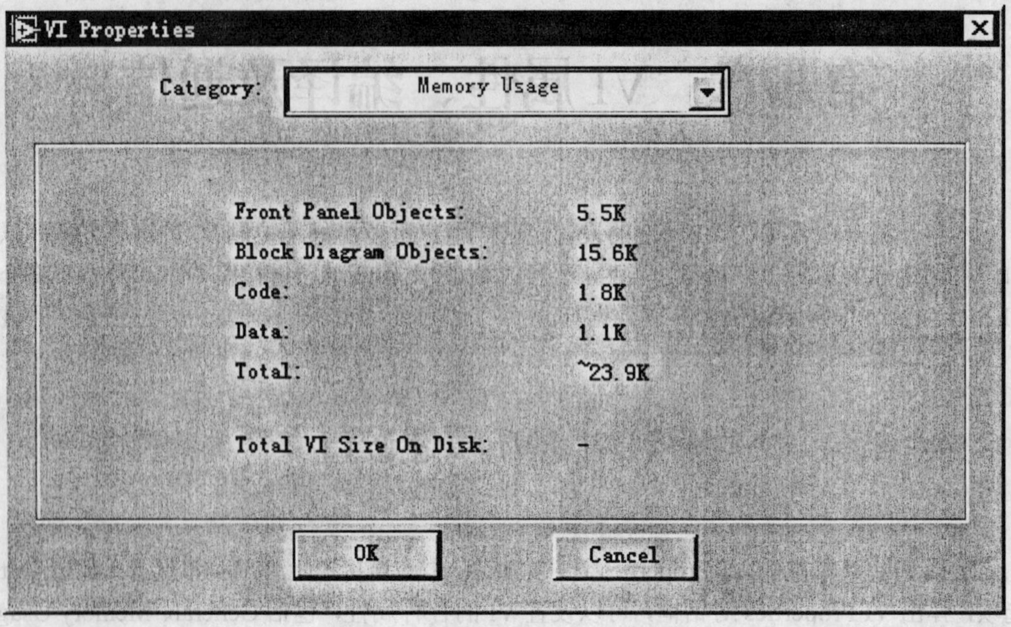

图 9-2　Memory Usage 对话框

如图 9-2 所示，此对话框可显示 VI 的内存使用情况。

3．Documentation 属性

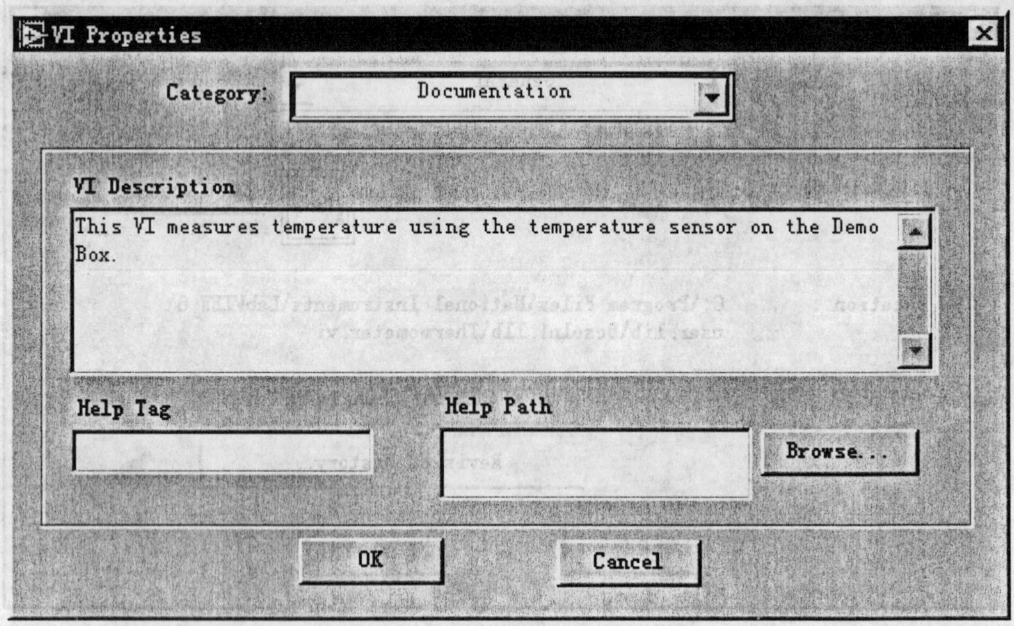

图 9-3　Documentation 对话框

如图 9-3 所示，此对话框可设置 VI 的帮助描述信息及帮助主题、帮助文件路径。

4．Revision History 属性

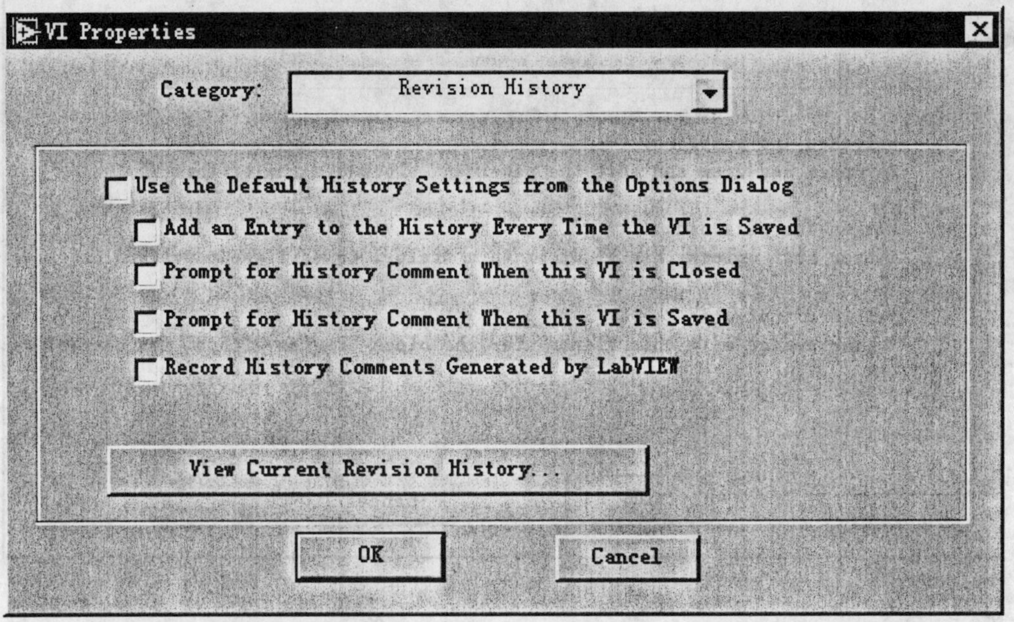

图 9-4　Revision History 对话框

如图 9-4 所示，该对话框可以设置 VI 的历史记录属性，一般情况下选择默认设置，即 Use the Default History Settings from the Options Dialog 选项，用户也可以自定义如下选项：

• Add an Entry to the History Every Time the VI is Saved——如果选择该项，则每次保存 VI 时，LabVIEW 将增加一条 VI 历史记录。

• Prompt for History Comment When this VI is Closed——如果选择此项，则当关闭一个经过修改的 VI 时，就会显示 History 窗口，提示输入一条注释加入历史记录。

• Prompt for History Comment When this VI is Saved——如果选择此项，则当保存 VI 时，就会显示 History 窗口，提示输入一条注释加入历史记录。

• Record History Comments Generated by LabVIEW——如果选择此项，则当某一事件发生时，如子 VI 改变了文件名或 VI 路径改变了，这时 LabVIEW 将显示 History 窗口，提示输入一条注释加入历史记录。

5．Security 属性

如图 9-5 所示，该对话框可以设置 VI 的安全属性：

• Unlocked（no password）——此选项允许任何用户运行 VI，查看和编辑 VI 的前面板和框图程序，即不做任何安全设置。

• Locked（no password）——此选项允许任何用户运行 VI，查看 VI 的前面板和框图程序，但不能编辑修改，若要编辑，则必须弹出 Security 对话框，选择 Unlocked（no password）选项。

• Password-protected——此选项将给 VI 加上一个口令，以后打开该 VI 时用户只能运行 VI 和查看 VI 的前面板，若要编辑 VI 或查看 VI 的框图程序，则必须输入口令。

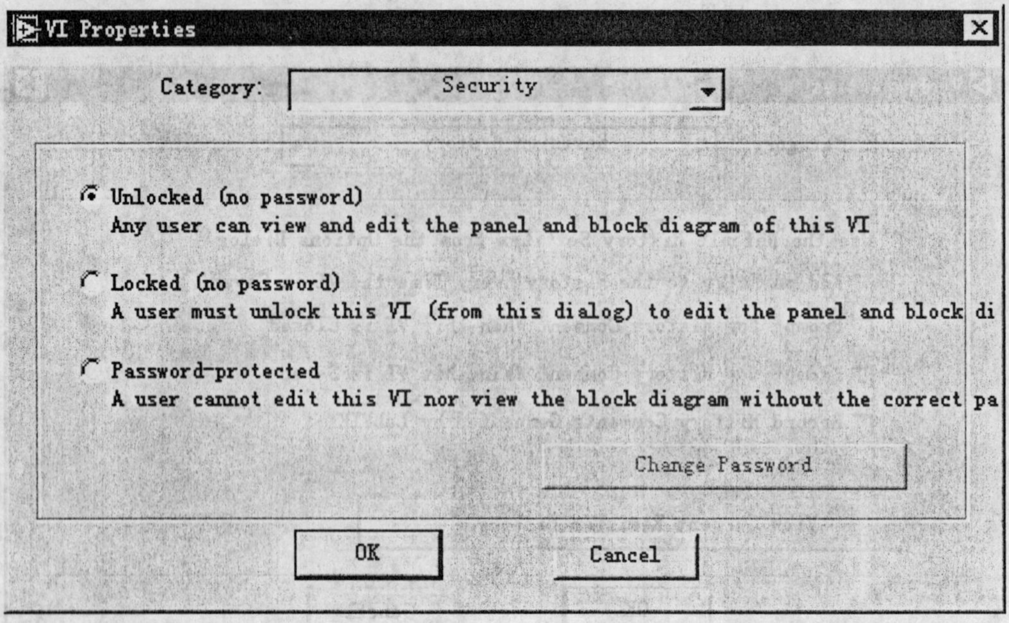

图 9-5　Security 对话框

6．Window Appearance 属性

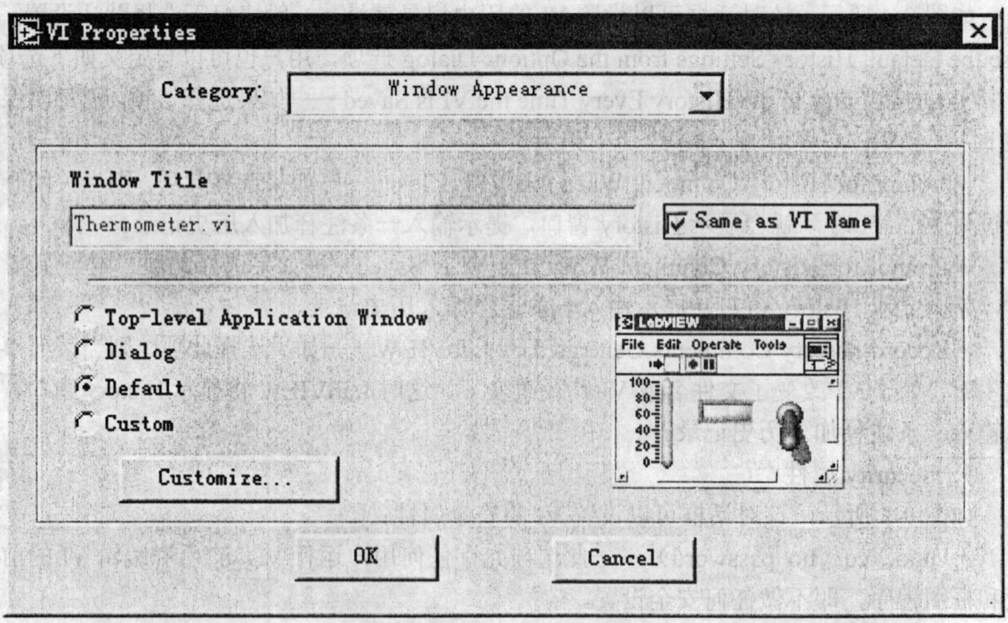

图 9-6　Window Appearance 对话框

如图 9-6 所示，该对话框可以设置 VI 运行时的外观属性，其中 Top-level Application Window、Dialog、Default 选项为 LabVIEW 制定好的 VI 外观模式，在对话框的右边将显示各个模式的预览图，Custom 选项为用户自定义的外观。按 Customize 按钮可以进入用户自定义对话框，如图 9-7 所示。

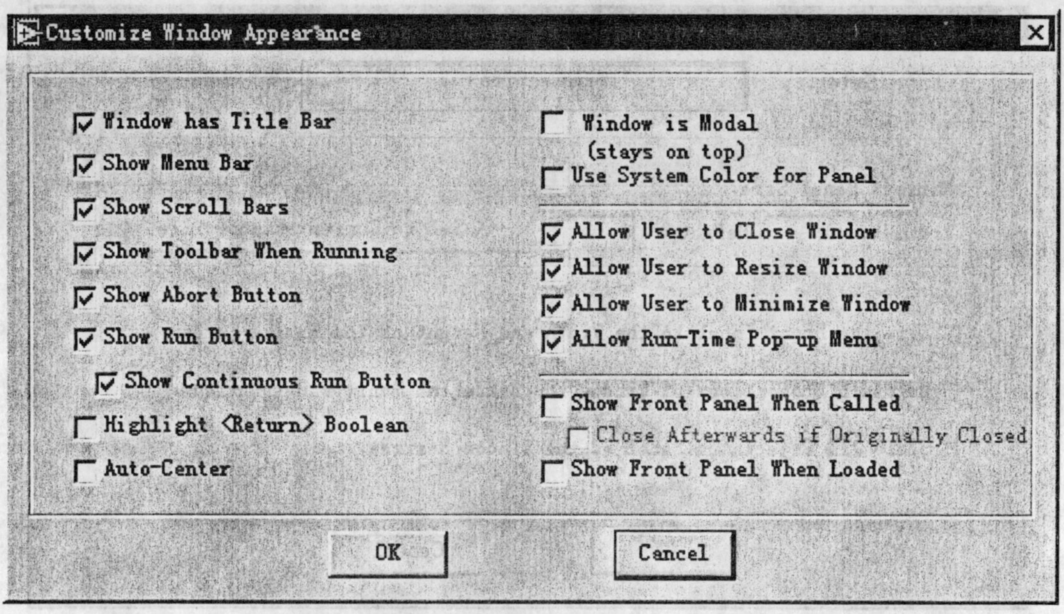

图 9-7　Customize Window Appearance 对话框

下面介绍几个常用的选项：

- Window has Title Bar——VI 运行时，显示标题栏。
- Show Menu Bar——VI 运行时，显示菜单栏。
- Show Scroll Bars——VI 运行时，当面板显示不完，将出现滚动条。
- Show Toolbar When Running——VI 运行时，显示工具栏。
- Show Abort Button——显示停止按钮。
- Show Run Button——VI 运行时，显示运行按钮。在该选项中又可以选择显示连续运行按钮。
- Auto-Center——VI 运行时，面板自动居中。
- Allow User to Close Window——VI 运行时，允许用户关闭窗口。
- Allow User to Resize Window——VI 运行时，允许用户调整窗口大小。
- Allow User to Minimize Window——VI 运行时，允许用户最小化窗口。
- Allow Run-Time Pop-up Menu——VI 运行时，可以弹出快捷菜单。
- Show Front Panel When Called——如果选择了该项，则当 VI 作为子 VI 被调用时，该 VI 的前面板将自动打开。
- Show Front Panel When Loaded——如果选择该项，则当打开 VI（调入内存）时，该 VI 的前面板将自动打开，即使该 VI 作为子 VI 使用也是一样的。

7. Window Size 属性

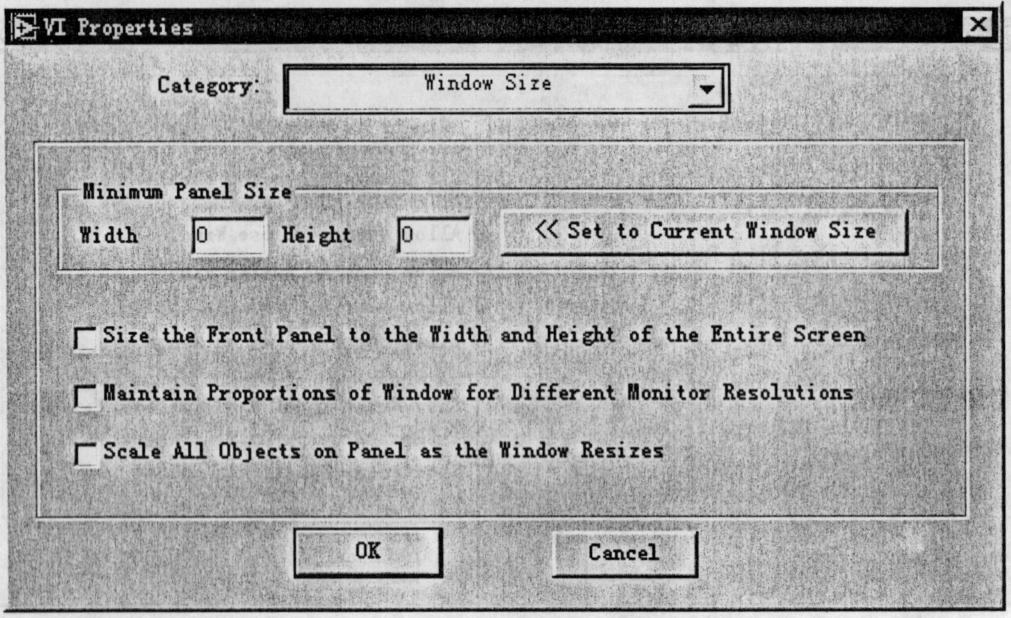

图 9-8　Window Size 对话框

如图 9-8 所示，该对话框可以设置 VI 运行时的窗口尺寸。有如下选项：

· Size the Front Panel to the Width and Height of the Entire Screen——该选项将前面板最大化，充满整个屏幕。

· Maintain Proportions of Window for Different Monitor Resolutions——该选项将在不同的显示分辨率下保持窗口的大小比例。

· Scale All Objects on Panel as the Window Resizes——选择该选项，则在移动前面板或框图程序对象时，显示刻度坐标。

8．Execution 属性

如图 9-9 所示，该对话框可以设置 VI 的执行属性。下面介绍一些常用的选项：

· Priority——因为 CPU 每次只能执行一个节点的代码，所以 LabVIEW 提供了一个所有可执行节点的优先权表。优先权表根据优先权自动地按顺序给每个节点分配一小段时间，每个节点在分配的时间内执行。优先权高的节点先执行，执行完后再执行优先权较低的节点，按顺序一直执行到节点队列的末尾。当一个节点执行完毕后，就从队列中删除。一般情况下，用户不必关心调度过程，但是，在有些情况下，用户可能希望一个节点的优先权高于其他节点，这样可以优先执行。

· Reentrant Execution——如果准备将 VI 作为子 VI 来使用，并且准备对它做多次调用，那么必须注意这些调用不能共享同一数据，选择该选项可以防止子 VI 多次调用共享同一数据空间。

· Run When Opened——如果选择了该项，则当打开 VI 时，VI 就会自动执行，而不必点击 Run 按钮。

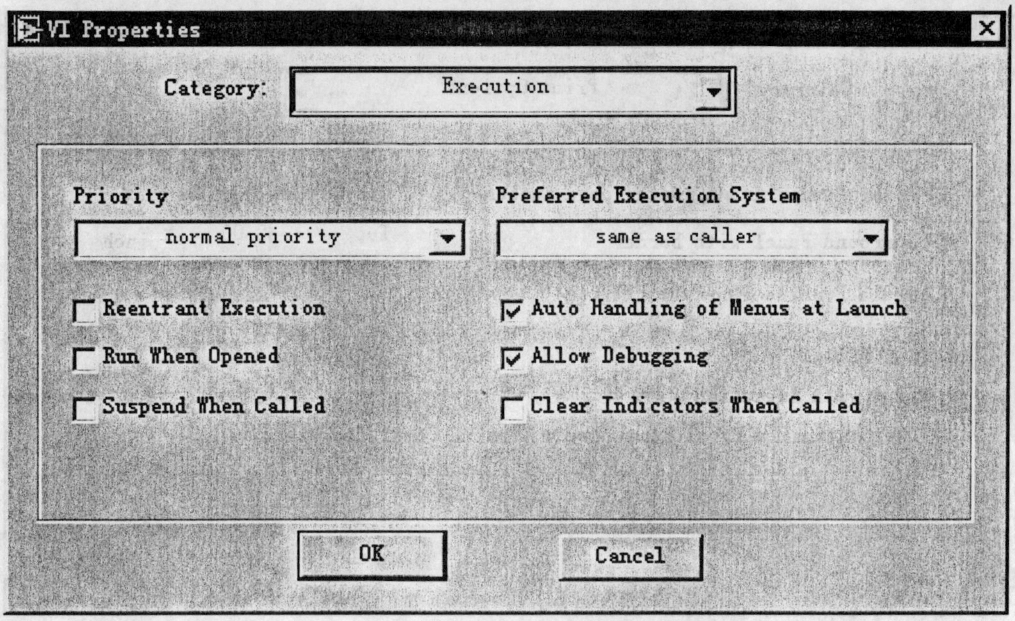

图 9-9 Execution 对话框

• Suspend When Called——如果选择此项，则当子 VI 被调用时，调用 VI 的操作暂停，此选项与设置断点的效果相同。

• Auto Handling of Menus at Launch——如果选择此项，则可以在 VI 运行时自动对菜单进行处理。

• Allow Debugging——如果选择此项，则 VI 运行时，允许使用调试功能。

• Clear Indicators When Called——如果选择此项，则在调用该 VI 时，自动清除所有指示器的显示内容。

9. Print Options 属性

如图 9-10 所示，该对话框可以设置 VI 的打印属性，有如下选项：

• Print IIcader（name，date，page number）——如果选择该项，则可以将文件名、页数以及 VI 最后一次改动的日期打印在纸张的顶部（页眉）。

• Surround Panel with Border——如果选择此项，则 LabVIEW 在前面板四周打印一个边框。

• Scale Printed Panel to Fit Page——如果选择该项，当前面板较大时，LabVIEW 将按比例缩小前面板尺寸至纸张大小，这样使前面板所占的页数尽可能地少。

• Use Custom Page Margins——此选项可以让用户自己定义页边距，以英寸或毫米为单位。

• Automatically Print Panel Every Time VI Completes Execution——如果选择了该项，则当 VI 执行结束时，LabVIEW 立刻自动打印前面板。如果 VI 是一个子 VI，则在子 VI 执行完毕而还没有返回调用主程序时，LabVIEW 对其进行打印。

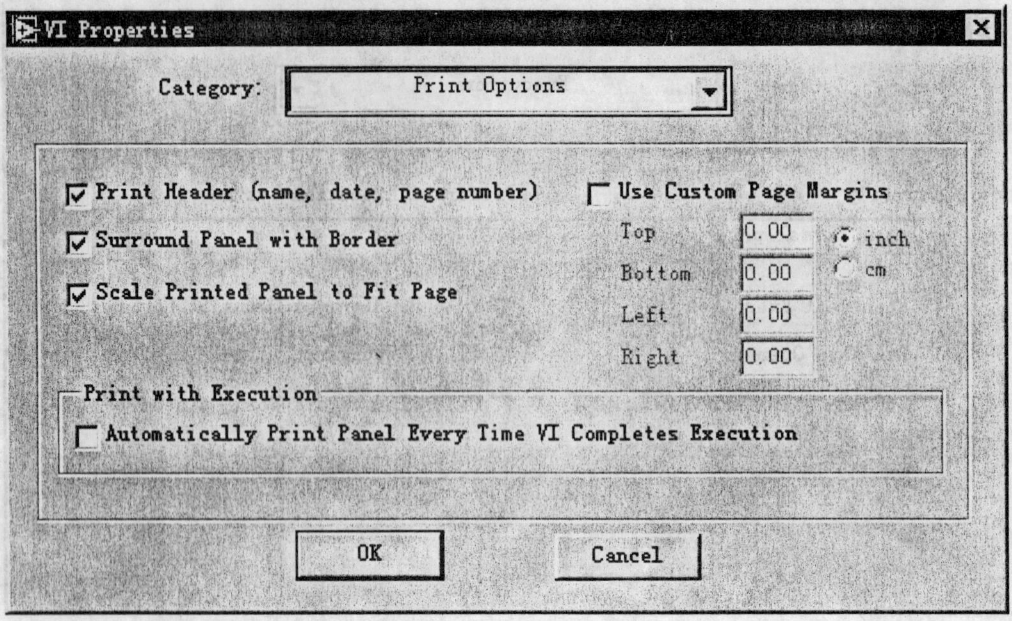

图 9-10 Print Options 对话框

练习 9-1

用 VI Setup 选项来设置一个子 VI。

设计一个 VI。每 0.5 秒采集一次温度，一共采集 10 秒。采集结束后，VI 在 Graph 指示器上将温度数据绘制成曲线。前面板保持打开，直到点击 DONE 按钮才关闭。

首先，设计这样一个子 VI，打开前面板，显示 Graph，当点击 DONE 按钮时关闭该 VI。然后，将此 VI 作为框图程序中的一个子 VI，用它来采集温度值。

一、子 VI 前面板

1．打开 LabVIEW 6\user.lib\BASCLASS.llb 库文件中的 Pop-up Graph .vi，如图 9-11 所示，此 VI 在后面的框图程序中将作为子 VI 调用。

2．对 Pop-up Graph .vi 进行设置。在图标/连接口上弹出快捷菜单，选择 VI Properties 选项，弹出 VI 属性设置对话框，选择 Window Appearance 对话框，再按下 Customize 按钮，弹出用户定制对话框，设置选项如图 9-12 所示，使其在执行期间，某些按钮在工具栏上不显示，滚动条不显示，前面板自动居中，并且用户不能改变窗口的大小，当打开该 VI 时，自动运行，并显示前面板，运行完毕后关闭前面板。

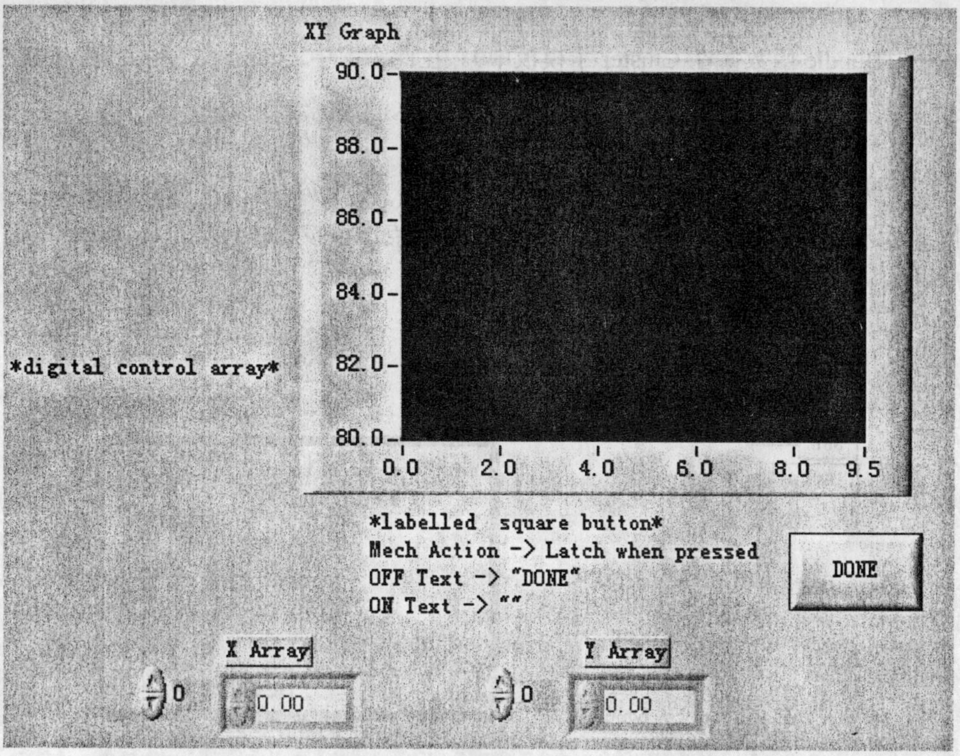

图 9-11　子 VI 前面板

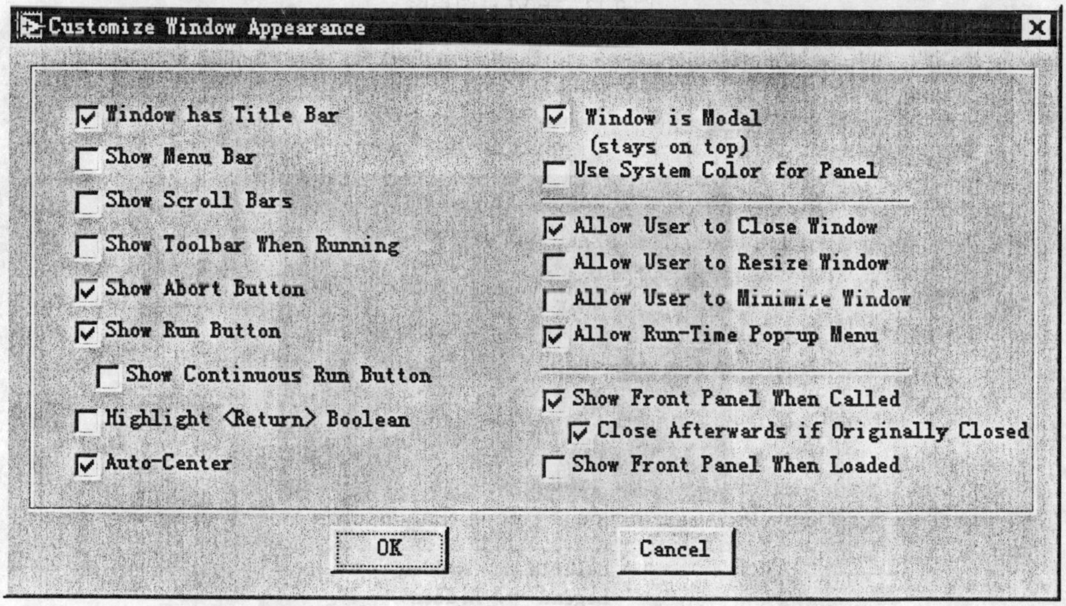

图 9-12　定制 Window Appearance 选项

3．保存该 VI。

二、子 VI 框图程序

如图 9-13 所示，框图程序中用到了如下函数：

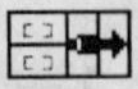Bundle 函数（在 Cluster 子模板中）。在此练习中，该函数把由调用 VI（主 VI）传来的数据捆绑成簇，并在 XY Graph 指示器中将这些数据绘制成曲线。

 Not 函数（在 Boolean 子模板中）。在本练习中，该函数将 DONE 按钮的逻辑值颠倒，即反相，可使 While 循环重复地执行，直至点击该按钮才停止循环（按钮的默认状态为 False）。

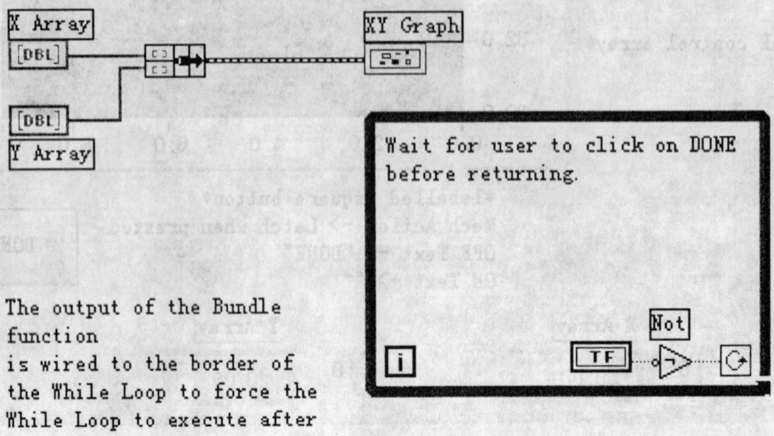

图 9-13　子 VI 框图程序

三、主 VI 前面板

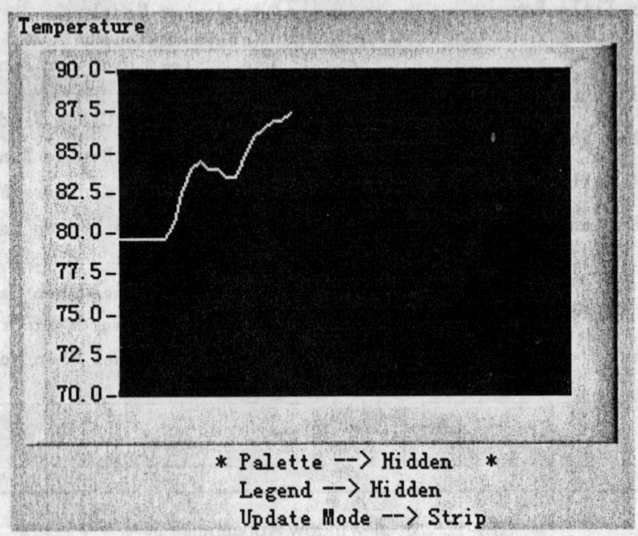

图 9-14　主 VI 前面板

新建一个 VI，如图 9-14 所示创建前面板，Chart 指示器显示 VI 采集的数据。

四、主 VI 框图程序

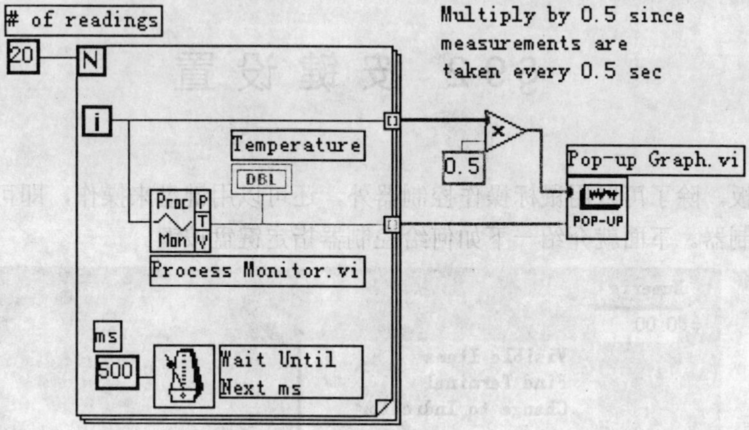

图 9-15　主 VI 框图程序

1．创建图 9-15 所示的框图程序，用到如下函数：

 Process Monitor .vi（在 User Libraries>>Basics Course 子模板中）。此 VI 模拟一个温度、压强、体积的监测过程。在本练习中，它每次返回一个温度值。此 VI 要求有一个标量指针输入。

 Wait Until Next Ms Multiple 函数（在 Time & Dialog 子模板中）。该函数可以产生一定时间的延迟。在本练习中，此函数使 For 循环每隔 500 毫秒（0.5s）执行一次。

 Multiply 函数（在 Numeric 子模板中）。在本练习中，此函数将数组的每一个元素乘以 0.5（多态性的一个例子）。该数组作为子 VI 的 X 数组，表示 VI 进行测量的间隔，如：0.0、0.5、1.0、1.5、2.0 等。

 Pop-Up Graph .vi（在 Select a VI…子模板中选择 BASCLASS.llb 库文件中的 Pop-Up Graph .vi）。该 VI 用作子 VI。

2．保存 VI，命名为 Use Pop-Up Graph.vi。

3．运行 VI，VI 采集温度数据结束后，Pop-Up Graph .vi 的前面板将自动打开，将温度数据绘制成曲线，点击 DONE，返回到主 VI。

4．关闭所有窗口。

§9-2 按键设置

在前面板，除了可以用鼠标操作控制器外，还可以用键盘来操作，即可以指定键盘按键来操作控制器。下面就介绍一下如何给控制器指定键盘按键。

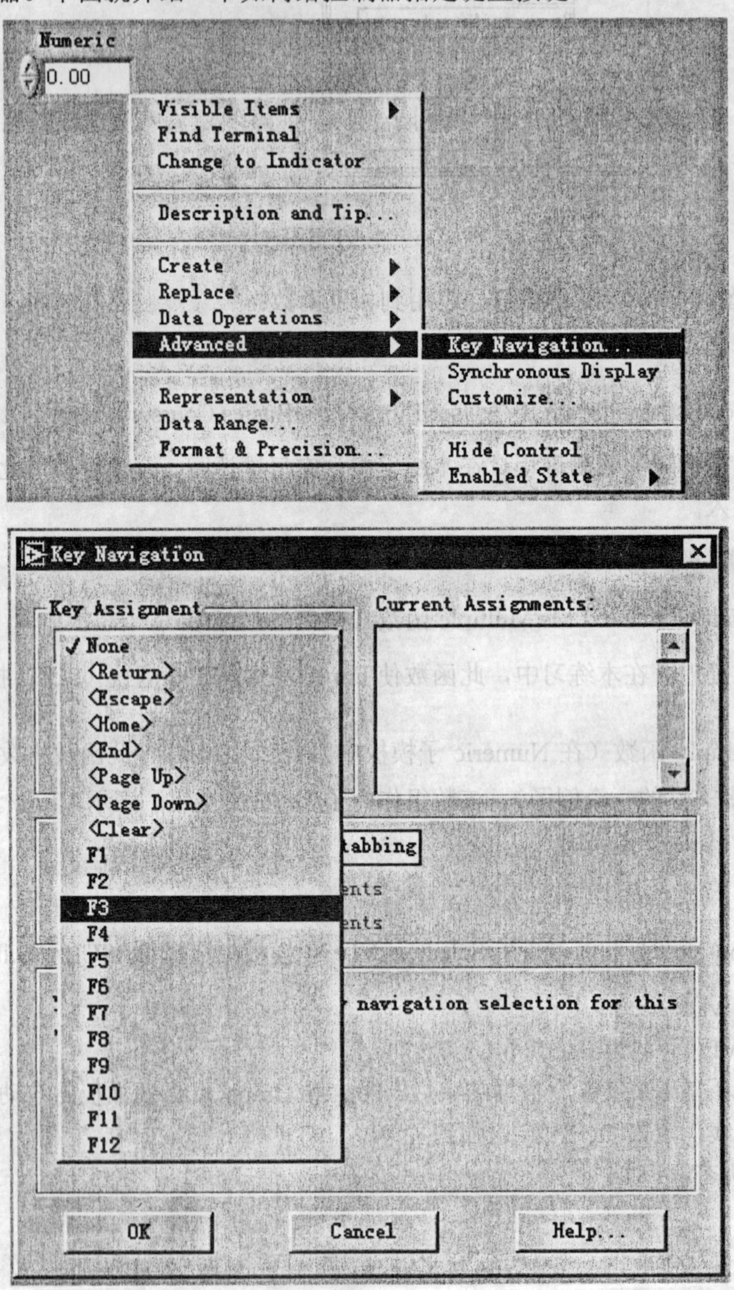

图 9-16　Key Navigation 选项

在前面板控制器上弹出快捷菜单，选择 Advanced>>Key Navigation 选项，将弹出 Key Navigation 对话框，如图 9-16 所示，在 Key Assignment 下拉式菜单环中，可以选择要分配给该控制器的按键。

Key Navigation 选项可以为控制器指定一个键盘按键，即当 VI 运行时，除了可以用鼠标操作控制器外，也可以用键盘按键来操作。Key Navigation 选项对于指示器是无效的。

§9-3　VI 程序的编译

VI 程序的编译功能只有在 LabVIEW 专业版中才有，在基础版和完整版中不具有对 VI 程序的编译功能。

编译一个 VI 程序应该进行以下几个步骤：

第一步，将 VI 设计完成，并能正确运行。

第二步，进行 VI 的属性设置，如运行时是否显示标题栏、菜单栏、工具栏、滚动条，窗口大小是否可调等等。建议将 Execution 属性中的 Allow Debugging 选项设为无效，这样可以提高运行效率。

第三步，将设置好的 VI 保存并关闭，然后新建一个 VI，选择 Tools 菜单中的 Build Application or Shared Library（DLL）…选项，弹出如图 9-17 所示的对话框。

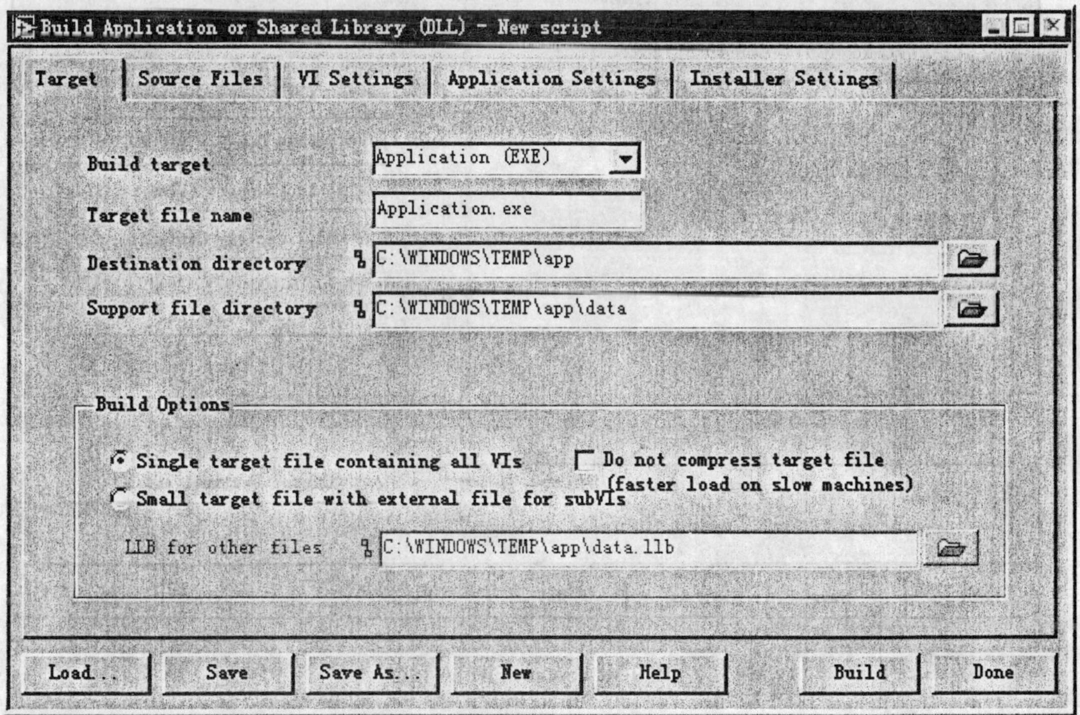

图 9-17　VI 编译对话框

该对话框有 Target、Source File、VI Settings、Application Settings、Installer Settings 等子对话框，下面分别介绍。

1．Target 对话框

如图 9-17 所示，对话框中各项的作用如下：

• Build target ——该项可以选择把源文件（被编译的 VI）编译成可执行文件（EXE）还是动态链接库（DLL），DLL 文件可以作为共享库被其他的编程语言所调用。

• Target file name ——该项可以指定目标文件（编译生成的文件）的文件名。注意，可执行文件的扩展名为 exe，动态链接库的扩展名为 dll。

• Destination directory ——该项可以指定目标文件存放的目录。

• Support file directory ——该项可以指定支持文件存放的目录。

• Single target file containing all VIs ——选择该项则把源文件的所有子 VI 一起编译到目标文件中，如果子 VI 太多，目标文件就可能较大。

• Do not compress target file ——若不选该项，则目标文件将被压缩 30%，运行时再解压，这样可以节省磁盘存储空间，但降低了运行速度。如果计算机的 CPU 时钟低于 120MHz，则建议选择该项，但会使目标文件较大。

• Small target file with external files for subVIs ——选择该项则只把最高一级的 VI（即主 VI）编译到目标文件中，其他子 VI 将存入一个 VI 库文件，这样目标文件就会较小。

2．Source Files 对话框

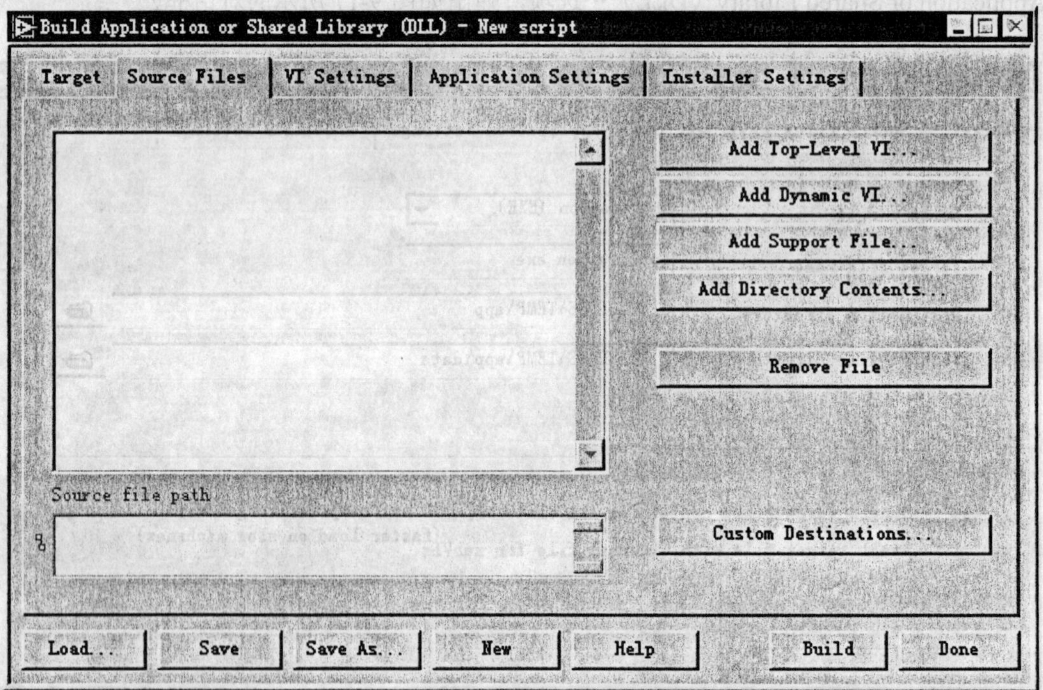

图 9-18　Source Files 对话框

如图 9-18 所示，对话框中各项的作用如下：

• Add Top-Level VI ——该项可以指定被编译的 VI 程序，即源文件。源文件一般是主

VI，LabVIEW 会自动找到它的所有子 VI 及相关文件。

- Add Dynamic VI ——如果使用 VI 服务器来调用 VI 程序，则必须使用该项逐一添加所有的 VI。
- Add Support File ——该项可以添加 VI 程序的支持文件，如驱动程序、文本文件和帮助文件等。
- Add Directory Contents ——该项可以添加整个目录来作为支持文件。
- Remove File ——该项可以去掉左边文件框中添加的文件。
- Custom Destinations ——该项可以设置目标文件目录及安装目录的一些参数。

3．VI Settings 对话框

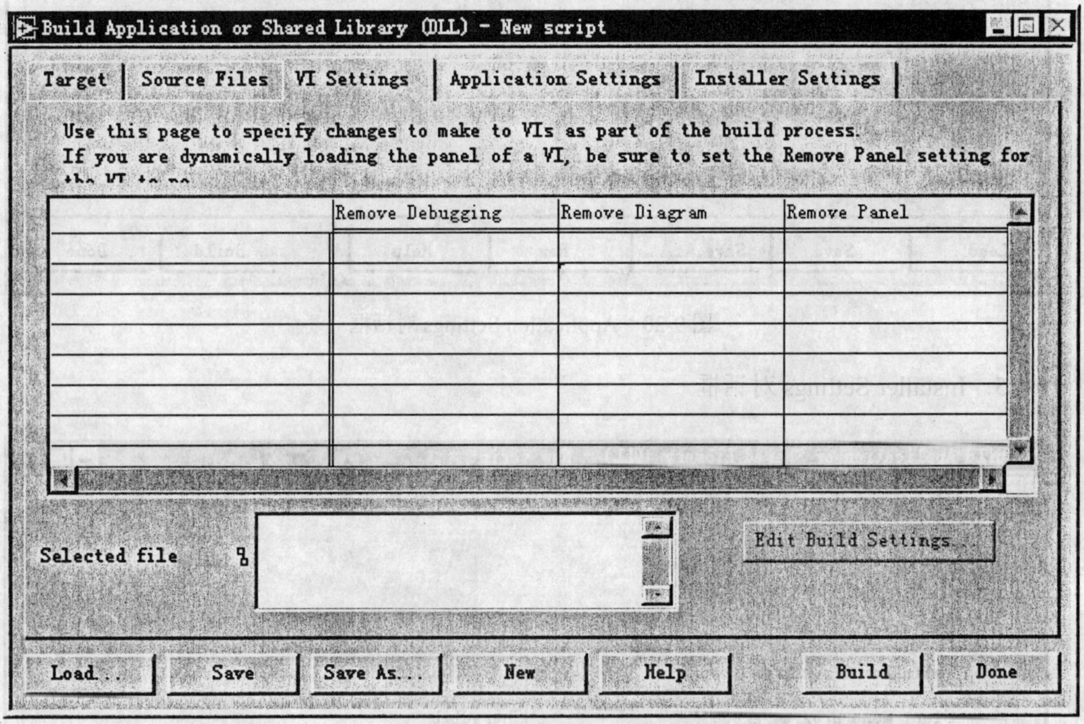

图 9-19　VI Settings 对话框

如图 9-19 所示，该对话框可以进行 VI 的属性设置，如果已经设置好了，则可以不必再设置了。

4．Application Settings 对话框

该对话框可以定制目标文件的图标。LabVIEW 有四种默认图标，如图 9-20 所示，若要改变默认文件图标，可以选择 Custom icon 选项，然后选择图标文件即可。

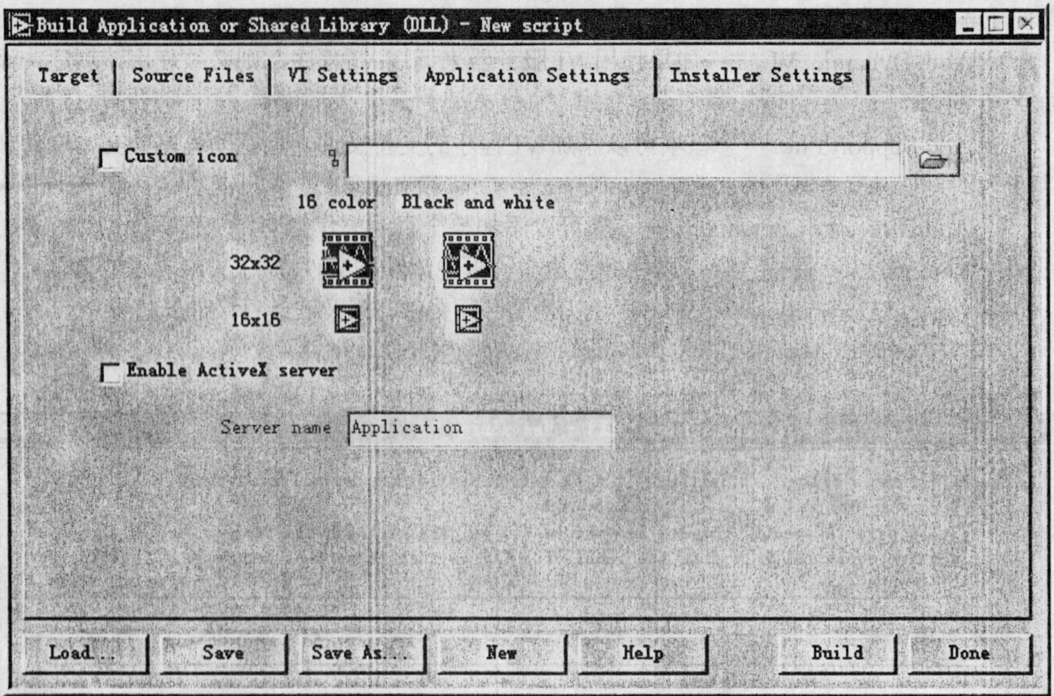

图 9-20　Application Settings 对话框

5．Installer Settings 对话框

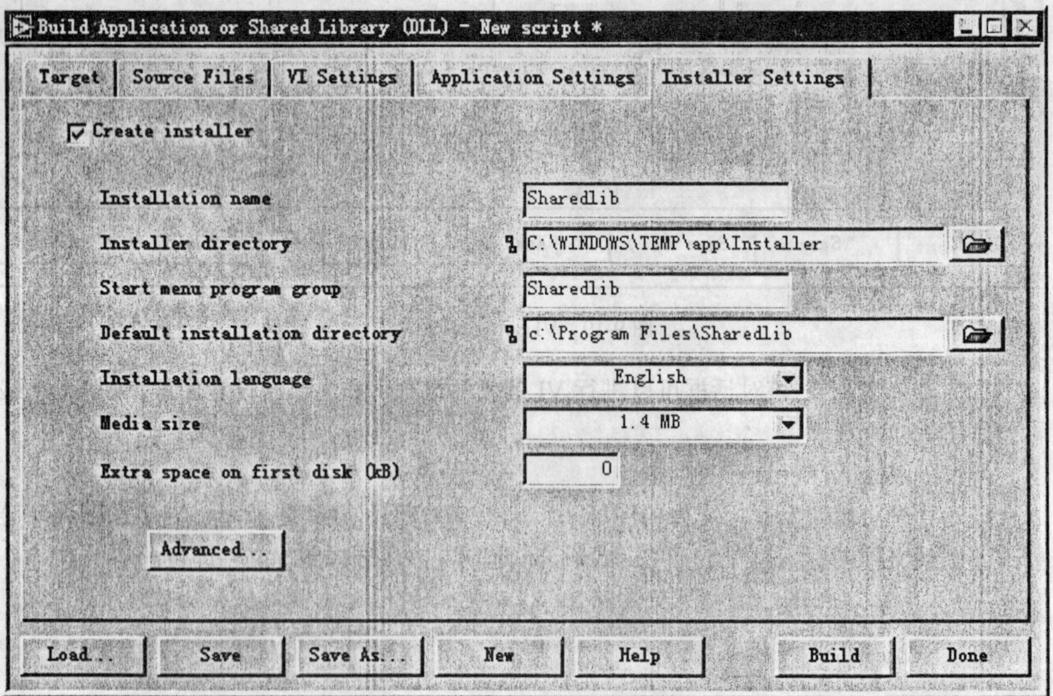

图 9-21　Installer Settings 对话框

如图 9-21 所示，该对话框可以生成安装文件。选择 Create installer 选项，进行如下设置：

· Installation name ——该项可以指定安装的名称，将出现在安装界面上。

· Installer directory ——该项可以指定安装文件存放的目录。

· Start menu program group ——安装文件在执行安装后，将在 Windows 的“开始”菜单的“程序”菜单中建立一个菜单项，该项可以指定菜单项的名称。

· Default installation directory ——该项可以指定将程序安装到的默认目录。

· Installation language ——该项可以指定安装界面所使用的语言，有 12 种语言可供选择，只是没有中文。

· Media size ——该项可以把生成的安装文件分成若干指定大小的文件，如 1.4MB、1.2MB 等，这样便于做成安装软盘，若只是用于硬盘安装，不必分割安装文件，则可选择 Don’t segment 选项，。

· Extra space on first disk（KB）——该项可以指定在安装文件分割后，第一张安装盘上的剩余空间，以便拷入一些支持文件，如 Readme、Help 等。

· Advanced 按钮 ——按下该按钮可弹出 Advanced Installer Settings 对话框，可以选择是否生成反安装文件，用于将来卸载安装的程序；是否在安装结束后立即运行指定的程序；是否安装 Run-time 引擎，Run-time 引擎是 LabVIEW 编译的目标文件所必须的，若选此项，则将 Run-time 引擎一起加入到安装文件中，安装文件将会比较大。在执行安装时，会将 Run-time 引擎一起安装到计算机中。若执行安装的计算机装有 LabVIEW 或 Run-time 引擎，则可不必选择此项。

注意　在计算机没有安装 Run-time 引擎的情况下，编译生成的 EXE 文件是不能独立运行的，这是因为 EXE 文件中并不包含 Run-time 引擎。

§9-4　网 络 通 信

NI 公司推出的 LabVIEW 6i 版本（i 即是 internet 的意思），和 LabVIEW 以往的版本相比，除了增加了调用函数，改进了前面板的控件，突出了三维立体的显示效果，网络功能的大大加强是 LabVIEW 6i 的最显著的特色。

在 LabVIEW6i 中，VI 程序可以很方便地和本地或远程的应用程序进行联网和通信。通过 NI 的 DataSocket 技术可以实现 VI 程序的网上数据共享，可以把前面板图像和 VI 文件发布到网页上；可以编译底层协议通信的应用程序，例如 TCP、UDP、DDE 等。

DataSocket 通信技术是 LabVIEW6i 的一大特色，它集合了自动控制及测量所使用的通信协议，如同网页浏览器将各种 Internet 技术组合在一起一样。DataSocket 使得 VI 程序的网络通信非常简单快捷，甚至不需要编制任何框图程序就可以实现与本地或远程的通信。本节将着重介绍 DataSocket 的一些典型用法。

VI 程序原则上是不能直接通信的，必须通过 DataSocket Sever 来进行发送或接收数据，即 VI 程序与本地的 DataSocket Sever 进行通信，而由 DataSocket Sever 来完成本地或网络的数据通信。

下面就介绍一下 DataSocket 的用法。

1．Datasocket Connection

可以在前面板对象上弹出菜单，如图 9-22 所示，选择 Data Operations>>DataSocket Connection…选项，可弹出 DataSocket Connection 对话框，如图 9-23 所示。

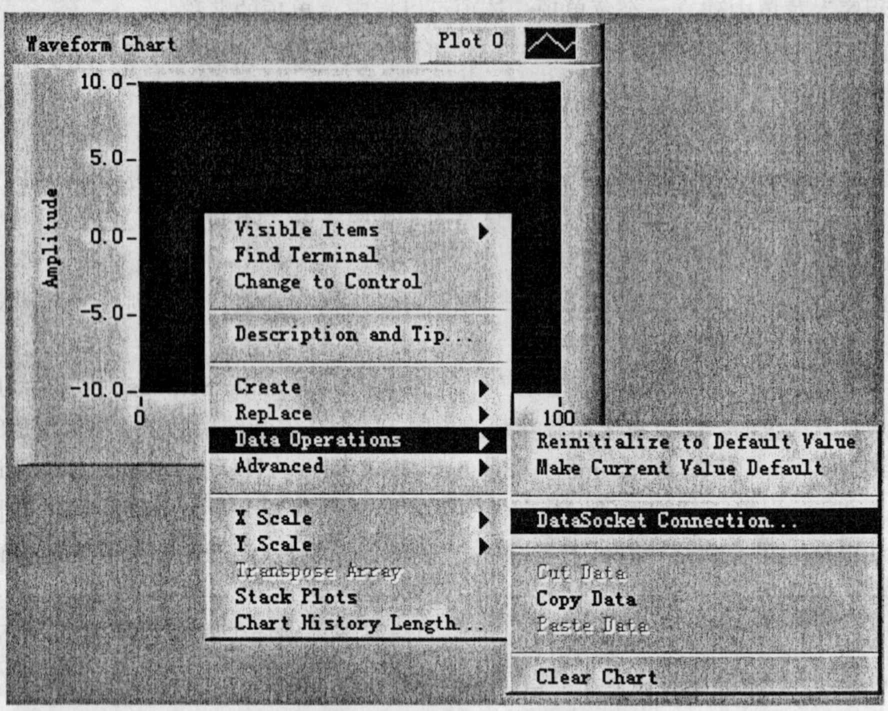

图 9-22　调用 DataSocket 功能

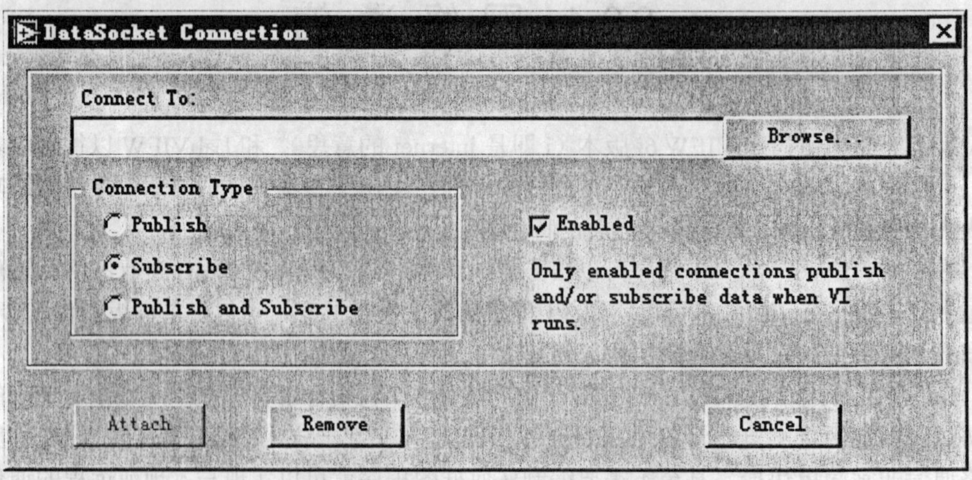

图 9-23　DataSocket Connection 对话框

对话框中各项的作用如下：

· Connect to ——该项可以输入指定的 URL，以确定网络地址，类似网页浏览器的地址栏。注意在不同的情况下应用不同的通信协议。

· Publish ——选择该项时，将数据发布，使网络上的其他用户或本地的其他程序可以共享数据。

· Subscribe ——选择该项时，将从指定 URL 接收数据。

· Publish and Subscribe ——选择该项时，即可以发布数据出去，也可以接收数据。

2．通信协议

如图 9-23 所示的对话框，在 Connect to 项中指定 URL 时，可使用的通信协议有 dstp、ftp、file 等。使用什么协议取决于发布数据的类型以及如何配置网络，下面简单介绍一下这些协议：

· dstp（DataSocket transport protocol）——这是 DataSocket 传输协议。使用此协议必须先运行 DataSocket Sever，因为 VI 程序之间不能直接通信，只能和 DataSocket Sever 通信，将数据发送给 DataSocket Sever，或从 DataSocket Sever 接收数据，而 DataSocket Sever 可以在本地或通过网络进行通信。

在使用 dstp 协议时，URL 后面必须加上数据的标识名，以便 DataSocket Sever 确定对哪一组数据进行发送或接收，例如 dstp://localhost/data1，dstp://202.115.20.144/data1，localhost 是 DataSocket Sever 默认的本地主机名，data1 是该组数据的标识名。

· ftp（file transport protocol）——这是文件传输协议。使用此协议可以指定一个文件，使其他程序可以通过网络读取文件中的数据。

例如：　ftp://ftp.natinst.com/data/ping.wav

· file ——使用此协议可以和一个本地或网络上的数据文件建立链接。

例如：　file:c:\mydata\ping.wav　　　　file:\\machine\data\abc.wav

使用 dstp 协议可以共享活动数据，因为 dstp 协议可以更新本地或远程的指示器或控制器，而使用 ftp、file 协议只能从文件中读取数据，而不可能得到更新的数据。

前面板的指示器或控制器通过各自的 DataSocket Connection 来发布或接收数据，每组数据必须指定标识名以示区分。

3．DataSocket Sever

DataSocket Connection 设置完成后，要想进行 VI 程序通信，还必须运行 DataSocket Sever。

可通过选择开始菜单的程序子菜单中的 National Instruments>>Data Socket>>DataSocket Sever 选项，来运行 DataSocket Sever，如图 9-24 所示。

注意　DataSocket 只是传送数据，而不是传送前面板的图像，因此，可以用接收到数据进行运算或其他操作。

可以直接在一个前面板控制器中输入数据，然后发布出去，也可以创建一个框图程序，将函数或 VI 的输出连至指示器，然后从指示器将数据发布出去。

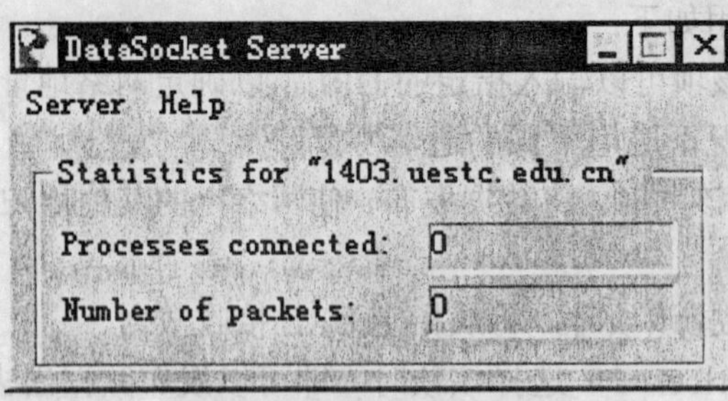

图 9-24　DataSocket Sever

练习 9-2

在本地计算机上建立 VI 程序的通信。

创建一个发布数据的 VI，能够连续产生随机数，并用一个 Chart 指示器显示随机数曲线，然后将数据发布出去，即发送到 DataSocket Sever 中。

再创建一个接收数据的 VI，从 DataSocket Sever 中接收数据，并用一个 Chart 指示器显示出来。

一、发布数据 VI 的前面板

1. 创建图 9-25 所示的前面板。在前面板放置一个 Chart 指示器和一个布尔开关 STOP。

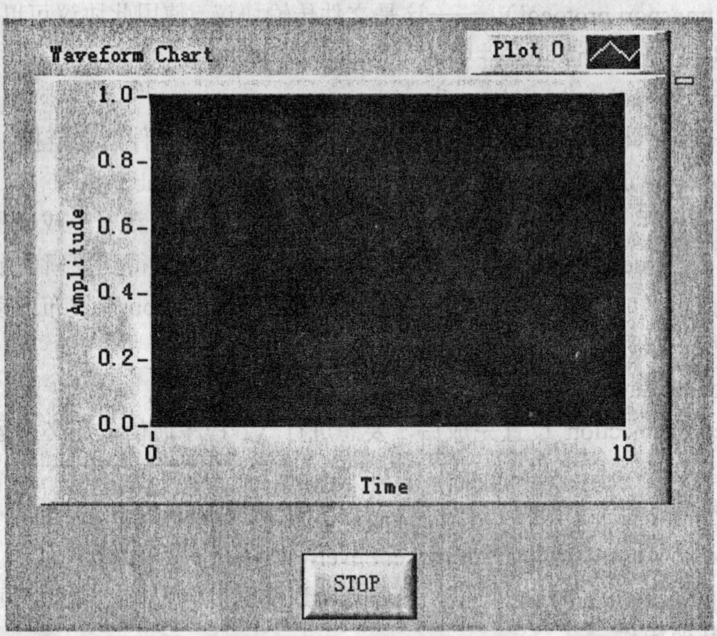

图 9-25　发布数据 VI 的前面板

2．在 Chart 指示器上弹出快捷菜单，选择 Data Operations>>DataSocket Connection… 选项，弹出 DataSocket Connection 对话框。

首先指定 URL，在 Connect to 框中输入 dstp://localhost/random，其中 localhost 是 DataSocket Sever 默认的本地主机名，random 是 Chart 指示器发布的数据的标识名，或者

输入 dstp://202.115.20.144/random，其中 202.115.20.144 为本地机的 IP 地址；然后选择 Publish 选项，将该对象用作发布数据，然后点击 Attach 按钮完成。如图 9-26 所示。

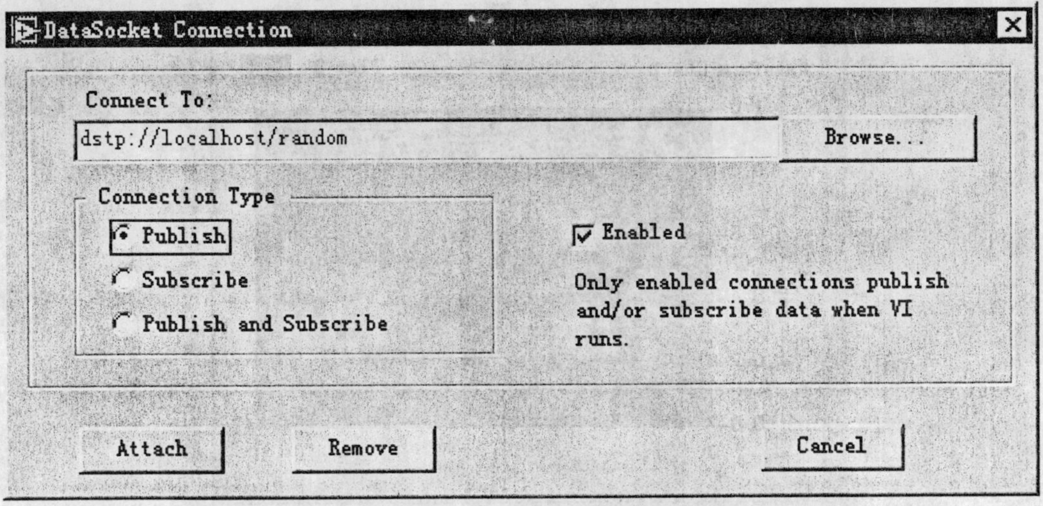

图 9-26 DataSocket Connection 对话框

二、发布数据 VI 的框图程序

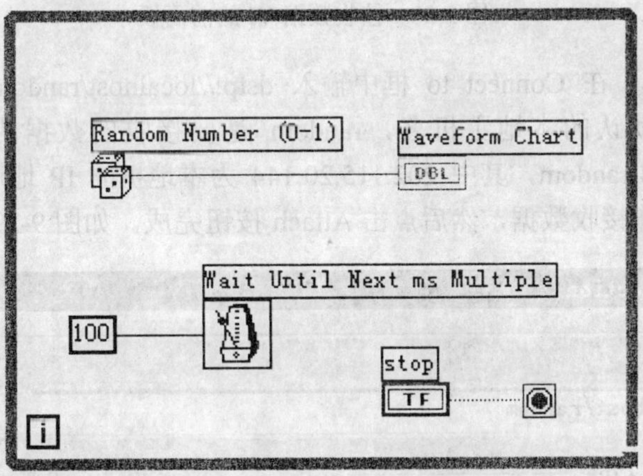

图 9-27 发布数据 VI 的框图程序

创建如图 9-27 所示的框图程序。

1．创建一个 while 循环。

2．将一个随机数发生器连至 Chart 指示器端口。

3．建立一个 0.1 秒的延时函数。

4．将 STOP 控制器端口与循环条件端口相连，并在循环条件端口上弹出菜单，选择 Stop If True 选项，即 STOP 控制器的值为 False 时继续循环，当它的值为 True 时停止循环。

5．保存该 VI，命名为 Random Publish.vi 。

三、接收数据 VI 的前面板

1. 创建图 9-28 所示的前面板。在前面板放置一个 Chart 指示器和一个布尔开关 STOP。

2．在 Chart 指示器上弹出快捷菜单，选择 Data Operations>>DataSocket Connection…选项，弹出 DataSocket Connection 对话框。

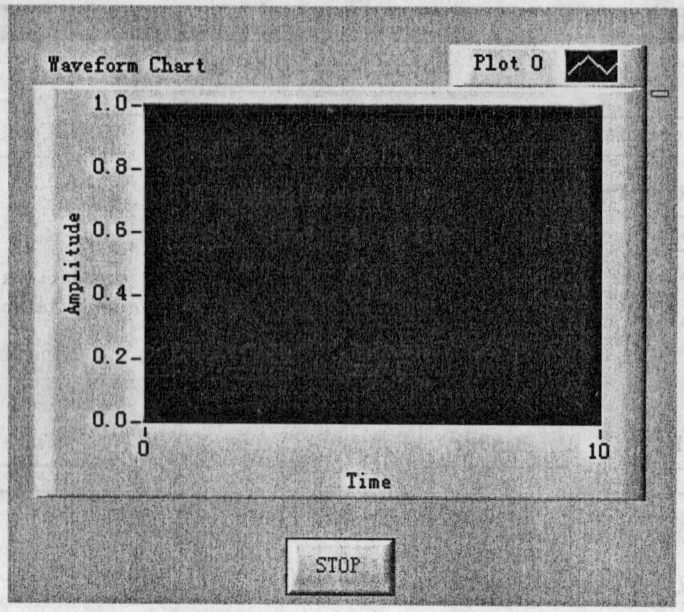

图 9-28　接收数据 VI 的前面板

首先指定 URL，在 Connect to 框中输入 dstp://localhost/random，其中 localhost 是 DataSocket Sever 默认的本地主机名，random 是要接收的数据的标识名，或者输入 dstp://202.115.20.144/random，其中 202.115.20.144 为本地机的 IP 地址；再选择 Subscribe 选项，该对象将用作接收数据，然后点击 Attach 按钮完成。如图 9-29 所示。

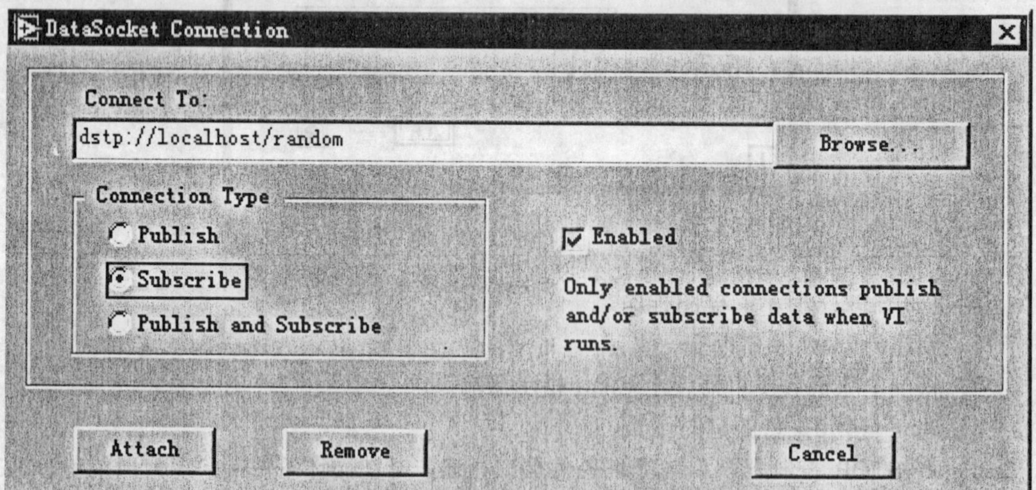

图 9-29　DataSocket Connection 对话框

四、接收数据 VI 的框图程序

1．创建如图 9-30 所示的框图程序。建立一个 while 循环。

2．将 STOP 控制器端口与循环条件端口相连，并在循环条件端口上弹出菜单，选择 Stop If True 选项，即 STOP 控制器的值为 False 时继续循环，当它的值为 True 时停止循环。

3．保存该 VI，命名为 Random Subscribe.vi 。

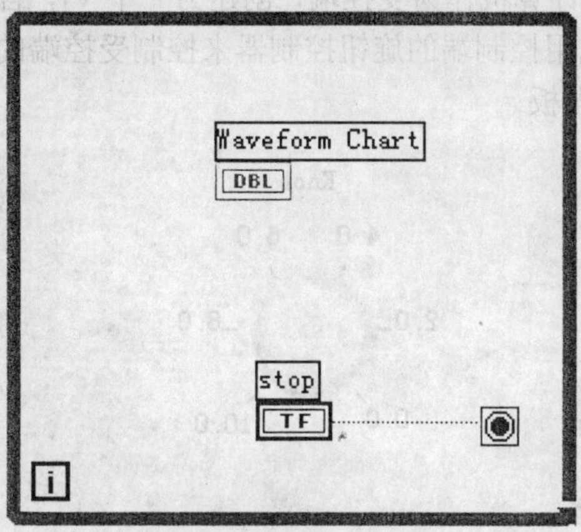

图 9-30　接收数据 VI 的框图程序

五、运行

1．运行 DataSocket Sever。

2. 同时运行 Random Publish.vi 和 Random Subscribe.vi，Random Publish.vi 的 Waveform Chart 指示器将随机数据发布到 DataSocket Sever，而 Random Subscribe.vi 的 Waveform Chart 指示器将从 DataSocket Sever 中接收这些随机数据并显示，如图 9-31 所示。

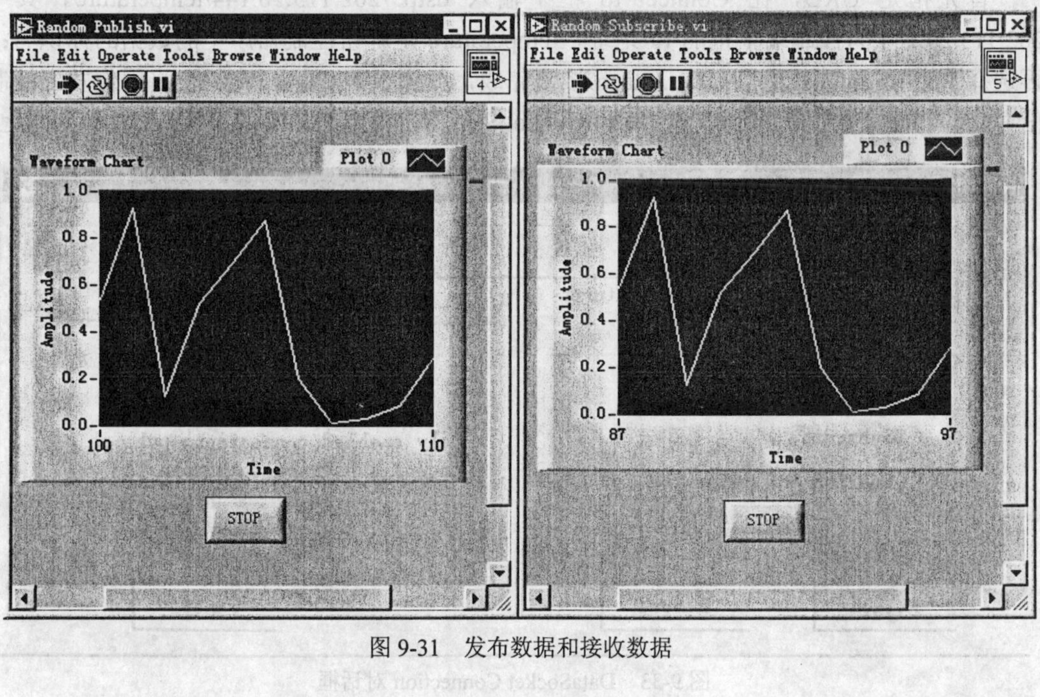

图 9-31　发布数据和接收数据

练习 9-3

在网络上实现远程控制。（做此练习时至少需要两台联网的计算机）

将连在网络上的一台计算机作为控制端，创建一个 VI，含有一个旋钮控制器；将连在网络另一端的一台或多台计算机作为受控端，创建另一个 VI，含有一个温度计指示器。通过 DataSocket 技术，实现用控制端的旋钮控制器来控制受控端的温度计指示器的温度值。

一、控制端 VI 的前面板

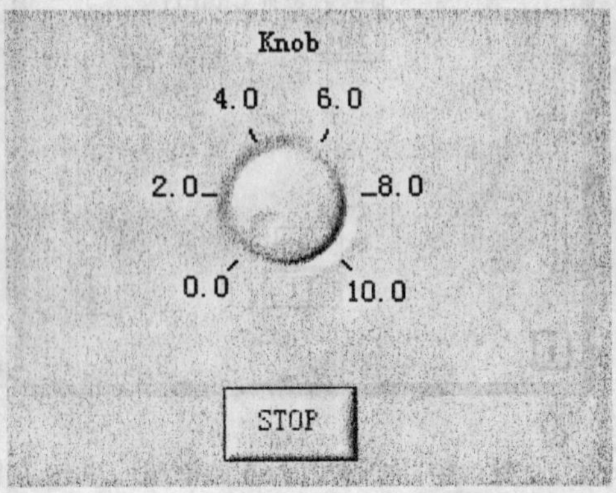

图 9-32　控制端 VI 的前面板

1．在控制端主机上新建一个 VI，创建图 9-32 所示的前面板。在前面板放置一个旋钮控制器和一个布尔开关 STOP。

2．在旋钮控制器上弹出快捷菜单，选择 Data Operations>>DataSocket Connection…选项，弹出 DataSocket Connection 对话框。

首先指定 URL，在 Connect to 框中输入 dstp://202.115.20.144/temperature，其中 202.115.20.144 为控制端主机的 IP 地址，temperature 是旋钮控制器产生的数据的标识名；再选择 Publish 选项，然后点击 Attach 按钮完成，如图 9-33 所示。该 VI 将用作发出控制信号，即将一个数值发布到本地的 DataSocket Sever ，再由 DataSocket Sever 发布到网上。

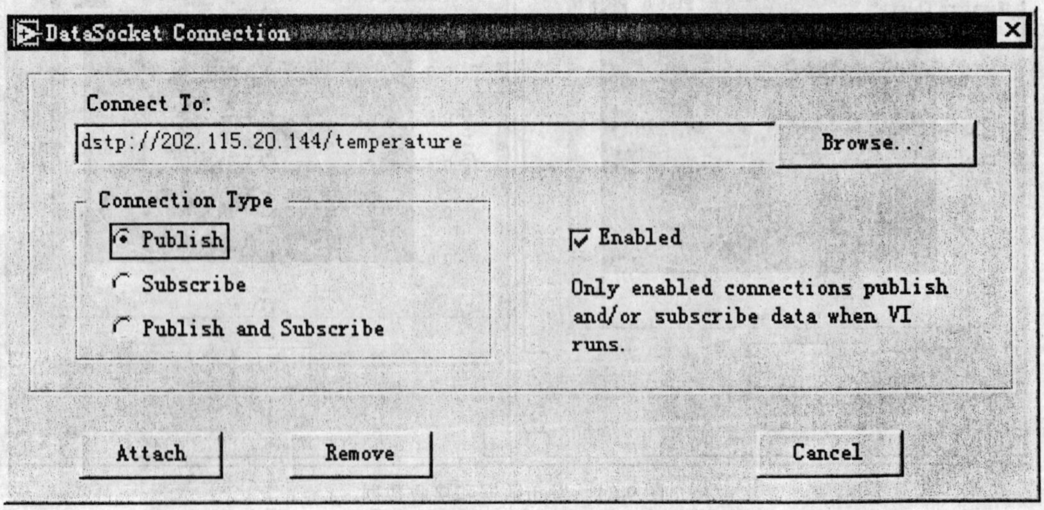

图 9-33　DataSocket Connection 对话框

二、控制端 VI 的框图程序

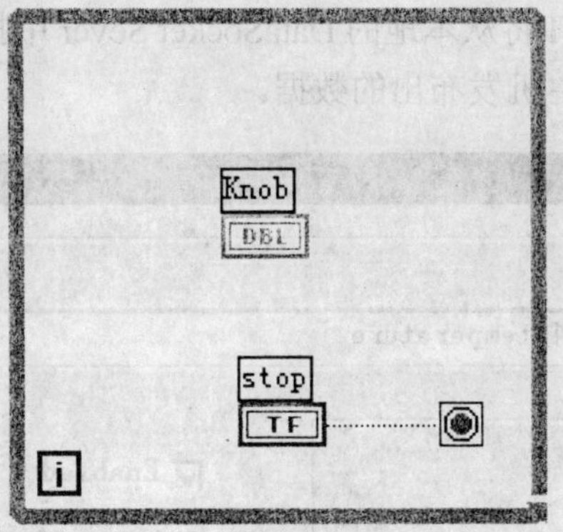

图 9-34　控制端 VI 的框图程序

创建如图 9-34 所示的框图程序。

1．创建一个 while 循环。

2．将 STOP 控制器端口与循环条件端口相连，并在循环条件端口上弹出菜单，选择 Stop If True 选项，即 STOP 控制器的值为 False 时继续循环，当它的值为 True 时停止循环。

3．保存该 VI，命名为 knob.vi 。

三、受控端 VI 的前面板

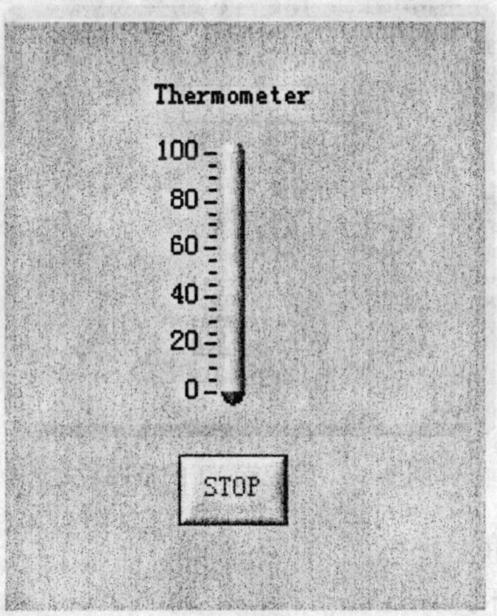

图 9-35　受控端 VI 的前面板

1．在受控端主机上新建一个 VI，创建图 9-35 所示的前面板。在前面板放置一个温度计指示器和一个布尔开关 STOP。

2．在温度计指示器上弹出快捷菜单，选择 Data Operations>>DataSocket Connection… 选项，弹出 DataSocket Connection 对话框。

首先指定 URL，在 Connect to 框中输入 dstp://202.115.20.144/temperature，其中

202.115.20.144 为控制端主机的 IP 地址，temperature 为控制端 VI 的旋钮控制器产生的数据的标识名，即受控端要接收的数据的标识名；再选择 Subscribe 选项，然后点击 Attach 按钮完成。如图 9-36 所示。该 VI 将从本地的 DataSocket Sever 中接收数据，而 DataSocket Sever 再从网上接收 URL 指定的主机发布出的数据。

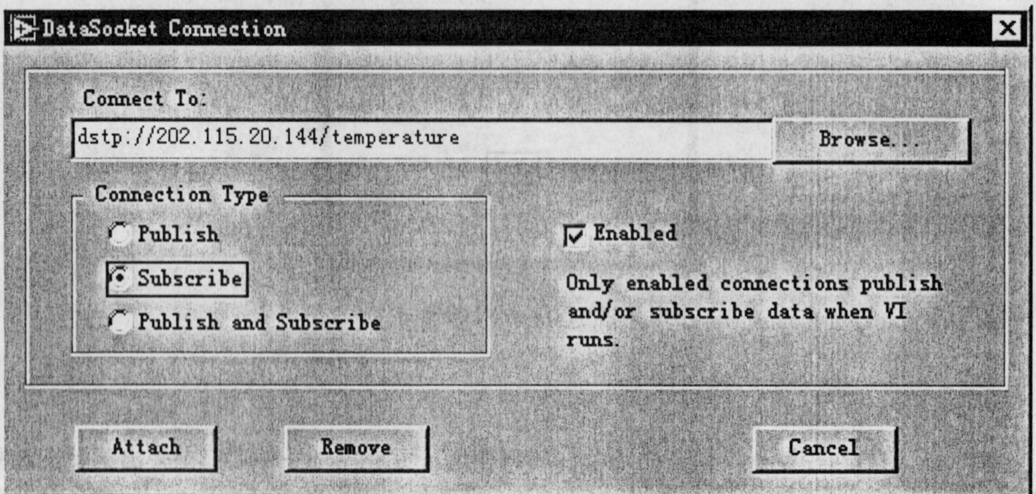

图 9-36　DataSocket Connection 对话框

四、受控端 VI 的框图程序

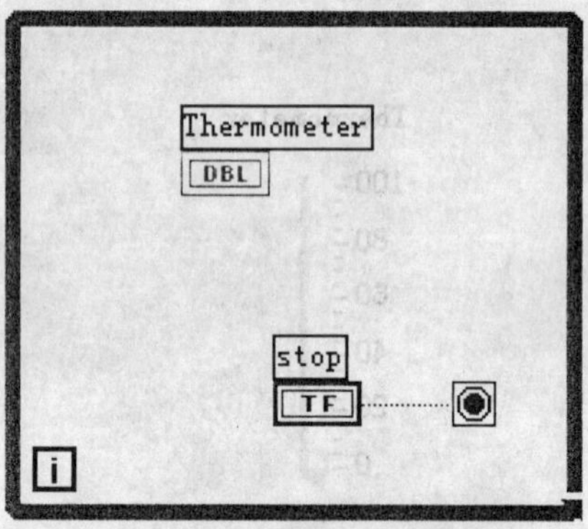

图 9-37　受控端 VI 的框图程序

创建如图 9-37 所示的框图程序。

1．创建一个 while 循环。

2．将 STOP 控制器端口与循环条件端口相连，并在循环条件端口上弹出菜单，选择 Stop If True 选项，即 STOP 控制器的值为 False 时继续循环，当它的值为 True 时停止循环。

3．保存该 VI，命名为 Thermometer.vi 。

五、运行

1．分别在控制端主机和受控端主机上运行 DataSocket Sever。

2. 同时运行控制端的 knob.vi 和受控端的 Thermometer.vi。当调节控制端 VI 的旋钮时，可以观察到受控端 VI 的温度计的示值将随之改变，如图 9-38 所示。

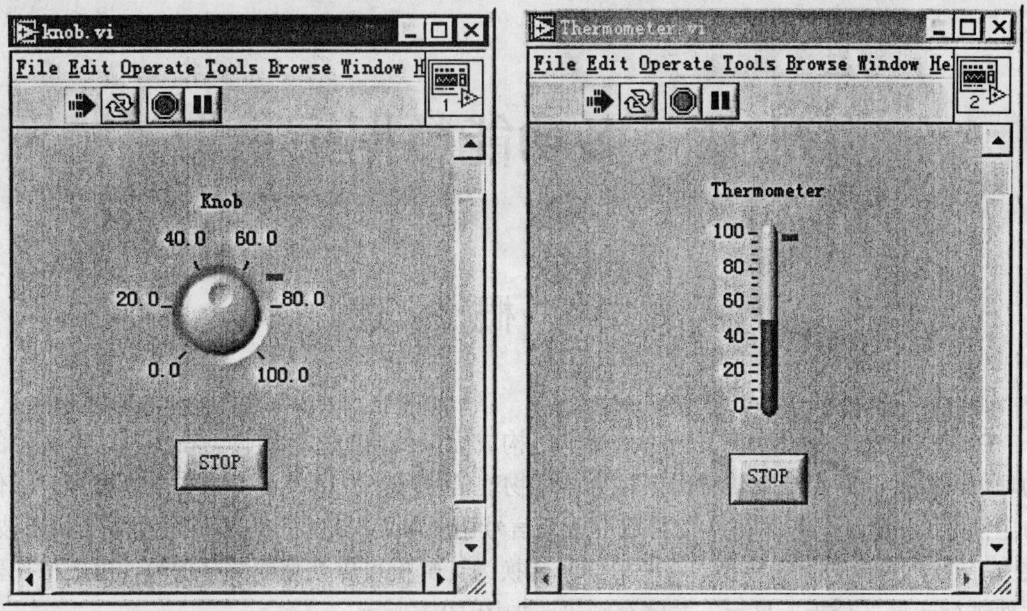

控制端主机　　　　受控端主机

图 9-38　远程温度控制

§9-5　总结、提示和技巧

• 使用 VI Properties 选项，可以设置 VI 的执行、窗口和文件等属性。这些设置包括隐藏执行模板按钮，装入 VI 时运行，调用 VI 时打开前面板，调用 Help 窗口等等。

• 对子 VI 节点所作的属性设置只对该子 VI 产生影响，其他 VI 不会受到影响。

• 用 VI Properties 对话框修改的任一执行属性要影响该 VI 的所有调用，不管它是作为一个主 VI 还是一个子 VI 运行。

• 前面板控制器的 Key Navigation 选项可用来给该控制器指定按键。

• 编译生成的 EXE 文件在没有安装 Run-time 引擎的情况下是不能独立运行的。

• 编译生成的安装文件，一般情况下带有 Run-time 引擎，因此可以完全脱离 LabVIEW 环境进行安装和运行。

• 可以直接在前面板控制器或指示器上弹出菜单，调出 DataSocket Connection 对话框，设置 URL 及选择发布或接收，就可以轻松地实现 VI 程序间的通信（本地或远程）。

• DataSocket 只传递数据，而不会传递前面板的图像。

第十章　多功能数据采集卡

§10-1　概　　述

DAQ（Data Acquisition）数据采集卡是构成虚拟仪器的关键硬件。在测量一个实际的物理信号时，必须用一个传感器或转换器把物理信号（如温度、压力等非电量信号）转化为电信号（如电压、电流信号），再通过一个信号调理电路对这些电信号进行处理（如滤波、放大等），然后经过 AD 转换，将模拟信号转换为计算机可以处理的数字信号，由虚拟仪器软件进行计算、分析、显示，并储存结果。如图 10-1 所示。

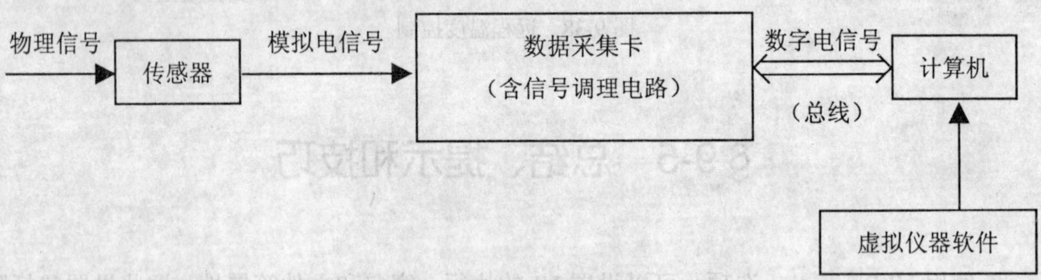

图 10-1　DAQ 工作流程

在本书的练习中使用的 DAQ 硬件是美国 NI（National Instruments）公司生产的 PCI 总线的多功能数据采集卡 PCI-1200，能够实现模/数转换（ADC）、数/模转换（DAC）、数字式输出/输入（I/O）以及计数/定时等多种功能。

下面着重介绍一下 PCI-1200 卡的特性及工作原理。

10.1.1　PCI-1200 采集卡

PCI-1200 卡具有模拟输入/输出、数字输入/输出和定时/计数等多种接口功能，可用于实验室测试、生产测试和工业过程监控等应用领域进行高性能数据采集与控制。在虚拟仪器系统中，它是构建虚拟仪器的基本硬件。

1. 系统配置的要求

安装和使用 PCI-1200 卡，需要以下配置：

- PCI-1200 卡及使用手册
- 计算机

可选以下一种软件：

LabVIEW、LabWindows/CVI、ComponentWorks、VirtualBench、NI-DAQ。

在实验中，选用 LabVIEW 这种常用的虚拟仪器开发工具。在图 10-2 中表示出了编程环境、NI-DAQ 和硬件的相互关系。

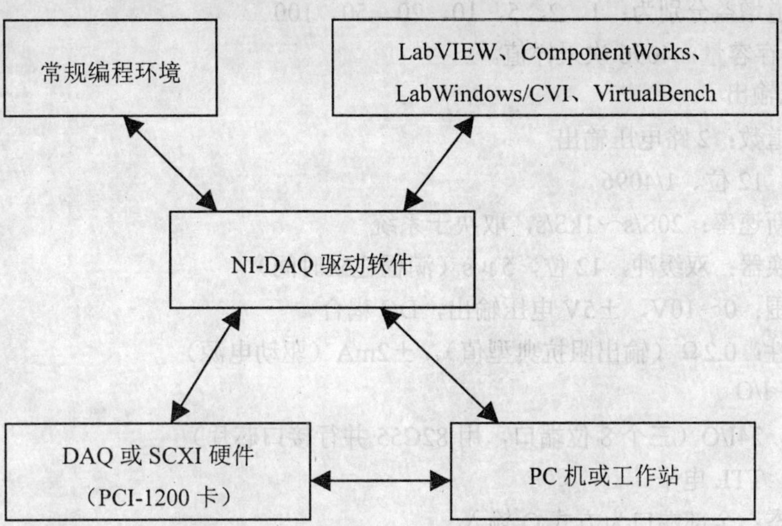

图 10-2 编程环境、NI-DAQ 和硬件的关系

2．PCI-1200 卡的安装和组态

（1）软件安装（略）

（2）硬件安装

- 关闭计算机，并打开机箱；
- 在 PC 机的 5V PCI 插槽中插入 PCI-1200 卡，并固定；
- 关上机箱。

（3）板卡组态

PCI-1200 卡与 PCI 局部总线协议 2.0 版完全兼容，所以在计算机上电时，卡上的资源将由计算机自动分配，资源包括基本存储器地址和中断向量。

系统上电或软件复位时，PCI-1200 卡可被设置成以下组态：

- 有参考地单端输入模式（RSE）
- ±5V 模拟输入（双极性）
- ±5V 模拟输出（双极性）

10.1.2 主要性能

1．模拟输入

模拟通道数：8 路单端输入或 4 路双端输入，DC 耦合。

A/D 转换器：逐次逼近型，12 位，100kS/s。

（注：S——Sample）

输入范围：±5V（双极性）、0～10V（单极性）划分为七挡

±5V/0～10V、±2.5V/0～5V、±1V/0～2V、±500mV/0～1V、±250mV/0～500mV、

±100mV/0～200mV、±50mV/0～100mV。

每挡通道增益分别为：1、2、5、10、20、50、100

FIFO 缓存容量：4096 次采样值。

2．模拟输出

输出通道数：2 路电压输出

分辨力：12 位、1/4096

典型更新速率：20S/s～1kS/s，取决于系统

D/A 转换器：双缓冲，12 位，5μs（满程建立时间）

输出范围：0～10V，±5V 电压输出，DC 耦合

输出特性：0.2Ω（输出阻抗典型值），±2mA（驱动电源）

3．数字 I/O

通道数：24I/O（三个 8 位端口，用 82C55 并行接口芯片）

兼容性：TTL 电平

上电状态：全部端口为方式 O 输入

4．定时 I/O

通道数：3 路计数器/定时器

分辨力：16 位

兼容性：TTL 电平

基本时钟：2MHz

§10-2　PCI-1200 卡的组成原理

10.2.1　PCI-1200 卡的组成原理框图

PCI-1200 卡的原理框图如图 10-3 所示。它由 PCI 接口电路、定时电路、模拟输入电路、模拟输出电路、数字输入/输出电路、校准电路等功能模块构成，这些功能模块之间通过内部数据、控制总线相连。

10.2.2　I/O 连接器

PCI-1200 卡通过 I/O 连接器输入或输出模拟和数字信号，I/O 连接器引脚分布如表 10-1 所示。

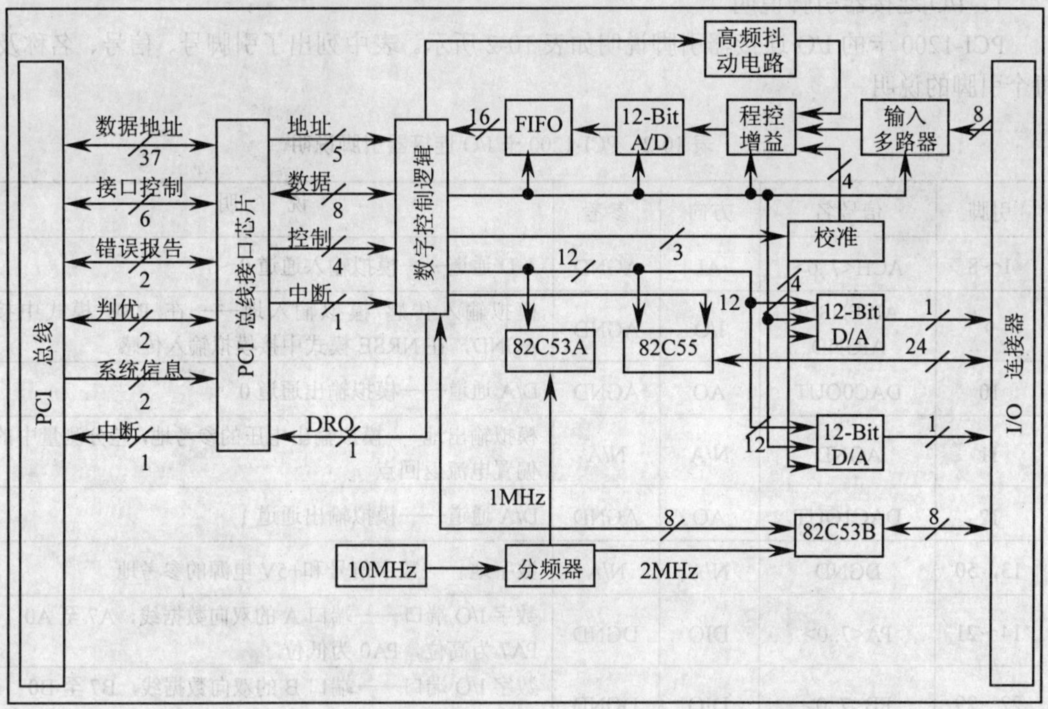

图 10-3　PCI-1200 卡原理框图

表 10-1　PCI-1200 卡 I/O 连接器引脚分配

ACH0	1	2	ACH1
ACH2	3	4	ACH3
ACH4	5	6	ACH5
ACH6	7	8	ACH7
AISENSE/AIGND	9	10	DAC0OUT
AGND	11	12	DAC1OUT
DGND	13	14	PAO
PA1	15	16	PA2
PA3	17	18	PA4
PA5	19	20	PA6
PA7	21	22	PB0
PB1	23	24	PB2
PB3	25	26	PB4
PB5	27	28	PB6
PB7	29	30	PC0
PC1	31	32	PC2
PC3	33	34	PC4
PC5	35	36	PC6
PC7	37	38	EXTTRIG
EXTUPDATE*	39	40	EXTCONV*
OUTB0	41	42	GATB0
ORTB1	43	44	GATB1
OLKB1	45	46	OUTB2
GATB2	47	48	CLKB2
+5V	49	50	DGND

1．I/O 连接器引脚说明

PCI-1200 卡的 I/O 连接器引脚说明如表 10-2 所示。表中列出了引脚号、信号、名称及每个引脚的说明。

表 10-2　PCI-1200 卡 I/O 连接器引脚说明

引脚	信号名	方向	参考	说　明
1～8	ACH<7..0>	AI	AGND	A/D 通道——模拟输入通道 0～7
9	AISENSE/AIGND	I/O	AGND	模拟输入传感/模拟输入地——在 RSE 模式中接 AGND，在 NRSE 模式中接模拟输入传感
10	DAC0OUT	AO	AGND	D/A 通道——模拟输出通道 0
11	AGND	N/A	N/A	模拟输出地——模拟输出电压的参考地，差分测量中的偏置电流返回点
12	DAC1OUT	AO	AGND	D/A 通道——模拟输出通道 1
13，50	DGND	N/A	N/A	数字地——数字信号和+5V 电源的参考地
14～21	PA<7..0>	DIO	DGND	数字 I/O 端口——端口 A 的双向数据线，A7 至 A0 PA7 为高位，PA0 为低位
22～29	PB<7..0>	DIO	DGND	数字 I/O 端口——端口 B 的双向数据线，B7 至 B0 PB7 为高位，PB0 为低位
30～37	PC<7..0>	DIO	DGND	数字 I/O 端口——端口 C 的双向数据线，C7 至 C0 PC7 为高位，PC0 为低位
38	EXTTRIG	DI	DGND	外部触发——触发 DAQ 操作的外部控制信号
39	EXTUPDATE*	DI	DGND	外部更新——更新 DAQ 输出的外部控制信号
40	EXTCONV*	DIO	DGND	外部转换——定时 A/D 转换（DI）和使用 SCXI 时驱动 SCANCLK（DO）的外部控制信号
41	OUTB0	DO	DGND	B0 输出——计数器 B0 的数字输出信号
42	GATB0	DI	DGND	B0 门控——计数器 B0 的门控外部控制信号
43	OUTB1	DIO	DGND	B1 输出——计数器 B1 的数字输出信号，定时扫描间隔的外部控制信号
44	GATB1	DI	DGND	B1 门控——计数器 B1 的门控外部控制信号
45	CLKB1	DI	DGND	B1 时钟——计数器 B1 的外部控制时钟信号
46	OUTB2	DO	DGND	B2 输出——计数器 B2 的数字输出信号
47	GATB2	DO	DGND	B2 门控——计数器 B2 的门控外部控制信号
48	CLKB2	DI	DGND	B2 时钟——计数器 B2 的外部控制时钟信号
49	+5V	DO	DGND	+5V 电压——范围+4.65V～+5.25V，电流为 1A 时熔断

*表示该信号低电平有效。

AI=模拟输入　　DI=数字输入　　DIO=数字输入/输出

AO=模拟输出　　DO=数字输出　　N/A=不用

I/O 连接器引脚由五组引脚组成：模拟输入信号引脚、模拟输出信号引脚、数字 I/O 信号引脚、定时 I/O 信号引脚和电源引脚。下面将详细介绍各组引脚的连接方式。

10.2.3　PCI 接口电路

PCI-1200 卡接口电路由 PCI 接口芯片和数字逻辑控制芯片构成，如图 10-4 所示。

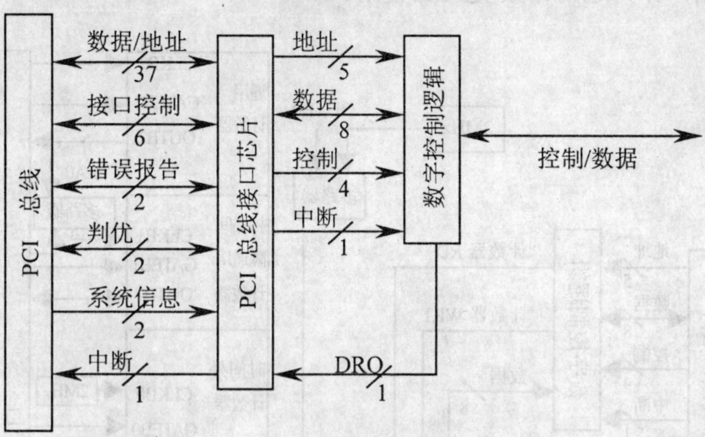

图 10-4　PCI 接口电路图

PCI 接口芯片为 PCI-1200 卡与 PCI 总线之间的通信提供必要的物理连接，PCI 接口芯片与 PC-1200 卡其他部分的消息传递、逻辑控制则由数字逻辑控制芯片完成，PCI-1200 卡完全符合 PCI 局部总线标准（2.0 版本）。因此 PCI-1200 卡的基地址及中断级在每次上电时被存于 PCI 接口芯片中，不必另行设置开关或跳线。虽然 PCI 总线支持 8 位、16 位或 32 位三种传输模式，但 PCI-1200 卡只为用户提供 8 位传输模式。

在以下几种情况下，PCI-1200 卡产生中断：

从单路 A/D 转换的 FIFO 缓存器中读取数据时；

A/D 转换的 FIFO 存储器半满时；

数据采集完成、溢出或超时出错时；

数字 I/O 电路产生中断时；

检测到 DAC 更新信号的上升沿时。

10.2.4　定时电路

1．定时电路组成

PCI-1200 卡用两片 82C53 定时/计数器为内部 A/D、D/A 转换及通用 I/O 提供定时功能。图 10-5 为 A、B 两片定时电路的构成框图。

每片 82C53 包含三个独立的 16 位定时/计数器，即 A 片包括 A0、A1、A2，B 片包括 B0、B1、B2。每个计数器分别有一个 CLK 输入端、一个 GATE 输入端和一个 OUT 输出端。各计数器的功用是：

A0：为 A/D 转换提供定时采样信号的采样间隔计数器；

A1：作为控制 A/D 转换次数定量结束的采样次数计数器；

A2：为 D/A 转换提供数据刷新内部定时信号的定时计数器；

B0：为 A/D 和 D/A 转换提供时基扩展信号的辅助定时计数器；

B1：作为控制间隔扫描采集方式的扫描间隔时间的计数器；

B2：保留给用户作为通用计数/定时器使用。

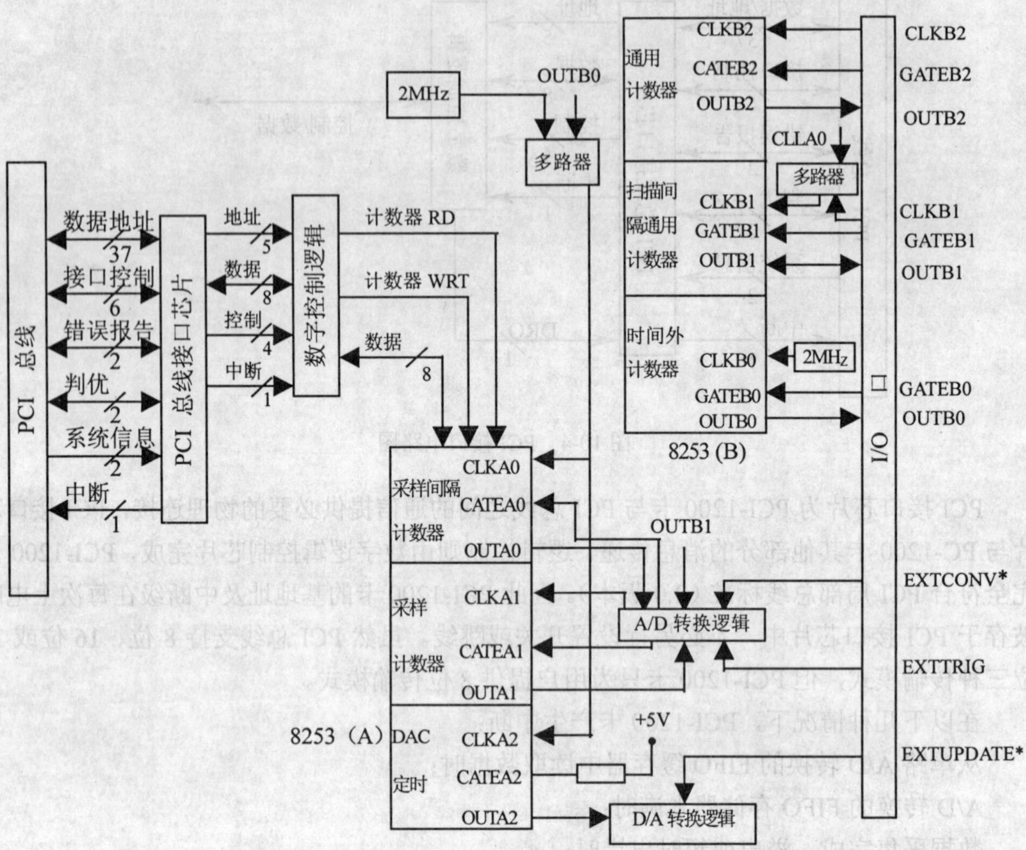

图 10-5　定时电路组成框图

2．通用功能的定时信号连接

通用功能定时信号包括 82C53（B）计数器的 GATE、CLK 和 OUT 三个信号。82C53 定时/计数器的一些通用功能如下：脉冲和方波发生、事件计数和脉宽、时延与频率测量。在这些应用中，I/O 连接器上的 CLK 和 GATE 信号可从外部来控制这些计数器。其中，计数器 B0 的 CLK 除外，它有 2MHz 的内部时钟。

为了产生脉冲和方波信号，应对计数器进行编程，使其在 OUT 输出引脚上产生定时信号。为了进行事件计数，应对计数器进行编程，使其对 82C53 的输入 CLK 的上升沿或下降沿进行计数，然后读取计数器的值就可计算出边沿发生的次数。同时，还可通过控制 82C53 的 GATE 输入，使能或禁止计数操作。图 10-6 示出了一种典型的事件计数操作，其中的开关用于门控计数器的开启和关闭。

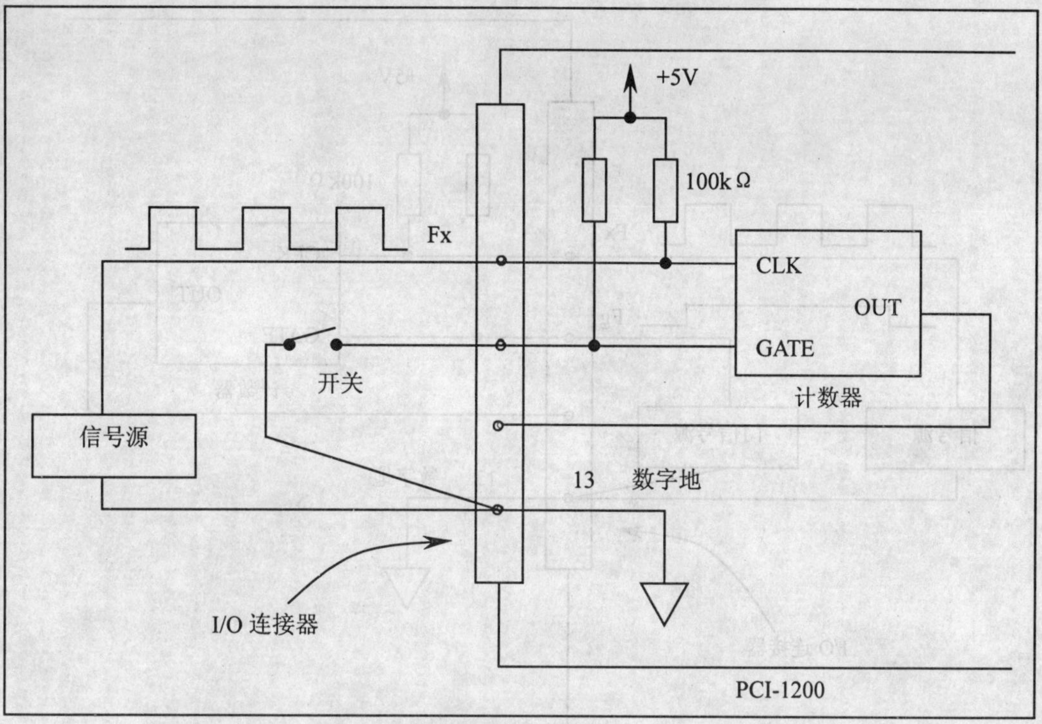

图 10-6　带外部开关门的事件计数应用

脉冲宽度测量是通过电平选通的门控方式来实现的。被测脉冲接在计数器的 GATE 输入端。首先向计数器置入一个已知初值，并编程使计数器在 GATE 输入为高时进行减计数。脉宽等于计数值之差（置入初值—读出值）乘以 CLK 周期。

时延测量可以通过将计数器编程为边沿选通的门控方式来实现。该边沿信号接在 GATE 输入端用来启动计数器。编程实现计数器在接收到一个由低到高的边沿时开始计数。接收到边沿后的时延等于计数值之差（置入初值—读出值）乘以 CLK 周期。

为了进行频率测量，把计数器编程为电平选通的门控方式，并且对加在 CLK 输入端的被测信号的下降沿个数进行计数。GATE 输入端的门信号的持续时间是已知的。编程使计数器在门控信号有效时计数 CLK 输入信号的下降沿的个数。输入信号频率等于门信号持续时间除计数值。图 10-7 示出了一种频率测量应用的连接方式。在这种应用中，也可用另一个计数器来产生门信号。然而，如果使用了另一计数器，必须在外部把信号反向。

在 I/O 连接器上，GATE、CLK 和 OUT 信号对 B1 和 B2 是可用的。在 GATE 和 CLK 引脚上，内接有 100kΩ 到+5V 的上拉电阻。

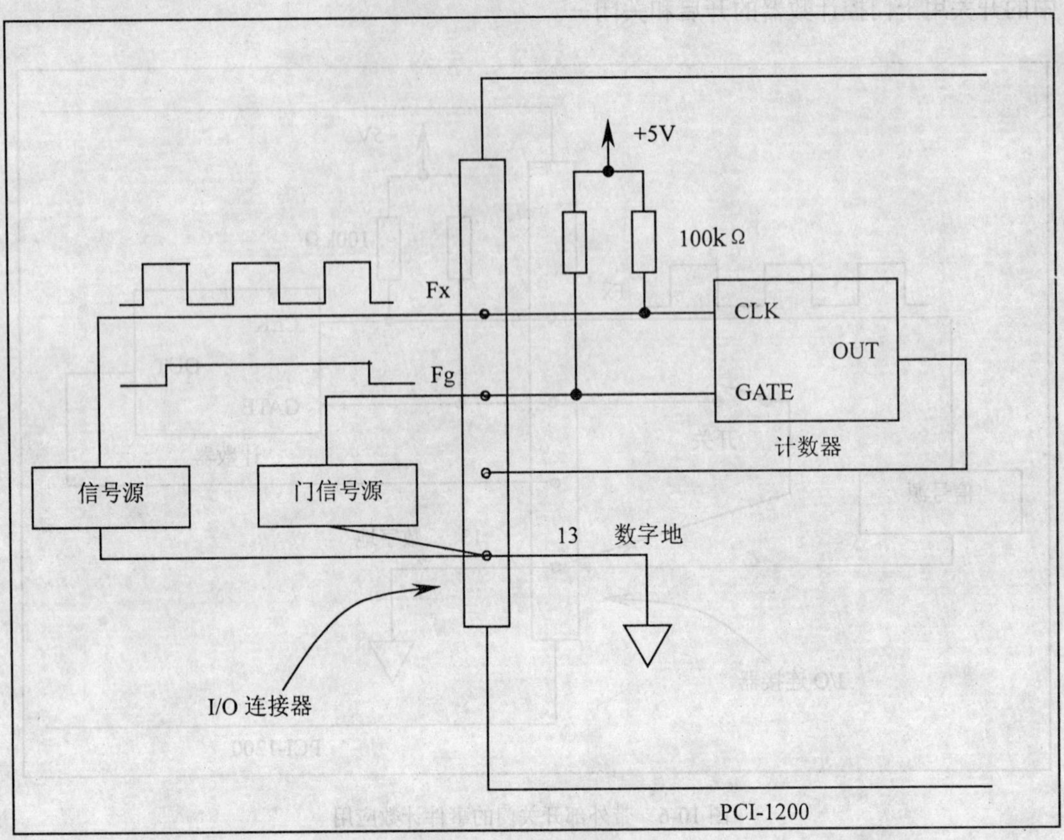

图 10-7　频率测量应用

10.2.5　模拟输入电路

1．模拟输入通道的组成

PCI-1200 卡的模拟输入电路如图 10-8 所示。它由 8 路输入模拟开关，7 挡增益程控放大器，多路计数增益选择电路，12 位 A/D 转控器，采集定时与控制，16 位 FIFO 缓存器等组成。

2．多路输入及通道扫描

两片输入多路器芯片，一个输入多路器包含 8 路模拟输入通道（通道 0～7），另一个输入多路器则为差分模式提供 1、3、5、7 四个通道。输入多路器有过压保护功能，其过压保护值通电状态下为±35V，断电状态下为±25V。

PCI-1200 卡有单通道采集和多通道扫描采集两种方式，按哪种方式工作可由软件选择。在单通道采集方式下，在采集开始之前，应先选择好通道和增益；在采集开始之后，整个采集过程中通道号和增益值均保持固定不变。

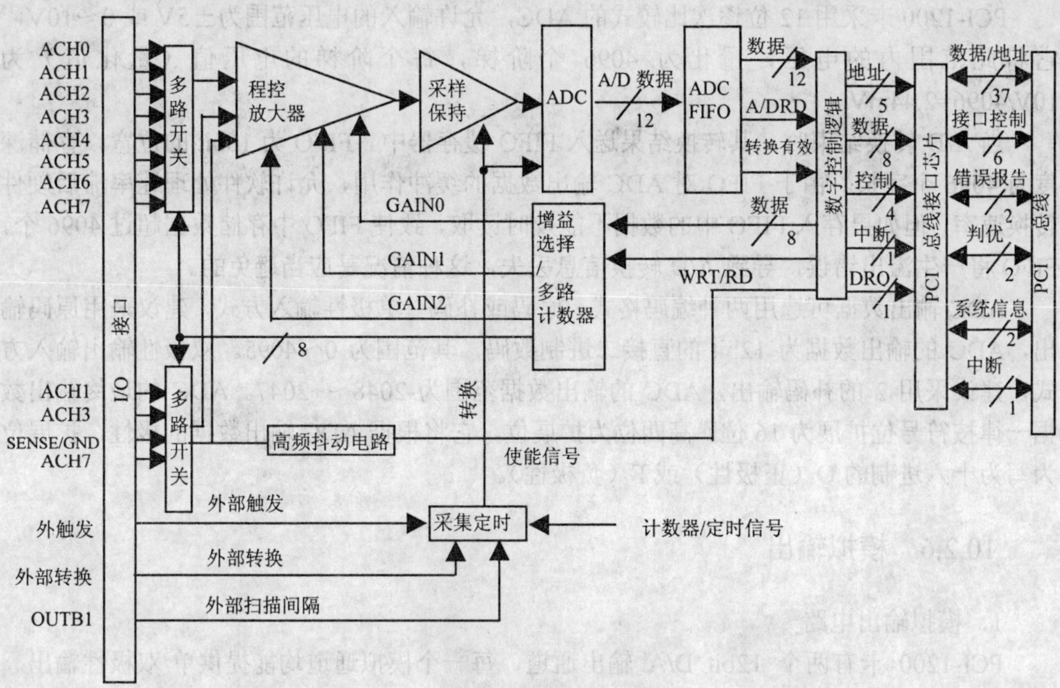

图 10-8　模拟输入电路

多通道扫描由输入多路器（通道切换）和多路计数器（通道计数）共同完成，在多通道扫描采集方式下，采集工作开始前，应先选择好最高通道号及通道增益，而在开始采集后的工作过程中，通道控制的多路计数器在采集定时信号（由内部 A0 或外部 EXTCONV 提供）的驱动下作减法计数，从最高通道号开始采集，依次递减至通道 0，然后再重复此过程。因此多通道的扫描可以从 2～8 号的任何一个通道开始。例如，若指定 CH3 为起始（最高）通道号，则扫描序列为：

CH3、CH2、CH1、CH0、CH3、CH2、CH1、CH0、CH3……

应当指出，在多通道扫描过程中，各通道的增益不变，为相同的增益值。

程控增益放大器为输入信号提供相应的增益，把不同的输入信号电压放大成为适合 A/D 转换的归一化电压值，以提高 A/D 转换的分辨力和准确度。PCI-1200 卡提供了 7 挡程控的增益：1、2、5、10、20、50 和 100。

3．抖动（Dither）电路

PCI-1200 卡的输入电路中设计了一个抖动（Dither）电路，当此电路工作时，在输入信号中叠加入一个约 0.5LSBrms 的高斯白噪声，与输入信号一起参与 A/D 转换。这种叠加噪声的工作方式，适用于允许对采集结果进行多次平均处理的应用场合，这样可减少量化误差的影响，把 PCI-1200 卡的分辨力（静态分辨力）提高到 12 位以上。例如，当直流测量（如模板校准）时，引入抖动功能，并对 1000 个采集点平均求得一个读数，可减少量化误差，改善 ADC 的分辨力，提高测量准确性。然而对于不允许进行平均处理的高速瞬变信号采集的场合，则应当关闭抖动电路；否则会增加噪声，降低动态分辨力。

4．ADC 的输出

PCI-1200 卡采用 12 位逐次比较式的 ADC，允许输入的电压范围为±5V 或 0～10V，它将此范围内的电压，量化为 4096 个阶梯，每个阶梯的电压值（量化值）为 10V/4096=2.44mV。

当 A/D 转换结束时，其转换结果送入 FIFO 缓存器中。FIFO 为 16bit 的位宽，存储深度为 4096 个字长。由于 FIFO 对 ADC 输出数据的缓冲作用，允许软件处理速率滞后硬件转换速率，但如果存入 FIFO 中的数据不能及时读取，致使 FIFO 中存储数据超过 4096 个，FIFO 将产生溢出错误，导致 A/D 转换信息丢失，这种情况是应当避免的。

ADC 输出数据可选用两种编码格式：原码或补码。单极性输入方式，建议采用原码输出，ADC 的输出数据为 12bit 的直接二进制数码，其范围为 0～4095。双极性输出输入方式，建议采用 2 的补码输出，ADC 的输出数据范围为-2048～+2047。ADC 的最终输出数据一律按符号位扩展为 16 位，高四位为扩展位，它将根据 ADC 输出数据的极性，扩展位为写为十六进制的 O（正极性）或 F（负极性）。

10.2.6　模拟输出

1．模拟输出电路

PCI-1200 卡有两个 12bit D/A 输出通道，每一个模拟通道均能提供单/双极性输出。PCI-1200 卡还包含了一个由外部或者内部定时的波形发生的定时电路，图 10-9 所示为模拟输出电路。

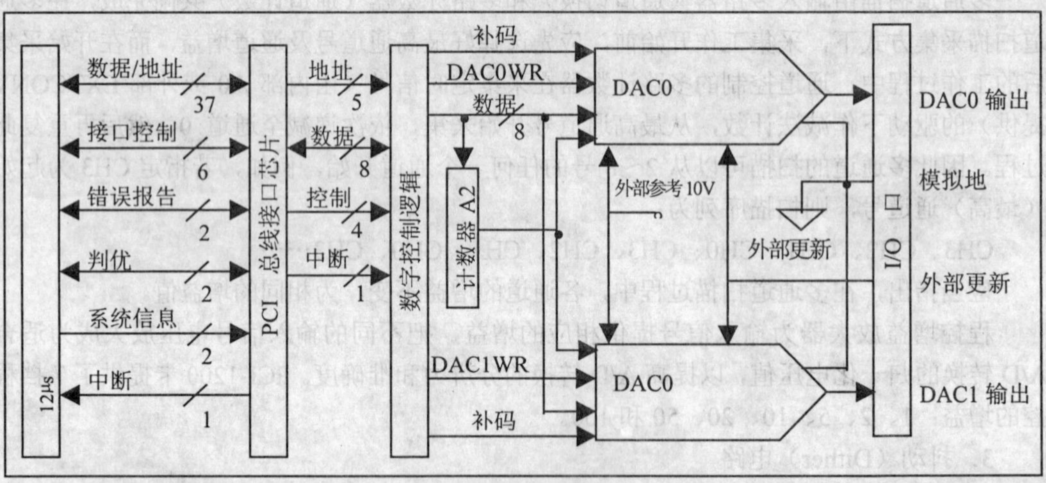

图 10-9　模拟输出电路

每一个模拟输出通道包含一个 12bit DAC。每一路 DAC 产生一个为输入的 12bit 数字代码和内部 10V 参考电压的乘积值成比例的模拟输出电压。两个 DAC 的输出电压分别从 DAC0 OUT 和 DAC1 OUT 脚输出。

每一路 DAC 通道可通过软件设置为单极性/双极性的电压输出，单极性的输出电压范围为：0.0000～9.9976V；双极性输出电压范围为：-5.0000～4.9976V。对单极性输出而言，0.0000V 输出对应于二进制输入 0000H，对双极性而言，-5.0000V 对应于二进制输入 F800H。

1 个 LSB 表示，当数字码有 1 个 LSB 变化时所对应的电压增量。对两种输出有：

$$1LSB = \frac{10V}{4095}$$

2．DAC 定时

更新 DAC 输出电压有两种方式：立即更新模式和延迟更新模式。在立即更新模式下，一旦写入输入值，DAC 将立即建立一个对应的电压输出。而在延迟更新模式下，DAC 输出电压是在检测到计数器 A2 输出或 EXTUPDATE 信号时，才变成新的输出值，此模式在波形产生时十分有用。两种模式的选择可通过软件设置。

如果使用延迟更新模式，DAC 被写入一个值后，只有在外部控制的 EXTUPDATE*信号变低后，相应的 DAC 电平才会更新。而且，如果使能中断产生，只有 EXTUPDATE*的上升沿被检测到时才产生中断。所以，在 PCI-1200 卡上实现外部定时，可用中断驱动的波形产生。EXTUPDATE*线对线路切换产生的噪声敏感，并且可能产生误中断。建议 EXTUPDATE*脉冲的宽度尽可能地窄，但应大于 50ns。

图 10-10 中描述了一种使用 EXTUPDATE*信号和延迟更新模式实现的波形发生定时过程。在这种情况下，通过 DAC OUTPUT UPDATE 信号的高电平，DAC 被更新，而 DAC OUTPUT UPDATE 信号的高电平是由 EXTUPDATE*信号的低电平触发的。CNTINT 是中断信号。该中断在 EXTUPDATE*信号的上升沿产生。DACWR 信号产生向 DAC 写入新值的操作。

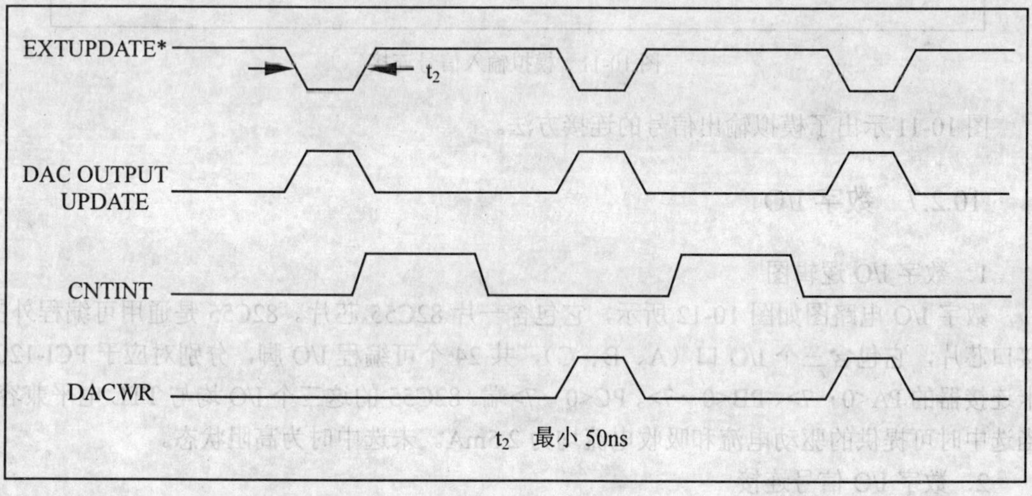

图 10-10　EXTUPDATE*信号定时更新 DAC 输出

3．模拟输出信号连接

I/O 连接器的 10～12 号引脚作为模拟输出信号引脚。10、12 号引脚分别称为 DAC0OUT 和 DAC1OUT。DAC0OUT、DAC1OUT 分别为模拟输出通道 0、1 的电压输出。11 号引脚（AGND）作为模拟输入、输出通道的地参考点。

下面为可用输出范围：

（1）输出信号范围

双极性　　　±5V*

单极性　　0～10V*

（2）最大负载电流　　±2mA （对 12 位线性度）

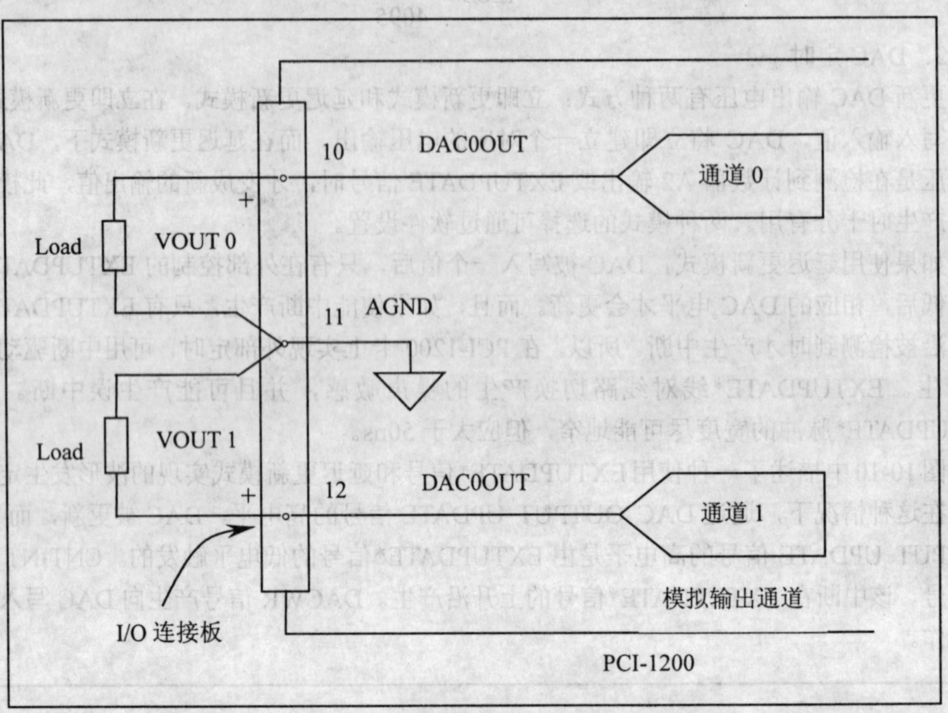

图 10-11　模拟输入信号连接

图 10-11 示出了模拟输出信号的连接方法。

10.2.7　数字 I/O

1．数字 I/O 逻辑图

数字 I/O 电路图如图 10-12 所示，它包含一片 82C55 芯片。82C55 是通用可编程外围接口芯片，它包含三个 I/O 口（A、B、C），共 24 个可编程 I/O 脚，分别对应于 PCI-1200 卡连接器的 PA<0‥7>、PB<0‥7>、PC<0‥7>端。82C55 的这三个 I/O 均与 TTL 电平兼容，当选中时可提供的驱动电流和吸收电流均为 2.5mA。未选中时为高阻状态。

2．数字 I/O 信号连接

I/O 连接器的 13～37 号引脚为数字 I/O 信号引脚。这些引脚对应为 82C55A 的三个 8 位端口的 24 个可编程 I/O 引脚。14～21 号引脚与数字 I/O 端口 A 的 PA<7‥0>数字线相连；22～29 号引脚与数字 I/O 端口 B 的 PB<7‥0>数字线相连。13 号引脚（DGND）作为所有三个 I/O 端口的数字地引脚。

图 10-13 描述了数字 I/O 的三种典型应用的信号连接。图中，端口 A 作为数字输出，端口 B、C 作为数字输入。数字输入应用包括接收 TTL 电平信号和检测如图 10-13 所示的开关这类外部设备的状态。数字输出应用包括发送 TTL 电平信号和驱动如图 10-13 所示的 LED 这类外部设备。

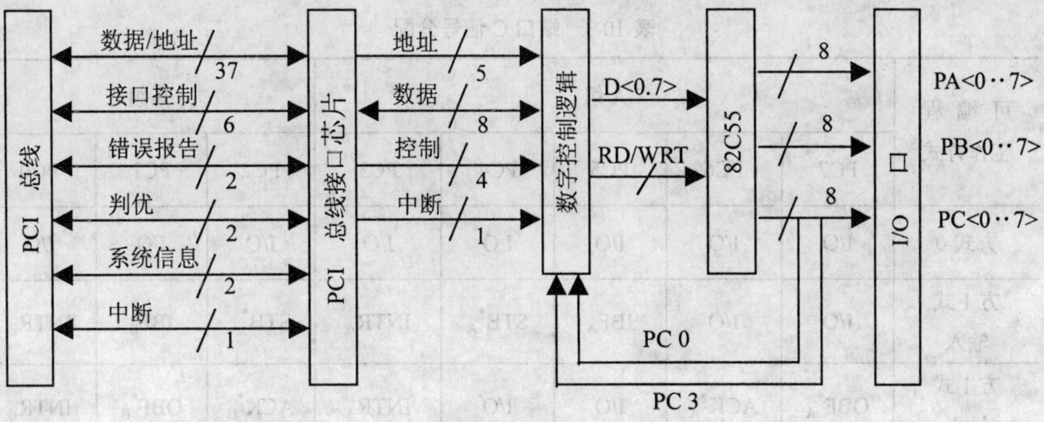

图 10-12　数字 I/O 电路

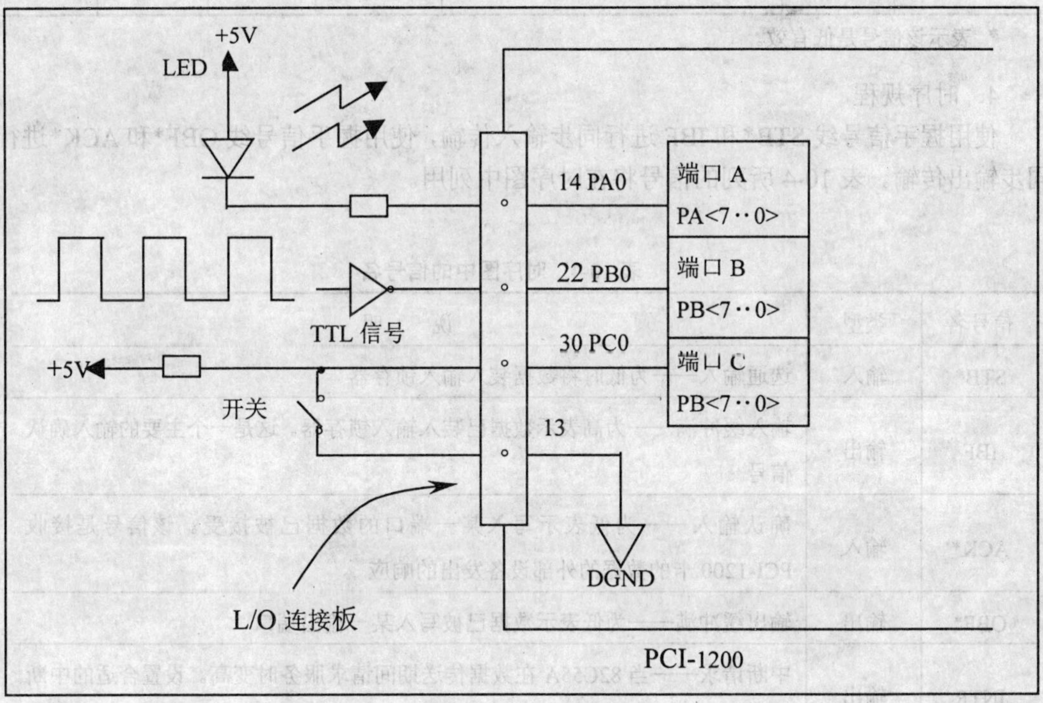

图 10-13　数字 I/O 连接

3．端口 C 的引线连接

连接到端口 C 上的信号取决于 82C55A 被编程的工作方式。在方式 0 中，C 口被用作两个 4 位 I/O 口；在方式 1、2 中，C 口可分别用作为 A 口和 B 口的状态和握手信号，余下的 2 位或 3 位作一般的 I/O 位。表 10-3 总结了在各种可编程工作方式下的 C 口信号分配。

表 10-3　端口 C 信号分配

可编程工作方式	A 组					B 组		
	PC7	PC6	PC5	PC4	PC3	PC2	PC1	PC0
方式 0	I/O	I/O	I/O	I/O	I/O	I/O	I/O	I/O
方 1 式输入	I/O	I/O	IBF_A	STB^*_A	$INTR_A$	STB^*_A	IBF_B	$INTR_B$
方 1 式输出	OBF^*_A	ACK^*_A	I/O	I/O	$INTR_A$	ACK^*_B	OBF^*_B	$INTR_B$
方式 2	OBF^*_A	ACK^*_A	IBF_A	STB^*_A	$INTR_A$	I/O	I/O	I/O

* 表示该信号是低有效。

4．时序规程

使用握手信号线 STB*和 IBF 进行同步输入传输，使用握手信号线 OBF*和 ACK*进行同步输出传输。表 10-4 所列的信号将在时序图中列用。

表 10-4　时序图中的信号名

信号名	类型	说　明
STB*	输入	选通输入——为低时将数据装入输入锁存器
IBF	输出	输入缓冲满——为高表示数据已装入输入锁存器。这是一个主要的输入确认信号
ACK*	输入	确认输入——为低表示写入某一端口的数据已被接受。该信号是接收 PCI-1200 卡的数据的外部设备发出的响应
OBF*	输出	输出缓冲满——为低表示数据已被写入某一输出端口
INTR	输出	中断请求——当 82C55A 在数据传送期间请求服务时变高。设置合适的中断使能信号来产生该信号
RD*	内部	读信号——该信号由 PCI 接口电路产生的读信号
WR*	内部	写信号——该信号由 PCI 接口电路产生的写信号
DATA	双向	某一端口的数据线——该信号表示某一端口数据线上的数据什么时候有效或将有效

82C55 可编程工作于方式 0、方式 1 和方式 2。关于三种工作方式下输入/输出的时序图请参阅 82C55 芯片的技术说明，这里不再赘述。

§10-3　数据采集的工作原理

10.3.1　数据采集的定时

数据采集的定时是控制数据采集工作的一个核心技术。定时操作是由定时电路产生的各种时基信号和定时信号，作用于控制逻辑电路而完成的。PCI-1200 数据采集卡的主要定时信号有：两次采样之间的时间间隔的定时（决定采样速率的时钟信号）、决定一次采集过程长度的定时、多通道扫描采集的两次扫描之间的时间间隔的定时等。

1．采样间隔

一个连续采集的序列中，相邻两次采集之间的时间间隔称为采样间隔。在 PCI-1200 卡中，采样间隔可由内部定时电路（计数器 A0 或扩充 B0）定时，或者由外部信号 EXTCONV*定时（每次 A/D 转换在 EXTCONV*的下降沿处产生）。

2．触发方式

触发是在观测对象上指定所感兴趣的观测点或观察窗口，即用触发的定时信号对观察点或观察窗定位。触发分为后触发和预触发两种方式，如果欲观察触发点后面的信号波形或测量数据，则可以可触发信号去启动一次采集过程，这种触发方式称为后触发（POSTTRIG）；如果欲观察触发点前面的信号波形或采集数据，则可用触发信号去停止一次采集过程，这种方式称为预触发（PRETRIG）。

PCI-1200 卡是经 EXTTRIG 引脚从外部提供触发信号。它有后触发（POSTTRIG）和预触发（PRETRIG）两种方式，采用什么方式可由软件选择。

3．采集长度

采集长度：是指一次连续采集过程从启动到停止的长度，通常是根据采样次数的多少来控制一个采集序列的长度，即常用采样次数计数器来控制长度。在后触发（POSTTRIG）方式，用触发信号启动采集操作的同时，也启动了一个采样次数计数器，当达到规定的采样次数时，由计数器输出一个信号去停止采集，因而获得一次触发之后的规定长度的采集过程。

在预触发（PRETRIG）方式，为了保证采集到触发点之前的一段预定长度的数据，通常先用软件启动采集操作，在启动采集时也同时启动另一个长度的计数器，当采集满了预定值后，才能接受一个触发信号，去停止本次采集过程，从而获得一次触发之前的规定长度的采集过程。

事实上，许多应用场合，希望能观察到被采集的对象在触发点前后的情况，此时可采用了后触发和预触发相结合的中间触发方式，总的采集长度可用两个计数器控制。采集过程先由软件启动，当采集够了 N1 次之后（由前置计数器 1 控制），才能接受触发信号，触发后再采集 N2 次（由后置计数器 2 控制），即停止采集，其定时关系如图 10-14 所示。从而获得一次处于触发前后的规定长度 N（N=N1+N2）的采集过程。

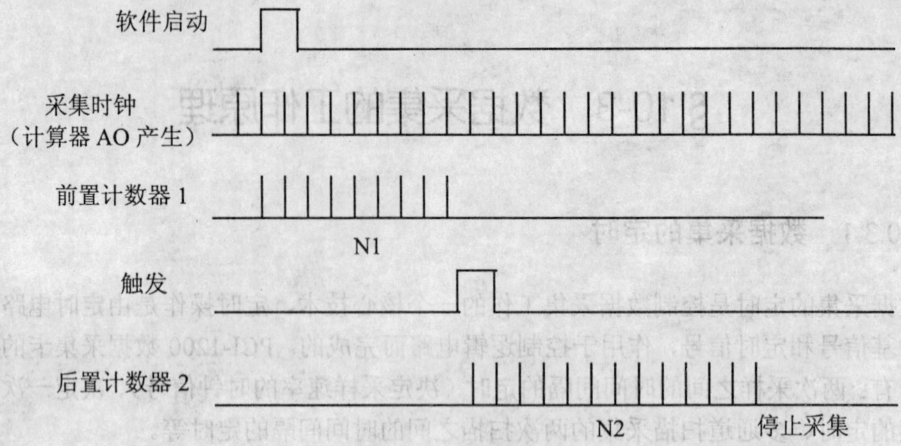

图 10-14　中间触发方式定时图

10.3.2　数据采集的起停控制——采集方式

采集的启动与停止控制，除涉及到触发方式、采集长度外，还与采用的采集方式有关。

PCI-1200 卡有两种采集工作方式：受控采集方式和自由采集方式。两种采集方式下采集的启动和停止方法的异同点是：采集启动方法相同，可由软件控制或由硬件控制（外部 EXTTRIG 信号）。采集终止方法不同：在受控采集方式下由内部的 A1 计数器停止采集（硬件控制）；在自由采集方式下由软件计数停止采集（软件控制）。

1．受控采集方式

PCI-1200 卡在受控采集方式下，控制采集使用了两个计数器，A0 计数器控制采样间隔，A1 计数器控制采样次数。当完成了指定的转换次数后，A1 产生关闭 A0 的门控信号，A0 停止计数，不产生转换脉冲，因而采集过程停止。在单路受控采集方式下，转换次数的设定值受 A1 的计数容量限定，即不超过 2^{16}（65535）。

2．自由采集方式

PCI-1200 卡在自由采集方式下，只使用了一个计数器 A0 去控制采集，软件启动采集，使 A0 的门控端 GATE0 保持高电平，A0 连续计数中产生转换脉冲。自由采样方式下由软件记录转换次数，在完成了预定的转换次数或者满足了用户定义的条件后，关闭 A0 计数，停止采集。在单路自由转换方式下，采集次数将不受限制。

3．PCI-1200 卡的采集定时与起停控制

PCI-1200 卡采样间隔定时可用内时钟（A0 计数提供）或者外时钟 EXTCONV*，触发信号可由 EXTTRIG 或者软件提供，触发方式有后触发（POSTTRIG）和预触发（PRETRIG），采集长度可由硬件计数（A1 计数器）或软件计数决定，采集方式有受控方式和自由方式两种等，用户可从它们中选用一种办法，去控制采集的启动和停止。

在后触发（POSTTRIG）方式下，由外触发信号 EXTTRIG 启动一次采集过程。采样间隔可由内部定时器 A0 提供（在 EXTTRIG 信号的上升沿启动采集，同时也启动了计数器 A0），或者使用外部 EXTCONV*信号定时采样间隔。当使用 EXTCONV*来定时采样间隔时，则在 EXTTRIG 上升沿到来后的第一个 EXTCONV*下降沿处产生第一次转换。在受控

采样方式下，计数器 A1 对采样次数计数，当完成预定的采集次数后，A1 计数器产生结束采集，关闭采样定时信号 A0 或 EXTCONV*的门控信号。在单路受控采集方式下，一个采集过程的采集次数的设定值在 65535（2^{16}）之内。EXTTIRG 启动一次采集过程后，本次采集过程未结束之前，EXTTIRG 的变化不会对采集产生影响。图 10-15 表示了后触发方式下用 EXTCONV*和 EXTTIRG 控制数据采集过程的定时关系图。

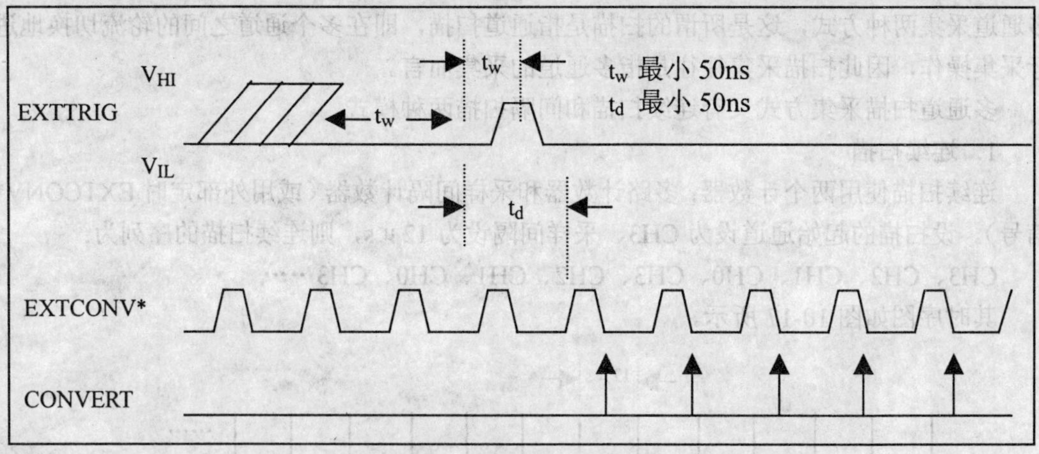

图 10-15　后触发方式采集定时图

在预触发（PRETRIG）模式下，EXTTRIG 可作为采集的结束信号。当只需观察触发之前各次采集的数据，可使用预触发方式，此时由软件启动采集，待触发出现后结束采集。预触发方式还允许观察触发信号 EXTTRIG 前后一段时间内采集的数据。此时仍由软件启动采集，在 EXTTRIG 信号到来时，并不立即停止采集，而由 EXTTRIG 的上升沿启动采样计数器 A1，当采集完预定次数（A1 计数到 0），采集才停止。这样可以观察触发点前后的采集值。触发点之后的最大采样点数为 65535，触发点之前的采样点数仅受存储容量的限制。

图 10-16 表示用 EXTCONV*和 EXTTRIG 来控制预触采集的定时图。本图表示的是观察触发点前后的采集过程，采样计数器 A1 设置为 5，数据采集由软件启动，在 EXTTRIG 信号上升沿到来后再采集 5 次，采集则停止。

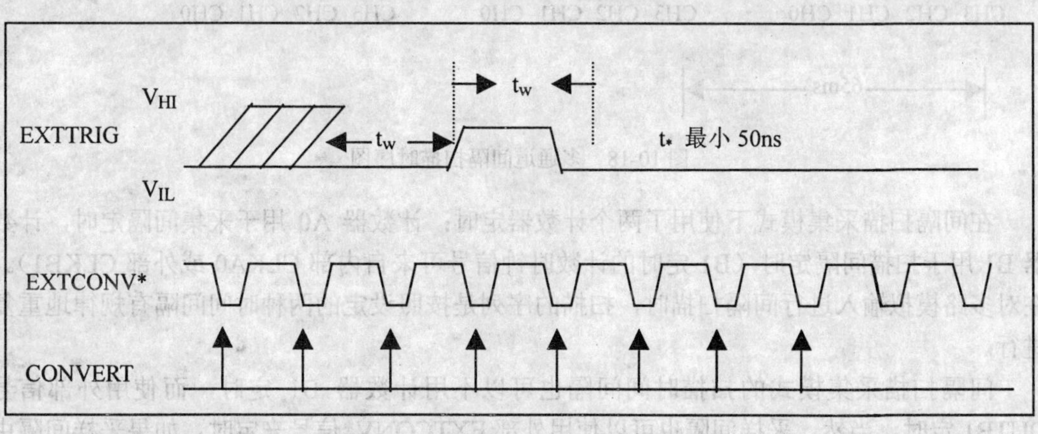

图 10-16　预触发方式采集定时图

在新的采集过程未开始之前，即使 EXTTRIG 信号有变化，也不会对采集过程产生影响。

10.3.3　间隔扫描采集

PCI-1200 卡有连续扫描和间隔扫描两种方式。如前所说，PCI-1200 卡有单通道采集和多通道采集两种方式，这是所谓的扫描是指通道扫描，即在多个通道之间的轮流切换地进行采集操作，因此扫描采集往往是指多通道的采集而言。

多通道扫描采集方式又有连续扫描和间隔扫描两种模式。

1．连续扫描

连续扫描使用两个计数器：多路计数器和采样间隔计数器（或用外部定时 EXTCONV*信号）。设扫描的起始通道设为 CH3、采样间隔设为 12μs，则连续扫描的序列为：

CH3、CH2、CH1、CH0、CH3、CH2、CH1、CH0、CH3……

其时序图如图 10-17 所示。

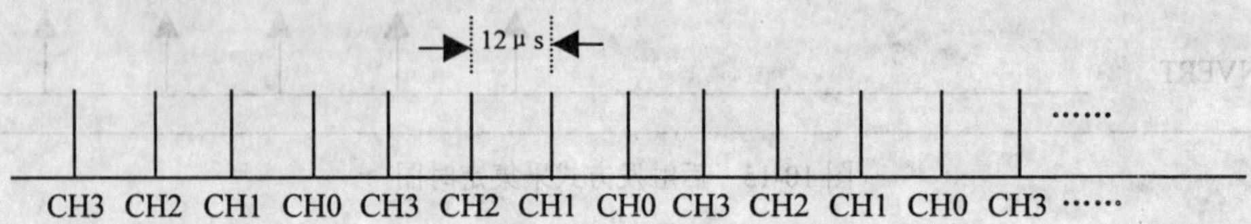

图 10-17　多通道连续扫描时序图

2．间隔扫描

间隔扫描使用三个计数器：多路计数器、采样间隔计数器和扫描间隔计数器。开始工作前三个计数器的初始值分别设置为起始通道 CH3，采样间隔 12μs，扫描间隔 65ms。则间隔扫描的时序图如图 10-18 所示。

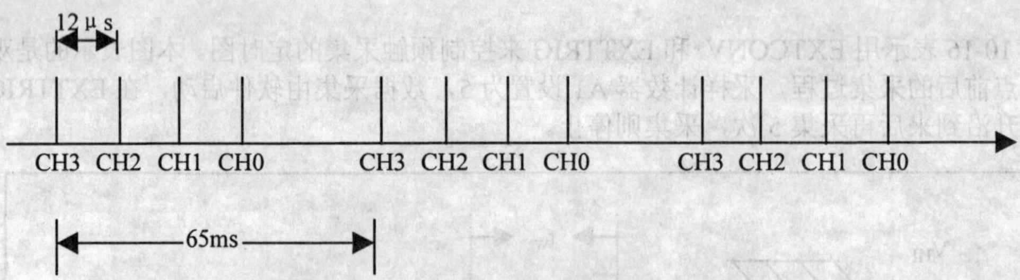

图 10-18　多通道间隔扫描时序图

在间隔扫描采集模式下使用了两个计数器定时：计数器 A0 用于采集间隔定时，计数器 B1 用于扫描间隔定时（B1 定时的计数时钟信号可来自内部 CLKA0 或外部 CLKB1）。在对多路模拟输入进行间隔扫描时，扫描的序列是按照设定的两种时间间隔有规律地重复进行。

间隔扫描采集模式的扫描时间间隔也可以不用计数器 B1 定时，而使用外部信号 OUTB1 定时。当然，采样间隔也可以使用外部 EXTCONV*信号来定时。如果采样间隔由外部定时，那么建议扫描间隔最好也使用外部定时。

图 10-19 示出了一个使用 OUTB1 和 EXTCONV*外部定时的间隔扫描例子。本例子是以通道 1 作为起始通道，每个扫描序列中 CH1、CH0 各扫描一次。每来一次 OUTB1 信号，扫描序列被启动一次，在 OUTB1 信号上升沿到来的 50ns 后出现的第一个 EXTCONV*上升沿处，才启动一个内部 GATE 信号，允许 EXTCONV*信号启动一次/D 转换。第一次转换是在第一个 EXTCONV*信号的下降沿处产生（对 CH1 通道），紧接着来的第二个 EXTCONV*信号下降沿处产生第二次 A/D 转换（对 CH0 通道），在预定的两个通道 CH1、CH0 扫描采集完成后，GATE 信号变为低电平，去关闭 EXTCONV 信号，在本次扫描间隔的余下时间内禁止 A/D 转换。

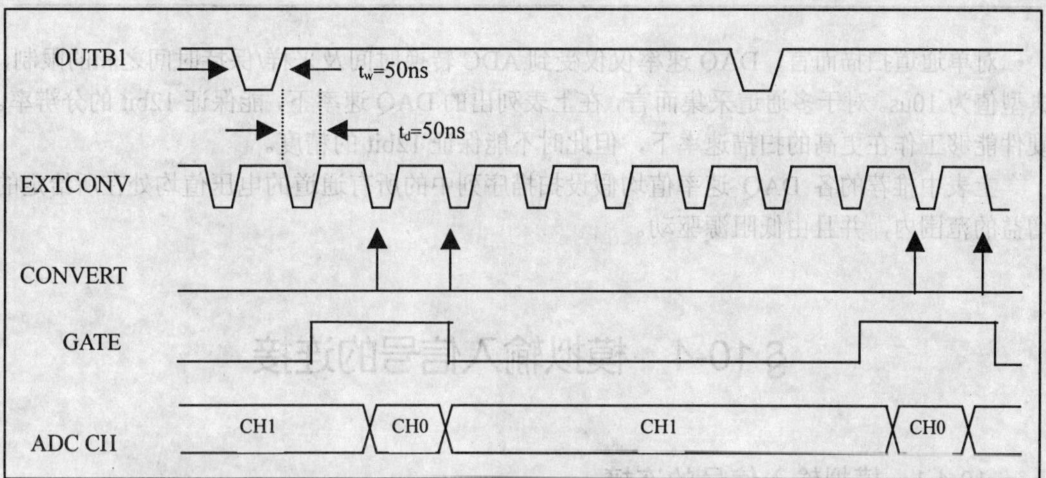

图 10-19　间隔扫描信号定时

3．采集速率

DAQ 的最大速率（每秒采样点数）由 ADC 的转换周期以及采样/保持采集时间决定。在多通道扫描操作中，DAQ 速率受到了输入多路转换器及可程控放大器的建立时间的限制。当输入多路器切换后，在进行 A/D 转换之前放大器应当把新的输入信号值建立在 12bit 精度之内，否则不能达到 12bit 精度。放大器的建立时间是所选增益的函数。

表 10-5 列出了多通道扫描下的每种增益设置所对应的建立时间的推荐值：

表 10-5　不同增益下的建立时间推荐值

增益	建立时间（精度：±0.024%，[±1LSB]）
1	典型值 10μs，最大值 14μs
2～10	典型值 13μs，最大值 16μs
50	典型值 27μs，最大值 34μs
100	典型值 60μs，最大值 80μs

表 10-6 列出了单路/多路通道采集时对应的最大的 DAQ 速率的推荐值：

表 10-6　不同增益下的采集速率推荐值

采集方式	增益	速率
单通道	1,2,5,10,20,50,100	100kS/s
多通道	1	100kS/s
	2,5,10	77kS/s
	20	66.6kS/s
	50	37kS/s
	100	16.6kS/s

对单通道扫描而言，DAQ 速率仅仅受到 ADC 转换时间及采样/保持时间之和的限制，典型值为 10μs。对于多通道采集而言，在上表列出的 DAQ 速率下，能保证 12bit 的分辨率。硬件能够工作在更高的扫描速率下，但此时不能保证 12bit 的精度。

上表中推荐的各 DAQ 速率值均假设扫描序列中的所有通道的电压值均处在所给定的增益的范围内，并且由低阻源驱动。

§10-4　模拟输入信号的连接

10.4.1　模拟输入信号的连接

1．输入的连接

I/O 连接器引脚 1～8 用于连接 12 位 ADC 的模拟输入信号。引脚 9（AISENSE/AIGND）作为模拟公共信号使用，在 RSE 模拟输入模式中，将该引脚作为一般的模拟电源地连至 PCI-1200 板卡；或在 NRSE 模拟输入模式中作为一个返回通路使用。引脚 11（AGND）作为差分测量中的偏置电流返回点。引脚 1～8 通过 4.7kΩ 的串接电阻连至输入多路开关的 8 个单端模拟输入通道上。在 DIFF 输入模式中还要用引脚 2、4、6、8 连至另一个输入多路开关。

引脚 ACH（7‥0）在各种可能的增益下的输入信号范围如表 10-7 所示。只要最大输入电压不超过±35V（通电时）或±25V（断电时），超过输入信号范围也不会损坏输入电路，但会使输入信号产生失真，如果超过最大输入电压值，则会使 PCI-1200 卡或计算机损坏。

模拟输入信号与 PCI-1200 卡的连接方式取决于 PCI-1200 卡的模拟输入电路的组态方式和输入信号源的类型。当 PCI-1200 卡使用差分方式组态时，PCI-1200 卡的仪用放大器可按差分方式工作。PCI-1200 卡的仪用放大器如图 10-20 所示。

表 10-7　模拟输入信号范围

增益倍数	双极性输入范围	单极性输入范围
1	-5.0～4.99756V	0～9.99756V
2	-2.5～2.49878V	0～4.99878V
5	-1.0～0.99951V	0～1.99951V
10	-500～499.756mV	0～999.756mV
20	-250～249.877mV	0～499.877mV
50	-100～99.951mV	0～199.951mV
100	-50～49.975mV	0～99.975mV

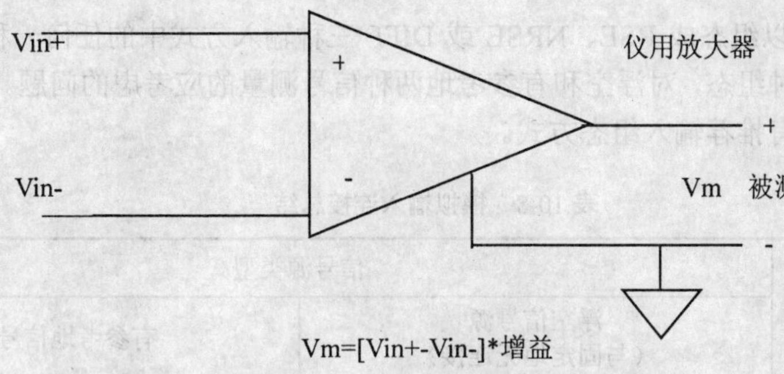

图 10-20　PCI-1200 卡仪用放大器

PCI-1200 卡仪用放大器为连接于板上的模拟输入信号提供电压放大、共模电压抑制和高的输入阻抗。通过 PCI-1200 卡的输入多路开关，输入信号被分别连至仪用放大器的正负输入端。仪用放大器将双输入端的信号转换成单端信号，该信号等于两输入端信号的差值乘以放大器增益。放大器的输出电压以 PCI-1200 卡的地作参考，当进行 A/D 转换时，PCI-1200 卡的 ADC 测量的就是这个输出电压。

所有的输入信号都必须以地作参考，这个地或者在源设备方、或者在 PCI-1200 卡上。如果对浮空信号源进行测量，必须在 PCI-1200 卡上使用有参考地的输入连接；对有参考地的信号源进行测量，必须使用 PCI-1200 卡上的无参考地输入连接。

2．信号源类型

当组态 PCI-1200 卡的输入模式和进行信号连接时。首先必须明确信号源是浮空的还是有参考地的。这两种类型的信号源说明如下。

（1）浮空信号源

浮空信号源是指与已建立的系统地无任何连接关系，而具有独立隔离的地参考点的信号源。某些浮空信号源的例子如下：变压器、热电耦、电池组、光电隔离器、隔离放大器等的输出。将浮空信号的参考地与 PCI-1200 卡的模拟输入地连在一起，可以给该信号建立一个局部的或板上的参考地；否则，被测输入信号将产生变动或出现浮空现象。所有提供独立输出的仪器或设备均可视作浮空信号源。

（2）有参考地信号源

有参考地信号源是指与已建立的系统地有某种方式的连接关系的信号源，所以，如果计算机与信号源连接于同一个电源系统之中，那么信号源和相对于 PCI-1200 卡的公共接地点便已经有连接关系了。所有接入已建立的电源系统的仪器或设备均可视作有参考地信号源。

连接于同一电源系统中的两种仪器之间的地电势差典型值为 1～100mV，但是，如果电源分布电路连接不当，这个差将会更大。按照一定的信号源接地规则进行连接，将能够把被测信号中的地电势差去除。

注意　如果 PCI-1200 卡和计算机使用一个浮空电源供电（如电池组），系统相对于大地来说是浮空的。这种情况下，将所有信号源看作浮空源。

10.4.2　输入组态

PCI-1200 卡可以组态成 RSE、NRSE 或 DIFF 三种输入方式中的任何一种。下面介绍使用单端与差分两种组态，对浮空和有参考地两种信号测量的应考虑的问题。表 10-8 总结了两种信号源的所有推荐输入组态方式。

表 10-8　模拟输入连接总结

输入方式	信号源类型	
	浮空信号源（与固定地无连接）	有参考地信号源
	例子： 不接地热电耦； 带隔离输出的信号调理； 电池组设备；	例子： 不隔离输出的插入式仪器
差分（DIFF）	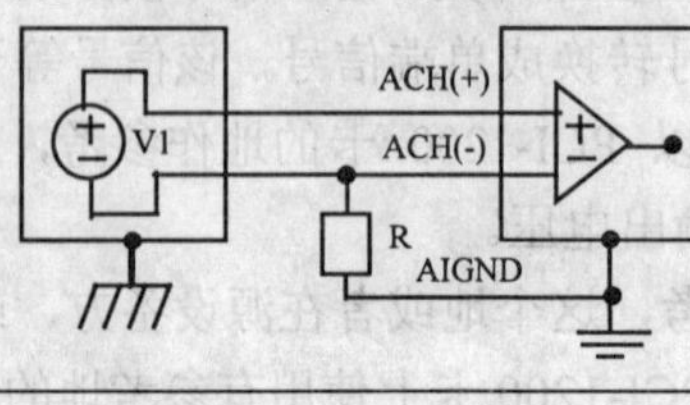	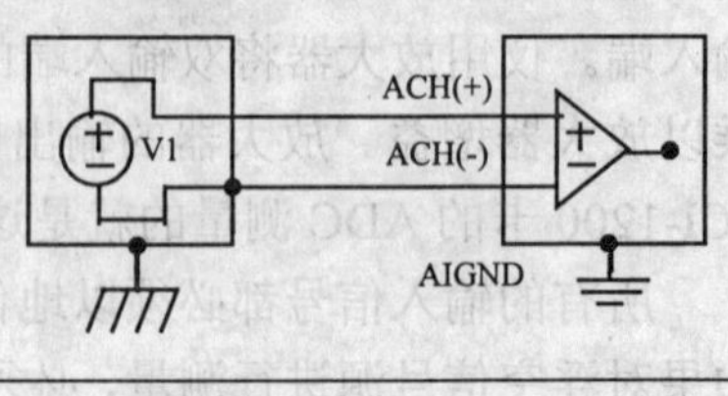
单端——有地参考（RSE）	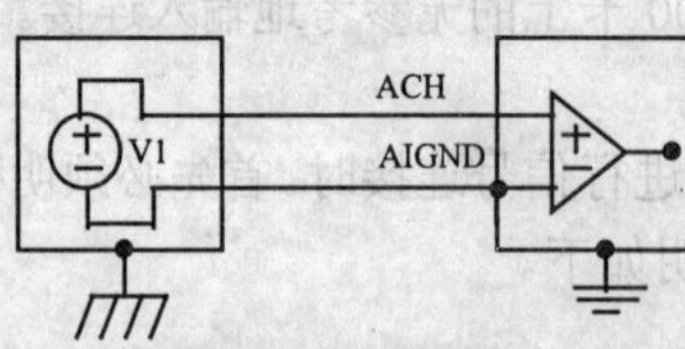	不推荐 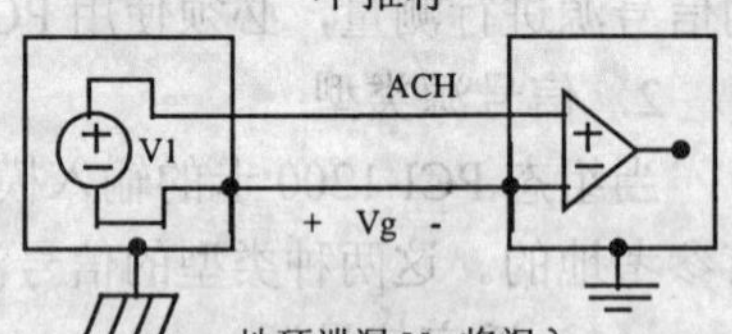地环泄漏 Vg 将混入被测信号中
单端——无地参考（NRSE）	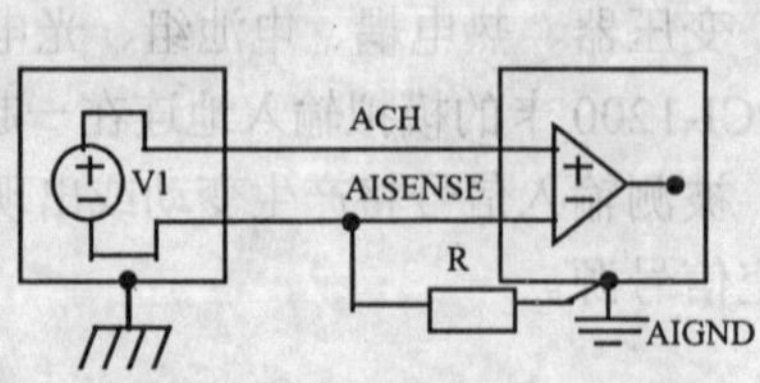	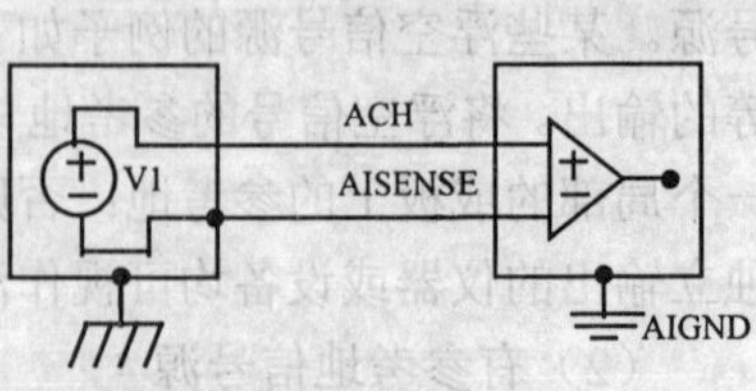

1．差分连接（DIFF 组态）

差分连接是指每一个 PCI-1200 卡模拟输入信号均有自己的参考信号或信号返回通路的连接。当 PCI-1200 卡组态成 DIFF 模式时，将使用这种连接方式。每个输入信号连至仪用放大器的正输入端，它的参考信号或返回信号接在负输入端。

当 PCI-1200 卡组态为 DIFF 输入模式时，每个信号将同时用两个多路器输入端——一个接信号，另一个接参考。所以，DIFF 方式下只有四个模拟输入通道可用。在以下情形中使用 DIFF 输入模式：

① 输入信号为小信号（小于 1V）；

② 连接 PCI-1200 卡的信号线大于 10 英尺；

③ 任何一个输入信号要求分离的地参考点或返回信号；

④ 信号线要穿过噪声环境。

差分信号连接方式可减少尖峰噪声，增加共模信号抑制和噪声抑制。使用这种连接方式时，输入信号可以在输入仪用放大器的共模抑制范围内浮置。

（1）有参考地信号源的差分连接

图 10-21 表示了有参考地的信号源与组态成 DIFF 输入模式的 PCI-1200 卡的连接方法。

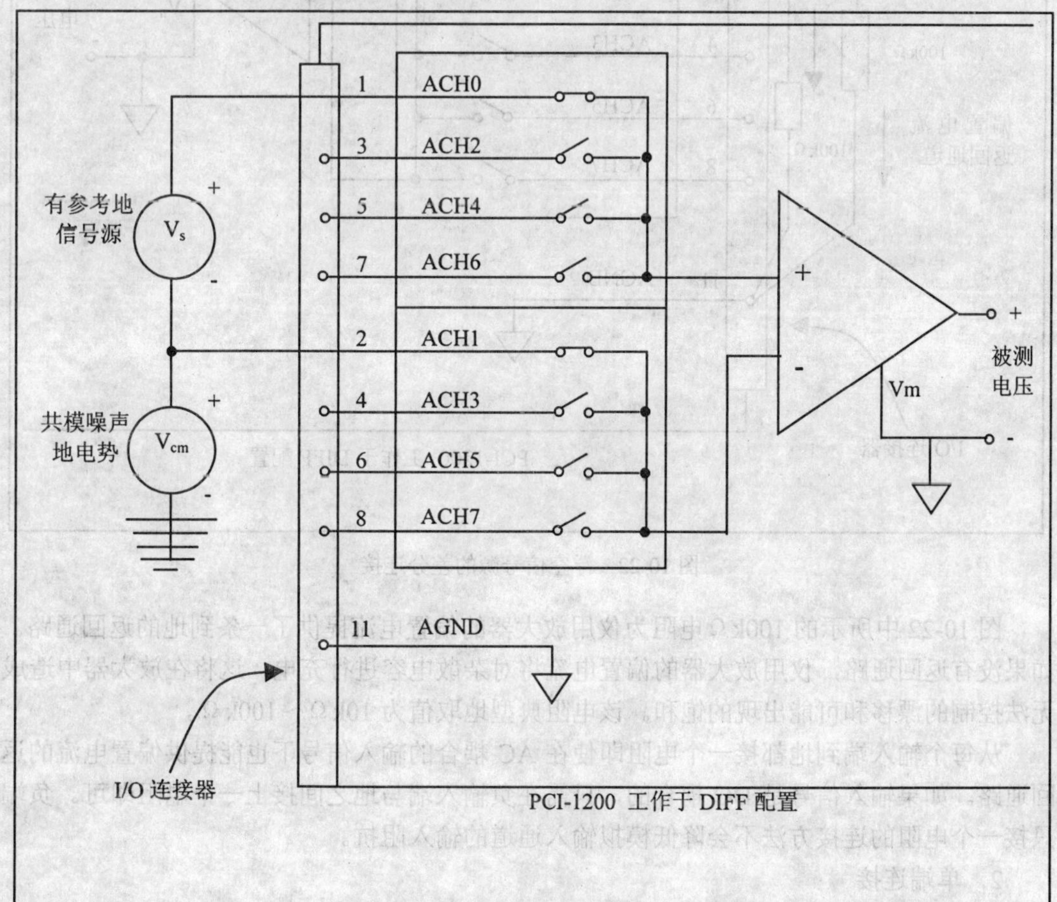

图 10-21　有参考地信号源的差分连接

使用这种连接方式，仪用放大器能够抑制信号中的共模噪声和信号源与 PCI-1200 卡地之间的地电势差（图 10-21 中的 V_{cm}）。

（2）浮空信号源的差分连接

图 10-22 表示了浮空信号源与组态成 DIFF 输入模式的 PCI-1200 卡的连接方法。

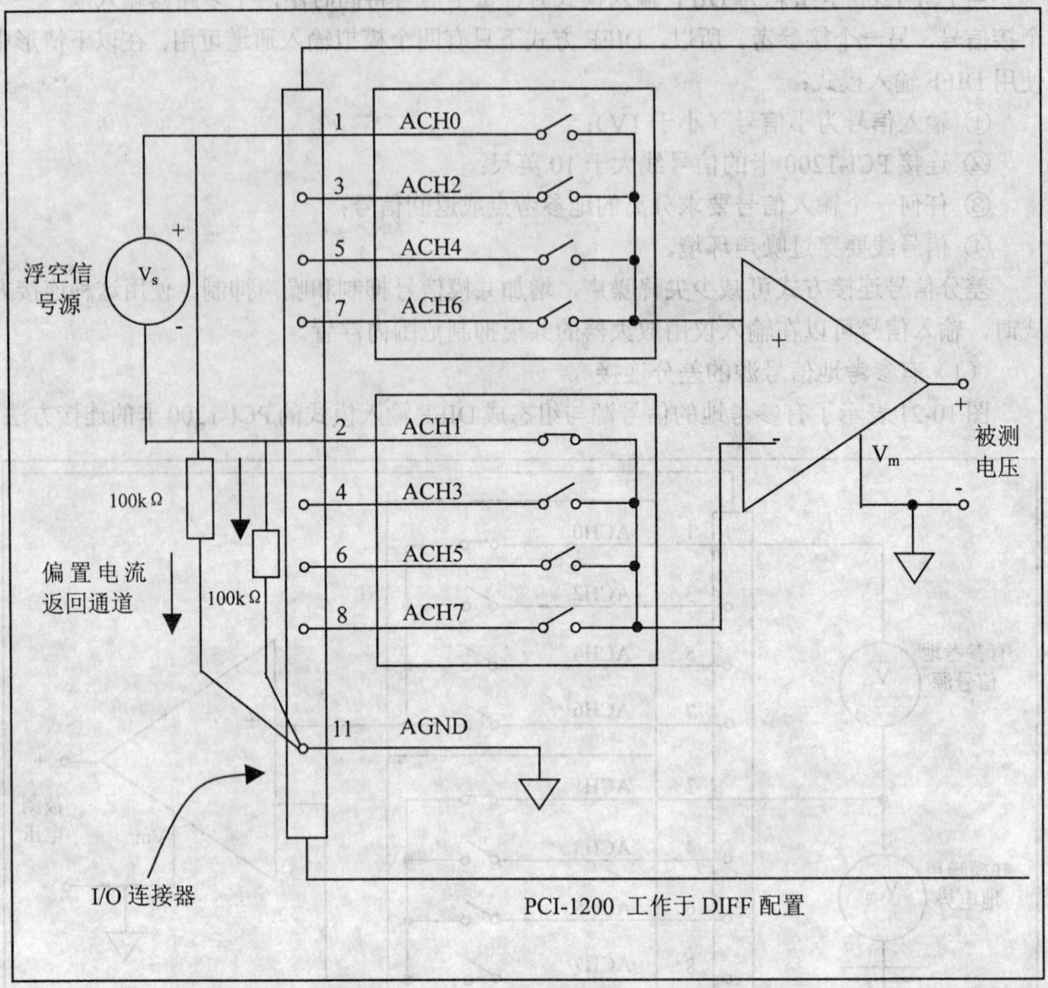

图 10-22　浮空信号源的差分连接

图 10-22 中所示的 100kΩ 电阻为仪用放大器的偏置电流提供了一条到地的返回通路。如果没有返回通路，仪用放大器的偏置电流将对杂散电容进行充电，这将在放大器中造成无法控制的漂移和可能出现的饱和。该电阻典型地取值为 10kΩ～100kΩ。

从每个输入端到地都接一个电阻即使在 AC 耦合的输入信号下也能提供偏置电流的返回通路。如果输入信号是 DC 耦合的，只需在负输入端与地之间接上一个电阻即可。负端只接一个电阻的连接方法不会降低模拟输入通道的输入阻抗。

2．单端连接

单端连接是指 PCI-1200 卡所有模拟输入信号均以一个公共地作为参考的连接。输入信号连接在仪用放大器的正输入端，它们的共地点接在仪用放大器的负输入端。

当 PCI-1200 卡组态成单端输入方式（NRSE，RSE）时，共有 8 个模拟输入通道可用。在以下情形中使用单端连接方式：

① 输入信号为大信号（大于 1V）；

② 连接 PCI-1200 卡的信号线小于 10 英尺；

③ 所有输入信号共用同一参考信号（在源端）。

如果有以上任何一个条件不满足，应使用 DIFF 输入组态方式。

可以使用软件将 PCI-1200 卡组态成两种不同类型的单端连接方式，即：RSE 组态、NRSE 组态。浮空信号源使用 RSE 组态，这种情形下，PCI-1200 卡可给外部信号提供地参考点。有参考地信号源使用 NRSE 组态，这种情形下，外部信号自己提供它的地参考点，PCI-1200 卡不能提供。

（1）浮空信号源的单端连接（RSE 组态）

图 10-23 表示了浮空信号源与组态成 RSE 模式的 PCI-1200 卡的连接方法。当 PCI-1200 卡的模拟输入电路组态成 RSE 输入模式时使用这种类型连接。

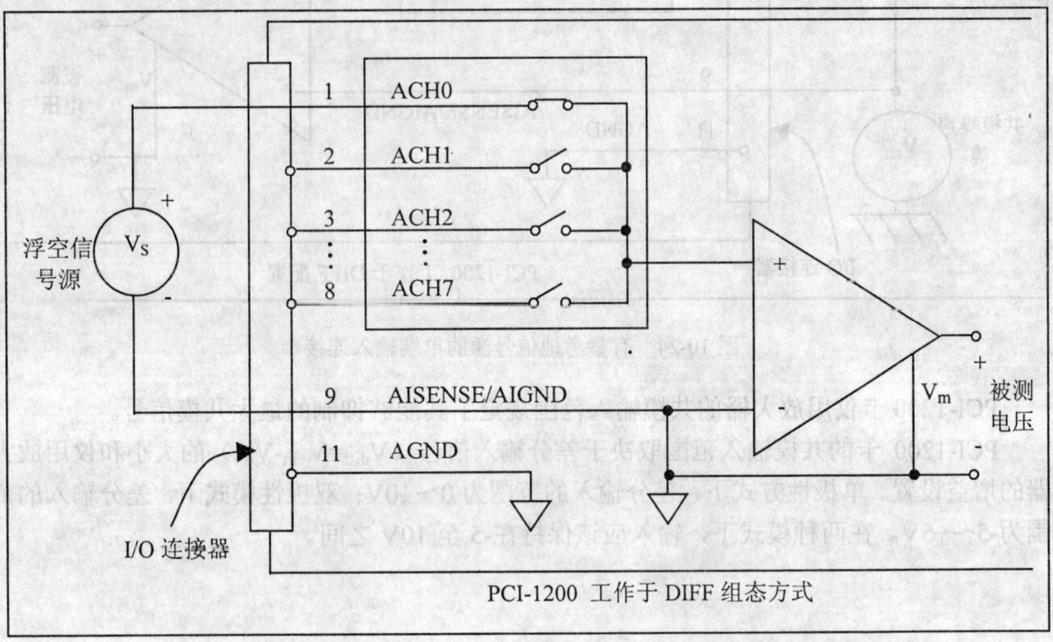

图 10-23　浮空信号源的单端输入连接

（2）有参考地信号源的单端连接（NRSE 组态）

使用单端连接方式测量有参考地的信号源时，应将 PCI-1200 卡组态成 NRSE 输入模式。输入信号连接在 PCI-1200 卡仪用放大器的正输入端，信号本地的参考地接在负输入端。所以信号的接地点应连接在 AISENSE 引脚上。PCI-1200 卡地和信号地之间的任何电势差都将以共模信号的形式出现在仪用放大器的正负输入端，放大器能够抑制这种共模信号。反之，如果 PCI-1200 卡的输入电路以地作参考，如同 RSE 组态一样，地电势差将是出现在被测电压中的误差。

图 10-24 表示了有参考地信号源与组态成 NRSE 模式的 PCI-1200 卡的连接方法。

3．共模信号抑制

图 10-22 和图 10-24 示出与 PCI-1200 卡相关的一些接地点的信号源的连接方式。在这些情形下，仪用放大器能够抑制由于信号源和 PCI-1200 卡的地电势差所产生的任何电压。另外，使用差分输入连接时，仪用放大器能够抑制连接信号源和 PCI-1200 卡的引线上的共模尖峰噪声。

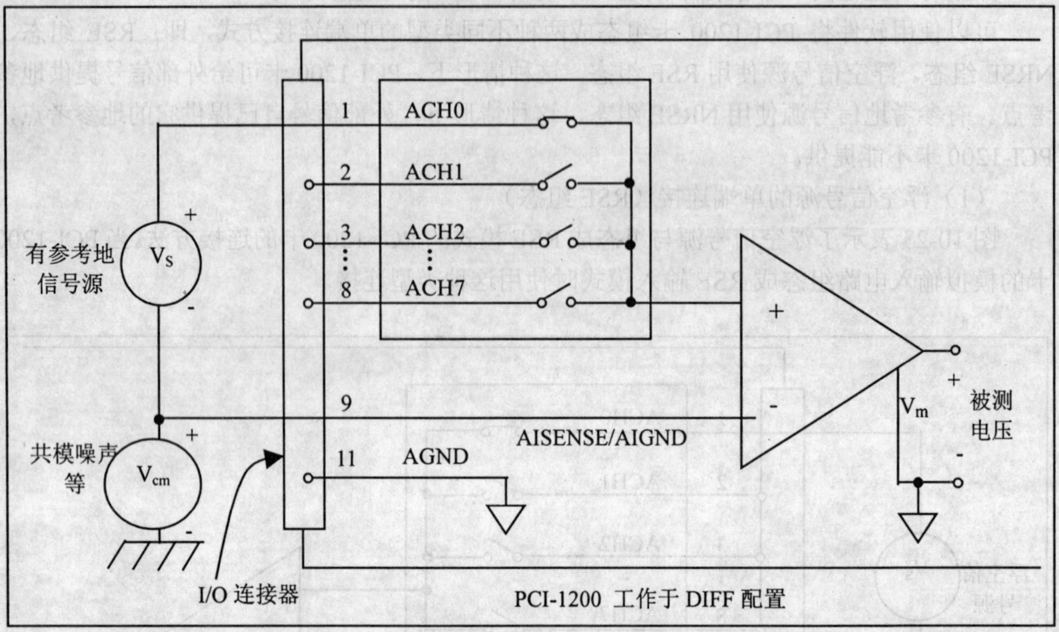

图 10-24　有参考地信号源的单端输入连接

PCI-1200 卡仪用放大器的共模输入范围规定了其能够抑制的最大共模信号。

PCI-1200 卡的共模输入范围取决于差分输入信号（$V_{diff}=V_{+in}-V_{-in}$）的大小和仪用放大器的增益设置。单极性方式下，差分输入的范围为 0～10V；双极性模式下，差分输入的范围为-5～+5V。在两种模式下，输入应该保持在-5 至 10V 之间。

第十一章　数 据 采 集

在前面的章节中，主要介绍了如何使用 LabVIEW 来设计 VI 程序，还未涉及真实信号的测量，练习中的输入信号（如温度值）都不是真实的。在本章中，我们将介绍 LabVIEW 的数据采集函数，结合数据采集卡来实现真实信号的测量，从而建立起虚拟仪器系统。

§11-1　DAQ 配置

在启动计算机时，Windows 操作系统会自动扫描计算机上安装的设备，包括数据采集卡（DAQ），LabVIEW 中包含了 NI 公司生产的大多数数据采集卡的驱动程序，因此会自动加载，不需要用户操作。

在使用数据采集卡之前，必须先进行配置。数据采集卡一般具有多个通道，因此必须对要使用的通道进行配置。可运行 MAX（Measurement & Automation Explorer）来对采集卡进行通道配置，如设置通道名、输入输出类型、测量类型等等；也可以运行 DAQ Solution Wizard 向导程序来构建一个测量方案。

可以直接在桌面上双击 Measurement & Automation 图标，或选择开始菜单的程序子菜单中的 National Instruments>>Measurement & Automation 选项来运行 MAX，也可以在前面板窗口或框图程序窗口中选择 Tools 菜单的 Measurement & Automation Explorer…选项来运行 MAX。如图 11-1 所示。

图 11-1　MAX 2.0 启动界面

进行 DAQ 通道配置的步骤如下：

1．新建一个通道

在 MAX 窗口中，用鼠标右击 Data Neighborhood 项，选择 Create New…项，如图 11-2 所示。然后在弹出的对话框中选择 Virtual Channel 项并按 Finish 按钮，将弹出图 11-3 所示的 DAQ Channel Wizard 对话框。

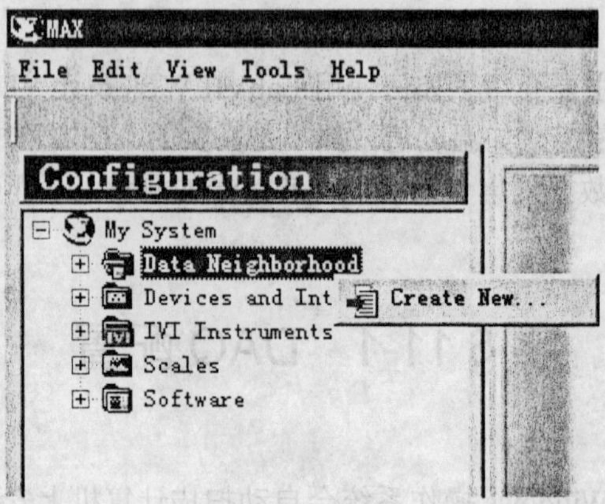

图 11-2　新建一个通道

2．选择通道类型

如图 11-3 所示，可以选择通道类型如模拟输入、模拟输出、数字 I/O 等。

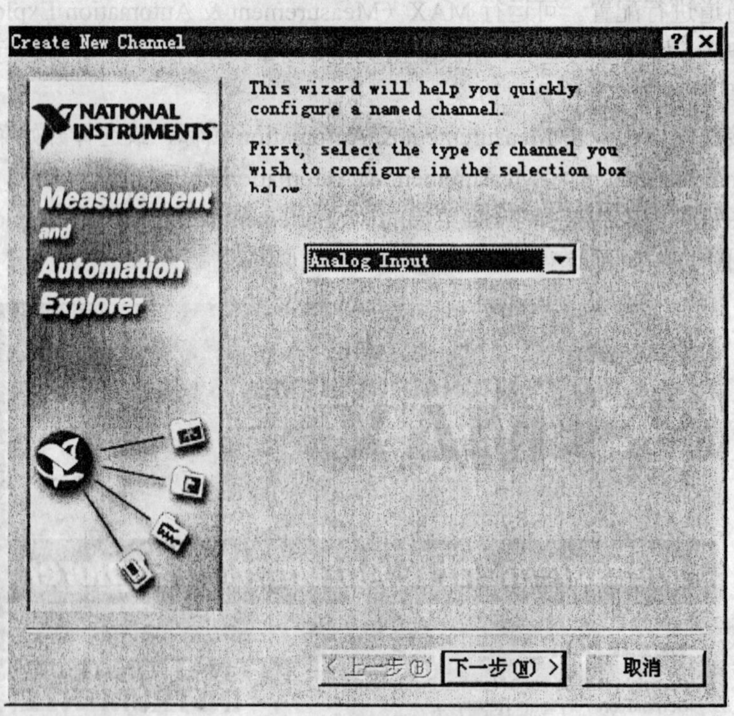

图 11-3　选择通道类型

3．定义通道名

在对话框中输入通道名及描述信息，如图 11-4 所示。

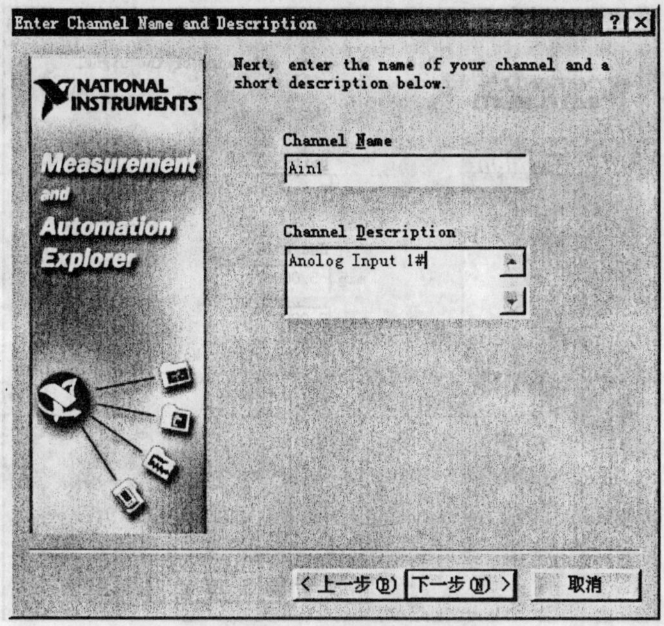

图 11-4 定义通道名

4．选择测量类型

如图 11-5 所示，可以在对话框中选择测量类型，如电压、电流、电阻、频率等等。

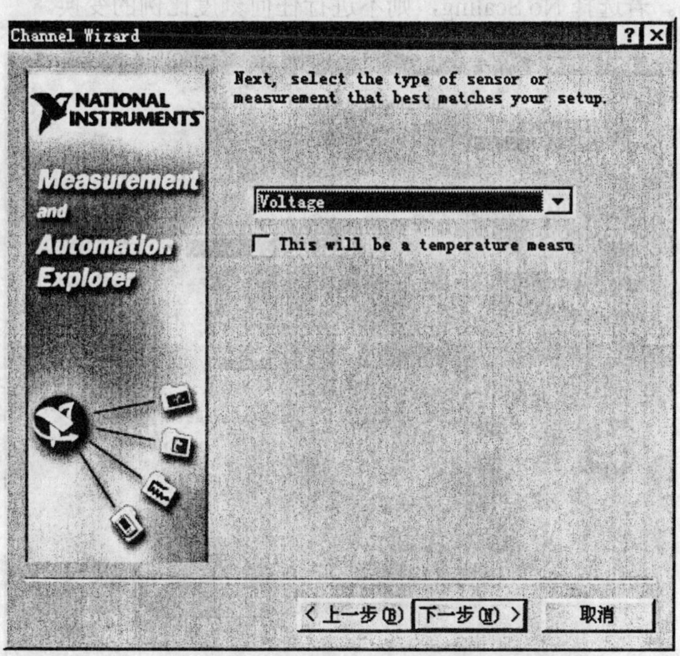

图 11-5 选择测量类型

5．定义单位和范围

如图 11-6 所示，可以在对话框中定义测量的单位字符及测量的范围。

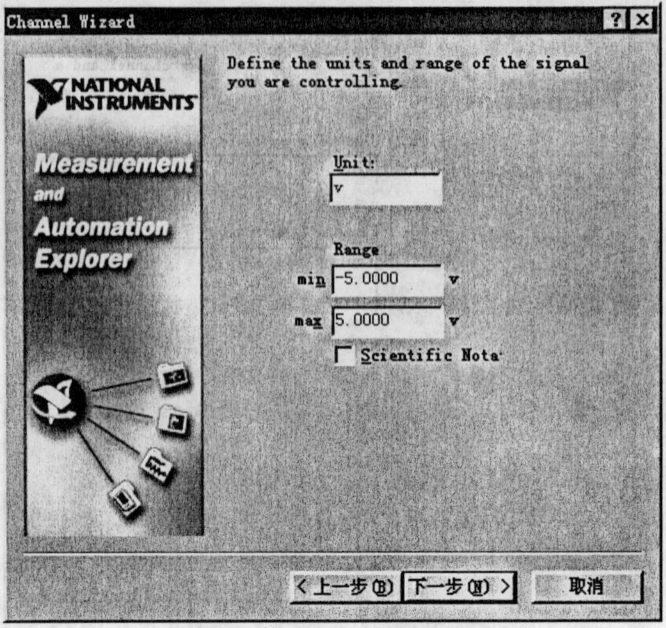

图 11-6　定义单位字符和测量范围

6．定义刻度模式

如图 11-7 所示，可以对测量数据定义一个刻度模式，如按照线性或多项式的比例关系来刻度测量结果。若选择 No Scaling，则不进行任何刻度比例的变换。

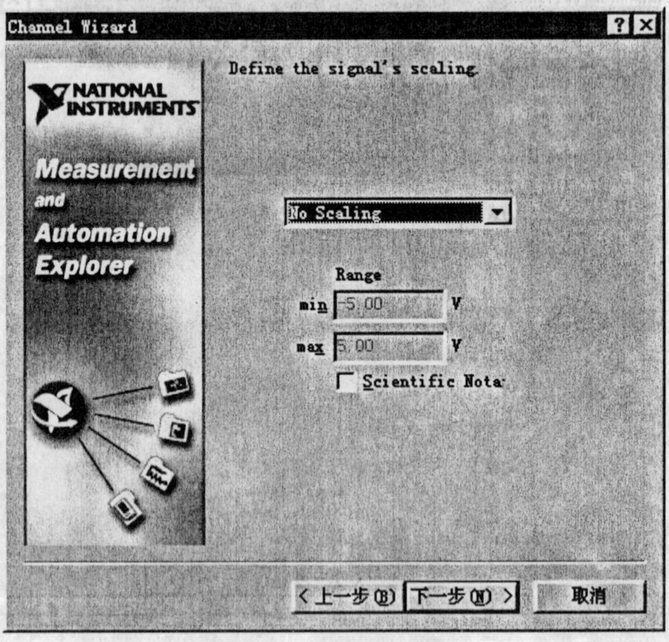

图 11-7　定义刻度模式

7. 指定 DAQ 设备及通道号

DAQ Channel Wizard 的最后一步是指定将要使用的数据采集设备，尤其是计算机上装有多个 DAQ 硬件时必须指明使用哪一个来采集数据，另外还可指定该通道所对应的通道编号，如图 11-8 所示。按“完成”按钮即可完成该通道的建立。

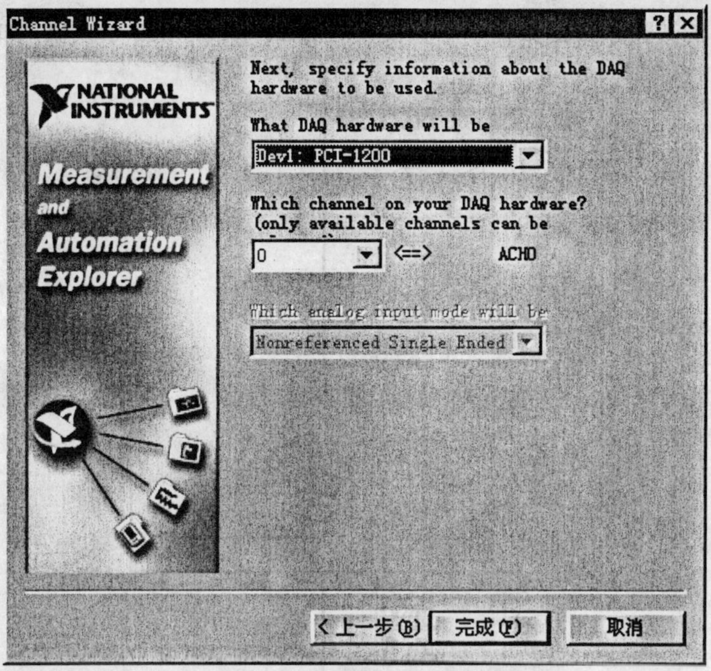

图 11-8 指定 DAQ 设备及通道号

建立好一个通道后，即可在 VI 程序中的数据采集函数中使用该通道来采集数据。

另外，可以在 MAX 窗口中用鼠标右击通道名弹出菜单，进行通道操作，如图 11-9 所示，如通道测试、复制、删除和属性设置等操作。

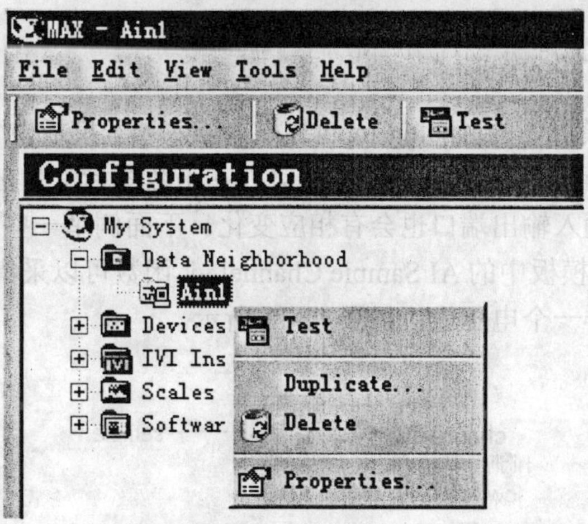

图 11-9 通道操作

§11-2　数据采集函数

LabVIEW 的数据采集函数位于函数模板的 Data Acquisition 子模板，如图 11-10 所示。

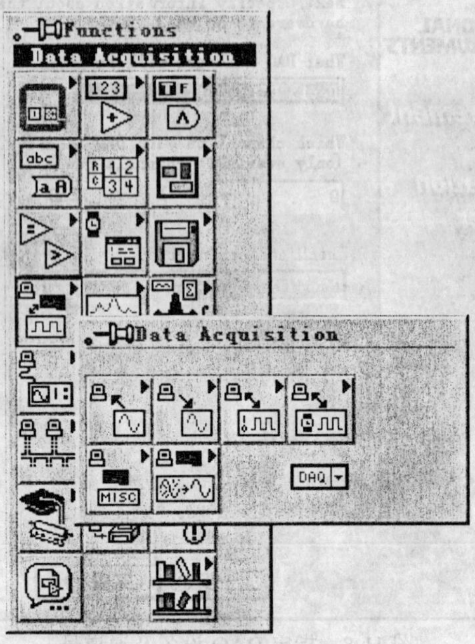

图 11-10　Data Acquisition 子模板

Data Acquisition 模板根据操作涉及到的类型不同分成六个子模板：Analog Input（模拟输入），Analog Output（模拟输出），Digital I/O（数字 I/O），Counter（计数器），Calibration And Configuration（校准器和配置），Signal Conditioning（信号调理）。

11.2.1　模拟输入

Data Acquisition 模板中的 Analog Input（模拟输入）子模板中含有可以完成 A/D 转换的函数。模拟输入输出函数大多具有多态性，可以在函数图标上弹出菜单，选择 Select Type 选项来改变类型，其输入输出端口也会有相应变化。下面例举一些典型函数的典型类型。

用 Analog Input 子模板中的 AI Sample Channel.vi 函数可以采集与 DAQ 板相连的信号的电压值，一次只采样一个电压值，如图 11-11 所示。

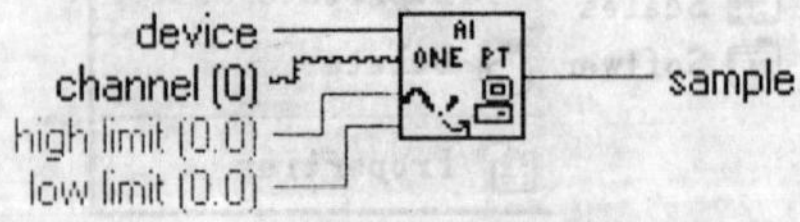

图 11-11　AI Sample Channel.vi 函数

AI Sample Channel.vi 函数可以对指定通道的信号进行测量，并返回测量的电压值。device 端口可指定 DAQ 板的设备号，为一个数字（整型）；channel 端口可指定所使用的模拟输入通道的通道号，为一个字符串；high limit 和 low limit 可指定输入信号的范围，默认的输入是＋10V 和－10V；sample 端口可输出采样到的电压值，为一个数字（浮点型）。如果该函数操作出现错误时，将会弹出一个错误代码对话框，用户可以放弃操作或继续执行。

然而，在许多的应用程序中，一次只采集一个点不能得到想要的数据，如果使用循环采集，速度可能不够快，另外，由于每次循环的时间间隔受到循环执行速度、软件调用等因素的影响，使得每个采样点之间的采样间隔难以确定。因此，应该使用可以指定采样速率和采样点数的数据采集函数。

AI Acquire Waveform.vi 函数就是这样的函数，如图 11-12 所示。

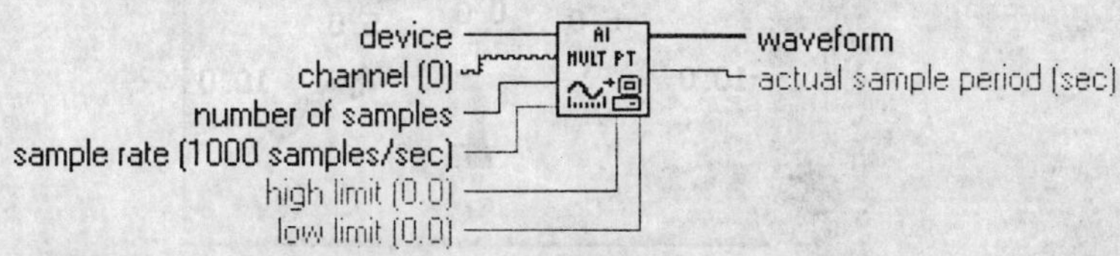

图 11-12 AI Acquire Waveform.vi 函数

AI Acquire Waveform.vi 函数可以以指定的采样速率从一个单输入通道采集一定数目的采样点，并以数组的形式输出采集到的电压值。device 端口可指定 DAQ 板的设备号，为一个数字（整型）；channel 端口可指定模拟输入通道的编号，为一个字符串；number of samples 端口可指定采样点数，为一个数字（整型）；sample rate 端口可指定采样速率，即每秒采样的点数，为一个浮点数；high limit 和 low limit 规定了输入信号的范围，它的默认值为＋10V 和－10V；waveform 端口以一维数组的形式输出采集到的电压值，单位是伏特；actual sample period 端口是实际采样速率的倒数，即采样周期，单位是秒，这个值可能和指定的采样速率有点不同，这取决于硬件的性能。

练习 11-1

用 PCI-1200 数据采集卡采集一个模拟信号。

首先完成 DAQ 通道配置，建立一个模拟输入通道，通道号为 0。将一个信号源的输出连至 PCI-1200 数据采集卡，信号源输出的正端接 PCI-1200 卡连接器的 1 脚（模拟输入通道 0），负端接 PCI-1200 卡连接器的 9 脚（模拟输入地）。

注意 信号源输出的幅度范围应为-5V～+5V，过高的输入电压可能会损坏 PCI-1200 卡。

一、前面板

1．新建一个 VI。

2．创建如图 11-13 所示的前面板。数字控制器 Device 可指定 DAQ 板的设备号，数字控制器 High Limit 和 Low Limit 可指定输入信号的范围-5V～+5V，刻度盘指示器 Voltage 用来显示电压值。

注意　VI 根据 High Limit 和 Low Limit 控制器所指定的范围自动调节 DAQ 板的增益。

3．将刻度盘指示器 Voltage 的刻度范围设置为-10～10。

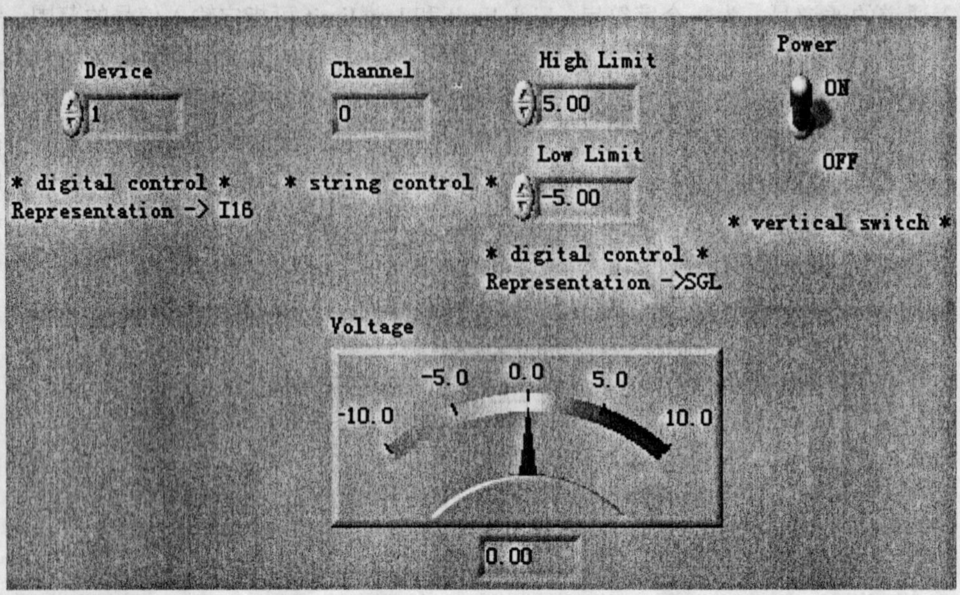

图 11-13　前面板

二、框图程序

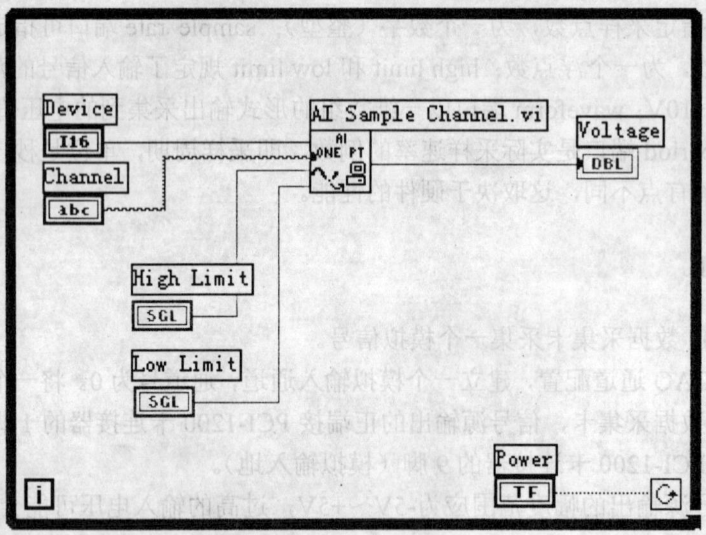

图 11-14　框图程序

1．创建图 11-14 所示的框图程序。

AI Sample Channel.vi（Data Acquisition>>Analog Input 子模板），在该函数图标

上点右键弹出快捷菜单，选择 Select Type>>Scaled Value。在这一练习中，该函数读取模拟输入通道 0 的电压值并输出。

2．返回到前面板，将电源开关 Power 置于打开状态，运行 VI，刻度盘指示器 Voltage 的指针将指示采集到的电压值。改变信号源的输出幅度或输出频率，观察指示器 Voltage 的指示变化。

3．模拟一个错误情况：在 device 控制器中输入 0，然后运行 VI，将会有一个对话框显示其错误。

4．保存 VI，命名为 Voltmeter.vi 。

练习 11-2

建立一个 VI，用 PCI-1200 数据采集卡来采集电压信号，显示电压波形曲线，并将采集到的数据存入文件。

进行 DAQ 通道配置，新建一个模拟输入通道，通道号为 1。

用一个信号源产生一个正弦信号，输出正端接 PCI-1200 卡连接器的 2 脚（模拟输入通道 1），负端接 PCI-1200 卡连接器的 9 脚（模拟输入地）。

注意　信号源输出的幅度范围应为-5V～+5V，过高的输入电压可能会损坏 PCI-1200 卡。

一、前面板

新建一个 VI，建立如图 11-15 所示的前面板。数字控制器#of Samples 指定了采样的点数。数字控制器 Samples/Sec 指定了采样速率，即每秒采样的点数。

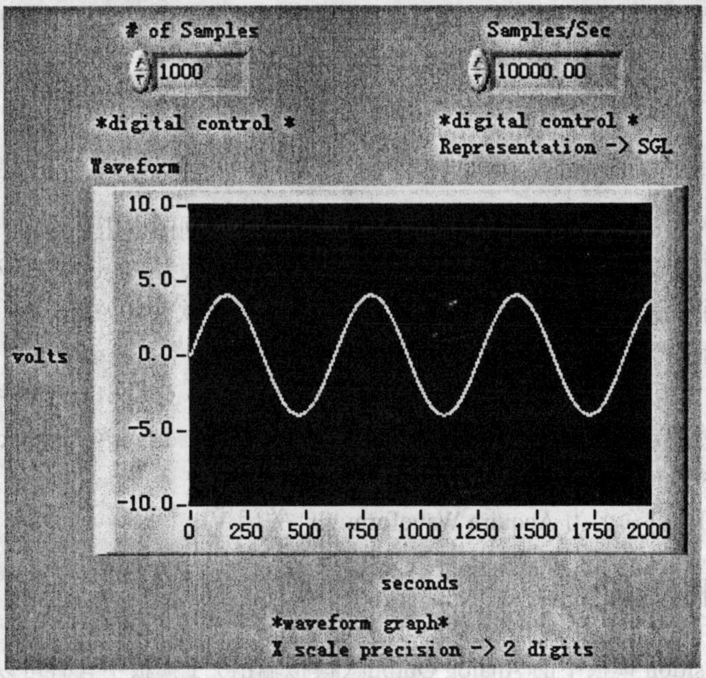

图 11-15　前面板

二、框图程序

1. 建立如图 11-16 所示的框图程序。

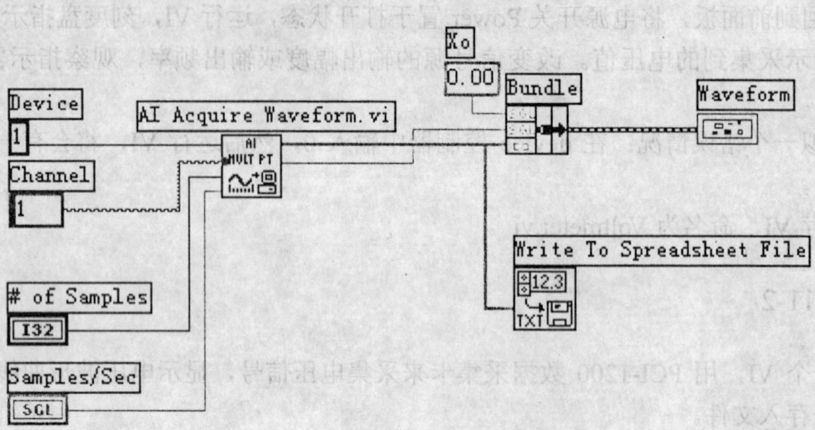

图 11-16　框图程序

AI Acquire Waveform.vi（Data Acquisition>> Analog Input 子模板），在该函数图标上点右键弹出快捷菜单，选择 Select Type>>Scaled Array。在该练习中，此 VI 以每秒 10000 个采样点的采样速率从通道 1 采集 1000 个采样点。

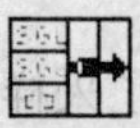

Bundle 函数（在 Cluster 子模板中），用选择工具拖动函数图标的一个角可以增加函数的输入端口。在这一练习中，该函数把曲线的组成部分合成一个单簇，这些组成部分包括：X 初值（0），ΔX 的值（AI Acquire Waveform.vi 输出的实际采样周期）和 Y 数组（AI Acquire Waveform.vi 所返回的波形电压数组）。

Write To Spreadshed File.vi（File 子模板中）。在这个练习中，该函数将弹出一个创建新文件的对话框，并把 AI Acquire Waveform.vi 返回的电压数组写入一个 ASCII 码文件，然后关闭该文件。该函数的 transpose？端口的值默认为 False，在写入文件时将会在电压数组的每个元素之间插入一个制表符，使用电子表格软件（如 Excel）打开这个文件，波形数组将显示成一行。

2. 返回前面板，在控制器中输入数值，并运行该 VI，Graph 指示器将绘制出采集到的电压波形。然后，将会弹出一个对话框提示输入文件名，键入 Acquire.txt 并确认即可。改变采样速率和采样点数，重新运行程序。

3. 保存 VI，并命名为 Acquire Waveform.vi，关闭 VI。

11.2.2　模拟输出

Data Acquisition 模板中的 Analog Output（模拟输出）子模板中含有可以完成 D/A 转换或其他多种转换的函数。

可以通过 AO Update Channel.vi 函数把一个指定的电压值写到模拟输出通道中，如图 11-17 所示。device 端口可指定 DAQ 板的设备号，为一个数字（整型）；channel 端口可指定模拟输出通道的编号，为一个字符串；value 端口可指定要输出的电压值（单位为伏特），为一个浮点数。

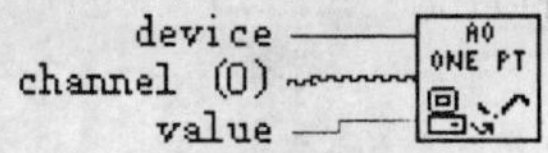

图 11-17　AO Update Channel.vi 函数

如果在 AO Update Channel.vi 函数的操作中发生错误的话，将会弹出一个对话框来显示错误代码，可以选择放弃该操作也可以继续执行。

AO Update Channel.vi 函数一次只能输出一个电压值，但在许多应用程序中，一个电压值是不能满足要求的，如果使用循环，速度可能不够快，而且循环的时间间隔依赖于循环的执行速度、辅助软件的调用等一系列的因素，将导致输出的每个电压点之间的间隔无法确定。那么就必须使用可以指定更新速率的函数，如 AO Generate Waveform.vi，如图 11-18 所示。

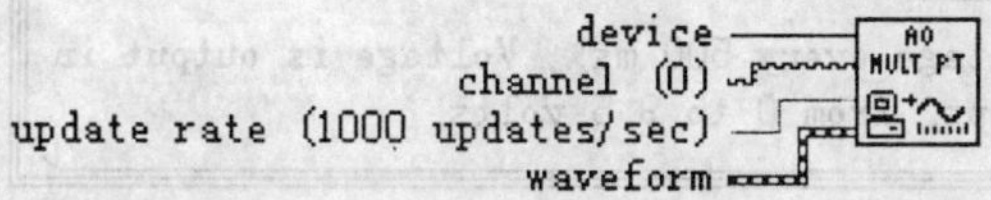

图 11-18　AO Generate Waveform.vi 函数

AO Generate Waveform.vi 函数可以以指定的更新速度在模拟输出通道产生一个电压波形。device 端口可指定 DAQ 板的设备号，为一个数字（整型）；channel 端口可指定模拟输出通道的编号，为一个字符串；update rate 端口可指定是 D/A 输出的更新速率，为一个浮点数；waveform 端口连接一个一维数组（浮点型），即输出的电压波形的各点电压值，单位为伏特。

练习 11-3

使用 PCI-1200 数据采集卡输出一个模拟电压。

建立一个 VI，输出电压的范围为 0~9.5V，增量为 0.5V。

用练习 11-1 中创建的 voltmeter.vi 来测量输出的电压值。

进行 DAQ 通道配置，建立一个模拟输入通道和一个模拟输出通道，通道号分别为 0。将 PCI-1200 卡连接器的 1 脚（模拟输入通道 0）与 10 脚（模拟输出通道 0）连接。

一、前面板

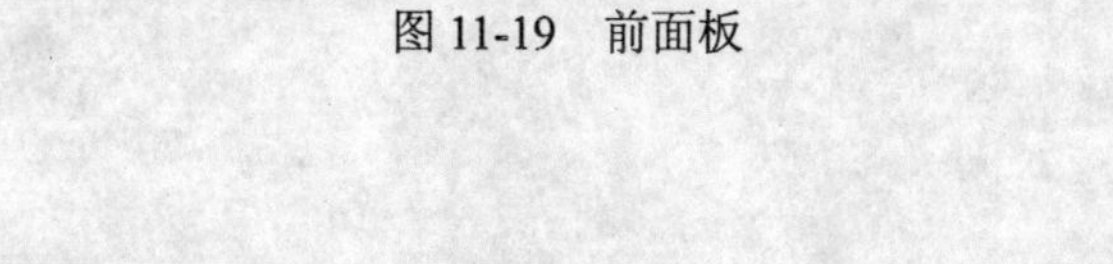

图 11-19　前面板

新建一个 VI，创建如图 11-19 所示的前面板。

其中，数字控制器 Device 用于指定 DAQ 板的设备号，字符控制器 Channel 用于指定模拟输出通道号，数字指示器 Voltage Output 显示当前的输出电压值。

二、框图程序

1．创建如图 11-20 所示框图程序。

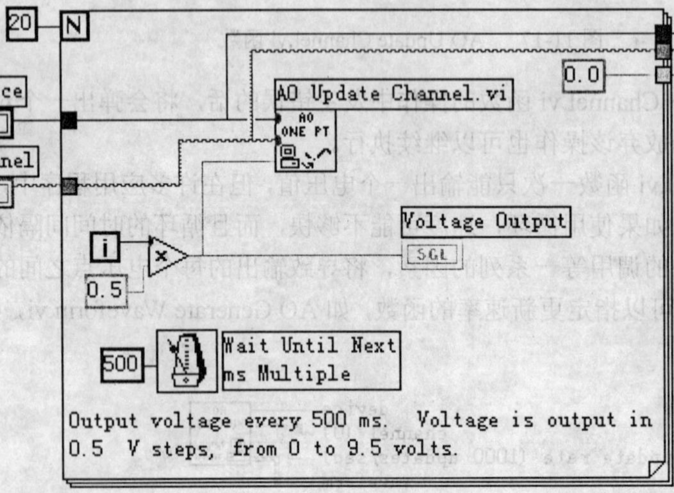

图 11-20　框图程序

AO Update Channel .vi（Data　Acquisition>> Analog Output 子模板）。在本练习中，该函数从模拟输出通道 0 中输出指定的电压值。

Multiply 函数（Numeric 子模板）。在本练习中，该函数将循环计数值 i 乘以 0.5 来产生新的电压值。

Wait Until Next Ms Multiple 函数（Time & Dialog 子模板）。在本练习中，该函数使 For 循环每 500ms 执行一次。

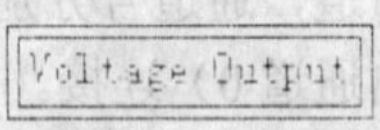
局部变量（在数字指示器 Voltage Output 的端口上弹出菜单并选择 Create>>Local Variable）。在本练习中，For 循环完成后，该变量把 0.0 写入到数字指示器 Voltage Output 中。在框图程序中可以使用局部变量在不同的地方把值写入指示器中。

For 循环每 500ms 执行一次。AO Update Channel .vi 输出电压的范围为 0.0~9.5V，增量为 0.5V。For 循环执行完以后，VI 输出零电压来将模拟输出通道复零，同时，数字指示器 Voltage Output 也显示为零。

2．保存此 VI，并命名为 Voltage Output Example.vi。

3．打开练习 11-1 中创建的 Voltmeter.vi。

4．将 Voltmeter.vi 前面板的刻度盘指示器 Voltage 的刻度设为 0.0～10.0。

5．在 Voltmeter.vi 前面板的字符控制器 Channel 中输入字符 0，如图 11-21 所示，设置上、下限控制器的值。打开电源开关 Power，运行 Voltmeter.vi。

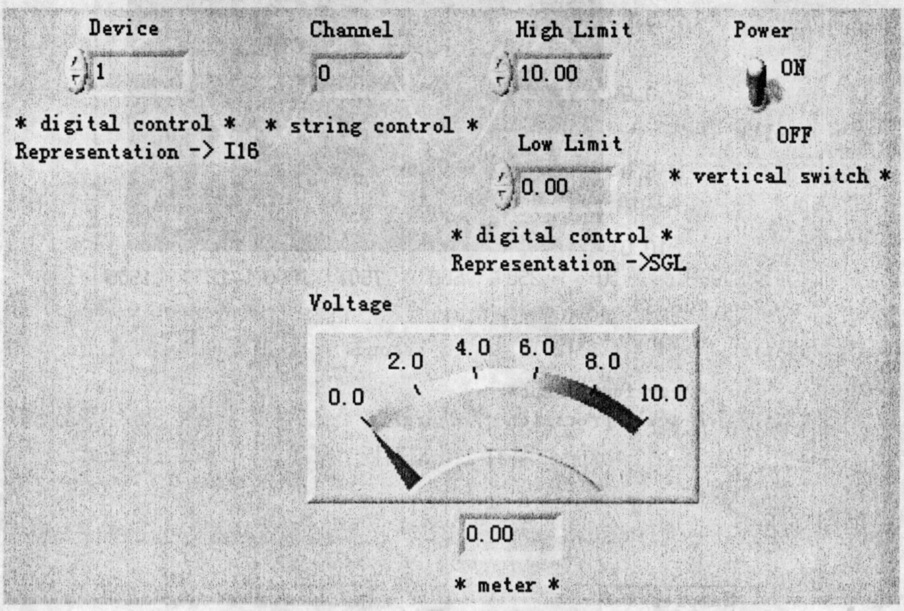

图 11-21 电压表前面板

6．运行 Voltage Output Example.vi，观察 Voltmeter.vi 前面板的刻度盘指示器 Voltage 的刻度指示。

7．关闭所有的程序。

练习 11-4

从文件中读取电压波形（一维数组）。

在练习 11-2 中已经把采集到的电压数据保存到了一个文件中，在该练习中，要求建立一个能够读取该文件并绘制出波形曲线的 VI。

一、前面板

新建一个 VI，创建如图 11-22 所示的前面板。

其中数字控制器 Samples/sec 用于指定读取存储在文件中的波形的速率，它的倒数就是两个电压点之间的间隔。

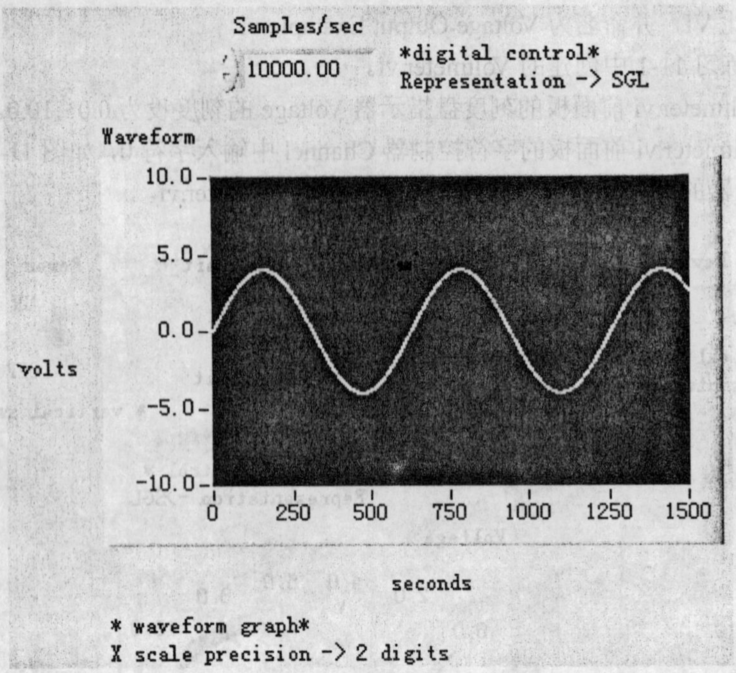

图 11-22　前面板

二、框图程序

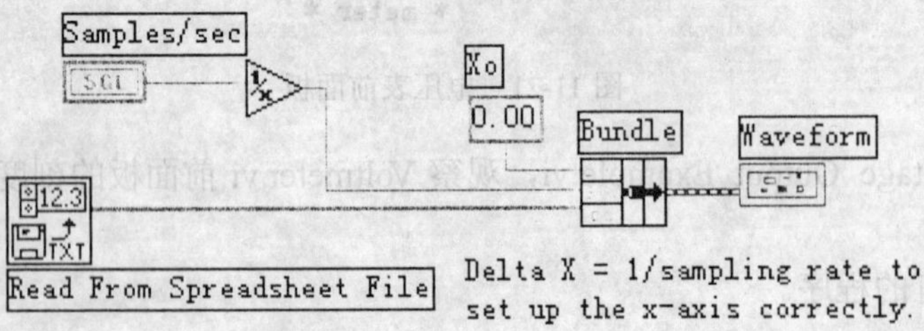

图 11-23　框图程序

1. 建立如图 11-23 所示的框图程序。

 Read From Spreadsheet File.vi（File 子模板），在本练习中，该函数用于打开含有波形数据的 ASCII 码文件。

 Reciprocal 函数（Numeric 子模板）。在本练习中，该函数为 Bundle 函数计算出了 ΔX 的值，也就是说，两次测量之间的采样间隔为 1/采样率。

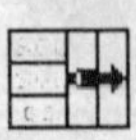 Bundle 函数（Cluster 子模板）。在本练习中，这一函数把曲线组成部分组合成一个单簇。这些组成部分包括 X 初值（0），ΔX 值（1/采样率）和 Y 数组（Read From

Spreadsheet File.vi 所返回的波形数组)。可以用选择工具拖动该函数的某一角来增加函数的输入端口。

2. 返回到前面板运行 VI。

VI 将显示出一个打开文件的对话框。该 VI 从文件中读取数组，并且将它绘制在 Waveform Graph 指示器上。

3. 保存该 VI，命名为 Read Waveform From Disk.vi，关闭 VI。

11.2.3 多路模拟输入

在某些情况下，需要同时观察多个电压信号，即多踪显示，这就需要使用多通道模拟输入函数，如 AI Acquire Waveforms.vi 函数，如图 11-24 所示，可以一次从若干个模拟通道中采集电压波形数据。

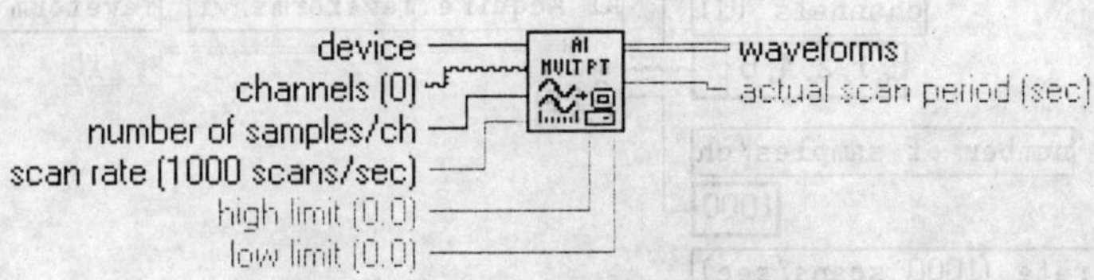

图 11-24 AI Acquire Waveforms.vi 函数

AI Acquire Waveforms.vi 函数可以以指定的采样速率对多路通道进行采样，并返回采集到的数据。device 端口可指定 DAQ 板的设备号，为一个整数；channels 端口可指定模拟输入通道的通道号，为一个字符串，不同的通道用逗号分开，如 1，2，4；number of samples/ch 端口可指定每个通道的采样点数，为一个整数；scan rate 端口可指定采样速率，为一个浮点数；high limit 和 low limit 端口可指定输入信号的范围，它的默认值是＋10V 和－10V；waveforms 端口将输出采集到的多路模拟输入的电压数据（单位为伏特），为一个数字型的二维数组，数组的一列为一个通道的采样数据；actual scan period 端口输出实际采样速率的倒数，即采样周期，这个数可能和所指定的采样速率有所不符，它取决于硬件的性能。

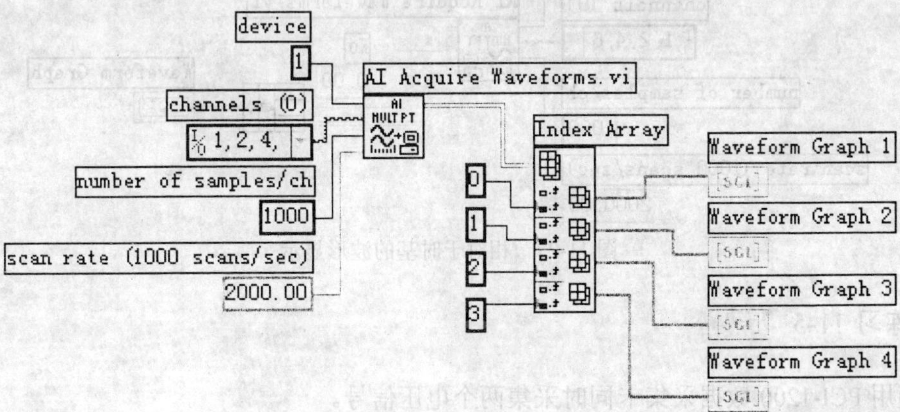

图 11-25 四通道模拟输入的电压波形采集程序

图 11-25 所示的是一个四通道模拟输入的电压波形采集的 VI 程序。通道扫描顺序是 1，2，4，6，对于每一个通道来说，分别以 2000Hz 的采样频率采样 1000 个采样点。AI Acquire Waveforms.vi 函数输出一个二维数组，第 0 列存放第一个通道的数据，第 1 列存放第二个通道的数据，依此类推。Index Array 函数用于提取二维数组的每一列（一维数组），即每个通道的数据，并送给 Waveform Graph 指示器显示电压波形。

可以直接把 AI Acquire Waveforms.vi 函数的输出连接到 Waveform Graph 指示器上，同时显示多个电压波形，即多踪显示，如图 11-26 所示。由于 AI Acquire Waveforms.vi 函数输出的二维数组的每一列为一个通道的采样数据，因此为了保证在 Waveform Graph 指示器上正确绘制电压波形，必须在 Graph 上弹出菜单，选择 Transpose Array 选项。

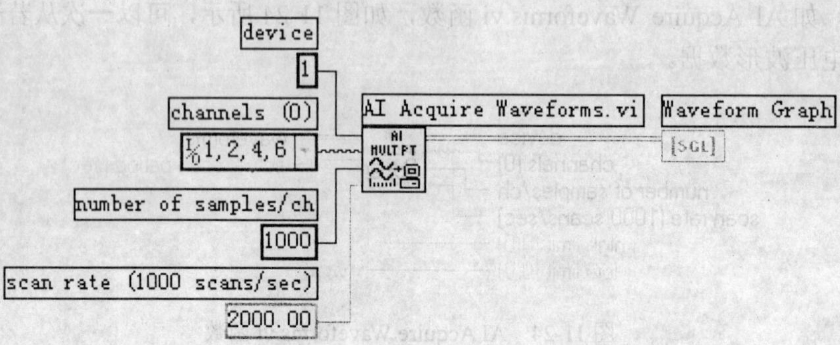

图 11-26　在 Graph 上绘制四个模拟输入通道的电压波形

在上面所介绍的方法的基础上再加上一个 Bundle 函数，就可以在 Waveform Graph 指示器的 X 轴上显示出正确的时基。如图 11-27 所示，Bundle 函数把由 AI Acquire Waveforms.vi 函数输出的实际采样周期和将要在 Graph 上绘制成曲线的电压数组捆绑成一簇，然后送到 Graph 中显示。

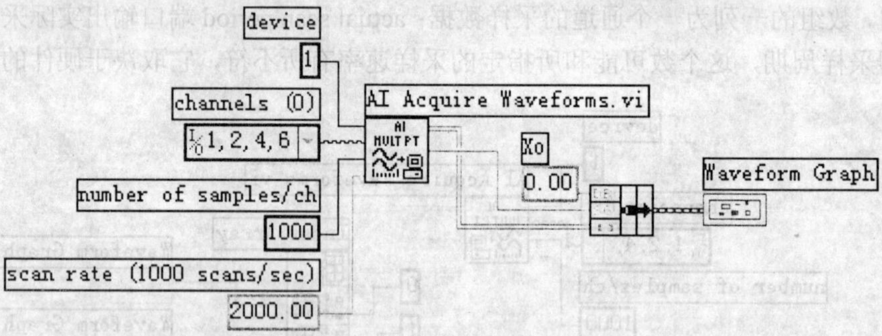

图 11-27　相对于时基的波形显示

练习 11-5

使用 PCI-1200 数据采集卡同时采集两个电压信号。

利用信号源产生两个电压信号，一个为正弦波，另一个为方波，PCI-1200 卡连接器 1 脚（模拟输入通道 0）接正弦波信号，PCI-1200 卡连接器 2 脚（模拟输入通道 1）接方波信号，PCI-1200 卡连接器 9 脚（模拟输入地）接信号源地。

首先完成 DAQ 通道配置，建立两个模拟输入通道。

创建一个 VI，使它能够从模拟输入通道 0 和通道 1 中采集电压数据，并且把电压波形曲线绘制在一个 Waveform Graph 指示器上。每个通道以 10000Hz 的采样频率分别采集 500 个点。然后把采集到的数据写入到一个电子表格文件中，每一列为一个通道的数据。

该 VI 的前面板如图 11-28 所示。

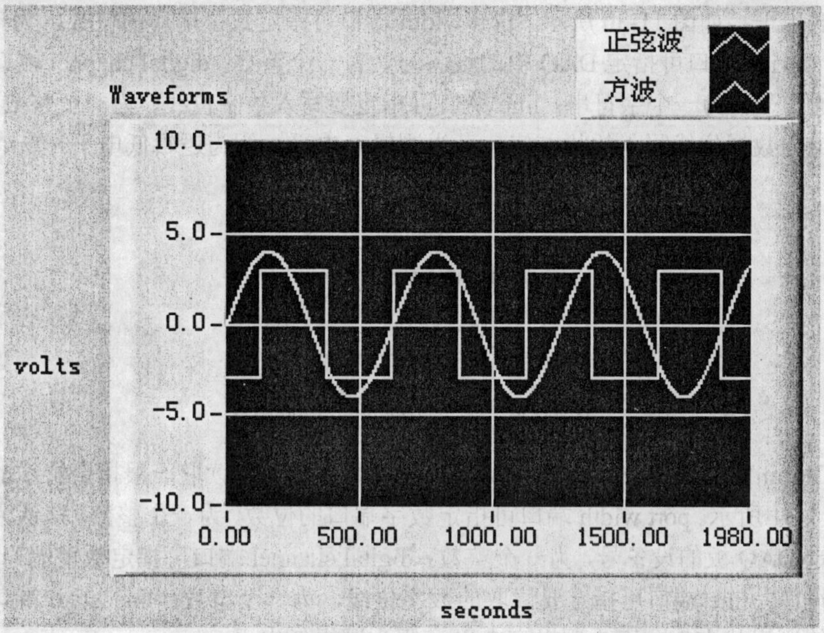

图 11-28 双踪模拟采集的前面板

该 VI 的框图程序如图 11-29 所示。

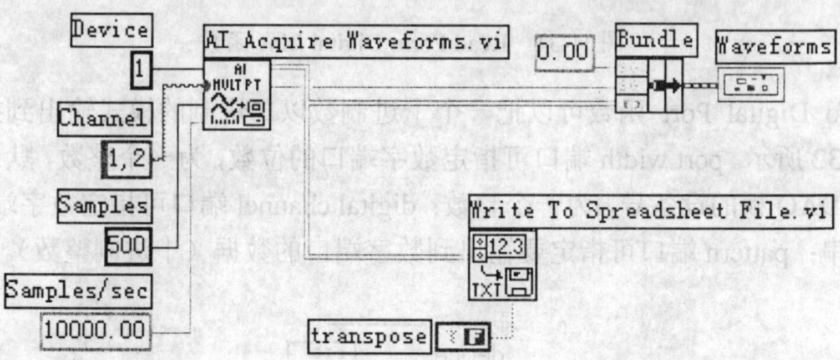

图 11-29 双踪模拟采集的框图程序

最后保存该 VI，命名为 Scan Two Waveforms.vi，关闭 VI。

11.2.4　数字信号的输入和输出

Data Acquisition 模板中的 Digital I/O（数字输入输出）子模板中含有可以对数字端口或数字位线进行读写的函数。

在进行数字 I/O 操作前，必须先配置 DAQ 通道，建立数字 I/O 通道，方法如 § 11-1 中所述。

Write To Digital Line 函数可以把用户配置好的数字端口上指定的位线设置为逻辑高电平或逻辑低电平，如图 11-30 所示。port width 端口可指定数字端口的位数，为一个整数，默认为 8；device 端口可指定 DAQ 板的设备号，为一个整数；digital channel 端口可指定数字端口的通道号，为一个字符串；line 端口可指定要写入数字位线，为一个整数；line state 端口可指定向数据位线写入的状态值，真为逻辑高电平，假为逻辑低电平。

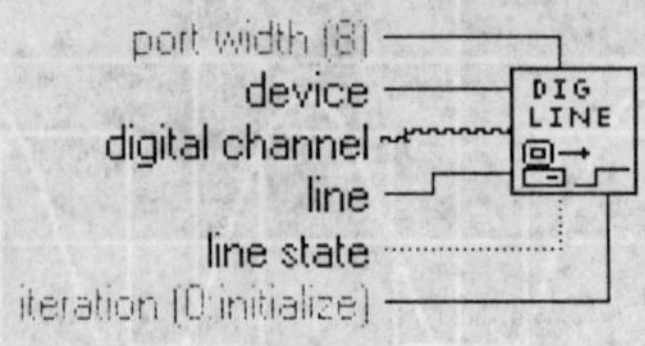

图 11-30　Write To Digital Line 函数

Read Form Digital Line 函数可以从配置好的数字端口中读取一根指定位线的逻辑状态值，如图 11-31 所示。port width 端口可指定数字端口的位数，为一个整数，默认为 8；device 端口可指定 DAQ 板的设备号，为一个整数；digital channel 端口可指定数字端口的通道号，为一个字符串；line 端口可指定要读取的数字位线，为一个整数；line state 端口输出指定数据位线的逻辑状态值，真为逻辑高电平，假为逻辑低电平。

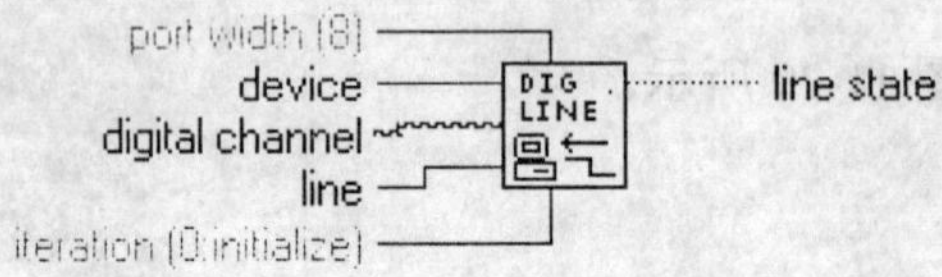

图 11-31　Read Form Digital Line 函数

Write To Digital Port 函数可以把一个十进制数以二进制的模式输出到指定的数字端口，如图 11-32 所示。port width 端口可指定数字端口的位数，为一个整数，默认为 8；device 端口可指定 DAQ 板的设备号，为一个整数；digital channel 端口可指定数字端口的通道号，为一个字符串；pattern 端口可指定要输出到数字端口的数据（十进制整数）。

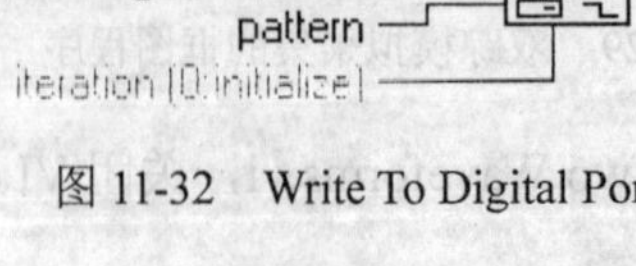

图 11-32　Write To Digital Port 函数

Read Form Digital Port 函数可以从一个配置好的数字端口上读取数据，如图 11-33 所示。port width 端口可指定数字端口的位数，为一个整数，默认为 8；device 端口可指定 DAQ 板的设备号，为一个整数；digital channel 端口可指定数字端口的通道号，为一个字符串；pattern 端口可以把从指定的数字端口各位线上读取到的二进制码以十进制的模式输出。

如果在进行数字 I/O 操作时发生了错误，将会弹出一个错误代码对话框，可以选择结束或继续该操作。

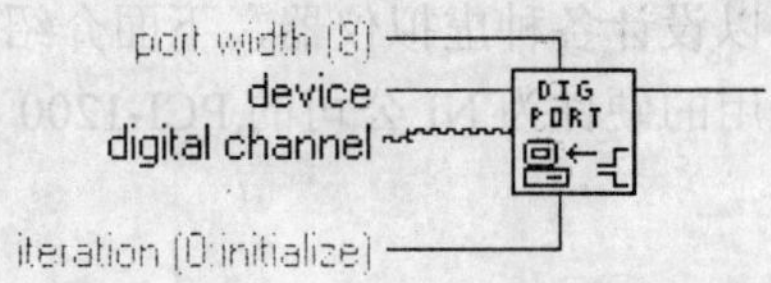

图 11-33 Read Form Digital Port 函数

§11-3 总结、提示和技巧

· 在 Functions 模板中的 Data Acquisition 子模板含有六个子模板，它们分别是 Analog Input（模拟输入），Analog Output（模拟输出），Digital I/O（数字式 I/O），Counter（计数器），Calibration And Configuration（校准器和配置），Signal Conditioning（信号调理）。

· Data Acquisition 模板的每个子模板中的函数都可以分为四个层次：Easy I/O VIs，Intermediate VIs，Advanced VIs 和 Utility VIs。

· 在本书中主要讨论 Data Acquisition 模板的 Easy I/O VIs 和 Intermediate VIs 两各层次的函数。Easy I/O VIs 是由执行基本模拟输入，模拟输出，数字输入/输出和计时/计数操作的函数所组成的。对于初步了解 LabVIEW 的 DAQ 或完成简单的模拟 I/O、数字 I/O 的用户来说，一般使用 Easy I/O VIs 比较好。

· Easy I/O VIs 含有一个简化的错误处理方案。当在运行 VI 中发生了一个 DAQ 错误时，将会弹出一个错误信息显示对话框，此时可以选择终止或继续执行操作。

· 同 Easy I/O VIs 相比，Intermediate VIs 具有更多的硬件功能，是 Easy I/O VIs 所没有的，它使得应用程序的开发更方便有效。

· 当进行多通道采集时，采集到的数据格式为二维数组的形式。从同一个通道获得的数据存储在某一列中，要获得指定通道的数据可以用 Index Array 函数从二维数组中提取。

第十二章　虚拟仪器设计实例

利用 LabVIEW 开发平台可以设计各种虚拟仪器，下面介绍数字电压表和数字双踪存储示波器的设计实例，实例中采用的硬件为 NI 公司的 PCI-1200 多功能数据采集卡。

§ 12-1　数字电压表的设计

12.1.1　前面板设计

前面板的设计，首先要考虑的因素是界面友好，操作方便。

前面板如图 12-1 所示。

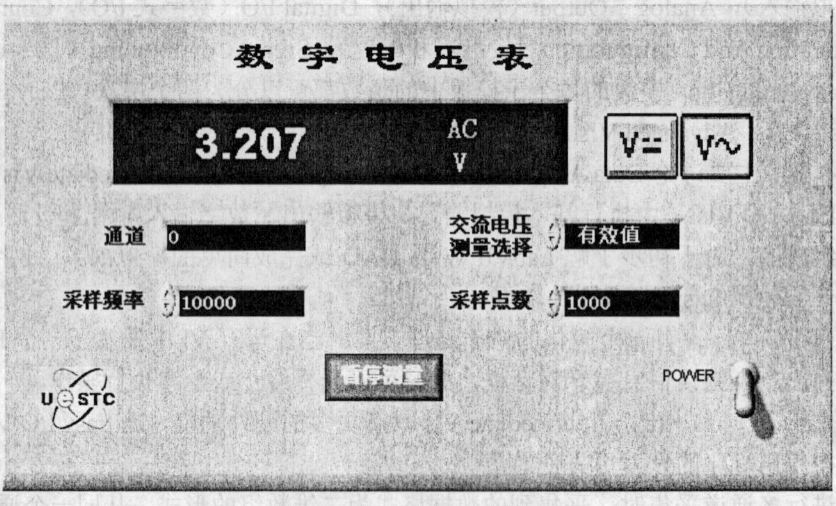

图 12-1　数字电压表的前面板

测量面板上设计了一个数据显示窗口，一个交流/直流选择按钮，两个输入采样点、采样频率的输入框，一个交流电压测量多选框，一个输入通道输入框，一个启动/停止测量按钮和一个退出系统按钮。显示窗口由三部分构成，第一个为显示数值的，第二个是显示 AC 或 DC 的（它根据交流/直流选择按钮的位置而变化），第三个是显示 V 或 mV 的（它根据所测电压范围的变化而变化）。交流/直流选择按钮用于选择测量输入信号的交流成分或者直流成分。通道输入框输入数据采集卡上模拟信号的输入通道号。交流电压测量多选框分别对应于电压的有效值、峰值和平均值测量，以满足不同场合下测量的需求。采样频率输入框输入对模拟信号的采样频率，这个值应该小于DAQ板的模/数转换速率（PCI-1200卡的模/数转换速率为100kb/s），并且根据奈奎斯特采样定理此值又应该大于二倍信号的最高频率，所以在输入此值时应该考虑这两方面的限制。采样点输入框在采样频率确定后决定了对信号采样的周期数（对周期信号而言）。启动/暂停测量按钮决定了是进行测量还是暂停测量，注意按下启动/暂停测量按钮后程序仍处于运行状态，再次按下该按钮后又可以继续进行测量。按下POWER按钮可退出测量面板，停止程序运行。

用 LabVIEW 设计虚拟仪器面板非常快捷，方法是从控制模板中选择所需要的控制器或是显示器放到前面板上，并用位置工具移动或改变对象的大小，用标签工具对其进行说明，用颜色工具改变其颜色，还可以根据需要用弹出菜单改变各对象的特性，力求达到界面友好、美观，显示清楚，便于操作。

12.1.2　框图程序设计

框图程序如图12-2所示。

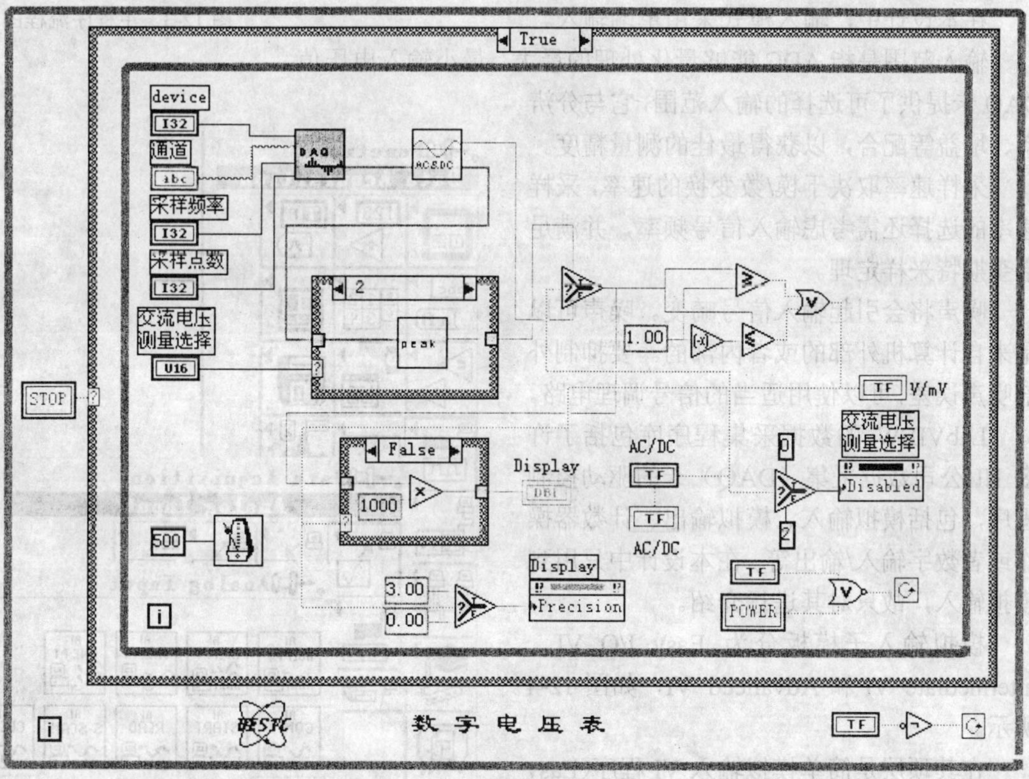

图12-2　数字电压表的框图程序

LabVIEW 的编程方法是一种面向对象的编程思想。用 LabVIEW 编制的程序由许多相互联系的对象所组成，这些对象按照程序流程的需要连接。程序运行时，数据流向就依照对象间的连接关系以及对象的各个端子起作用的顺序进行，因此用 LabVIEW 编制的框图程序，同时也就是一张数据流程图。针对 LabVIEW 图形化编程语言的特点，设计虚拟数字电压表的框图程序按以下步骤进行：

①描述任务，设计程序流程；

②作程序分析，为了让主程序易读，考虑将程序中的某些部分作成子 VI，然后在主程序中调用；

③针对具体需要，对相应对象的特性进一步设计或修改；

④按程序流程用连线连接各对象；

⑤用 LabVIEW 提供的各种程序调试工具调试源程序，直至达到预期要求。

主程序的程序流程图如图 12-3 所示。

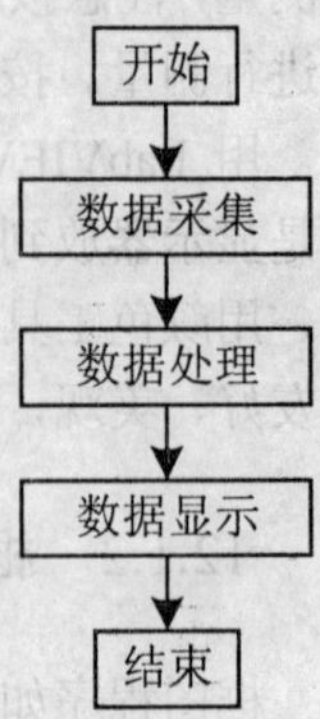

图 12-3　主程序流程图

（1）数据采集

先对数据采集部分进行介绍。

当采用 DAQ 卡测量模拟信号时，必须考虑下列因素：输入模式（单端输入或者差分输入）、分辨率、输入范围、采样速率、精度和噪声等。

在本设计中，输入模式采用单端输入。

输入范围是指 ADC 能够量化处理的最大、最小输入电压值。DAQ 卡提供了可选择的输入范围，它与分辨率、增益等配合，以获得最佳的测量精度。

采样速率取决于模/数变换的速率，采样速率的选择还需考虑输入信号频率，并满足奈奎斯特采样定理。

噪声将会引起输入信号畸变。噪声可以是来自计算机外部的或者内部的。要抑制外部噪声误差，可以使用适当的信号调理电路。

LabVIEW 的数据采集程序库包括了许多 NI 公司数据采集（DAQ）卡的驱动控制程序，包括模拟输入、模拟输出、计数器操作或者数字输入/输出等。在本设计中只用到模拟输入，故只对其进行介绍。

模拟输入子模板分为 Easy I/O VI，Intermediate VI 和 Advanced VI，如图 12-4 所示。

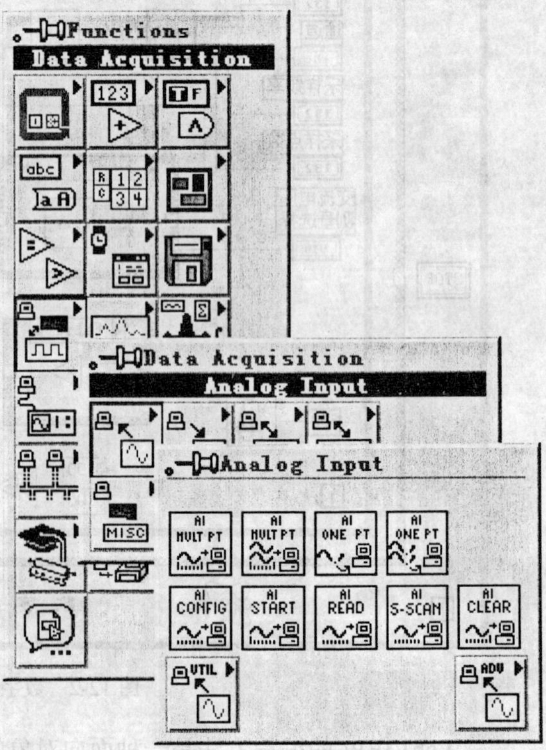

图 12-4　Analog Input 子模板

在其顶层是简单模拟输入 VI 程序（Easy AI），中间层是中级模拟输入程序（Intermediate AI），然后下面是两个图标，一个用于调用模拟输入应用程序（Utility AI），一个调用高级模拟输入程序（Advanced AI）。在本设计中使用的是简单模拟输入 VI 程序中的 AI Acquire Waveform.vi 程序。简单 I/O 程序仅仅是表面层接口的程序，它简单易用，并且包含一个简单的出错处理方法。当出错时，将弹出一个对话框，显示出错信息，用户可以选择中止程序执行或者忽略错误。

AI Acquire Waveform.vi 从一个指定的输入通道按用户定义的采样率和采样点数采集数据并且返回计算机。如图 12-5 所示。

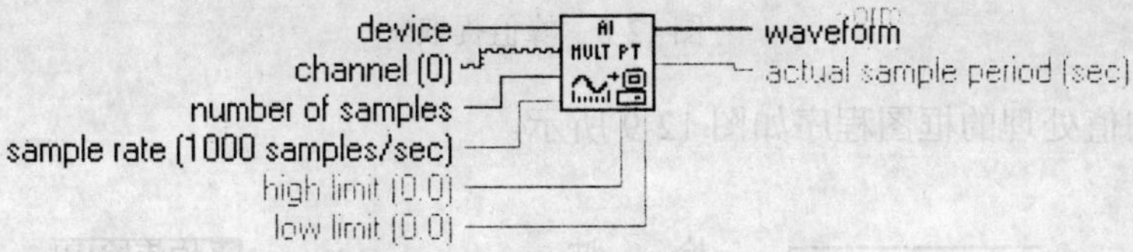

图 12-5　AI Acquire Waveform.vi

在图 12-5 中，number of samples 是采样点数，sample rate 是采样率，以 Hz 为单位。waveform 是模拟输入信号的一维采样数组，以伏特为单位。actual sample period 是实际采样率的倒数，它可能与指定采样率有一些小偏差，这取决于计算机硬件速度。device 是 DAQ 卡的设备编号，channel 是描述模拟输入通道号的字符串。high limit 和 low limit 指明输入信号的范围。

（2）数据处理

数据处理部分涉及的内容主要包括从输入信号中提取直流、交流成分以及对交流成分进行处理两个部分。

先介绍如何从输入信号中提取直流、交流成分。输入信号中包括直流和交流，直流是输入信号的平均值，输入信号减去其直流成分得到的便是纯交流信号。其框图程序如图 12 6 所示。

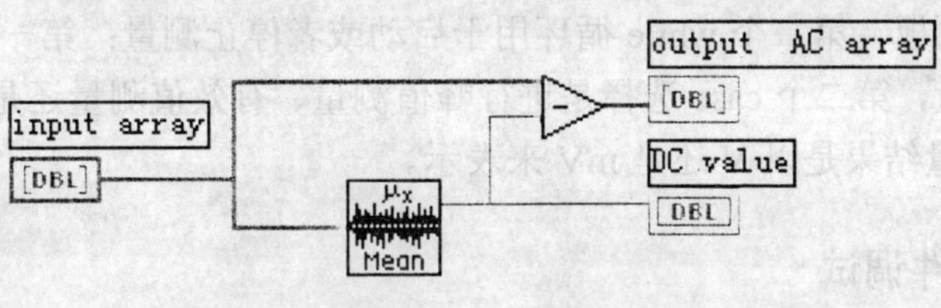

图 12-6　交、直流提取

当获得纯交流信号以后，对其进行处理，包括求其有效值、峰值和平均值，这对应于传统的有效值、峰值或平均值电压表的测量。

进行有效值处理的框图程序如图 12-7 所示。

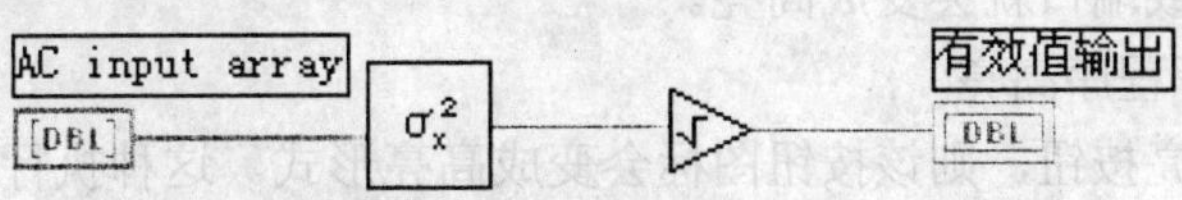

图 12-7 有效值提取

进行峰值处理的框图程序如图 12-8 所示。

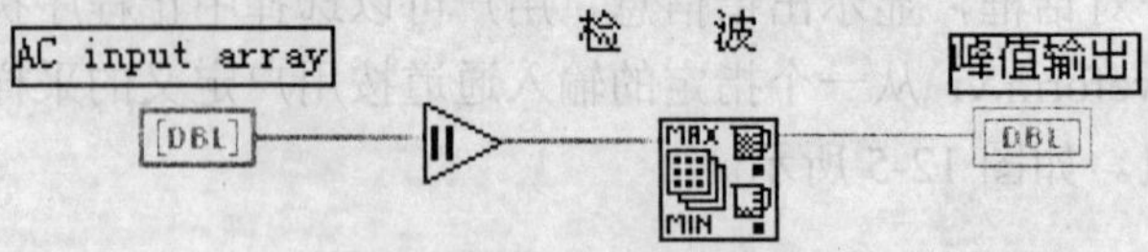

图 12-8　峰值提取

进行平均值处理的框图程序如图 12-9 所示。

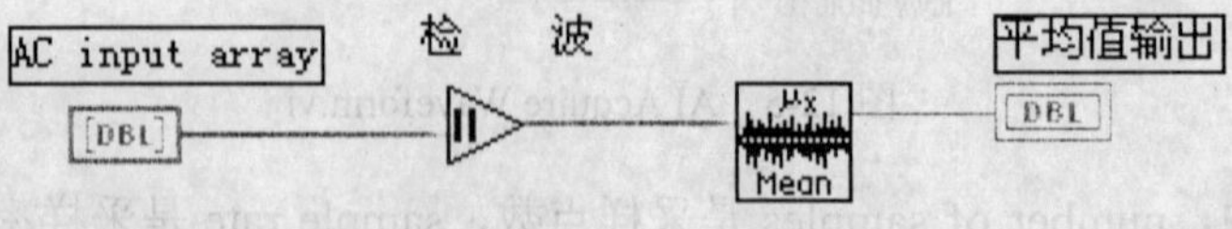

图 12-9　平均值提取

这三个处理过程都将其作成子 VI，以便于在主程序中使用。

（3）数据显示

数据显示部分主要通过 LabVIEW 控制模板中的有关显示器来实现。为了使用户读数更加方便，显示部分设计了三个显示器，分别显示数值、AC/DC 和 V/mV，后面两个显示器根据测量的不同、数值范围的变化而发生变化。

（4）主程序介绍

在主程序中调用上述子 VI，根据数据流将它们组合起来，并以适当的连接方式将它们与前面板联系起来。再对其进行一些必要的处理，比如循环控制、创建属性节点等等。

主程序包括两个 While 循环结构和三个 case 选择结构。第一个 While 循环用于控制进入或者退出测量面板，第二个 while 循环用于启动或者停止测量；第一个 case 选择是进行测量还是等待测量，第二个 case 选择是进行峰值测量、有效值测量还是平均值测量，第三个 case 选择对测量结果是以 V 还是 mV 来表示。

12.1.3　软件调试

LabVIEW 提供有以下几种软件调试技术，对于程序排错非常有用。

（1）找出错误

如果一个 VI 程序不能执行，则在面板模板上的运行按钮将会出现一个折断的箭头。要查看错误清单，则点击断箭的运行按钮。再点击任何一个所列出的错误，再选用 Find 功能，则出错的对象或端口就会变成高亮。

（2）设置执行程序高亮

点击执行时高亮按钮，则该按钮图标会变成高亮形式。这种执行方式一般用于单步模式，来跟踪框图中的数据流动。

（3）VI 程序的单步执行

为了调试程序的目的，希望框图程序一个节点一个节点地执行。要设置单步执行模式，只需按下单步按钮。这样下一个将要执行的节点就会闪烁，指示它将被执行。再次点击单步按钮，程序将会变成连续执行方式。

（4）探针

可以用探针工具来查看当框图程序流经某一根连线时的数据。要将探针放置于某根连线上，可以从 Tools 工具模板选择探针工具，再用鼠标左键点击希望放置探针的连线。如果不希望使用缺省的探针显示模式，而想使用其他的探针显示方式，则点击所选的连线，再选择 Custom Probe，这样就可以选择与连线数据类型相匹配的任意兼容的指示方式。

（5）断点

使用断点工具可以在程序的某一地点中止程序执行，用探针或者单步方式查看数据。使用断点工具时，点击希望设置或者清除断点的地方。断点的显示对于节点或者框图表示为红框，对于连线表示为红点。

12.1.4　误差分析

多次重复测量某一直流电压，结果记录如表 12-1 所示。

表 12-1　多次测量同一直流电压值

序号	1	2	3	4	5	6	7	8	9	10
测量结果（V）	2.913	2.913	2.913	2..913	2.913	2.913	2.913	2.913	2.913	2.913

用 FLUKE8842A 数字多用表（精度为 5 位半）来测，结果为 2.9114V，相对误差 0.055%，满度误差 0.016%。并且由上可以看出，测直流电压时该虚拟数字电压表的重复性是比较好的。

用电位器调节直流电压输出，使其幅度线性增加，将结果记录在表 12-2 中（未加注明的单位为 V）。

表 12-2　多次测量不同直流电压值

序号	1	2	3	4	5	6	7	8	9	10
标称值	0.6001	0.7196	0.8405	0.9595	1.0805	1.1997	1.3198	1.4404	1.5608	1.6795
实测值	602mV	721mV	842mV	961mV	1.082	1.201	1.321	1.442	1.562	1.681
序号	11	12	13	14	15	16	17	18	19	20
标称值	1.8003	1.9197	2.0402	2.1596	2.2803	2.3999	2.5205	2.6398	2.7594	2.8806
实测值	1.802	1.992	2.042	2.161	2.282	2.402	2.522	2.642	2.761	2.882

标称值是由 FLUKE8842A 数字多用表（精度为 5 位半）所测得的结果，而实测值是由虚拟数字电压表所测得的结果。将结果作图，如图 12-10 所示。

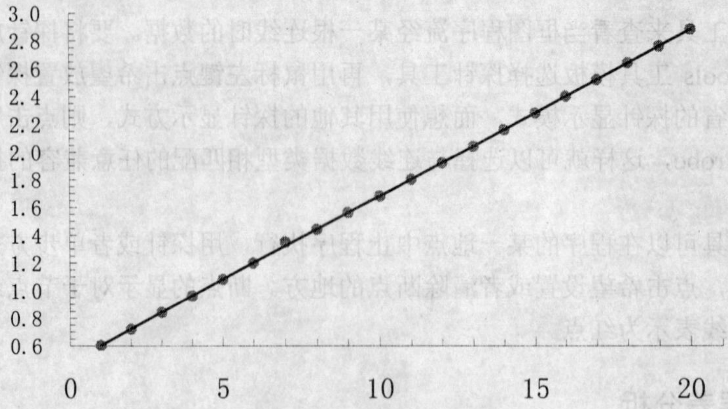

图 12-10　误差分析

将信号发生器的输出设为正弦波，频率 1000Hz，虚拟数字电压表的采样频率设为 10000Hz，采样点数设为 1000，这样每次可以采样 100 个周期的正弦波。将结果记录如表 12-3 所示。

表 12-3　多次测量正弦波电压值

序号	1	2	3	4	5	6	7	8	9	10
测量结果(V)	2.056	2.058	2.057	2.056	2.057	2.058	2.057	2.058	2.057	2.056

用 FLUKE8842A 数字多用表（精度 5 位半）测到的值为 2.0571V，而用虚拟数字电压表测得的结果的平均值为 2.057V，误差为 0.005%，满度误差为 0.001%。

因为 ADC 的分辨率为 12 位，范围为－5V～5V，所以由量化引起的误差为 $10V/2^{12}=10V/4096\approx 3mV$，由此引起的满度误差为 0.03%。再加上计算机内部噪声的干扰，可以预想到误差是可以控制在 0.05%之内（对满度误差而言），而测量结果确实如此。

§ 12-2　数字双踪存储示波器的设计

12.2.1　前面板设计

关于数字示波器的前面板设计，首先要考虑的因素是界面友好，操作方便。所设计的前面板如图 12-11 所示。

测量面板上设计了一个显示屏，显示屏的左边的数值表示被测信号的幅值，下边的数值表示被测信号的时间。还有两个通道号显示框，一个器件号显示框，一个触发通道号显示框，一个通道选择的按钮，在器件号显示框中你可以输入 PCI-1200 卡的器件号，在通道号显示框中你可以输入要进行测量的信号的通道号，在外部触发方式时可以在触发通道号显示框中指定通过哪个通道输入触发信号，通过通道选择你可以选择是进行单通道还是进行双通道的测量。垂直灵敏度旋钮可以改变波形显示时所显示的信号的大小，时基旋钮改变显示屏上显示的周期的多少，A、B 两个通道的垂直移动旋钮可以使波形上下移动，以便观察波形的细节，水平移动旋钮使波形做水平移动，而触发电平旋钮选择外部触发时的触发电平。在显示屏的下方，可以分别显示 A、B 两个通道信号的峰峰值和频率值，其中频率值可以以 Hz 和 kHz 为单位来进行显示。在显示屏的下方有六个按钮：启动/暂停按钮，单次/连续按钮，显示模式按钮，触发极性按钮，触发源按钮和退出按钮，另外还有一个指示灯，它用来指示测量是否正在进行。

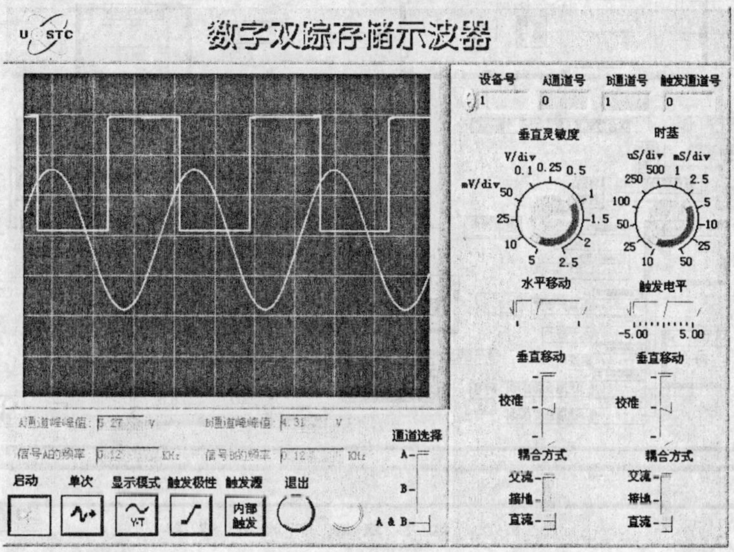

图 12-11　数字双踪存储示波器前面板

12.2.2　框图程序设计

框图程序如图 12 12 所示。

设计虚拟数字示波器的框图程序按以下步骤进行：

① 描述任务，设计程序流程；

② 作程序分析，为了让主程序易读，考虑将程序中的某些部分作成子 VI，然后在主程序中调用；

③ 针对具体需要，对相应对象的特性进一步设计或修改；

④ 按程序流程用连线连接各对象；

⑤ 用 LabVIEW 提供的各种程序调试工具调试源程序，直至达到预期要求。

（1）数据采集

应用 PCI-1200 多功能数据采集卡。

（2）数据处理

数据处理部分涉及的内容主要包括波形产生，频率测量和数据存储。

当把信号用 AI Acquire Waveform.vi 采集进来以后，就需要根据所选择的触发方式对波形数据进行一定的处理。

触发是示波器产生波形数据的一个关键，在这里设计了一个子 VI——触发.vi，通过调用它可以产生触发后的波形数据。

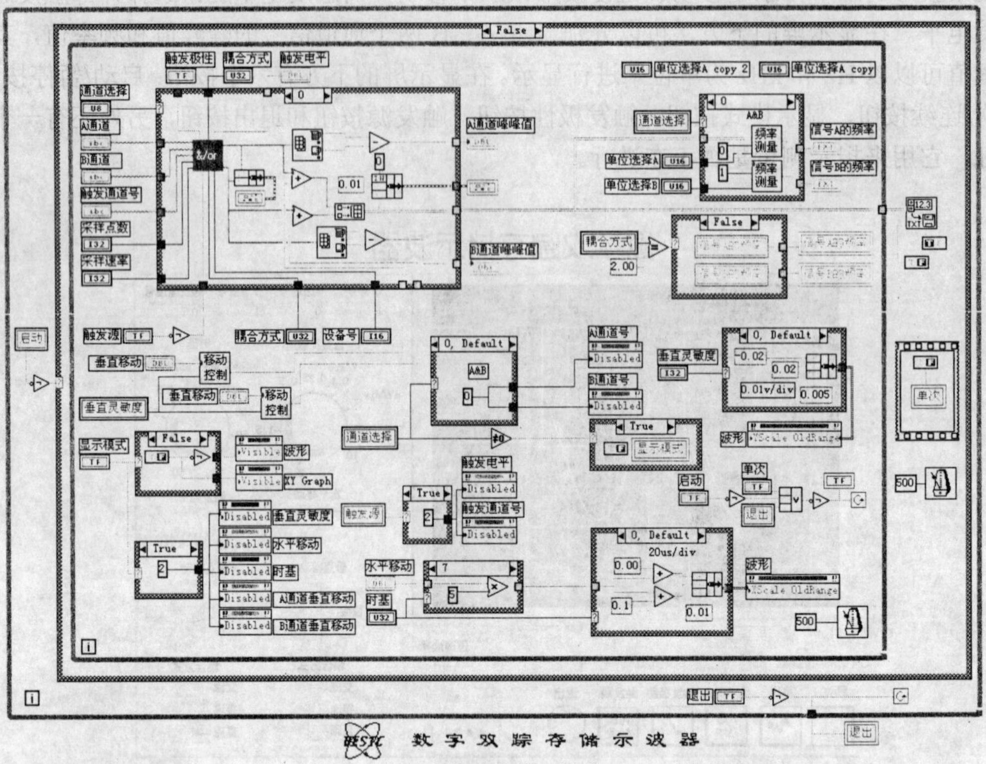

图 12-12 数字双踪存储示波器的框图程序

触发.vi 框图程序如图 12-13、12-14 所示。

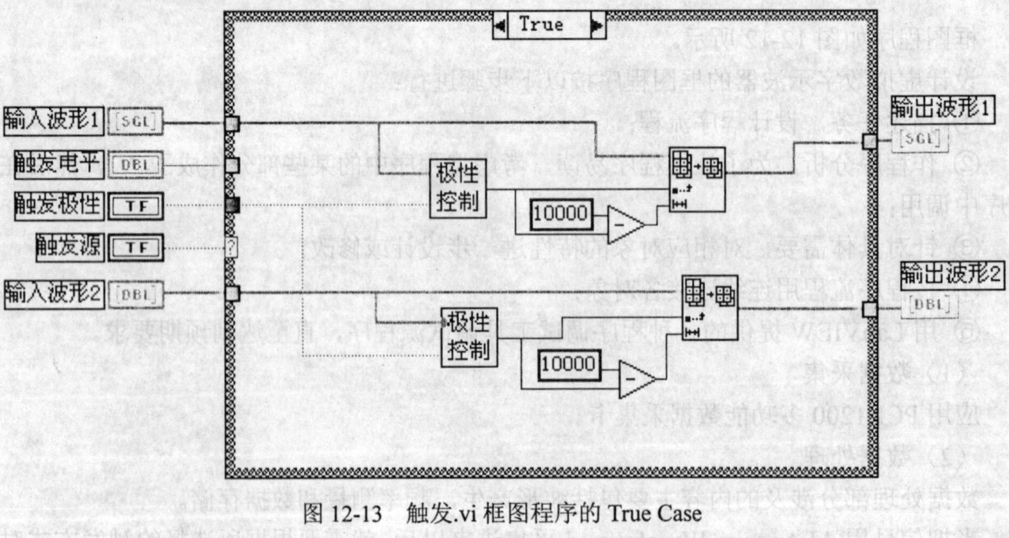

图 12-13 触发.vi 框图程序的 True Case

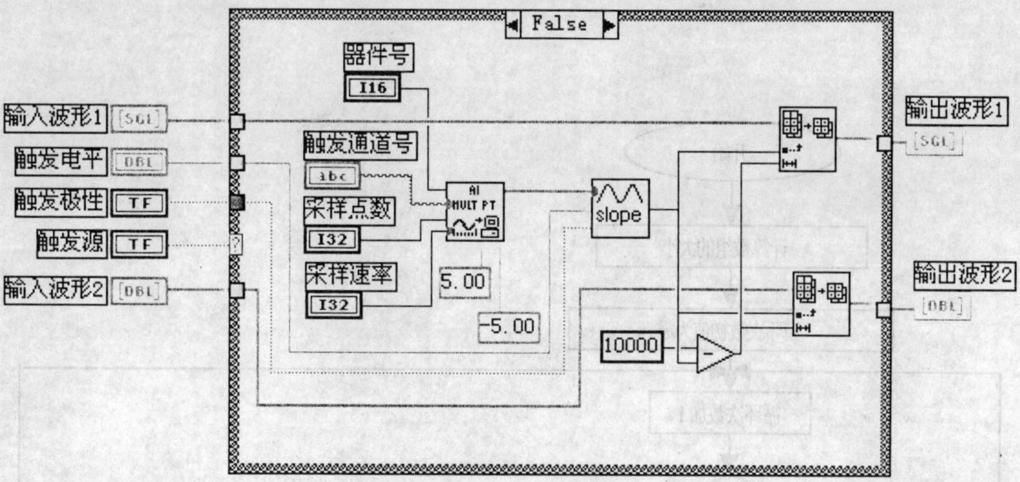

图 12-14　触发.vi 框图程序的 False Case

Case 结构的 Ture Case 是进行内部触发的框图，而 False Case 是进行外部触发的框图。可以看到在 Ture Case 中调用了极性控制.vi 来对触发极性进行控制，在 False Case 中则调用了 Slope.vi 来对波形数据进行外部触发。

下面首先对极性控制.vi 进行介绍，极性控制对所采集的数据进行判断，当满足触发方式时输出数据，所谓极性不是指触发信号本身的正负，而是指由它的上升沿或下降沿触发。极性控制的流程图如图 12-15 所示。

下面对在极性控制中将用到的一些 LabVIEW 的函数做一下介绍：

 Index Array 函数（Array 子模板）。在此子 VI 中，该函数返回数组中的元素。

 Array Size 函数（Array 子模板）。在此子 VI 中，该函数返回数组的大小。

 Less?函数（Comparison 子模板）。在此子 VI 中，该函数用来对数组元素进行比较。

 Greater?函数（Comparison 子模板）。在此子 VI 中，该函数也用来对数组元素进行比较。

 Increment 函数（Numeric 子模板）。在此子 VI 中，该函数用来选择下一个的数组元素。

 Decrement 函数（Numeric 子模板）。在此子 VI 中，该函数用来将循环次数减 1 后赋值给索引。

图 12-16 所示的就是极性控制.vi 的框图程序，在此处对触发极性连续进行两次判断是为了消除由于 PCI-1200 数据采集卡所带来干扰。

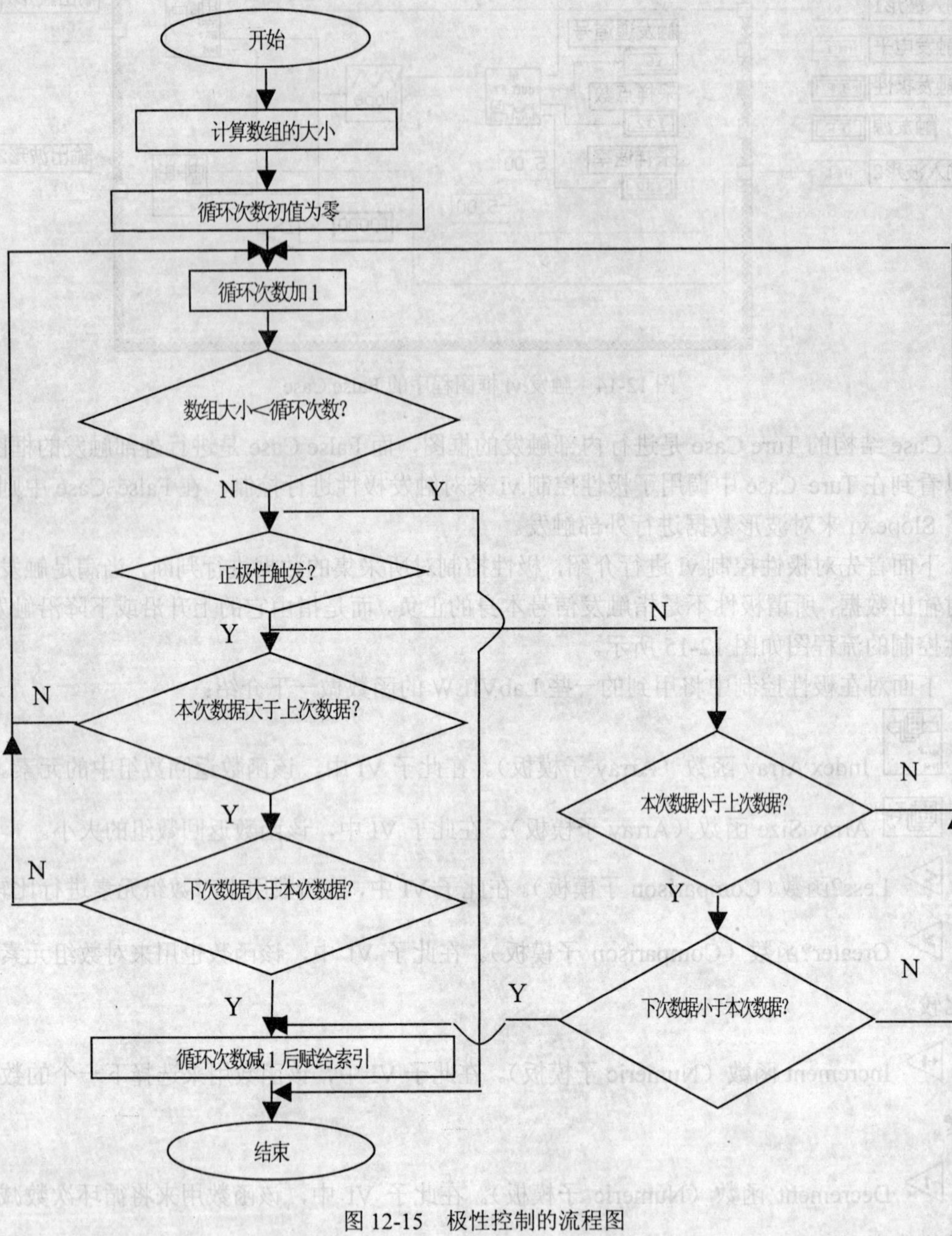

图 12-15　极性控制的流程图

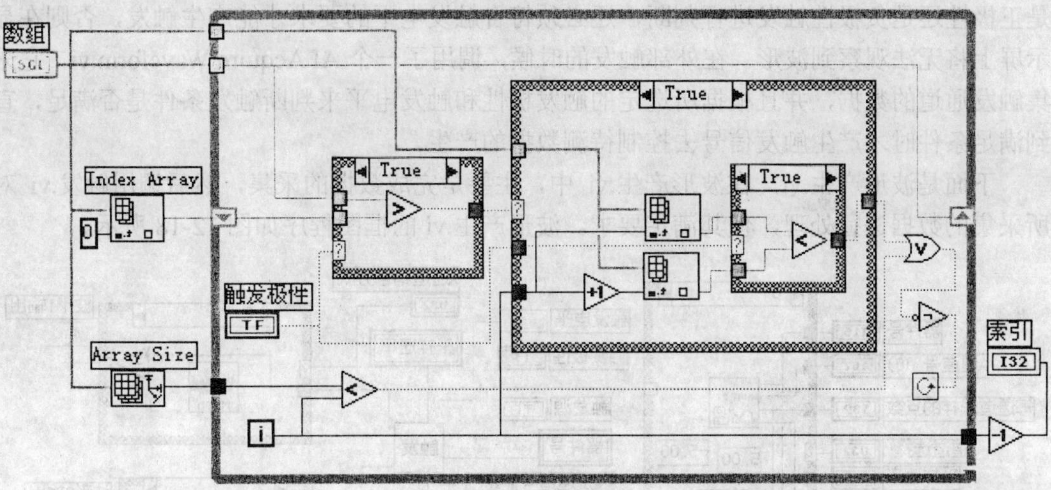

图 12-16　极性控制.vi 的框图程序

Slope.vi 的流程图与极性控制.vi 的差不多，只是在进行极性判断之前首先判断触发电平是否等于数据或者位于前后两次数据之间。在进行外部触发时，通过这个子 VI 可以根据外部信号的电平和极性来有选择性的对要显示的信号进行触发。这里就不将其流程图画出了，只描述所用到的一些函数，框图程序如图 12-17 所示。

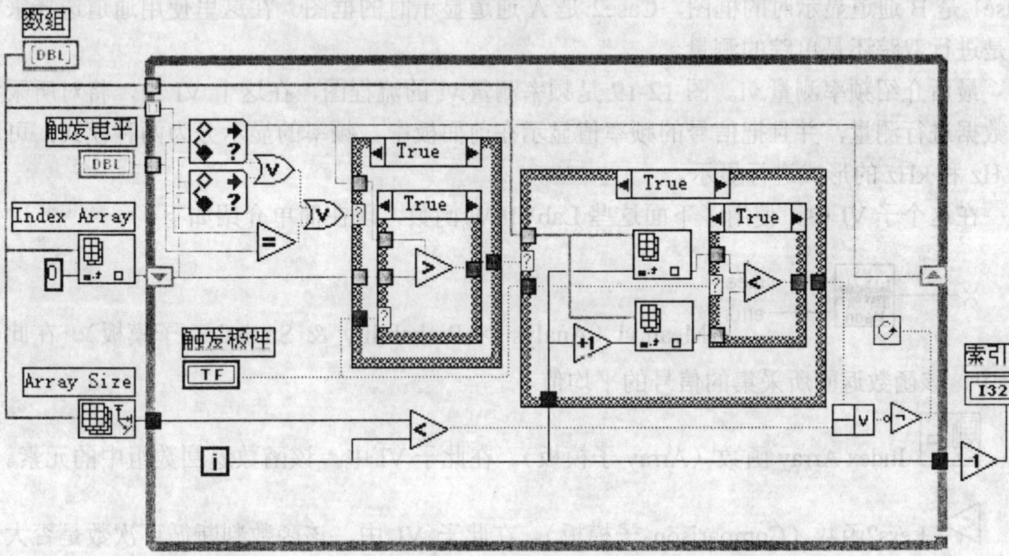

图 12-17　Slope.vi 的框图程序

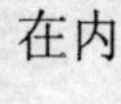 In Range?函数（Comparison 子模板）。在此子 VI 中，该函数用来判断触发电平是否位于前后两次数据之间。

介绍完极性控制.vi 和 Slope.vi 两个子 VI 程序后，再对触发.vi 进行一下说明。

在内部触发时，程序判断是进行正极性还是负极性触发，而在外部触发时，不仅要对是正极性还是负极性触发进行判断，还必须符合触发电平的要求才能产生触发，否则在显示屏上将无法观察到波形。在外部触发的时候，调用了一个 AI Acquire Waveform.vi，它采集触发通道的数据，并且根据所选定的触发极性和触发电平来判断触发条件是否满足，直到满足条件时才产生触发信号去控制待测数据的产生。

下面是波形产生.vi，在波形产生.vi 中，主要是完成数据的采集，然后调用触发.vi 对所采集的数据进行处理，使其满足要求。波形产生.vi 的框图程序如图 12-18 所示。

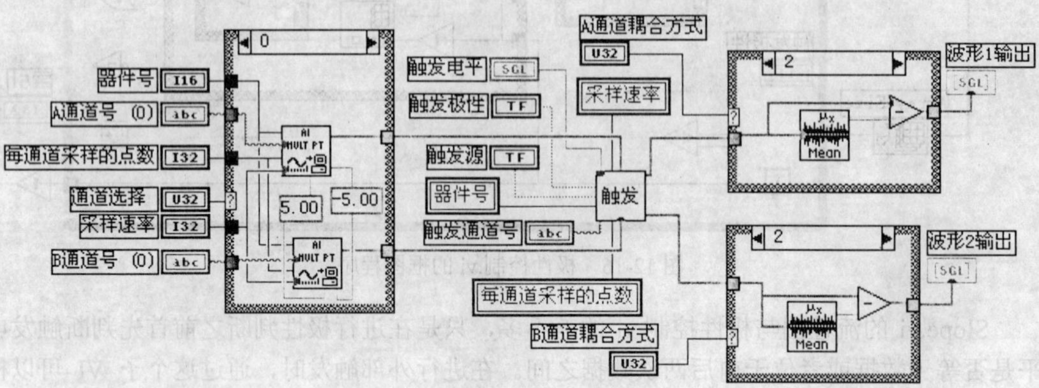

图 12-18　波形产生.vi 的框图程序

其中，在 Case0 中调用了两个 AI Acquire Waveform.vi 是进行双踪显示时使用的，而 Case1 是 B 通道显示时的框图，Case2 是 A 通道显示时的框图。在这里使用通道选择来判断是进行双踪还是单踪的测量。

最后介绍频率测量.vi。图 12-19 是频率测量.vi 的流程图，在这个 VI 中，将对所采集的数据进行测量，并且把信号的频率值显示在前面板中。频率的显示分为两种模式，可以以 Hz 和 kHz 的形式进行显示。

在这个子 VI 中，使用了下面这些 LabVIEW 函数，现在简单介绍如下：

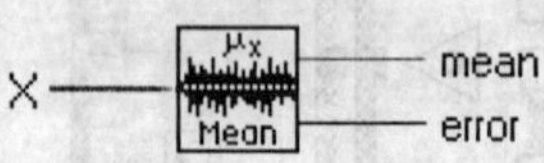

Mean.vi（Analysis>>Probability & Statistics 子模板）。在此子 VI 中，该函数返回所采集的信号的平均值。

 Index Array 函数（Array 子模板）。在此子 VI 中，该函数返回数组中的元素。

 Less?函数（Comparison 子模板）。在此子 VI 中，该函数判断循环次数是否大于 20000。

 Greater?函数（Comparison 子模板）。在此子 VI 中，该函数判断本次数据与平均值之差和平均值与上次数据之差的乘积是否大于 0。

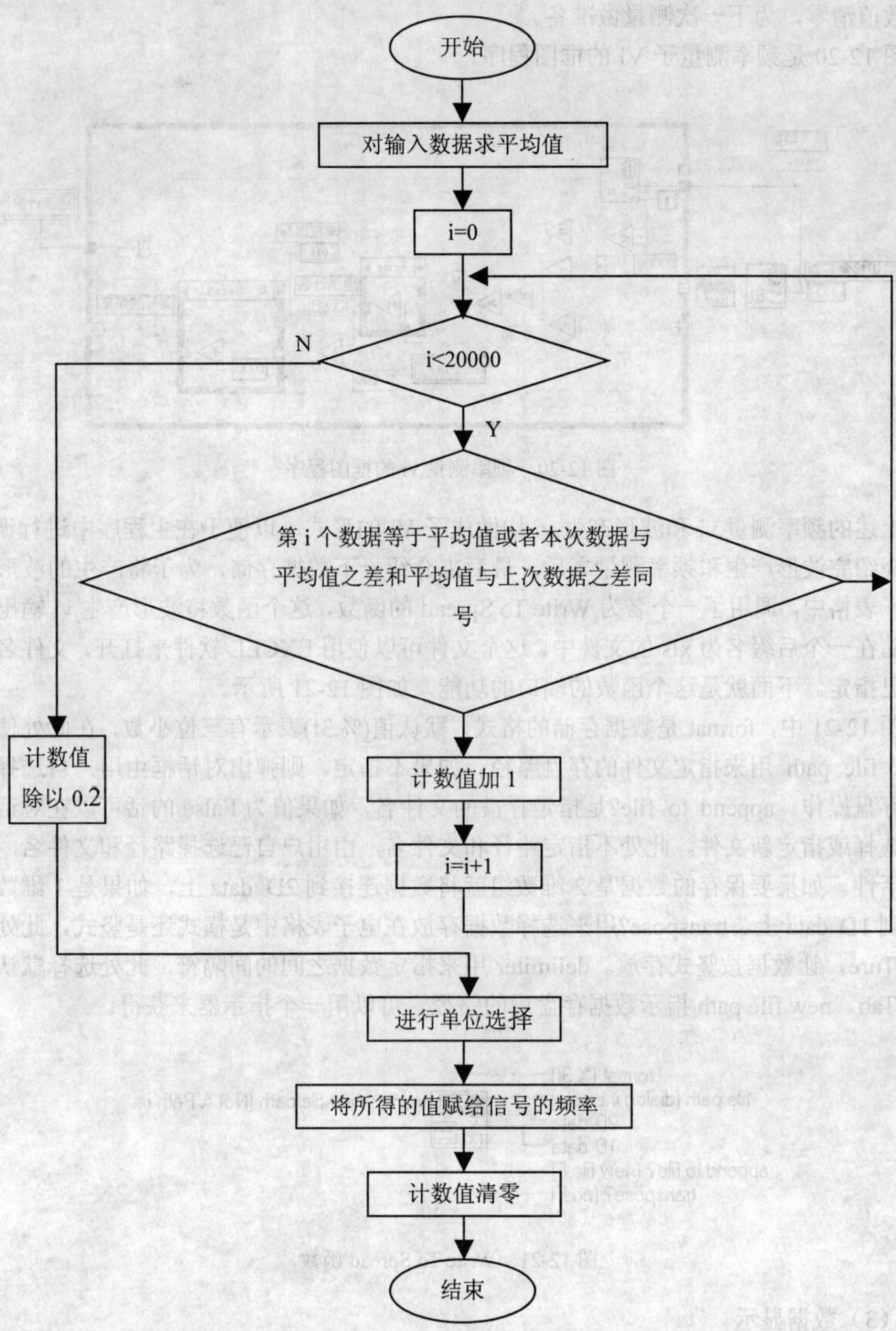

图 12-19　频率测量.vi 的流程图

频率测量子 VI 采用过零比较法测量信号的频率，它判断本次信号的值和上次信号的值是否在平均值的两侧。如果是，那么计数值加 1，否则计数值不变。当对 20000 个点进行比较以后，将计数值除以 0.2 得到频率值，再根据所选择的单位进行相应的变换。最后将计数值清零，为下一次测量做准备。

图 12-20 是频率测量子 VI 的框图程序。

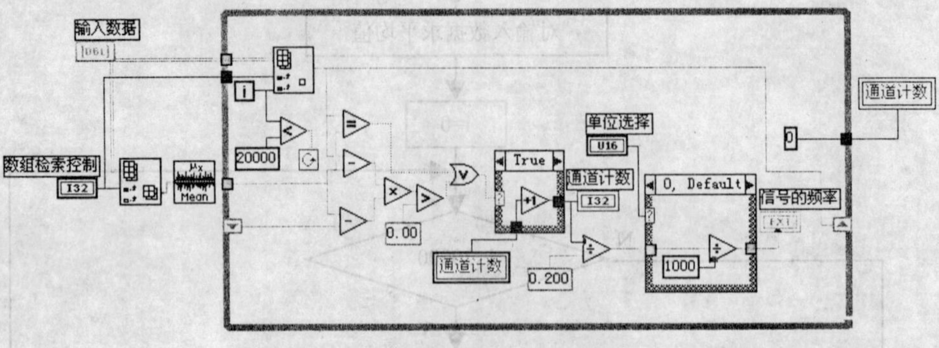

图 12-20　频率测量.vi 的框图程序

上述的频率测量.vi 和波形产生.vi 均做成子 VI 的形式，以便于在主程序中进行调用。

介绍完波形产生和频率测量之后，最后来介绍一下数据存储，为了将产生的波形存储在电子表格中，调用了一个名为 Write To Spread 的函数，这个函数将波形产生.vi 输出的数据存储在一个后缀名为 xls 的文件中，这个文件可以使用 EXCEL 软件来打开，文件名由用户自己指定。下面就是这个函数的端口的功能，如图 12-21 所示。

图 12-21 中，format 是数据存储的格式，默认值(%.3f)表示有三位小数，在此处使用默认值。file path 用来指定文件的存盘路径，如果不指定，则弹出对话框由用户自选择目录进行存盘操作。append to file?是指定存盘的文件名，如果值为 False 的话可以在对话框中进行选择或指定新文件。此处不指定路径和文件名，由用户自己选择路径和文件名，以增加灵活性。如果要保存的数据是 2 维数组就将数据连接到 2D data 上，如果是 1 维数组就连接到 1D data 上。transpose?用来选择数据存放在电子表格中是横式还是竖式，此处选择的是 Ture，让数据按竖式存放。delimiter 用来指定数据之间的间隔符，此处选择默认值指定为 Tab。new file path 指示数据存盘后的路径，可以用一个指示器来获得。

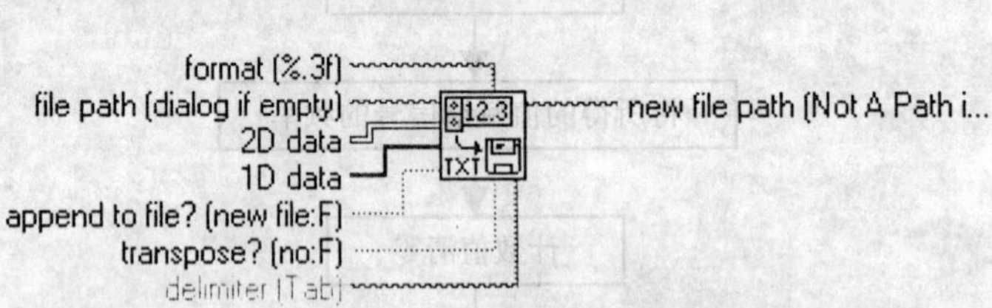

图 12-21　Write To Spread 函数

（3）数据显示

数据显示部分主要通过 LabVIEW 控制模板中的有关显示器来实现，为了使用户读数更加方便，显示部分设计了三个显示器，分别显示波形、峰峰值和频率值，其中峰峰值的单位为 V，而频率值的单位可在 Hz 和 kHz 之间进行选择。

（4）主程序介绍

在主程序中调用上述子 VI，根据数据流将它们组合起来，并以适当的连接方式将它们与前面板联系起来。再对其进行一些必要的处理，比如循环控制、创建属性节点等等。

主程序主要包括两个 while 循环结构和一个 case 选择结构。第一个 while 循环用于启动或者停止测量；第二个 while 循环是用于进行连续采集；case 结构是进行测量还是等待测量。

主程序的流程图如图 12-22 所示。

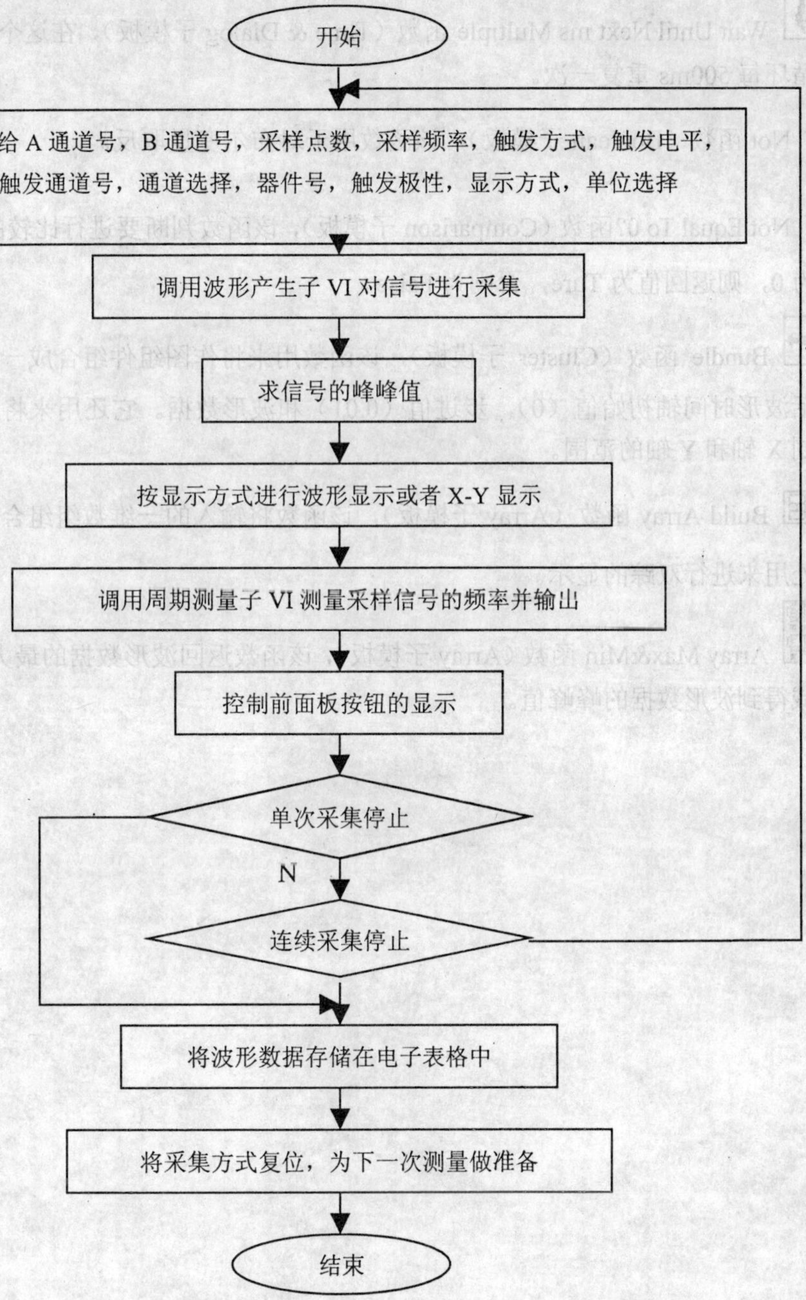

图 12-22　主程序的流程图

在框图程序中还创建了多个属性节点，它们有的用来控制一些按钮的使能与否，对显示屏采用 Visable 属性，用来控制波形显示屏和 X-Y 显示屏究竟显示哪一个，另外还使用了 X Range 和 Y Range 来控制显示屏的范围。框图程序中还创建了几个局部变量，它们的作用主要是对循环进行控制。

接下来将对主程序中用到的一些主要的 LabVIEW 的函数进行介绍：

 Wait Until Next ms Multiple 函数（Time & Dialog 子模板），在这个程序中，该函数保证循环每 500ms 重复一次。

 Not 函数（Boolean 子模板），该函数用于对布尔变量取反。

 Not Equal To 0?函数（Comparison 子模板），该函数判断要进行比较的值是否为 0，如果不为 0，则返回值为 Ture，否则为 False。

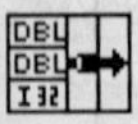 Bundle 函数（Cluster 子模板），该函数用来将作图组件组合成一个单簇。这个组件包括波形时间轴初始值（0），步进值（0.01）和波形数据。它还用来将多组数据组合起来控制 X 轴和 Y 轴的范围。

 Build Array 函数（Array 子模板），该函数将输入的一维数组组合成一个二维数组。此处用来进行双踪的显示。

 Array Max&Min 函数（Array 子模板），该函数返回波形数据的最大值和最小值，两者相减得到波形数据的峰峰值。

第十三章 LabWindows/CVI 基础

§13-1 概 述

LabWindows/CVI（简称 CVI）是美国 NI 公司（National Instruments Corp.）推出的除图形化编程软件 LabVIEW 以外的另一种基于标准 C 的虚拟仪器软件开发平台，非常适合于开发面向测控领域的基于 Windows 的图形化应用软件。LabWindows/CVI 以 ANSI C 及其扩展集为基本编程语言，以丰富的控件设计所需的图形化界面，即虚拟仪器面板或称为图形用户接口（GUI，Graphical User Interface），是熟悉 C 语言的开发人员进行检测与控制系统、自动测试系统、数据采集系统等软件设计的理想选择。

LabWindows/CVI 集成化开发平台的 ANSI C 及其扩展集包含有丰富的标准库函数：RS-232、GPIB、VISA、数据分析与处理、TCP 协议、动态数据交换（DDE）、文件 I/O、格式化数据和所有 ANSI C 库函数，可以满足测量、控制、数据传输与数据处理等需要。当计算机安装了 NI 的数据采集卡时，随卡还提供有数据采集标准库函数。此外，还有高级仪器驱动函数（Instrument Drivers），以及称为工具库（Tools Library）的仪器驱动函数，来作为 LabWindows/CVI 的功能扩展。特别是这些函数的调用都可以通过交互式函数面板（Function Panels）以填空的方式填入该函数参数，使用起来非常方便。而 LabWindows/CVI 基于 Windows 的集成化开发环境具有项目文件的管理和源代码的编辑、调试等功能，开发成功后的 LabWindows/CVI 软件还可方便地生成安装盘，用于软件产品分发。

目前，LabWindows/CVI 应用较广的版本为 5.0 版，NI 公司在 2001 年的新产品发布会上，在推出 LabVIEW 6i 的同时，也推出了 Measurement Studio 套件，除原有的 LabWindows/CVI 外，还为 Visual C++和 Visual Basic 提供测量控件，使得熟悉 VC++和 VB 的开发人员也能在开发测控软件时享受到如同 LabWindows/CVI 一样的便利。

受篇幅所限，本章只作为 LabWindows/CVI 基础，将通过一些具体实例来讲述，使读者能较快熟悉 LabWindows/CVI 的编程环境，并迅速掌握 LabWindows/CVI 编程思想及步骤，为日后进一步学习打下基础。

§13-2 CVI 快速入门

LabWindows/CVI 的功能非常丰富，我们先从一个简单而完整的 LabWindows/CVI 程序设计（单面板结构）实例开始，使读者对 LabWindows/CVI 有一个初步的认识，作为学习 LabWindows/CVI 的快速入门。

我们要设计的 CVI 程序，其运行界面如图 13-1 所示，当按下 Acquire 按钮后，计算机自动产生一个正弦波形并画在 ShowWave 图形显示框中；当按下 Clear 按钮后则清除显示的正弦波形；当按下 Quit 按钮后退出程序。

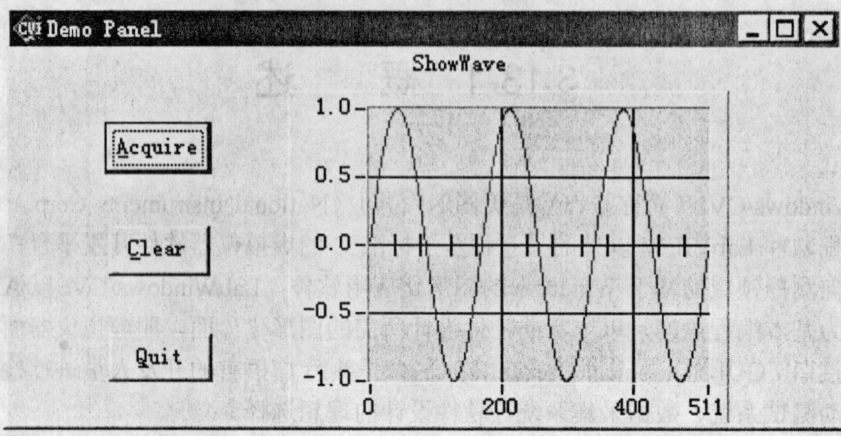

图 13-1　一个简单程序的运行界面

13.2.1　启动 CVI

CVI 安装后，可通过 Windows 的启动程序菜单或直接点击桌面上的 CVI 图标启动 CVI，将显示如图 13-2 所示的一个空的项目（Project）窗口，项目文件名缺省为 Untitled1.prj，若不是第一次启动 CVI，则将显示出最近一次使用的项目文件。选择 File 菜单的 Save As…，将缺省项目文件命名为：FirstSample.prj。

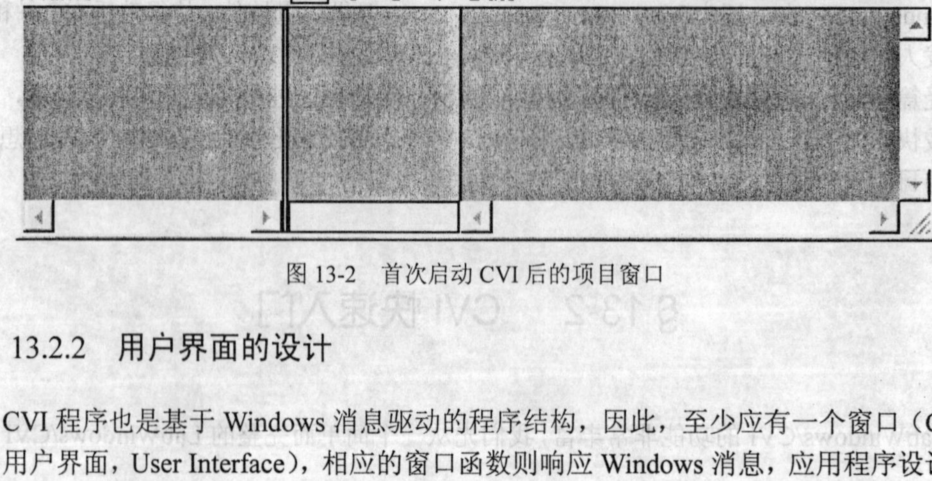

图 13-2　首次启动 CVI 后的项目窗口

13.2.2　用户界面的设计

CVI 程序也是基于 Windows 消息驱动的程序结构，因此，至少应有一个窗口（CVI 中称为用户界面，User Interface），相应的窗口函数则响应 Windows 消息，应用程序设计的主要任务则是编写处理这些消息的代码（用户界面创建完后，CVI 能自动生成应用程序源代码框架）。

从 Project 窗口的 File 菜单中选择 New>>User Interface（*.uir）…选项，CVI 将自动弹出用户界面编辑窗口，以创建用户接口文件，文件名缺省为 Untitled2.uir。在编辑窗口内单击鼠标右键弹出菜单，选择 Panel 选项，将弹出 Untitled Panel（虚拟仪器面板，即运行界面，它类似于实际仪器的面板），用鼠标左键拖动其右下脚，放大到所需实际大小，如图 13-3 所示。

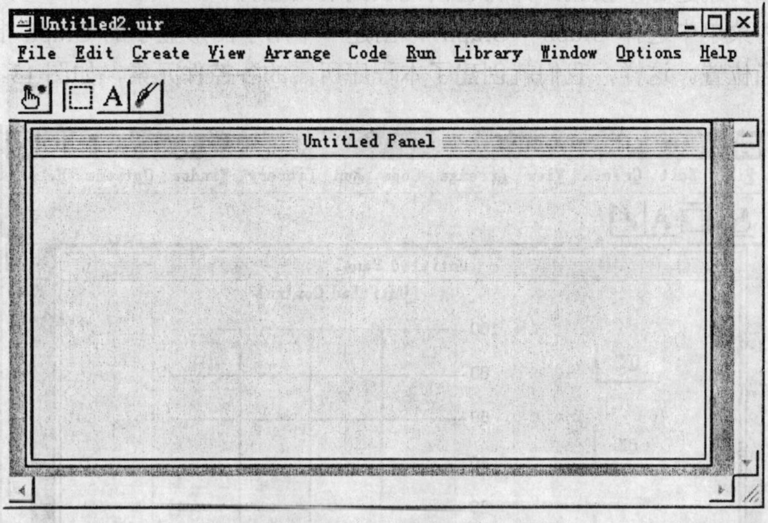

图 13-3　用户界面编辑窗口

用户界面的设计，实际上就是根据需要，选取各种控件（Control，类似于实际仪器的按键、显示器、旋钮、开关等部件），并放置在面板的适当位置上。

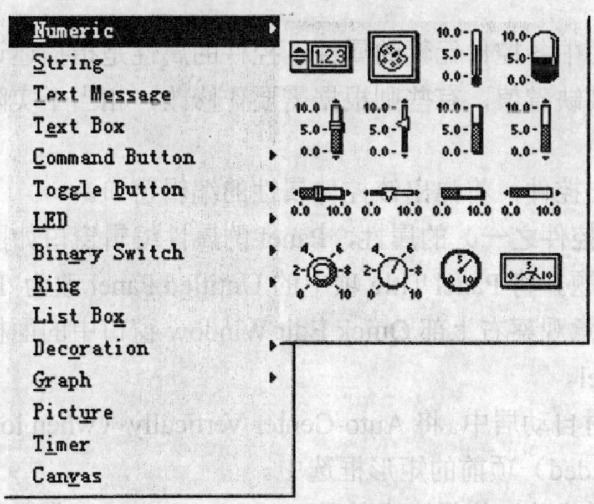

图 13-4　CVI 控件菜单

在 Untitled Panel 的灰色区域中单击鼠标右键，或点击 Create 菜单，便会弹出一个包含各种控件的快捷菜单，类似于 LabVIEW 中的控制模板，如图 13-4 所示。

从图 13-4 中可以看到，CVI 中有丰富的各类控件，而且许多类控件又有多种形式，如图 13-4 中的 Numeric 控件就有数字框、温度计、旋钮盘和表头等，它既可以作为参数输入也可作为结果显示，这些控件对于设计虚拟仪器的用户界面既形象又直观。

根据前述设计要求，我们从控件菜单中选择：Command Button>>Square Command Button，便会在面板上出现一个方形的按钮 

，如将该按钮作为我们所需的 Acquire 按钮，这只需修改其缺省的部分属性参数即可（见后述）。由于本设计中共需 3 个命令按钮，用同样的方法再创建 2 个按钮，并将它们拖放到适当位置。

再从控件菜单中选择 Graph>>Graph ，创建一个用于图形显示的 Graph 指示器，并将其拖放到适当位置。这样，我们就创建了本程序所需的各控件元素，如图 13-5 所示。

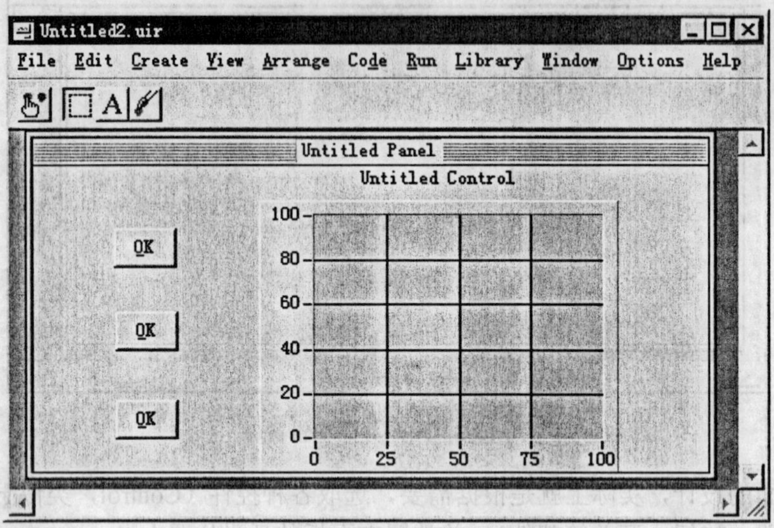

图 13-5 创建各控件后的用户界面

下面修改用户界面中各控件元素的属性。控件的属性是指描述该控件特性的设置值，其中有些可直接使用其缺省值，有些则根据需要作修改，相当于实际仪器通用部件的二次加工。

操作时用鼠标双击控件，将弹出该控件属性的编辑窗口。

修改 Panel（也是控件之一）的属性，Panel 的属性编辑窗口如图 13-6 所示。

（1）修改窗口标题。将 Panel Title 项中的 Untitled Panel 改为 Demo Panel（当然，也可用汉字表示）。请注意观察右上部 Quick Edit Window 窗口中的面板，其标题将同时显示为所修改的 Demo Panel。

（2）使窗口运行时自动居中。将 Auto-Center Vertically（when loaded）项与 Auto-Center Horizontally（when loaded）项前的矩形框选中。

其他属性可以不予修改。值得注意的是，Constant Name（常数名）是源程序访问该控件的标识符，在后面的编程中要用到（注意：第一个字母必须大写），而 Callback Function（回调函数名）是程序中用来响应界面中的 Windows 消息的函数，即当该控件（如某个按钮）被点击之后，程序将自动调用该回调函数作为对该控件被点击这一消息的响应（CVI

的各种控件都有这两项属性，Constant Name 项是必需的，而当无需为该控件设计回调函数时，Callback Function 项可为空）。修改后的 Edit Panel 如图 13-6 所示。点击 OK 按钮，完成对 Panel 属性的修改。

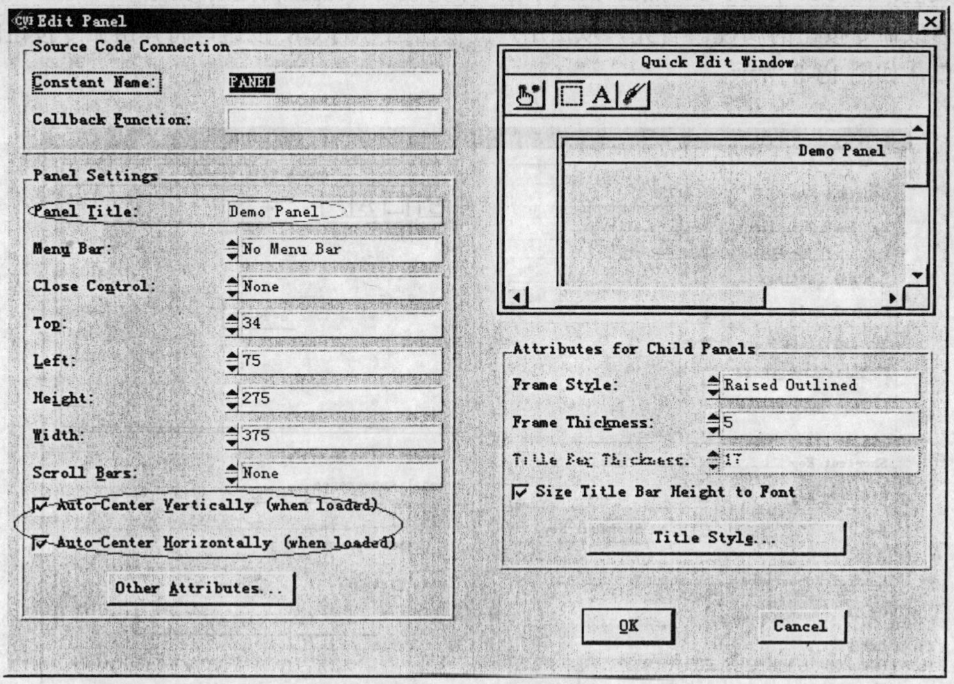

图 13-6 面板（Panel）属性编辑窗口

修改 Graph 的属性。Graph 的属性编辑窗口如图 13-7 所示。

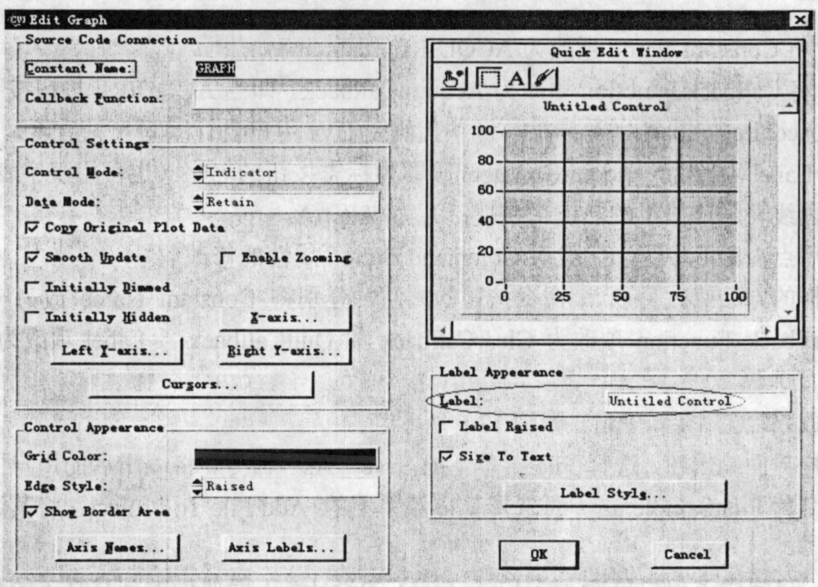

图 13-7 Graph 的属性编辑窗口

（1）修改 Graph 的标签名。将 Label 项中的 Untitled Control 改为 ShowWave。

（2）修改坐标标尺。分别点击 X-axis…和 Left Y-axis…，将弹出 Edit Axis Settings 对话框，取消（不选中）Auto Scal，将 Mininum:和 Maxinum:栏分别输入 X、Y 坐标的最小和最大值：0、511 和-1、1。点击 OK 按钮，即完成对 Graph 属性的修改。

修改命令按钮的属性。首先，双击用户面板左上方的 OK 按钮，将弹出命令按钮的编辑窗口，如图 13-8 所示。

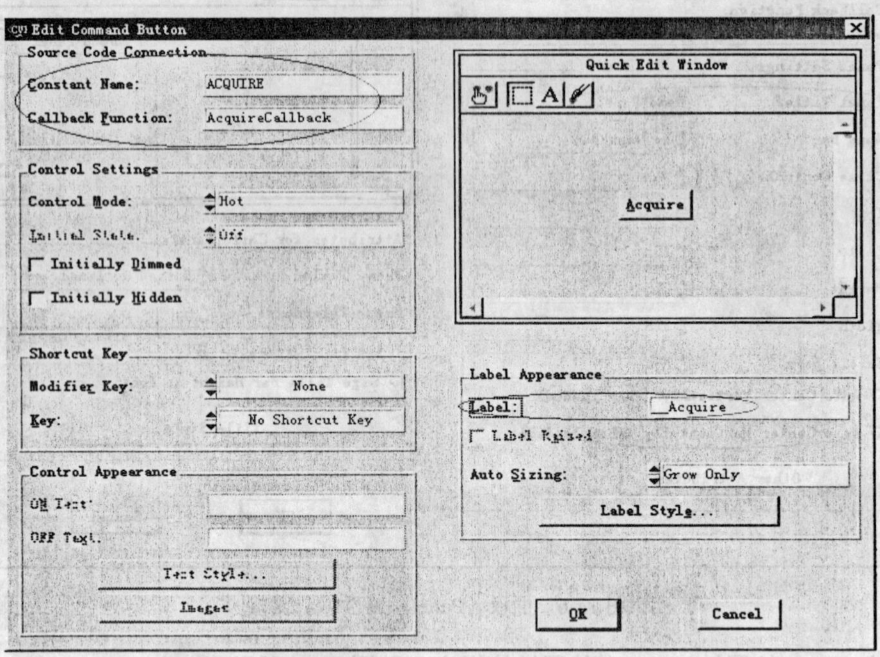

图 13-8　命令按钮属性的编辑窗口

（1）将 Constant Name 项改为 ACQUIRE。

（2）将 Callback Function 项改为 AcquireCallback。即当 ACQUIRE 按钮按下时，程序自动调用 AcquireCallback（）函数。函数代码由 CVI 用户自行编写（见后述）。

（3）Label 项改为__Acquire。Label 项即为标志按钮的名字（也可用汉字表示），A 字母前的下画线表示该按钮的热键（快捷键）为 Alt + A。

修改后点击 OK 按钮，完成对 Command Button 属性的修改。

用同样的方法修改另 2 个命令按钮的属性，分别将 Constant Name 改为 CLEAR 和 QUIT，Callback Function 项改为 ClearCallback 和 QuitCallback， Label 项改为__Clear 和 Quit。

当完成以上工作后，Panel 如图 13-9 所示。

在用户界面编辑窗，选择 File 菜单下的 Save　As…命令，将编辑后的用户面板存盘保存，并命名为 FirstSample.uir。再选择 File 菜单下的 Add File To Project，将其添加到项目中。

至此，已完成了用户界面（user interface）的设计，下面要做的就是真正的程序编制工作。其实 CVI 可以自动生成许多的代码以及缺省消息的处理函数框架，用户编程只需添加相应回调函数的代码，当然，根据需要也可自定义其他函数。

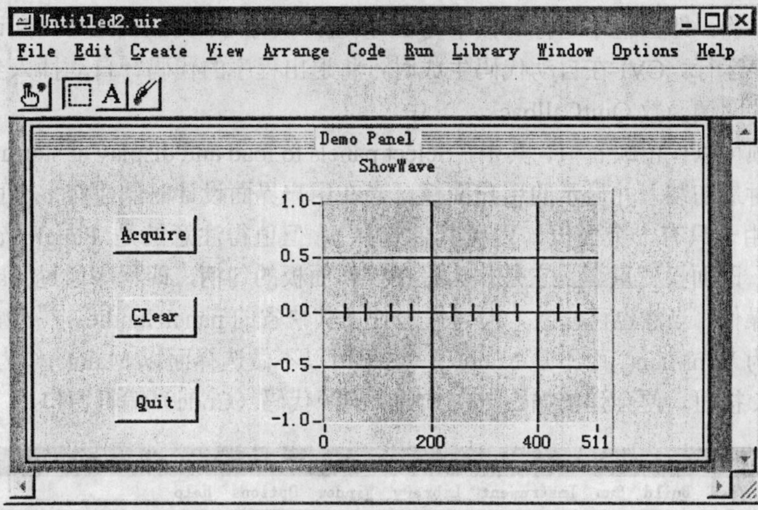

图 13-9　控件属性编辑后的画面

13.2.3　程序代码设计

1．程序框架及部分代码的自动生成

从图 13-9 的用户图形界面编辑窗口中选择 Code 菜单下的 Generate>>All Code…，将出现如图 13-10 所示的界面。

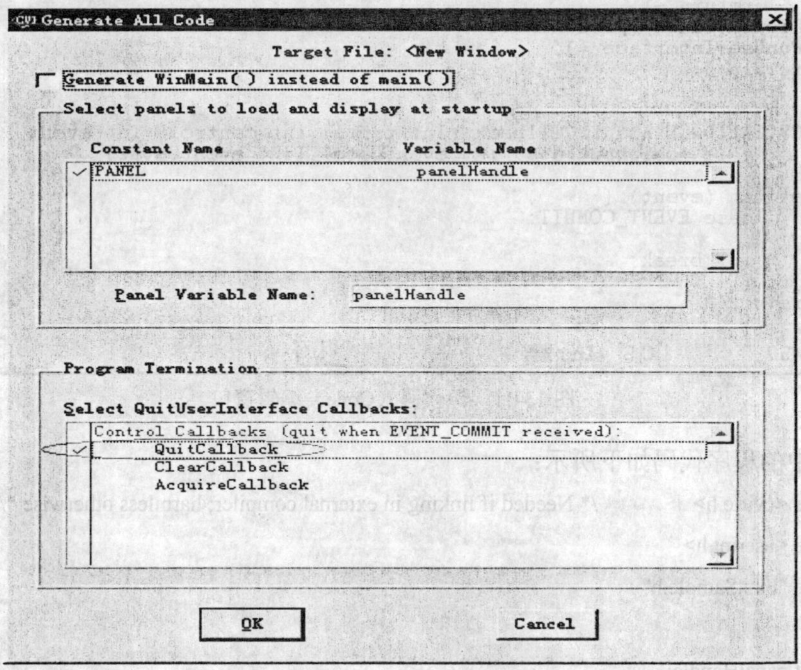

图 13-10　代码自动生成窗口

请用鼠标点击 Select QuitUserInterface Callbacks:（选择退出用户界面的回调函数，这里列出了前面用户界面设计中所有设定的控件回调函数）中的 QuitCallback 项，确保其前面出现一个小钩，即当程序运行时按下 Quit 按钮，执行 QuitCallback（）回调函数，退出（终止）程序运行。CVI 在自动代码生成时，将退出程序的代码行自动插入到所选择的退出用户界面的回调函数 QuitCallback（）中。

其他选项可以保留缺省值。其中，Select panels to load and display at startup 栏为选择程序启动运行时最初装入并显示的用户面板（当在用户界面设计时创建有多个面板时选择一个，本程序由于只有一个面板，别无其他选择），但值得注意的是 Panel Variable Name: panelHandle，即面板变量名，它是作为程序操作面板的句柄，即程序通过 panelHandle 实现对面板的操作，当然也可修改，但习惯上使用其缺省的 panelHandle。另外，程序的主函数可以选择为 WinMain( )而不是 Main( )，这里可以不做选择而以 Main( )作为主函数。

点击 OK 按钮，便会弹出如图 13-11 所示的源代码（Code）编辑窗口。

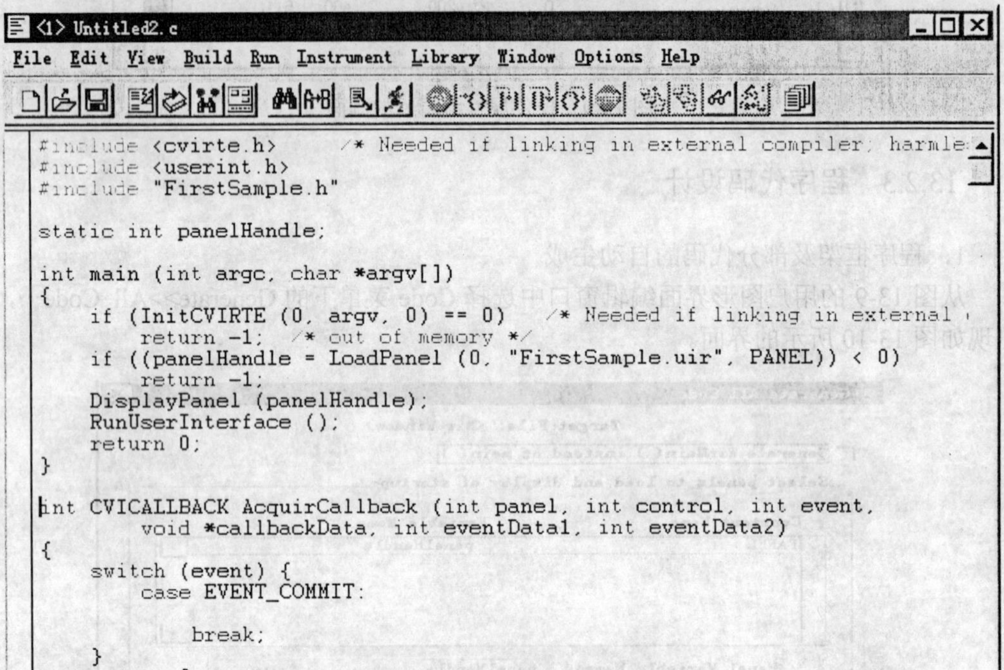

图 13-11　源代码（Code）编辑窗口

窗口中的程序代码如下所示：

```
#include <cvirte.h>              /* Needed if linking in external compiler; harmless otherwise */

#include <userint.h>

#include "FirstSample.h"


static int panelHandle;
```

```
int main （int argc, char *argv[ ] ）
{
    if （InitCVIRTE(0, argv, 0) == 0） /* Needed if linking in external compiler; harmless otherwise */
        return -1;  /* out of memory */
    if （(panelHandle = LoadPanel(0, "FirstSample.uir", PANEL)） < 0）
        return -1;
    DisplayPanel(panelHandle);
    RunUserInterface( );
    DiscardPanel(panelHandle);
    return 0;
}

int CVICALLBACK AcquireCallback(int panel, int control, int event,
        void *callbackData, int eventData1, int eventData2)
{
    switch(event)
        {
        case EVENT_COMMIT:

            break;
        }
    return 0;
}

int CVICALLBACK ClearCallback(int panel, int control, int event,
        void *callbackData, int eventData1, int eventData2)
{
    switch(event)
        {
        case EVENT_COMMIT:

            break;
        }
    return 0;
}

int CVICALLBACK QuitCallback(int panel, int control, int event,
        void *callbackData, int eventData1, int eventData2)
{
```

```
	switch(event)
		{
		case EVENT_COMMIT:
			QuitUserInterface(0);
			break;
		}
	return 0;
}
```

该程序代码共有 4 个函数：

（1）Main( )函数。这是程序的主函数，它将作为程序运行时的入口，其功能是初始化程序，装载用户面板，并显示。

（2）AcquireCallback( )函数。对应 Acquire 按钮的回调函数，当 Acquire 按钮被点击之后，程序将执行（响应）该函数。

（3）ClearCallback( )函数。对应 Clear 按钮的回调函数，当 Clear 按钮被点击之后，程序将执行（响应）该函数。

（4）QuitCallback( )函数。对应 Quit 按钮的回调函数，当 Quit 按钮被点击之后，程序将执行（响应）该函数。

Main( )与 QuitCallback( )函数中的代码是计算机自动生成的，而 AcquireCallback( )与 ClearCallback( )函数只生成了框架，并都采用 switch 分支结构，根据 event（事件、消息）变量的取值实现跳转，而 EVENT_COMMIT 被缺省定义为单击鼠标左键，其值已由 CVI 的 userint.h 头文件（已自动添加在源程序代码中）定义。因此，我们只需在 case EVENT_COMMIT：下添加用来响应并处理消息（点击按钮）的所需代码。

另外，CVI 在自动生成程序代码和程序框架时，也会自动生成所需的头文件 FirstSample.h，在该头文件中，定义了用户面板上的各控件元素标识符（控件的 constant name）的值以及所有回调函数的原型说明，但需注意，CVI 在用户面板设计时所输入的控件元素标识符前通过下划线自动添加了一个 PANEL （面板的标识符），如 ACQUIRE 被修改为 PANEL_ACQUIRE，这是为了区分该控件所在的面板。

2．添加程序代码

（1）添加 AcquireCallback( )函数的程序代码

AcquireCallback( )函数需完成的功能为：将一正弦波形显示在 Graph 窗口。如图 13-1 所示，横坐标表示显示波形的离散点数为 512（0～511），纵坐标表示波形幅值为-1～1。CVI 在高级分析库（Advanced Ananysis…）中有实现波形曲线绘制的标准库函数。这里需用到 2 个库函数，一个是用于产生正弦波波形数据，并将其存入一个一维数组如 Wave 中，另一个是将该数组中的波形数据描绘在 Graph 窗中。

现在请将光标置于 AcquireCallback( )函数中 EVENT_COMMIT 下面的空白行上（该位置即为准备插入 CVI 库函数的位置），如图 13-12 所示。

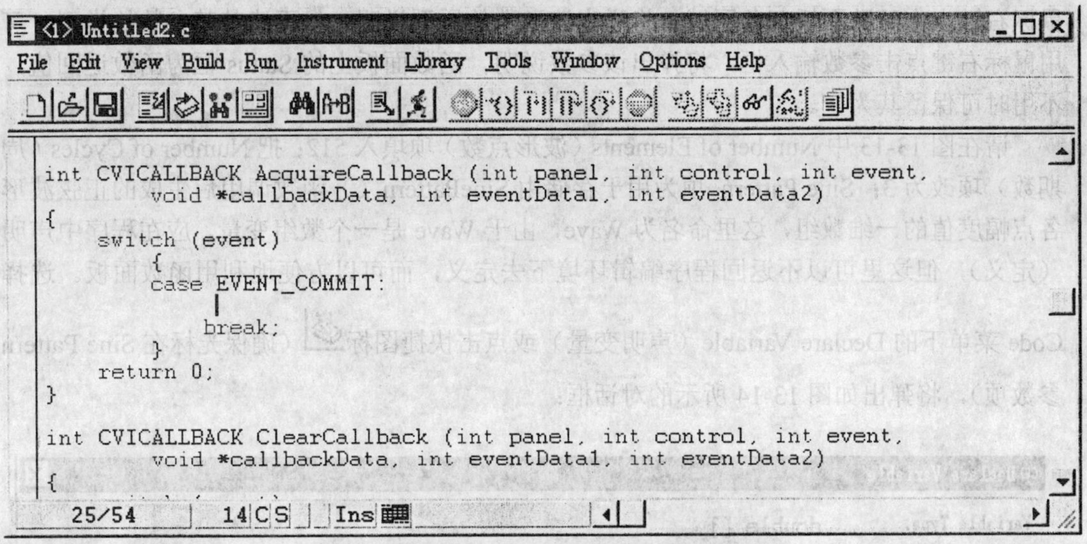

图 13-12　将光标置于准备插入 CVI 库函数的位置

下面，请选择代码编辑窗口中的 Library （CVI 函数库）菜单下的 Advanced Analysis…（高级分析库）选项，并在弹出的对话框中选择：Signal Generation…>>Sine Pattern 选项，将弹出如图 13-13 所示的函数面板（Function Panel）。

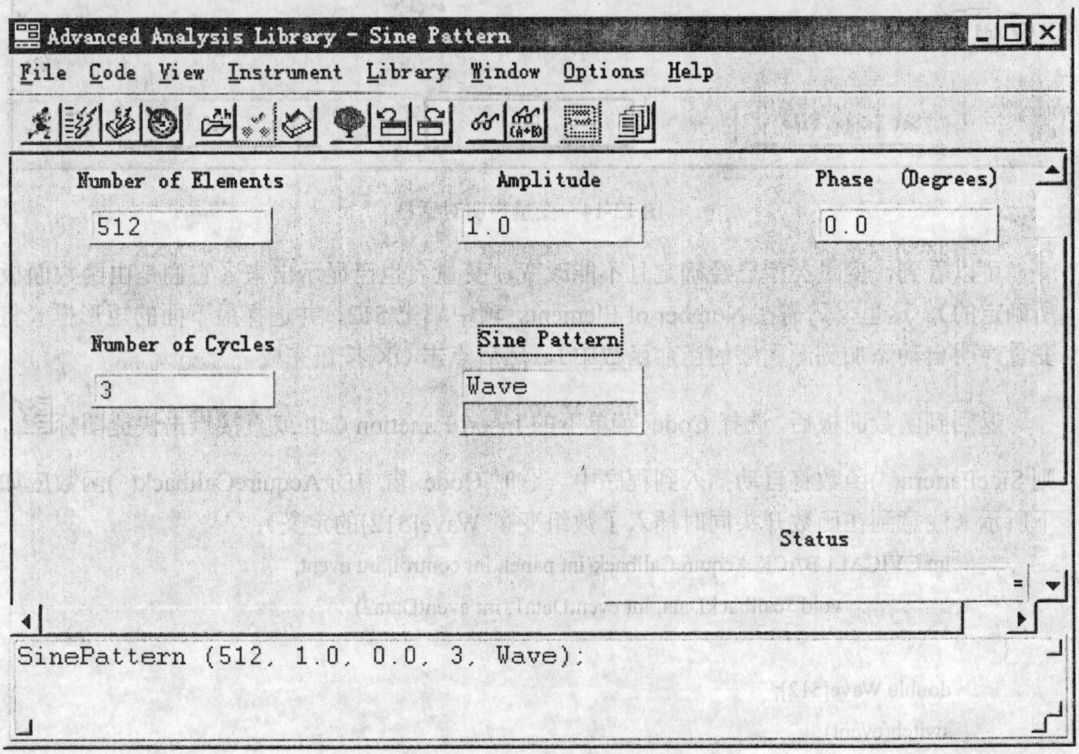

图 13-13　SinePattern( )函数面板（Function Panel）

该函数面板中，SinePattern 为该库函数名，函数所需的参数则以填空的形式输入。用鼠标右键点击函数面板灰色区域，将弹出该函数的原型说明。如不清楚某参数的类型，可用鼠标右键点击参数输入框，将弹出该参数说明。函数面板上的 Status 框为函数返回值，不用时可保留其为空。

请在图 13-13 中 Number of Elements（波形点数）项填入 512；把 Number of Cycles（周期数）项改为 3；Sine Pattern 项为用于存储由 SinePattern（）函数调用后生成的正弦波形各点幅度值的一维数组，这里命名为 Wave，由于 Wave 是一个数组变量，应在程序中声明（定义），但这里可以不返回程序编辑环境下去定义，而可以方便地利用函数面板。选择 Code 菜单下的 Declare Variable（声明变量）或点击快捷图标（确保光标在 Sine Pattern 参数项），将弹出如图 13-14 所示的对话框：

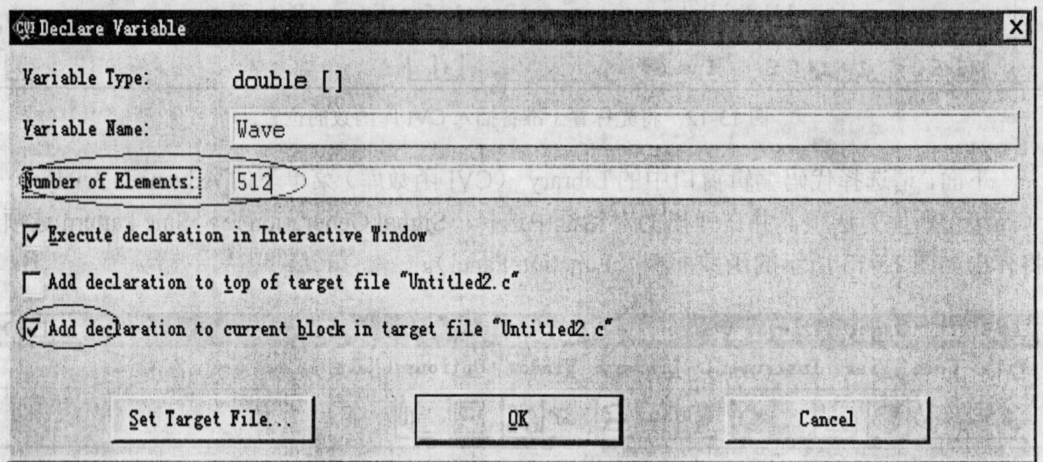

图 13-14　变量声明对话框

可以看到，变量类型已经确定且不能改变，变量名也已显示出来（它们是由函数面板所确定的）。这里，只需在 Number of Elements 项中填上 512，并选择最下面的矩形框（将变量声明自动添加到源程序的当前函数中），然后点击 OK 按钮完成。

返回到函数面板后，选择 Code 菜单下的 Insert Function Call 或直接点击快捷图标，则 SinePattern( )函数将自动插入到程序中。这时 Code 窗中的 AcquireCallback( )函数应如下所示（注意到在函数开头同时插入了数组变量 Wave[512]的定义）：

```
int CVICALLBACK AcquireCallback(int panel, int control, int event,
        void *callbackData, int eventData1, int eventData2)
{
    double Wave[512];
    switch(event)
        {
        case EVENT_COMMIT:
            SinePattern(512, 1.0, 0.0, 3.0, Wave);
```

```
                |
            break;
        }
    return 0;
}
```

程序在执行 SinePattern( )函数后，将按照给定的该函数参数值得到 512 点正弦波形数据，并存储于 Wave[512]数组中，下面需要把该波形数据描绘到 Graph 上去。

（1）请将光标放在 SinePattern( )函数下面的空白行上，如上面那样。

（2）请选择 Library 菜单下的 User Interface…>> Controls/Graph/Strip Chart…>>Graph and Strip Chart…>>Graph Plotting and Deleting…>>Plot Waveform，如图 13-15 所示。

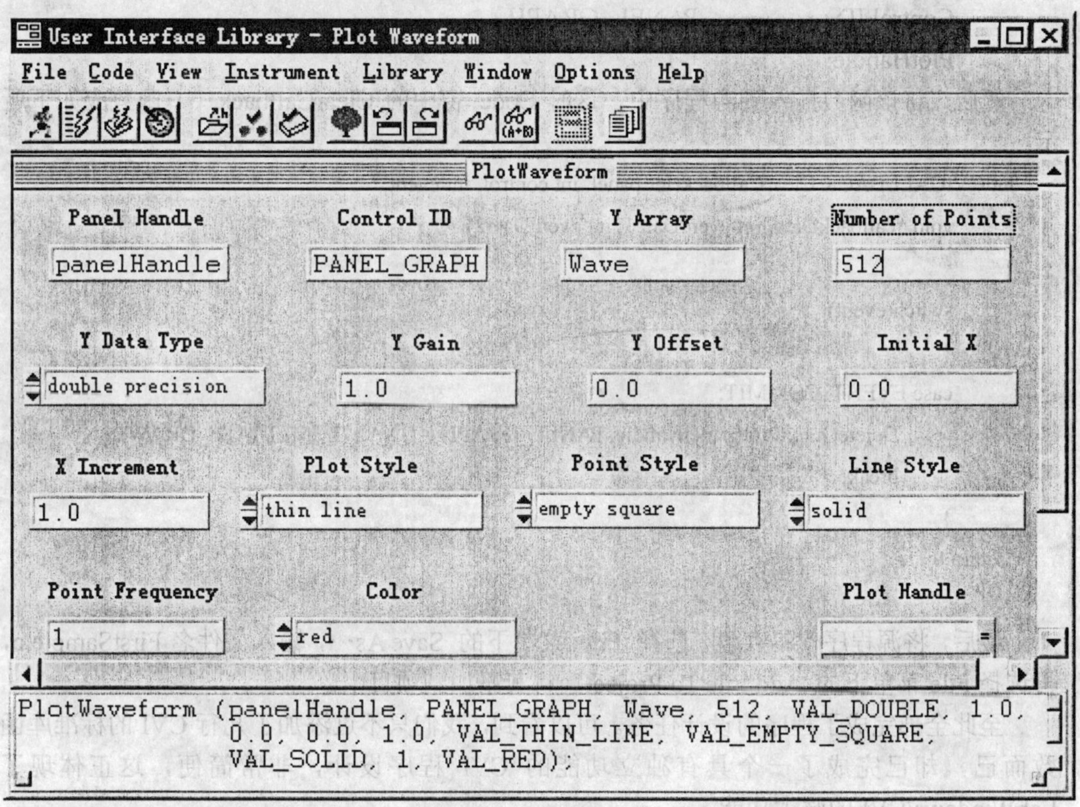

图 13-15 PlotWaveform( )函数面板（Function Panel）

该函数参数较多，其中，Panel Handle 项应为用户面板编辑完成后自动代码生成时指定的面板标识符的变量名，即 panelHandle，如图 13-10 所示；而 Control ID 则为控件的标识符，应为 PANEL_GRAPH（提示：也可将光标置于 Control ID 项的输入框，然后按<回车>键，将自动弹出面板上所有控件的标识符以供选择）；Y Array 和 Number of Points 分别输入 Wave 和 512，其余参数可以使用缺省值。

将该函数插入程序行，这时 Code 窗中的 AcquireCallback( )函数将增加由该函数构成的程序行，如下所示：

```
PlotWaveform(panelHandle, PANEL_GRAPH, Wave, 512, VAL_DOUBLE, 1.0, 0.0, 0.0, 1.0,
```

```
VAL_THIN_LINE, VAL_EMPTY_SQUARE,VAL_SOLID, 1, VAL_RED);
```

至此，我们已完成了 AcquireCallback( )函数的代码设计。

添加 ClearCallback( )函数的程序代码。 ClearCallback( )函数需要完成的功能是，清除 Graph 上所画的正弦波形。

现在请将鼠标放在 ClearCallback( )函数 EVENT_COMMIT 下面的空白行上，并选择 Library 菜单下的 User Interface…，再在弹出的对话框中选择：Control/Graph/Strip Chart…>>Graph and Strip Chart…>>Graph Plotting and Deleting…>>Delete Graph Plot，将弹出 DeleteGraphPlot( )函数（删除 Graph 图形）面板，请把函数面板中的对应各项填写成如下所示：

PanelHandle: panelHandle
Control ID : PANEL_GRAPH
PlotHandle: -1

然后，将该函数插入到源程序中，这时 Code 窗中的 ClearCallback（）函数应如下所示：

```
int CVICALLBACK ClearCallback(int panel, int control, int event,
        void *callbackData, int eventData1, int eventData2)
{
        switch(event)
        {
        case EVENT_COMMIT:
                DeleteGraphPlot(panelHandle, PANEL_GRAPH, -1, VAL_IMMEDIATE_DRAW);
                break;
        }
return 0;
}
```

最后，将源程序代码存盘，选择 File 菜单下的 Save As…，输入文件名 FirstSample.c，再选择 File 菜单下的 Add File To Project，将其添加到项目中。

至此全部完成了程序的设计任务。可以看到，我们只不过添加了几行 CVI 的标准库函数而已，却已完成了一个具有独立功能的 CVI 程序设计，非常简便，这正体现了 LabWindows/CVI 的强大功能。

13.2.4 运行程序

在源代码（Code）编辑状态下，选择 Run 菜单的 Run Project 选项，将弹出一个对话框，询问是否把 “analysis.h”包含到 FirstSample.c 中去，由于程序中用到了高级分析库，点击 yes 按钮，同意该选项。CVI 将自动进行编译并运行程序（当然，也可先执行 Build 菜单下的编译命令后，再运行）。如程序中有错误，则编译时以反底方式显示出错行。

程序运行后，按 Acquire 按钮，即得到图 13-1 所示的画面。按 Clear 按钮则清除所绘波形，最后，按 Quit 退出程序。

从源代码（Code）窗中选择 Window>>Project 选项，将活动窗口切换到项目（Project）窗，可以看到 FirstSample.prj 项目中已有 FirstSample.uir 和 FirstSample.c 文件，但还需将 FirstSample.h 添加到该项目中。请在项目窗口上选择 Edit 菜单下的 Add Files to Project…>>Include （*.h）…选项，在弹出的对话框中选择 FirstSample.h，并点击<Add>，确认在 Selected Files 框中显示出 FirstSample.h，最后，按<OK>即可。这时，项目窗口如图 13-16 所示。

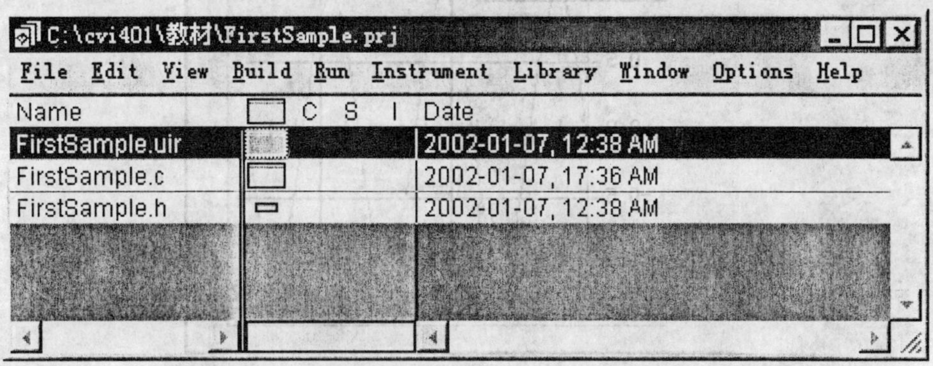

图 13-16 设计完成后的项目窗口

至此，已完成了本示例设计的全部工作。这个实例通过 CVI 的信号产生库函数模拟显示一个信号波形，在实际工程应用如动态信号的数据采集中，常常需要描绘出实时采集的波形，这只要把采集数据装入到上面的 Wave 数组（数组大小视实际需要而定），再通过 PlotWaveform( )函数描绘出波形即可。

13.2.5 菜单结构程序设计示例

上面的示例是常用的单面板结构，当面板上控件较多时，为简化面板设计，常常设计为菜单结构；另外，当面板上控件按下时，有时需要再弹出一个窗口（子面板），比如面板上的参数设置按钮，这时就需要考虑多面板结构。下面将主要介绍菜单结构的 CVI 设计。

我们仍以实现上面的波形模拟显示功能为例，另外再增加一项将 Wave[512]数组中的波形数据存盘的功能。为此，拟设计两个菜单项：File 和 Function，在 File 菜单下，设计两个子菜单，即 Save（波形数据存盘）和 Exit（退出程序），而 Function（功能）菜单则包括 Acquire（显示波形）和 Clear（清除显示波形）子菜单。程序运行后如图 13-17 所示。

首先启动 CVI，将出现上面 FirstSample 的工程窗口，选择 File 菜单下的 New>>Project（*.prj）…选项，CVI 将弹出提示窗口，询问是否卸载当前项目文件，点击 Yes 后，将再弹出一个 Transfer Project Options 窗口，询问是否沿用上一个项目文件的一些选项，这里只选择 Compiler Options（编译器选项）然后按<OK>即出现缺省文件名为 Untiled1.prg 的项目窗口，通过 File 菜单的 Save As…选项将其更名为 MenuSample.prj。

在上面的 MenuSample.prj 工程窗口，选择 File 菜单下的 New>>User Interface（*.uir）…选项，即出现缺省文件名为 Untiled2.uir 的用户界面编辑窗口。由于所有菜单项都是存在于面板上的，因此，需要先创建一个空白面板 panel，并将其标题修改为 Demo Menu，然后再在该面板上添加 Graph 图形显示控件，标题修改为 ShowWave（请参考 FirstSample 示例设计）。

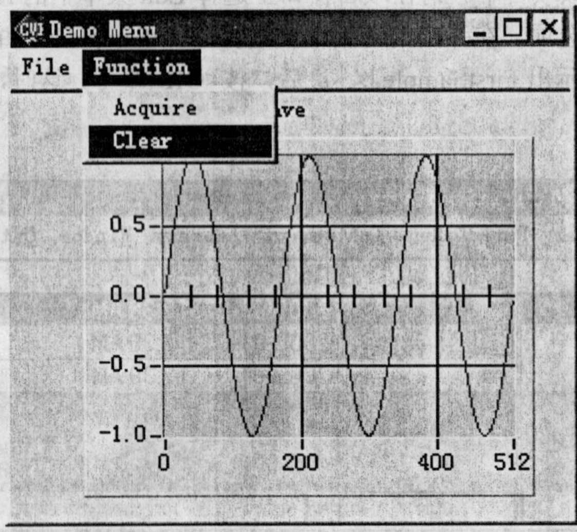

图 13-17　菜单结构的示例程序运行界面

下面着重介绍菜单结构的用户界面设计。首先需建立菜单，方法是点击用户界面编辑窗口上的 Create 菜单下的 Menu Bar…选项，将弹出一个菜单项编辑窗口（Edit Menu Bar），如图 13-18 所示。

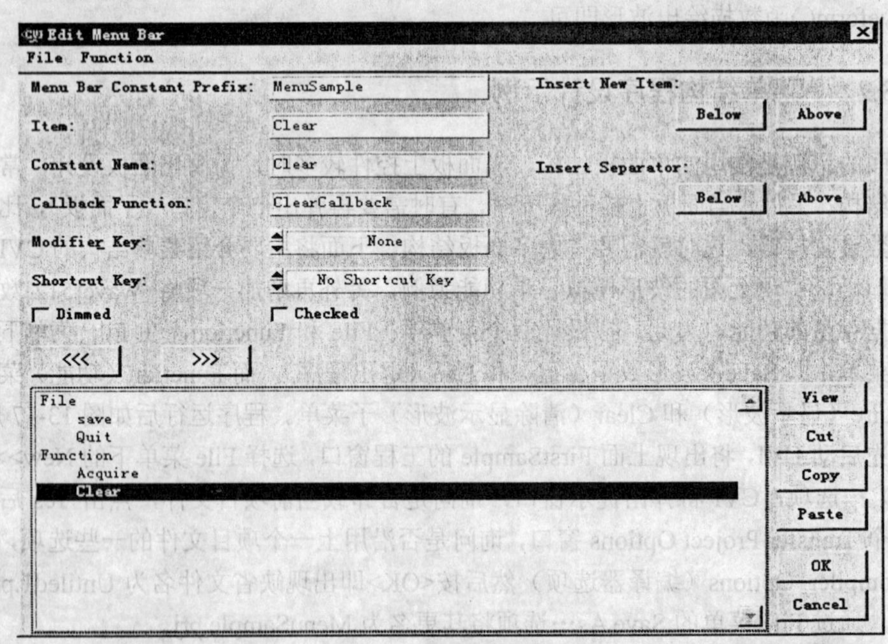

图 13-18　菜单项编辑窗口

图 13-18 是菜单项设计完成后的画面，其中，Menu Bar Constant Prefix 项为各菜单项的前缀，并通过它将菜单连接到面板，这里取名为 MenuSample，CVI 在自动代码生成时

由 MenuSample.h（也是自动生成的）为其定义一个常数。Item 为菜单项名，Constant Name 与前缀一起（由下划线连接）确定该菜单项由源程序代码访问的句柄，Callback Function 则确定回调函数名。另外，Modifier Key:和 Shortcut Key:还可为各菜单项定义快捷键。设计时只要逐项输入，并按<Below>按钮插入，当该项为上一项的子菜单时（这里只有子菜单项才有回调函数），按>>>按钮即可。设计完成后在 MenuSample.h 中可以看到所定义的 MenuSample，MenuSample_File， MenuSample_File_Save 等常数值。

菜单项编辑完成后，还可在用户界面编辑窗口通过 Edit 菜单下的 Menu Bar…选项进行修改。

下面需要将所设计的菜单项连接到面板，方法是在面板编辑窗口（Edit Panel）中，在 Menu Bar 项选择上面所设计的 MenuSample，如图 13-19。

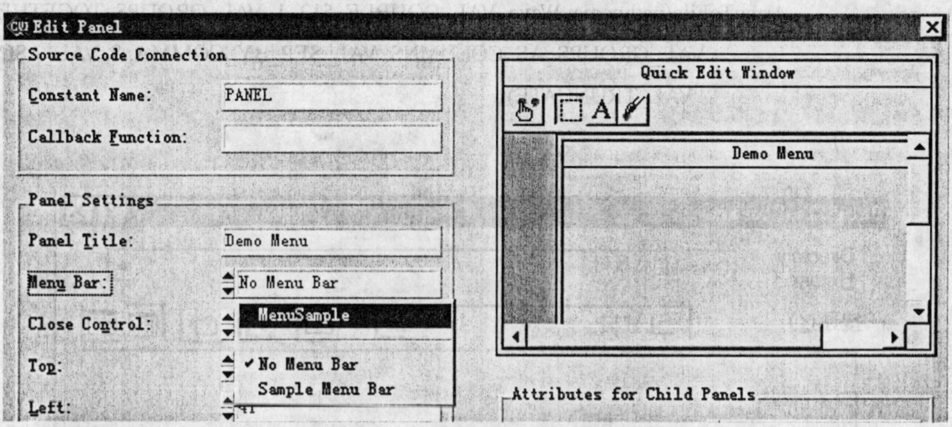

图 13-19 在面板编辑窗口中选择菜单选项

这样，将在面板上可看到所设计的 File 和 Function 两项菜单。

带菜单项的面板设计完成后，进行自动代码生成，在源代码框架中补充各回调函数，如下面的 AcquireCallback( )回调函数所示。

```
void CVICALLBACK AcquireCallback(int menuBar, int menuItem,
            void *callbackData, int panel)
{
    SinePattern(512, 1.0, 0.0, 3.0, Wave);
    PlotWaveform(panelHandle, PANEL_GRAPH, Wave, 512, VAL_DOUBLE, 1.0, 0.0, 0.0, 1.0,
            VAL_THIN_LINE, VAL_EMPTY_SQUARE, VAL_SOLID, 1, VAL_RED);
}
```

SaveCallback( )回调函数为将 Wave[512]中的波形数据以文件的方式存储，这在实际应用中很有用。为此，需要用到 CVI 的 2 个库函数 FileSelectPopup( )和 ArrayToFile( )，其中 FileSelectPopup（）在 User Interface Library 类的 Pop-up Panel 子类中（File Select Popup），其功能是弹出如图 13-20 所示的 Windows 标准文件选择窗口，文件名在 pathname 中，并使用 GetProjectDir( )函数得到当前目录名。ArrayToFile( )在 Formatting and I/O Library 类的 File I/O 子类中（Array To File），可直接将数组写入到文件中。下面列出了 SaveCallback( ) 回调函数中插入的库函数。

```
void CVICALLBACK SaveCallback(int menuBar, int menuItem,
                void *callbackData,     int panel)
{
    char dirname[MAX_PATHNAME_LEN],pathname[MAX_PATHNAME_LEN];
    int SelStatus;
    GetProjectDir(dirname);
        SelStatus = FileSelectPopup(dirname, "wavedata.dat",
                    "Datafiles (*.dat)", "DataFile Storage",
                    VAL_SAVE_BUTTON, 0, 1, 1, 1, pathname);
    if（SelStatus==1 || SelStatus==2）
    ArrayToFile(pathname, Wave, VAL_DOUBLE, 512, 1, VAL_GROUPS_TOGETHER,
            VAL_GROUPS_AS_COLUMNS, VAL_SEP_BY_COMMA, 8, VAL_ASCII,
            VAL_TRUNCATE);

}
```

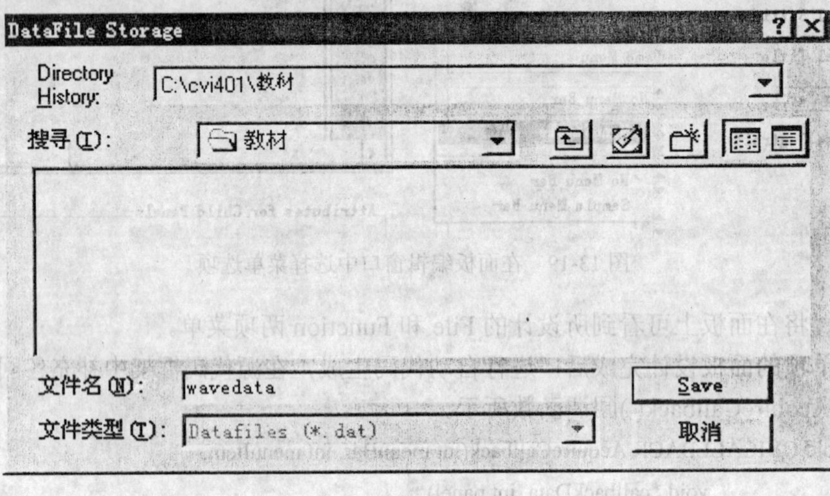

图 13-20　FileSelectPopup( )库函数的文件选择窗口

源代码编辑完成后存储为 MenuSample.c，并添加到 MenuSample.prj 项目中。

通过上面两个设计实例，相信读者对 CVI 编程环境、编程过程和方法以及 CVI 的强大功能已有初步的了解。

§13-3　CVI 环境下的程序设计

下面将详细讲述 LabWindows/CVI 程序设计及其编程环境的一些细节问题。在学习完本节后，请将前面 FirstSample 和 MenuSample 程序重新设计一遍，并认真思考，以巩固并提高 LabWindows/CVI 编程的技巧。

13.3.1　LabWindows/CVI 程序剖析

CVI 编程步骤可大致总结如下：

第一步　制定程序设计的基本方案。根据任务确定程序的基本框架，如程序界面、程序中所需的函数等。

第二步　用户图形界面设计。根据第一步制定的方案，创建用户图形界面、确定所需控件及回调函数名，得到*.uir 文件。

第三步　程序源代码的编制。自动生成部分程序代码及回调函数的基本框架，得到*.c 文件（同时将生成*.h 头文件）。添加函数代码，完成源代码的编制工作。

第四步　工程项目的完成。编译，调试程序。把用户图形界面文件、源代码文件和头文件，添加到项目文件中去，得到*.prj 文件，从而完成整个程序的编制。

CVI 程序至少有一个面板，并通过面板上的按钮或菜单触发相应的回调函数执行，完成相应的任务，并将结果送到面板上显示。图 13-21 表示了前面 FirstSample 程序框架及各文件间的相互关系。

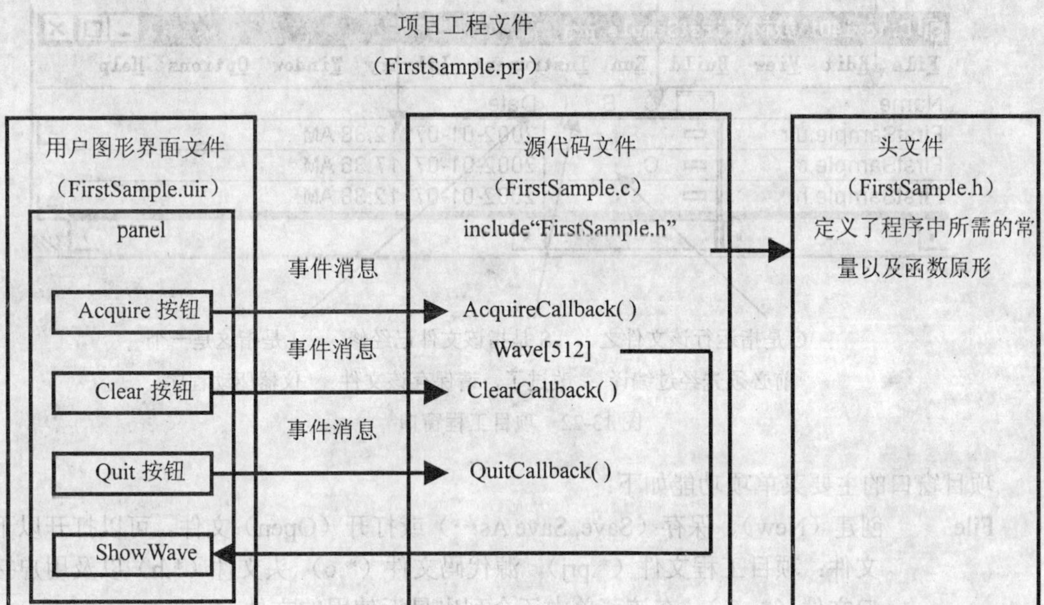

图 13-21　项目工程文件的组成及各文件的关系

图 13-21 所示项目工程文件中各文件之间的关系是非常重要的，它反映了程序的内在调用关系和执行过程，应认真领会和理解，以便从整体上去把握 LabWindows/CVI 程序设计的核心思想，有益于进一步学习 LabWindows/CVI。

13.3.2　LabWindows/CVI 编程环境

LabWindows/CVI 集成开发环境有以下三个最主要的窗口（window）以及 CVI 库函数

的函数面板（Function Panel），即：

- 项目工程窗口（Project Window）；
- 用户接口编辑窗口（User Interface Editor window）；
- 源代码窗口（Source window）；
- 函数面板（Function Panel）。

三个窗口可以同时打开，相互切换，并且，有些功能在三个窗口上都有，比如，运行程序可以在任何一个窗口都可。各窗口的所有功能都集成在菜单项，有些窗口有快捷图标或对应有快捷键（如运行程序的 Shift F5），或通过鼠标右健弹出的快捷菜单操作，熟练掌握这些快捷操作后，可大大加快开发进度。下面将分别予以详细介绍。

1. 项目工程窗（Project Window）

一个项目工程窗（Project Window）如图 13-22 所示。在项目工程窗中列出了组成该项目工程所有的文件。

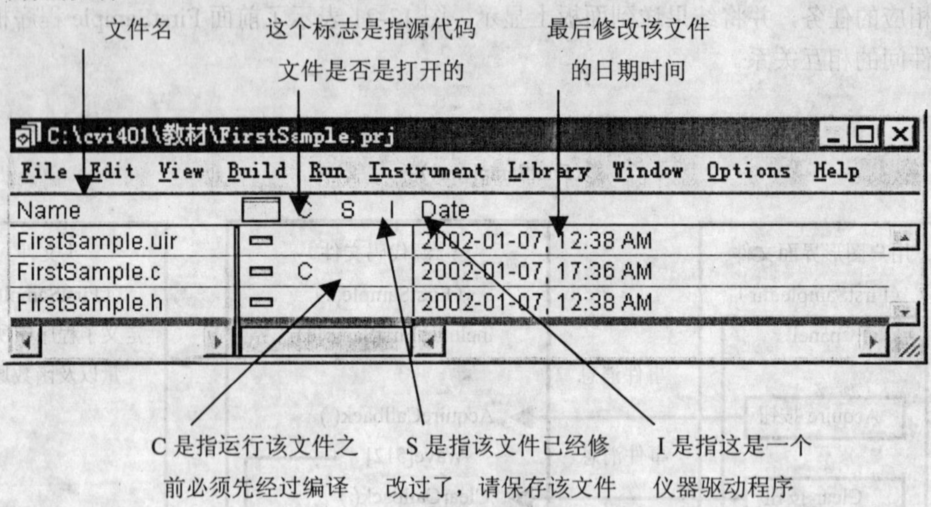

图 13-22　项目工程窗口

项目窗口的主要菜单项功能如下：

File　创建（New）、保存（Save, Save As…）或打开（Open）文件。可以打开以下文件：项目工程文件（*.prj），源代码文件（*.c），头文件（*.h）以及用户接口文件（*.uir）。在该菜单中还会列出最近使用的文件。

Edit　在项目工程中添加或移去文件。除*.c、*.uir、*.h 以外，还可以是库文件（*.lib）和仪器驱动函数面板文件（Instrument driver function panel files，*.fp）等。

Build　使用 LabWindows/CVI 编译链接器，可生成动态连接库、CVI 环境下的可独立运行文件或脱离 CVI 环境的安装文件（2 张软盘）。

Run　运行一个项目工程。

Windows　窗口管理。

Options　设置 LabWindows/CVI 的编程环境。其中，Run Options 中有一项 Debugging Level 的设置选项（None、Standard、Extended），若选择 None，则程序以最快速度运行而不能进行单步、断点等调试，且没有用户程序保护功能（如指针保护），因此，在程序未能调试成功之前，最好不选择 None。

Help LabWindows/CVI 在线帮助及 Windows SDK 的函数帮助。

项目窗口中还显示了所列文件的状态，其各项的含义如图 13-22 中所标示的那样。当需要打开项目中某个文件时，只需双击该文件名。

如果需进一步了解项目工程窗（Project window）各菜单项的功能细节，请使用在线帮助。点击 Help 菜单下的 Search For Help On…，输入关键字 project，即可查找到有关说明，或者查阅 CVI 用户手册。

2．用户接口编辑窗（User Interface Edit window）

图形化用户接口编辑窗是用来创建、编辑用户接口界面 GUI（Graphical User Interface）的。一个用户接口由至少一个面板（Panel）以及在面板上的各种控件元素（Control Element）组成。图形用户接口编辑窗提供了非常快捷的创建、编辑这些面板和控件元素的方法，可以在短时间里创建出符合要求的图形界面。

请参照前面图 13-3 所示的图形用户接口编辑窗口，其中各主要菜单项的功能如下所述。

File 创建、保存或打开文件。

Edit 编辑面板、菜单或控件元素属性（也可直接用鼠标双击要编辑的对象）。

Creat 创建面板和各种控件元素（也可在 Panel 上点击鼠标右键，通过弹出的快捷菜单进行选择）。

View 当创建多个面板后就可用该项来查看不同的面板。其中还可预览 CVI 为该面板生成的对应头文件（Preview User Interface Header File），它包含了 CVI 为面板、菜单、控件属性中 constant name 定义的常数值及各回调函数原型。

Arrange 用来调节各控件元素的位置与大小，如使各控件元素水平中心对齐或垂直对齐，使控件元素的标识符居中等。

Code 生成源代码，以及选择面板和控件所需的事件消息类型。比如，FirstSample 示例程序中，要求鼠标左键单击 Acquire 按钮时描绘波形；而鼠标右键单击 Acquire 按钮时希望弹出一个说明（如操作提示）信息窗（通过调用 MessagePopup()库函数实现）。为此，选择 Code 菜单下的 Preferences>>Default Control Events…选项，将弹出 Control Callback Events 窗，选中 EVENT_LEFT_CLICK 和 EVENT_ RIGHT_CLICK，则生成的回调函数 AcquirCallback( )中 switch（enent）结构如下：

```
switch(event)
{
    case EVENT_LEFT_CLICK:

        break;
    case EVENT_RIGHT_CLICK:
        MessagePopup("FirstSample--Acquire",
                "Sine wave Ploted,You may click 'Clear' ");  //弹出式信息窗
        break;
```

}

Run　　运行程序。

Windows　窗口切换。用来访问某个已经打开的窗，如项目窗、源代码窗等。

Options　设置用户接口编辑窗的编辑环境。

Help　LabWindows/CVI 在线帮助及 Windows SDK 的函数帮助。

图形用户接口编辑窗中还有四个模式选择按钮（直接用鼠标点击），介绍如下。

在该模式下，当用鼠标点击面板上的控件时，将在图形用户接口编辑窗的右上角可观察到对应的事件消息。如鼠标左键单击控件时，显示出的事件消息为：EVENT_LEFT_CLICK，EVENT_COMMIT，而鼠标右键单击控件时，显示出的事件消息为：EVENT_RIGHT_CLICK。

这是图形用户接口编辑窗最常用的模式。用于创建、编辑面板和控件元素以及修改它们的属性。

在该模式下可以直接修改控件元素的名字、标签等文字相关方面的属性。

在该模式下可以直接修改面板及各控件元素的颜色。操作时先将鼠标指向欲修改颜色的对象上，然后点击鼠标右键便会弹出一个选色对话框，当鼠标在颜色对话框中移动时，相应的颜色立即显示在该控件上，直至选择一个满意的颜色。

各种模式也反映在控件属性编辑窗口的 Quick Edit Window 中。

另外，在用户接口编辑窗中有一快捷菜单是非常有用的，当把鼠标指在某一控件元素上点击右键后便会弹出一快捷菜单（有 Generate Control Callback 和 View Control Callback 两项），即可以生成该控件的回调函数以及查看回调函数（自动打开源代码窗口并定位到该回调函数），而无须先切换到源代码窗后再查看。这在设计调试中非常有用。此外，当需要在面板上添加控件时，建议采用图 13-4 所示的快捷菜单（在 Panel 的灰色区域中单击鼠标右键），更为方便。

关于用户接口编辑窗（User Interface Edit window）更详细的说明，请使用在线帮助或者查阅 CVI 用户手册。

3．源代码编辑窗（Sourse window）

源代码编辑窗用于添加、删除、插入函数等代码编辑和调试。CVI 源代码兼容于 ANSI C 并有所扩充，因此，CVI 除一般的全屏编辑和调试功能外，又有其独特的简捷快速的开发、编辑工具，可以在短时间内完成一个较复杂的 C 程序代码的开发。

请参照图 13-11 所示的源代码编辑窗口，其中各主要菜单项的功能如下所述。

File　创建、打开、保存、打印源代码文件。同时列出最近使用过的文件。

Edit　常用的剪切、拷贝、粘贴、查找、替换等编辑命令。此外，还有将光标所在行或所选行变灰与否（执行或不执行相应的程序行），检查大括号对（Balance），插入各种结构（如 if…else…，switch 等）功能。

View　设置源代码编辑窗的风格等功能，如显示行号、设置行标示、以行号查找定位等。显示上次使用的函数面板，当光标置于回调函数（如 PlotWaveform）或控件标识符（如 PANEL_GRAPH）上时，还可查看其对应的用户面板上的对象（Find UI Object，见后述）。

Build　编译命令以及编译设置。

Run　调试、运行程序及有关设置。包括全速运行（Run Project），运行到光标（Go To Cursor），单步跳过（Step Over，遇到函数语句则一步执行该函数），单步进入（Step Into，遇到函数语句则进入该函数再单步执行），设置断点，观察变量值等。这些都是程序调试的基本手段，应很好掌握。

Instrument　装入仪器驱动程序。

Library　函数库（参见后面的库函数介绍）。

Windows　窗口切换。用来切换到某个已经打开的窗，如项目工程窗、用户接口编辑窗或 CVI 标准输入/输出窗口。

Options　设置用户接口编辑窗的编辑环境。

Help　LabWindows/CVI 在线帮助及 Windows SDK 的函数帮助。

在源代码编辑窗，当需要查看回调函数对应的控件时，可采用如下快捷方式，即把鼠标指在某一回调函数（如图 13-23 所示的 PlotWaveform）上点击右键后便弹出一快捷菜单，通过该菜单的 Find UI Object 将自动切换到用户面板编辑窗口并激活该控件。若光标指向的是控件的标识符（如 PANEL_GRAPH 等），同样的方法则可看到对应的控件。若光标指向的是库函数，则可通过快捷菜单的 Recall Function Panel，看到函数面板。若光标指向的是变量，则可通过快捷菜单的 Go To Definition，查看变量定义。若程序通过断点运行，遇断点停下时，还可查看变量值（View Variable Value）。该快捷菜单在程序调试阶段非常有用，应熟悉并掌握。

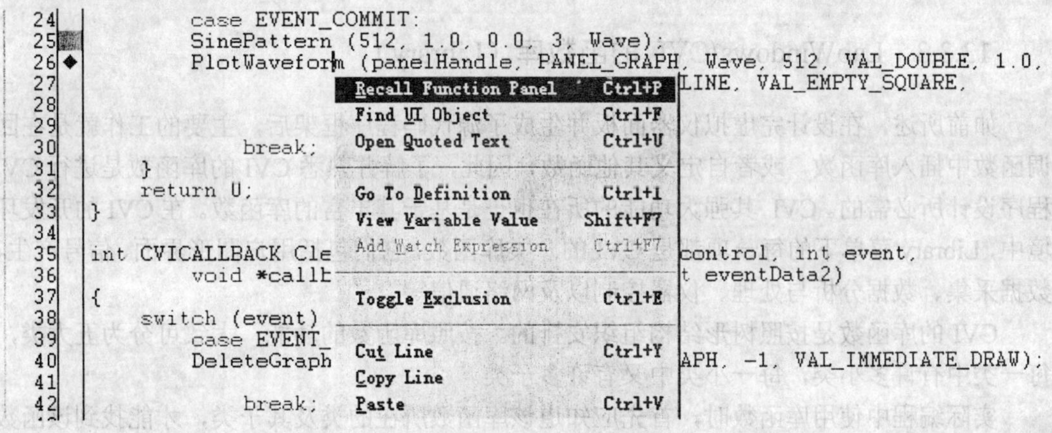

图 13-23　源代码窗口中的快捷菜单

另外，CVI 中有一个标准输入/输出窗口（Standard Input/Output Window）用于执行 Scanf( )时从键盘输入数据和执行 Printf( )时输出数据到显示器。在程序调试阶段，可以在程序的适当位置放置标准输入/输出的函数语句，通过标准输入/输出窗口观察结果。该窗口可通过 CVI 环境下的 Windows 菜单中 Standard Input/Output 项切换。

在菜单行下面有许多常用的快捷图标（当鼠标落在图标按钮上时，将自动显示其功能说明），它们与某项菜单功能对应，熟练掌握这些图标使程序设计与调试非常方便。

4．函数面板（Fuction Panel）

在源代码编辑窗，当欲在源程序某处插入库函数时，只需从函数库中选择该函数后，将自动弹出一个与之对应的函数面板，在函数面板上所有该函数参数及函数返回值都以交互式填空方式填入后插入即可。若需要使用一个源程序中尚未定义的变量作参数时，则可在函数面板上直接声明该变量而无须先切换到源代码窗定义。参阅前面图 13-13 为 SinePattern( )函数面板，这是 FirstSample 示例程序中用于产生一个正弦波的函数，其中用来存储正弦波波形数据的 Wave[512]数组变量是直接在该函数面板上定义的。

另外，当函数参数是一已有的常量或变量时，将光标置于需填入参数的输入框，点击选择常量或变量工具按钮，或者直接按回车键，将弹出一个选择窗口。如前面 FirstSample 示例程序中的 PlotWaveform 函数（见图 13-15），其中 Control ID 项（CVI 库函数中有许多包括该项的函数）所要填入的是程序中用来标识 GUI 中控件元素的常量，该常量是由 CVI 自动在 FirstSample.h 头文件中预定义的（可打开该头文件查看）。

最后，当填完函数参数后，点击插入按钮即可完成函数的插入。

若对该引用的库函数或函数面板中某参数项不清楚时，可以在函数面板上点击鼠标右键将弹出该函数原型说明或函数参数项的说明。或者在打开 Library 菜单后的选择函数面板窗口（Select Function Panel），点击 Help…，将弹出函数的在线帮助。

函数面板上也有许多快捷图标，其中有些反映了 CVI 开发环境所独具的特色，也应较好的掌握。

关于函数面板（Function Panel）的详细说明，请参见 Help 菜单下的在线帮助或 CVI 用户手册。

13.3.3　LabWindows/CVI 的函数库（Library）

如前所述，在设计完虚拟仪器面板并生成了源代码程序框架后，主要的工作就是在回调函数中插入库函数，或者自定义其他函数，因此，了解并熟悉 CVI 的库函数是进行 CVI 程序设计所必需的。CVI 其强大功能的所在也正是基于其丰富的库函数。在 CVI 的开发环境中，Library 菜单下的每一项都是 CVI 的一类库函数，它们包括用户图形界面、信号产生、数据采集、数据分析与处理、仪器控制以及网络通信等。

CVI 的库函数是按照树形结构组织安排的。按照库函数的功能，大致可分为五大类，每一类中有许多小类，每一小类中又有许多子类。

实际编程中使用库函数时，首先应知道该库函数所在的类及其子类，才能找到该函数并打开函数面板，填入参数后插入到源程序中（当然，对常用的一些参数较少的简单函数，熟悉后也可直接在源代码编辑窗口输入而不必打开函数面板）。如果不熟悉函数所在的类的位置，就找不到所需要的函数。这时，可通过源代码编辑窗的 View 菜单下的 Find Function Panel…（查找函数面板），只要输入函数名的关键字，即可查找出所需要的函数。如图 13-24 所示。

图 13-24　查找函数面板

由于 CVI 库函数的使用对于 CVI 程序设计非常重要，下面将较详细地介绍常用的一些函数，给出它们的函数原型以及使用说明。另外，为了较快地熟悉和掌握 CVI 库函数的使用，请参考 CVI 安装目录下的 samples 子目录，如图 13-25 所示。其中有丰富的例程，是学习 CVI 的很好的素材。

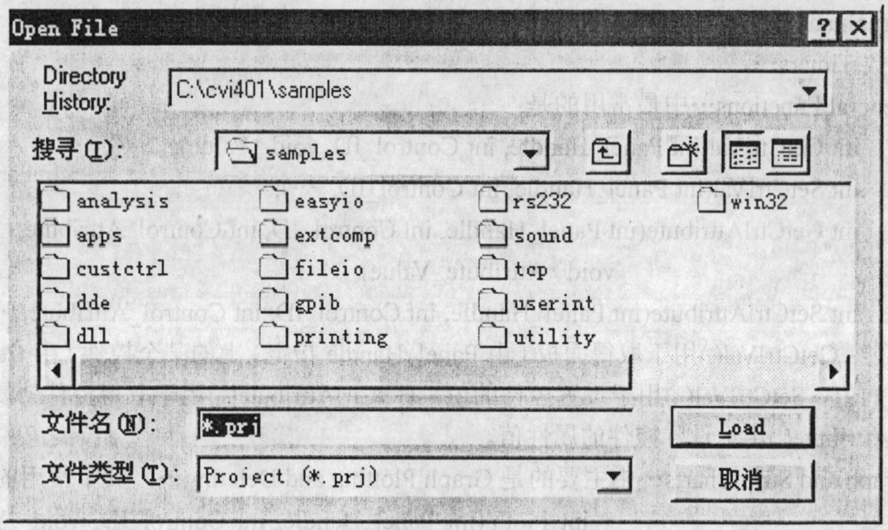

图 13-25　CVI 中丰富的例程（samples 子目录）

1．用户接口类

User Interface Library：用户接口库

用户接口库中提供了许多访问面板上各种控件元素的函数，比如，从 Numberic 控件得到输入值；把结果显示在 Numberic 或 Graph 控件上；修改该 Panel 上控件元素的属性。总之，只有熟练掌握了用户接口库函数后才能灵活自如地控制用户图形界面上的控件及其丰富的特性，该库是初学者应迅速熟悉的库。请参考 samples 下的 userint 中的许多例程。

该类函数库包含如下子类：

（1）Panels…，面板操作函数库。常用的有：

Load Panel，Display Panel，Discard Panel，Hide Panel，Default Panel:

```
int LoadPanel(int Parent_Panel_Handle, char Filename[ ],int Panel_Resource_ID);
int DisplayPanel(int Panel_Handle);
int DiscardPanel(int Panel_Handle);
int HidePanel(int Panel_Handle);
int DefaultPanel(int Panel_Handle);
```

功能：LoadPanel( )从 Filename[ ] （*.uir）指定的用户接口文件中装入面板到内存，对于单面板 Parent_Panel_Handle 参数为 0，函数返回值为面板操作句柄（返回值为负数时出错），可用作为面板显示函数 DisplayPanel( )、删除面板（同时删除其子面板）DiscardPanel( )、隐藏面板 HidePanel( )、恢复所有面板上的控件为初始设置值 DefaultPanel( )等的参数。LoadPanel( )和 DisplayPanel( )函数可参见自动代码生成的 Main( )函数。

（2）Menu Structures…，菜单操作函数库。

有 Menu Bars…，Menu…，Menu Items…，分别对菜单及菜单项操作（从略）。

（3）Controls/Graph/Strip Charts…，控件/图形/曲线操作库。

这是用户接口库中最常用的。它又包括一般函数 General Functions…，列表控件操作函数 List（Label/Value） Controls…，文本框控件操作函数 Text Boxes…，图形与曲线操作函数 Graph and Strip Charts…，图像操作函数 Pictures…，画布操作函数 Canvas…，定时器操作函数 Timers…。

General Functions…中最常用的是：

```
int GetCtrlVal(int Panel_Handle, int Control_ID, void *Value);
int SetCtrlVal(int Panel_Handle, int Control_ID, …);
int GetCtrlAttribute(int Panel_Handle, int Control_ID, int Control_Attribute,
                     void *Attribute_Value);
int SetCtrlAttribute(int Panel_Handle, int Control_ID, int Control_Attribute, …)
```

功能：GetCtrlVal( )用于取得面板（由 Panel_Handle 指定）上的某个控件（由 Control ID 指定）的值，SetCtrlVal( )用于设置控件的值，GetCtrlAttribute( )用于取得控件的属性值，SetCtrlAttribute( )用于设置控件的属性值。

Graph and Strip Charts…中主要的是 Graph Plotting and Deleting…，其中常用的有：

```
int PlotY(int Panel_Handle, int Control_ID, void *Y_Array,
    int Number_of_Points,
int Y_Data_Type, int Plot_Style, int Point_Style, int Line_Style,
    int Point_Frequency, int Color);
int PlotWaveform(int Panel_Handle, int Control_ID, void *Y_Array,
int Number_of_Points, int Y_Data_Type, double Y_Gain,
double Y_Offset, double Initial_X, double X_Increment, int Plot_Style,
    int Point_Style, int Line_Style, int Point_Frequency, int Color);
int PlotLine(int Panel_Handle, int Control_ID, double X1, double Y1,
double X2, double Y2, int Color);
int DeleteGraphPlot(int Panel_Handle, int Control_ID, int Plot_Handle, int
Refresh);
```

```
int GetPlotAttribute(int Panel_Handle, int Control_ID,int Plot_Handle,
int Plot_Attribute, void *Attribute_Value);
int SetPlotAttribute(int Panel_Handle, int Control_ID,int Plot_Handle,
int Plot_Attribute, …);
```

功能：PlotY( )用于将 Y 数组中的值逐点描绘在 Graph 上，而 PlotWaveform( )具有相同的功能，并具有 Y 轴增益和偏置量的参数控制。PlotLine( )用于描绘从（X1,Y1）到（X2,Y2）的直线，GetPlotAttribute( )和 SetPlotAttribute( )则用于属性读取和设置。

Pictures…中常用的有：Display Image File 和 Delete Image。

```
int DisplayImageFile(int Panel_Handle, int Control_ID, char Filename[ ]);
int DeleteImage(int Panel_Handle, int Control_ID);
```

功能：DisplayImageFile( )用于在 Picture 控件上显示 Filename[ ]指定的图像文件，可以是位图（bmp）或图标（ico）等，比如，将公司的徽标印在用户面板上。在设计用户面板时，可以直接点击 Picture 控件属性编辑窗中的 Load Image…，将弹出一个 Windows 文件选择窗口，直接选取所需图像文件即可。DeleteImage( )则删除图像。

Timers…用于实现程序的定时控制，在设计用户界面时，放置一个 Timer（定时器）控件在面板上，程序运行时当定时时间到，则执行相应的回调函数（运行时定时器控件在面板上是不可见的）。它包括如下 3 个函数，分别用于定时器复位，定时器挂起（不执行回调函数），定时器恢复。

```
int ResetTimer(int Panel_Handle, int Control_ID);
int SuspendTimerCallbacks(void);
int ResumeTimerCallbacks(void);
```

Timers 的启停由定时器属性设置函数控制：

```
SetCtrlAttribute(panelHandle, PANEL_TIMER, ATTR_ENABLED, 1);//启动定时器
SetCtrlAttribute(panelHandle, PANEL_TIMER, ATTR_ENABLED, 0);//停止定时器
```

（4）Pop-up Panels…，弹出式面板函数库。

该函数库也是很常用的，比如，程序运行到某处时，需要弹出一个提示信息窗、确认选择窗、文件选择窗、字体选择窗等。

主要有：

```
int MessagePopup(char Title[ ], char Message[ ]);
int ConfirmPopup(char Title[ ], char Message[ ]);
int FileSelectPopup(char Default_Directory[ ], char Default_File_Spec[ ],
        char File_Type_List[ ], char Title[ ], int Button_Label,
        int Restrict_Directory?, int Restrict_Extension?, int Allow_Cancel?,
        int Allow_Make_Directory?, char Path_Name[ ]);
```

功能：MessagePopup( )用于弹出一个提示信息窗，窗口的标题为 Title[ ]内容，显示的提示信息为 Message[ ]内容。ConfirmPopup( )为 Yes/No 选择窗，系统等待用户的选择，当选择 Yes 时函数返回值为 1，选择 No 时函数返回值为 0。FileSelectPopup( )为文件选择窗，见前述。

（5）Callback Functions…，面板、菜单、控件等的回调函数操作，如加载回调函数（从

略)。

(6) User Interface Management…，用户接口管理库函数。

```
int RunUserInterface(void);
int QuitUserInterface(int Return_Code);
int GetUserEvent(int Wait_Mode, int *Panel_or_Menu_Bar_Handle,
        int *Control_or_Menu_Item_ID);
```

功能：RunUserInterface( )为运行用户接口，并向回调函数提供消息事件（参见自动代码生成的 Main( )函数），该函数直到程序终止才返回，其返回值作为 QuitUserInterface( )函数的参数，结束程序运行。GetUserEvent( )用于取得用户接口上的菜单或控件的事件（如点击），Wait_Mode 为 1 时等待事件触发，为 0 时不等待，函数返回值为 1 时表示有一个事件触发（Commit event），为 0 时无事件。

(7) Printing…，打印输出库函数（请参考 samples 下的 printing 中的例程）。

```
int PrintTextFile(char File_Name[ ], char Output_File[ ]);
```

功能：PrintTextFile( )函数将一个可打印的文本文件输出到文件或打印机，返回值为 0 时函数执行成功。打印特性可通过 GetPrintAttribute( )、SetPrintAttribute( )控制。

(8) Mouse and Cursor…，鼠标与光标控制函数。

```
int GetMouseCursor(int *Mouse_Cursor_Style);
int SetMouseCursor(int Mouse_Cursor_Style);
int GetWaitCursorState(void);
int SetWaitCursor(int Wait_Cursor_State);
```

功能：GetMouseCursor( )用于取得鼠标状态属性，如正常状态、十字形、手形、问号等（对应不同的工作状态），用整形数值表示。SetMouseCursor( )则设置鼠标状态属性。GetWaitCursorState( )和 SetWaitCursor( )用于对光标状态控制（是否为等待状态，Wait_Cursor_State 为 1 时等待）。此外，还有对鼠标光标的坐标控制函数。

(9) Rectangles and Points…，画矩形框和描点函数（从略）。

(10) Bitmaps…，位图函数（从略）。

(11) Clipboard…，剪贴板操作函数。

通过剪贴板作为中介桥梁，是实现 Windows 数据交换的一种简单方法，它可传递文本或图形数据，有以下 4 个函数。

```
int ClipboardGetText(char **Text, int *Available);
int ClipboardPutText(char Text[ ]);
int ClipboardGetBitmap(int *Bitmap_ID, int *Available);
int ClipboardPutBitmap(int Bitmap_ID);
```

功能：ClipboardGetText( )用于检查剪贴板内容是否为空，并读回其内容。示例：

```
char *text;
ClipboardGetText(&text, 0);
if （text != 0）
    printf（"clipboard text is '%s'\n", text）;
else
```

```
    printf（"there is no text on the clipboard\n"）;
free(text);
```

ClipboardPutText( )则将文本内容写入到系统剪贴板。ClipboardGetBitmap( )和ClipboardPutBitmap( )则用于对位图的剪贴操作。

（12）Miscellaneous…，杂类函数。主要有颜色、文本、屏幕大小、系统属性操作等。

（13）Get Error String，只有如下一个函数。

char *GetUILErrorString(int Error_Number);

功能：将用户接口库函数返回的错误编号（库函数未能成功执行时）转换成有意义的字符串。

2．数据采集类

Data Acquisition Library： 数据采集函数库

Easy I/O for DAQ ： 易用的数据采集函数库

RS 232 Library ： RS 232 库

GPIB/GPIB 488.2 Library： 仪器控制函数库

VXI Library : VXI 库

VISA Library ： VISA 库

其中，前两个库是用于数据采集卡为PC机PCI或ISA总线插卡形式的，而且是配合NI公司提供的硬件板卡（如PCI-1200卡）使用的。详见第十章和§13-4节。

后几个库为总线驱动函数库，可实现通过这些总线连接的数据采集系统的数据传输。

RS 232 Library，RS-232串行通信函数库，可方便地实现串口设置、流控制、数据收发等。常用的函数有：

```
int OpenComConfig(int COM_Port, char Device_Name[ ], long Baud_Rate, int Parity,
                  int Data_Bits, int Stop_Bits, int Input_Queue_Size, int Output_Queue_Size);
int CloseCom(int COM_Port);
int ComRd(int COM_Port, char Buffer[ ], int Count);
int ComRdByte(int COM_Port);
int ComToFile(int COM_Port, int File_Handle, int Count, int Termination_Byte);
int ComWrt(int COM_Port, char Buffer[ ], int Count);
int ComWrtByte(int COM_Port, int Byte);
int ComFromFile(int COM_Port, int File_Handle, int Count, int Termination_Byte);
int FlushInQ(int COM_Port);
int FlushOutQ(int COM_Port);
int GetInQLen(int COM_Port);
int GetOutQLen(int COM_Port);
int GetComStat(int COM_Port);
```

功能：OpenComConfig( )用于打开和设置串口，参数 COM_Port 为整数 1、2 等，Device_Name[ ]（设备名）在MS Windows系统中为COM1、COM2等（Windows COMM.DRV可识别COM1-COM4），其他参数则设置波特率、校验位、数据位、停止位、输入缓冲器、输出缓冲器大小。CloseCom( )则关闭相应串口。其他几个函数则用于串行接收数据：读入串口缓冲器中数据到数组、到文件，或读入一个字节作为函数返回值，以及串行发送：将数组、文件或一个字节写到串口缓冲器，参数 Termination_Byte 作为文件收发的结束字节。FlushInQ( )和 FlushOutQ( )则用于清除输入（接收）、输出（发送）缓冲器内容。GetInQLen( )和 GetOutQLen( )用于检查输入输出缓冲器中已有数据字节数。串口状态可从 GetComStat( )的返回值得到。此外，Xmodem…类库用于 MODEM 的控制。

在 CVI 的 Samples 目录下，有 rs232 的示例程序，可供学习参考。

GPIB/GPIB 488.2　Library，用于连接 GPIB 设备，请参考 samples 下的 gpib 中的例程（从略）。

VXI Library，VXI 库（从略）。

VISA Library，VISA（Virtual Instrument Software Architecture，虚拟仪器标准应用程序接口）库。它为 VXI、GPIB、RS-232 等仪器驱动程序（instrument driver）开发提供了简单的接口库函数，详见虚拟仪器程序员手册（NI-VISA Programmer Reference Manual）。虚拟仪器的 VISA 库为不同类型、不同厂家的 I/O 接口设备提供了一个应用程序的标准接口，使它们在系统集成时具有互换性，而开发与使用这些设备可以不了解具体的 I/O 接口软件，它是上层应用程序与底层 I/O 软件的桥梁。

3．数据分析类

Formatting and I/O Library：　数据格式化以及输入输出库

Advanced Analysis Library：　高级分析库（请参考 samples 下的 analysis 中的例程）

Formatting and I/O Library，数据格式化以及输入输出库。包括 File I/O…（文件输入/输出，请参考 samples 下的 fileio 中的例程。）、String Manipulation…（字符串操作）、Data Formatting…（数据格式化）、Get I/O Error（取得 I/O 操作出错号）、Get I/O Error String（取得 I/O 操作出错号对应的描述字符串）。它也是常用的函数库。

File I/O…库中，有如下函数：

```
int OpenFile(char File_Name[ ], int Read/Write_Mode, int Action, int File_Type);
int CloseFile(int File_Handle);
int ReadFile(int File_Handle, char Buffer[ ], int Count);
int WriteFile(int File_Handle, char Buffer[ ], int Count);
int ArrayToFile(char File_Name[ ], void *Array, int Data_Type,
          int Number_of_Elements, int Number_of_Groups, int Array_Data_Order,
          int File_Layout, int Column_Separation_Style, int Field_Width,
          int File_Type, int File_Action);
int FileToArray(char File_Name[ ], void *Array, int Data_Type,
          int Number_of_Elements, int Number_of_Groups, int Array_Data_Order,
          int File_Layout, int File_Type);
int GetFileInfo(char File_Name[ ], long *File_Size);
long SetFilePtr(int File_Handle, long Offset, int Origin);
```

功能：OpenFile( )用于打开文件，函数返回值得到一个整型值的文件句柄，用于打开后的文件后续操作。CloseFile( )为关闭文件。ReadFile( )从 ASCII 文本文件中读取 Count 个字符到缓冲器 Buffer[ ]中，WriteFile( )将缓冲器 Buffer[ ]中的 Count 个字符写到文件。

ArrayToFile( )和 FileToArray( )用于数组到文件的读写，数组可以是一维、二维或多维，写入文件顺序可以是行主序或列主序，而文件类型可以是 ASCII 文本文件或二进制文件。有关文件信息如文件是否存在、文件长度（字节数）等可通过 GetFileInfo( )得到，函数的返回值为 1 时表示文件存在、为 0 时表示文件不存在、为-1 时表示出错。SetFilePtr( )用于设置文件指针。

Advanced Analysis Library，高级分析库。包括信号产生、信号处理、测量、统计分析等子类，是仪器仪表及测控系统的 CVI 软件设计时常用的库。

（1）Signal Generation…，信号产生函数库。它可用于产生各种数字化波形，用于测量系统的仿真模拟，或者系统特性测试的激励信号。可产生的信号包括（同时给出了函数名，函数参数略）：

冲击信号，Impulse：

```
AnalysisLibErrType Impulse(int Number_of_Elements, double Amplitude,
                           int Delay, double Impulse[ ]);
```

脉冲，Pulse：

```
AnalysisLibErrType Pulse(int Number_of_Elements, double Amplitude, int Delay,
                         int Width, double Pulse[ ]);
```

斜波，Ramp: Ramp( )；（参数略）

正弦波，有 SinePattern，Sinc,SineWave 三个函数：

```
AnalysisLibErrType SinePattern(int Number_of_Elements, double Amplitude,
                               double Phase__(Degrees), double Number_of_Cycles,
                               double Sine_Pattern[ ]);
```

均匀噪声，Uniform:

```
AnalysisLibErrType Uniform(int Number_of_Elements, int Seed, double Noise[ ]);
```

白噪声，White Noise: WhiteNoise( )；（参数略）

高斯白噪声，Gaussian Noise: GaussNoise( )；（参数略）

任意波，Arbitrary Wave：ArbitraryWave( )；（参数略）

变频信号，Chirp：Chirp( )；（参数略）

锯齿波，Sawtooth Wave：SawtoothWave( )；（参数略）

方波，Square Wave：SquareWave( )；（参数略）

```
AnalysisLibErrType SquareWave(int Number_of_Elements, double Amplitude,
                              double Frequency, double *Phase,
                              double Duty_Cycle, double Square_Wave[ ]);
```

三角波，Triangle Wave：TriangleWave( )；（参数略）

上述信号产生函数的返回值类型 AnalysisLibErrType 是在 analysis.h 头文件中定义的用于表示函数调用状态信息。各函数的参数定义请参考函数面板的在线帮助或手册。

（2）Array Operations…，组操作函数库，包括 1D Operations…（一维数组操作）和 2D Operations…（二维数组操作）库，常用的有：

```
AnalysisLibErrType MaxMin1D(const double Input_Array[ ],int Number_of_Elements,
                            double *Maximum_Value, int *Maximum_Index,
```

```
        double *Minimum_Value, int *Minimum_Index);
AnalysisLibErrType Sum1D(const double Input_Array[ ],
        int Number_of_Elements, double *Sum);
AnalysisLibErrType Sort(const double Input_Array[ ],int Number_of_Elements,
        int Direction, double Output_Array[ ]);
AnalysisLibErrType LinEv1D(const double Input_Array[ ],int Number_of_Elements,
        double Multiplier, double Additive_Constant,
        double Output_Array[ ]);
```

功能：MaxMin1D( )用于求一维数组的最大、最小值，Sum1D( )为一维数组求和，Sort( )为一维数组排序，LinEv1D( )为一维数组线性估计。此外，还有两个一维数组的加、减、乘、除运算等函数。二维数组也有类似的函数。

（3）Complex Operations…，复数操作函数库（略）。

（4）Signal Processing…，信号处理函数库。包括 Frequency Domain…（频域分析）、Time Domain…（时域分析）、IIR Digital Filter…（IIR 数字滤波器）、FIR Digital Filter…（FIR 数字滤波器）、Windows…（加窗处理）等。

在 Frequency Domain…库中，有 FFT、Inverse FFT、Power Spectrum（功率谱计算）、FHT、Inverse FHT 等函数。

在 Time Domain…库中，有 Convolution（卷积）、Correlation（相关）、Pulse Parameters（脉冲参数）、Deconvolve（反卷积）等函数。

IIR、FIR Digital Filter…用于数字滤波处理，Windows…用于信号加窗处理。

（5）Measurement…，包括 Amplitude/Phase Spectrum（幅度/相位谱）、Auto Power Spectrum（自功率谱）、Cross Power Spectrum（互功率谱）、Impulse Response（冲击响应）、Transfer Function（传输函数）等。

（6）Statistcs，统计分析库。包括 Basics…（基本分析库）、Prob. Distributions…（概率分布）等。

在 Basics…库中，有：

```
AnalysisLibErrType Mean(const double Input_Array[ ],int Number_of_Elements,
        double *Mean);
AnalysisLibErrType StdDev(const double Input_Array[ ],int Number_of_Elements,
        double *Mean, double *Standard_Deviation);
AnalysisLibErrType RMS(const double Input_Array[ ],int Number_of_Elements,
        double *Root_Mean_Squared);
AnalysisLibErrType Median(const double Input_Array[ ],int Number_of_Elements,
        double *Median);
```

功能：Mean( )、StdDev( )、RMS( )、Median( )分别用于求数学期望、标准差、均方根值、中值，此外，还有将一个数组中的数据用各小段范围表示为直方图的 Histogram( )函数。

在 Prob. Distributions…库中，有计算正态分布、T-分布、F-分布等概率的函数。如：

```
AnalysisLibErrType N_Dist(double x, double *Probability_of_x);
```

为计算标准正态分布的单边概率，即 prob(X < x)。

（7）Curve Fitting…，曲线拟合函数库。有如下函数：

Liner Fit，线性拟合。

```
AnalysisLibErrType LinFit(const double Array_X[ ],const double Array_Y[ ],
                          int Number_of_Elements, double Output_Array[ ],
                          double *Slope, double *Intercept, double *Mean_Squared_Error);
```

Exponential Fit，指数拟合。ExpFit( )；（参数略）

Polynomial Fit，多项式拟合。PolyFit( )；（参数略）

General Least Squares Fit，最小二乘法拟合。GenLSFit( )；（参数略）

Non-Linear Fit，非线性拟合。NonLinearFit( )；（参数略）

（8）Interpolation…，内插处理函数。如典型的多项式内插（Polynomial Interpolation）：

```
AnalysisLibErrType PolyInterp(const double Array_X[ ],const double Array_Y[ ],
                              int Number_of_Elements, double X_Value,
                              double *Interpolated_Y_Value, double *Error_Estimate);
```

（9）Vector & Matrix algebra…，向量与矩阵运算库函数。

（10）Get Error String，函数为：

```
char *GetAnalysisErrorString(AnalysisLibErrType Error_Number);
```

其功能为将分析库函数的返回值代码转换成有意义的字符串。

4．网络、通信与数据交换类

DDE Library :	动态数据交换库
TCP Library:	TCP 网络通信库
Active X Automation Library:	Active X 自动化库
DataSocket Library:	DataSocket 库

这些库的应用需要有基本的 Windows 编程基础和网络基础，通过这些库的使用，可以灵活方便地使 CVI 程序与 Windows 进行数据交换或实现网络通信，使应用程序达到更专业化的水平（请参考 samples 下的 dde、ddl、tcp 中的例程）。

5．其他类

ANSI　C　Library:	ANSI C 标准库
Utility　Library:	工具类库

CVI 保留了与 ANSI C 的兼容性，提供了 ANSI C 标准库。

在 Utility　Library（工具库）中，有大量的系统工具函数，如定时、日期/时间、文件、目录、CVI 标准输入/输出窗口、端口 I/O、中断、物理内存访问、任务切换等。有些函数是很有用的（请参考 samples 下的 utility 中的例程）。

§13-4　基于 CVI 的数据采集应用

前两节主要讲述了 LabWindows/CVI 程序设计的基本步骤、编程环境及主要库函数。本节将在前两节的基础上讲述 LabWindows/CVI 中的数据采集应用。

基于 CVI 的数据采集有三种情况，第一种是直接采用 NI 公司提供的数据采集板卡（如 PCI-1200 多功能数据采集卡），并调用相应的数据采集库（Easy IO 库）函数进行程序设计（请参考 samples 下的 easyio 中的例程）。第二种是采用外总线连接的数据采集系统（如 RS-232 或 GPIB），并调用相应的总线接口函数完成数据采集系统与 PC 机的通信控制。第三种应用则是自行开发设计 PCI 或 ISA 总线的数据采集卡，并通过 CVI 的端口 I/O 函数编程控制。下面将介绍三种应用情况的 CVI 软件设计。

13.4.1　基于 NI 数据采集卡的应用

这里以 NI 公司的 PCI-1200 卡的使用为例（该卡已在第十章做了介绍），首先要求计算机已安装该卡，并随卡安装了 Daq 数据采集驱动程序，否则找不到下面示例程序中要用到的函数。采集卡安装后还要进行必要的配置和参数设置，可通过 NI 公司提供的 Measurement & Automation 软件完成，该软件运行后的画面如图 13-26 所示。

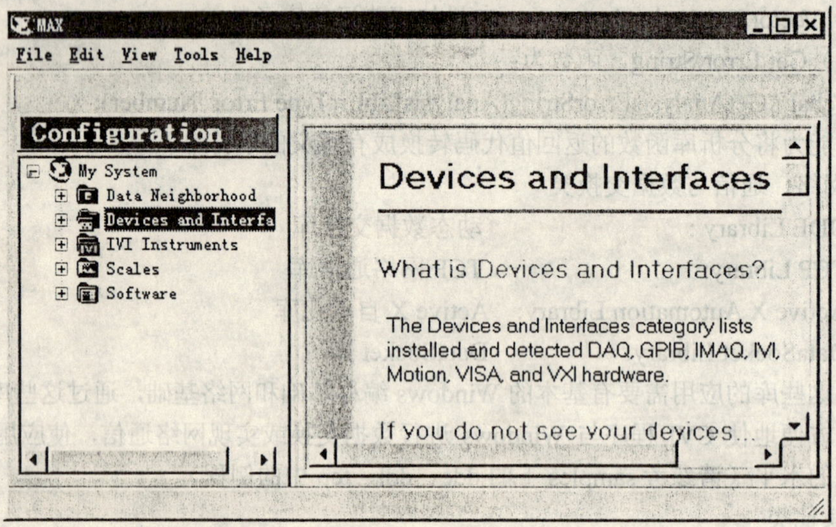

图 13-26　Measurement & Automation 运行窗口

点击 Devices and Interfaces，鼠标右击 PC-1200 列表项，将弹出一个设置窗口，其中 System 项列出了该卡占用的设备号（Device Number）和系统资源（如 I/O 地址范围、中断号、DMA 号），该设备号将用于 EasyIO 库函数的参数。AI（模拟输入）项用于设置采集信号的 Polarity（极性，若为单极性，选择 0～10V, 若为双极性，选择-5V～+5V,它实际上也同时选择了输入量程），以及 Mode（输入方式，可选择 Nonreference Single Ended——单端无参考地输入，reference Single Ended——单端有参考地输入，Differential——差分输入）。

下面将使用 Easy IO 库中的数据采集函数来编制一个简单的数据采集示例程序 EasyIOSample，其运行时的界面如图 13-27 所示。

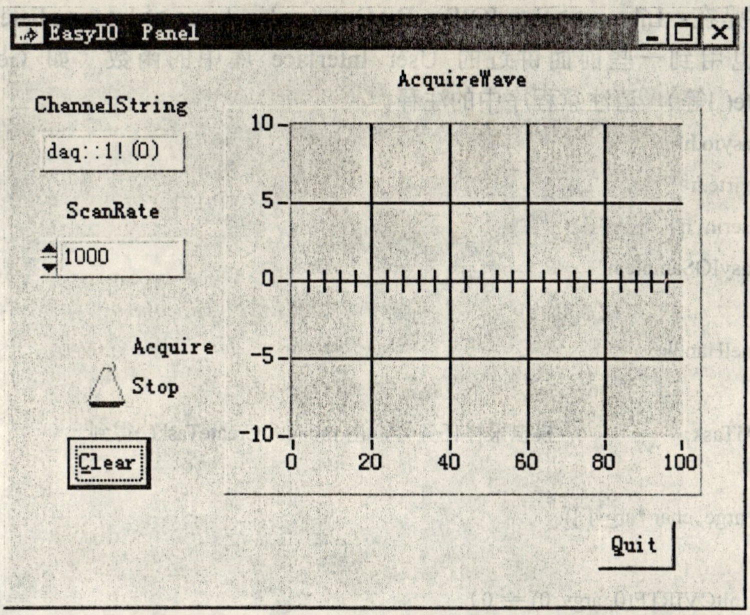

图 13-27　EasyIOSample 示例程序的运行界面

图 13-27 中各控件元素的功能说明如下：

ChannelSrting 项是一字符串控件（String），用来设置采集数据的通道。图 13-27 中的设置为 daq::1!（0），是指采集设备（device）1 的 0 通道（channel）。其中设备号正是 Measurement & Automation 中所看到的对应于数据采集板的编号。daq::1!（0） 是 NI 数据采集通道的语法表示，若为多通道采集，如 daq::1!（0,2,5） 是指采集设备 1 的通道 0、2、5，daq::1!（2:6）是指采集设备 1 的通道 2 至 6。

ScanRate 项是一数字控件（Numeric），用来设置扫描速率。

Acquire/Stop 项是一开关控件（BinarySwitch），用于控制数据采集的开始与停止。采集的数据波形显示在 Acquire Wave 的 Graph 控件上。

Clear 项和 Quit 项是命令按钮，当按下 Clear 按钮后即清除 Acquire Wave 上所画的波形。当按下 Quit 按钮后，退出程序。

仿照第一节的 FirstSample 和 MenuSample 示例设计方法，创建工程文件 EeasyIOSample.prj 和图形用户界面 EeasyIOSample.uir。对 Acquire/Stop、Clear 和 Quit 分别设置回调函数 AcquireCallback、ClearCallback 和 QuitCallback。另外，当启动采集后，采集数据自动存储在缓冲器中，因此用户界面上需再设置一个 Timer（定时器）控件，每隔一定时间读取缓冲器内容（执行回调函数，设置为 AITimerCallback），将其描绘在 Acquire Wave 上。这里，定时器的时间间隔设置为 0.1 秒，定时器的启动和停止由软件编程控制，即定时器的属性编辑窗口的 Control Settings 中 Interval（seconds）项输入 0.1，Enable 项前的矩形框为空。注意：Timer 控件只在用户界面编辑状态下是可见的，当程序运行后则看不到该控件，因此，在用户界面设计时该控件可以放置在面板的任何位置。最后将设计好的 EasyIOSample.uir 添加到工程中，并自动生成应用程序框架。

下面列出了完成上述功能的源程序代码（EasyIOSample.c），程序中用到了许多 EasyIO

库函数，主要是在：Library>>EasyIO For DAQ>>Analog Input >>Intermediate Analog Input 中，此外，也用到一些前面讲过的 User Interface 库中的函数（如 GetCtrlVal( )和 SetCtrlAttribute( )等），请注意程序中的注释。

```
#include <easyio.h>
#include <cvirte.h>
#include <userint.h>
#include "EasyIOSample.h"

static int panelHandle;

static long AiTask;              // 模拟采样任务号，由 nidaqAICreateTask( )得到

int main(int argc, char *argv[ ])
{
        if （InitCVIRTE(0, argv, 0) == 0）
                return -1;   /* out of memory */
        if （(panelHandle = LoadPanel  （0, "EasyIOSample.uir", PANEL)） < 0)
                return -1;
        DisplayPanel(panelHandle);
        RunUserInterface( );
        DiscardPanel(panelHandle);
        return 0;
}

int CVICALLBACK AcquireCallback(int panel, int control, int event,
                void *callbackData, int eventData1, int eventData2)
{
        char ChanString[20];          //存放 ChannelSrting 控件的通道字符串
        double ActScanRate;           //实际扫描速率，由 nidaqAIConfigScanClockRate( )函数得到
        int ScanRate;                 //存放 ScanRate 控件的扫描速率
        long NumChan;                 //根据通道字符串，由 nidaqAICreateTask( )函数解析出通道数
        int Value;                    //存放 Acquire/Stop 开关状态值
        switch(event)
                {
                case EVENT_VAL_CHANGED:
                GetCtrlVal(panelHandle, PANEL_ACQUIRE, &Value);   //读取 Acquire/Stop 开关状态值
                        Switch(Value)
                                {
                                case 1:           //Acquire/Stop 开关处于 Acquire 位置
```

```
                SetCtrlVal(panelHandle, PANEL_CHANNEL_STRING, ChanString);
                SetCtrlVal(panelHandle, PANEL_SCANRATE, &ScanRate);
                NidaqAICreateTask(ChanString, kNidaqWaveformCapture, &NumChan,
                              &AiTask）；    //创建模拟采样任务 AiTask，同时
                                             //得到通道数
                nidaqAIConfigScanClockRate(AiTask, ScanRate, &ActScanRate);
                                             //设置扫速
                nidaqAIConfigBuffer(AiTask, 2000000, kNidaqContinuous);
                                             //设置缓冲器 2MB
                nidaqAIStart(AiTask);       //启动数据采集任务
                SetCtrlAttribute(panelHandle, PANEL_TIMER, ATTR_ENABLED, 1);
                                             //启动定时器
              break;
            case 0:                          //Acquire/Stop 开关处于 Stop 位置
                SetCtrlAttribute(panelHandle, PANEL_TIMER, ATTR_ENABLED, 0);
                                             //关闭定时器
                 nidaqAIStop(AiTask);        //停止数据采集任务
                 nidaqAIDestroyTask(AiTask); //取消数据采集任务
                 break;
            }
        break;
      }
   return 0;
}

int CVICALLBACK ClearCallback(int panel, int control, int event,
        void *callbackData, int eventData1, int eventData2)
{
   switch(event)
      {
      case EVENT_COMMIT:
           DeleteGraphPlot （panelHandle, PANEL_GRAPH, -1, VAL_IMMEDIATE_DRAW）;
                                             //删除曲线
           break;
      }
   return 0;
}
```

```
int CVICALLBACK QuitCallback(int panel, int control, int event,
        void *callbackData, int eventData1, int eventData2)
{
    switch(event)
        {
        case EVENT_COMMIT:
            QuitUserInterface （0）;
            break;
        }
    return 0;
}

int CVICALLBACK AITimerCallback(int panel, int control, int event, void *callbackData,
        int eventData1, int eventData2)          //定时器回调函数，定时时间到则执行（若定时器开）
{
    double  AcqData[10000];  //读取缓冲器中的数据到该数组，由 nidaqAIRead( )函数得到
    long   AcqBacklog;  //缓冲器中尚未读取的新的采样数据个数，由 nidaqAICheck( )函数得到
    long   AcqState;  //采样过程的状态值，由 nidaqAICheck( )函数得到
    switch （event）
        {
        case EVENT_TIMER_TICK:            //定时时间到
            nidaqAICheck(AiTask, &AcqState, &AcqBacklog);  //采样状态检查
            nidaqAIRead(AiTask, ChanString, AcqBacklog, -1.0, AcqData);
                        //读取缓冲器中未读取的 AcqBacklog 个数据到 AcqData[ ]数组中
            DeleteGraphPlot(panelHandle, PANEL_GRAPH, -1, VAL_IMMEDIATE_DRAW);
                        //删除曲线
            PlotWaveform(panelHandle, PANEL_GRAPH, AcqData, AcqBacklog,
            VAL_DOUBLE, 1.0, 0.0, 0.0, 1.0, VAL_THIN_LINE, VAL_EMPTY_SQUARE,
                VAL_SOLID, 1, VAL_RED);                    //描绘新的数据曲线
            break;
        }
    return 0;
}
```

13.4.2　基于 CVI 的数据采集系统的开发

虽然直接选用进口的 NI 公司数据采集卡，通过 CVI 的数据采集函数库可以很方便地开发出基于 PC 的数据采集系统，板卡的性能和可靠性都很好，但一般都很昂贵（特别是

大批量的用于教学)，所以自行开发设计数据采集硬件，而采用 CVI 开发环境进行软件设计则是很好的选择。

自行设计数据采集硬件，有两种方案，即独立的数据采集系统与 PC 机联机方式和自制的 PC 插卡方式。与 PC 机联机方式通常称为上下位机系统，PC 机为上位机，可对下位的数据采集系统进行参数设置、控制采集、收集数据并存储、显示、处理等，这种方式使数据采集系统不受 PC 机环境的干扰，能够保证采集精度和可靠性。PC 机的联机接口则根据距离、速率（数据量、实时性）和使用的方便性，可以是串行接口 RS-232（或 RS-422、RS-485，可以进行较远距离的数据传输）、并行接口 EPP、专用仪器总线 GPIB，甚至是网络接口等。RS-232 和 GPIB 及 TCP 连接都有相应的库函数，编程也很方便。

若是采用 EPP 连接，在 CVI 的源程序中可以添加如下自定义函数 epp_read( )和 epp_write( )，分别用于对 EPP 端口的读写（设 EPP 连接的数据采集系统的地址为 8bit，数据为 8bit，BASE 为 EPP 的基地址，如 0x378)。这里，只需用到 CVI 的 Utility Library（工具库）的 Port IO 中 inp( )和 outp( )两个端口输入/输出函数。

```
void epp_read（unsigned char addr,unsigned char *data） //从采集系统addr地址读取数据，放到data中
{
    outp(BASE+3, addr);                 //向EPP地址寄存器写入地址信息, outp( )为端口写函数
    checktimeout_clear( );              //检查超时状态位
    *data=inp（BASE+4）;                //从EPP数据寄存器读入数据, inp( )为端口读函数
    checktimeout_clear( );              //检查超时状态位
}

void epp_write（unsigned char addr,unsigned char data）   //将数据data写到采集系统的addr地址中
{
    outp(BASE+3, addr);                 //向EPP地址寄存器写入地址信息, outp( )为端口写函数
    checktimeout_clear( );              //检查超时状态位
    outp(BASE+4, data);                 //向EPP数据寄存器写数据, outp( )为端口写函数
    checktimeout_clear( );              //检查超时状态位
}

void checktimeout_clear(void)           //EPP超时状态检查与清除
{
    unsigned char status;
    status=inp（BASE+1）;               //读入EPP状态字
    if（ （status&0x01） = = 0x01 ）
    { status |=0x01;
        outp(BASE+1,status);            //如果超时状态位为1，向状态寄存器相应位写入1
    }
}
```

如果自行设计 ISA 总线数据采集卡，则与上面 EPP 接口操作类似，直接通过 CVI 的

端口字节或字输入、输出函数 inp( )或 inpw( )和 outp( )或 outpw( )进行编程控制，也很方便。若是 PCI 总线卡，则操作较复杂些。

本章作为 CVI 的基础，通过以上内容的学习，相信读者已能编写一些实用的应用程序了。读者在进一步的学习过程中，应着重理解程序设计的思想，而不必过多地去考虑一些细节问题。另外，LabWindows/CVI 的 samples 子目录中的例程是学习的很好范例，而且有些例子可以直接拷贝到自己的程序中去，不但能减少开发时间，并且可以减少程序的出错率。为了学习并理解例程的源代码，可以同时打开用户面板和源代码编辑窗，通过查看控件对应的回调函数，打开库函数对应的函数面板并查看函数参数的在线帮助，便可较快地读懂例程，从而学习控件和库函数的使用，再应用到今后自己的设计中。

参 考 文 献

[1] LabVIEW Basics Course Manual．National Instruments Corporation，1997

[2] Data Acquisition Basics Manual．National Instruments Corporation，1998

[3] Fuction and VI Reference Manual．National Instruments Corporation，1998

[4] G Programming Reference Manual．National Instruments Corporation，1998

[5] LabVIEW User Manual．National Instruments Corporation，1998

[6] PCI-1200 User Manual．National Instruments Corporation，1998

[7] LabWindows/CVI Basics Course Manual．National Instruments Corporation

[8] NI-DAQ User Manual for PC Compatibles．National Instruments Corporation

[9] 北京中科泛华测控技术有限公司．LabWindows/CVI 基础教程．

[10] 杨乐平等．LabVIEW 程序设计与应用．北京：电子工业出版社，2001

[11] 蒋焕文，孙续．电子测量原理．北京：中国计量出版社，1988

[12] 郭戍生，古天祥，陆玉新，张世箕．电子仪器原理．北京：国防工业出版社，1988